现代
腐植酸技术手册

周霞萍　李艳玲　沈天瑞　编著

HANDBOOK OF
MODERN HUMIC ACID
TECHNOLOGY

化学工业出版社
·北京·

内容简介

《现代腐植酸技术手册》以绪论中腐植酸的原料现状、拓宽、技术研发方向等内容展开；在现代腐植酸技术基础部分，着重在腐植酸资源与提质、腐植酸的技术参数及检测；在现代腐植酸技术产品部分，集中介绍了腐植酸在肥料、基质、养殖、药品、药妆品、能源电子品、石油钻井助剂、高分子功能材料、环境治理方面经典或最新的产品技术；在介绍了持续发展的腐植酸产品系统后，又拓展了生产设备的智能化调控与优化；在现代腐植酸技术管理部分，介绍了腐植酸标准化管理、腐植酸碳中和管理，以及腐植酸绿色金融管理，并有部分实操碳汇核算方法介绍；并将腐植酸特征、加工指数列于附录中。

《现代腐植酸技术手册》内容丰富，具有很强的实用性、先进性和可操作性，对腐植酸相关的农林、生物、精细化工、能源、材料、环境、医药产品开发研究人员、工程设计与生产管理人员具有较好的参考价值，也是煤化工大专院校师生、从事腐植酸产业人员的工具类参考书。

图书在版编目（CIP）数据

现代腐植酸技术手册 / 周霞萍，李艳玲，沈天瑞编
著. -- 北京：化学工业出版社，2025. 7. -- ISBN 978-
7-122-47969-3

Ⅰ. O636.9-62

中国国家版本馆 CIP 数据核字第 2025548RL2 号

责任编辑：毕仕林　刘　军　　　　　装帧设计：王晓宇
责任校对：宋　玮

出版发行：化学工业出版社
　　　　　（北京市东城区青年湖南街 13 号　邮政编码 100011）
印　　装：天津千鹤文化传播有限公司
710mm×1000mm　1/16　印张 25¼　字数 478 千字
2025 年 9 月北京第 1 版第 1 次印刷

购书咨询：010-64518888　　　　　　售后服务：010-64518899
网　　址：http://www.cip.com.cn
凡购买本书，如有缺损质量问题，本社销售中心负责调换。

定　　价：150.00 元　　　　　　　　版权所有　违者必究

前言

我国腐植酸产业发展至今已有近 70 年的历史。在中国腐植酸工业协会组织下,"现代腐植酸技术丛书"2007 年编写有《腐植酸物质概论》《腐植酸产品分析与标准》《腐植酸类绿色环保农药》《腐植酸应用中的化学基础》《生物腐植酸与生态农业》等腐植酸应用丛书,丰富了由化学工业出版社 1991 年出版的《煤炭腐植酸的生产和应用》,随后《绿色环保型腐植酸磷肥》《生物腐植酸与有机碳肥》《腐植酸新技术及应用》《褐煤蜡》等也相继出版。而从编著侧重的角度不同,从市场已出现有 CAS 编号的试剂级腐植酸、黄腐酸、褐煤蜡,有生物合成、基因编辑优化、DNA 等检测手段出现在行业应用,腐植酸、黄腐酸类产品快速增多,如何物尽其用,将能源、石油、电子信息、材料、环境的工业应用,与农业应用、食品医药应用等在工艺途径、检测鉴定上有所区别?从可持续发展的生态领域要求,从大健康的要求出发,腐植酸行业仍需要一部能概括现代腐植酸技术的,有专业术语、技术参数、先进产品方案的手册,作为工具书查阅、备用。

腐植酸产业发展离不开资源,更离不开产品研发应用和配套的设备以及技术管理方面的政策、检测标准等规范,这也是手册编入的重要内容。

在腐植酸(黄腐酸)的基本理念下,手册按绪论,技术基础(资源、技术参数、技术表征、热力学、动力学、技术研发)、技术产品、技术管理等章节开展。在技术产品章,选择了多领域的典型产品 100 多个,包括工艺原理、工艺流程、检测方法;在现代腐植酸技术管理章,按产品标准化、节能、碳中和 CO_2、太阳能、智能化、成果转化、绿色金融展开,并将腐植酸特征、加工指数列于附录,便于对照查阅。

本书由周霞萍、李艳玲、沈天瑞编著,其中,周霞萍负责确定总体框架。具体分工:李艳玲主编第 1、第 2 章,周霞萍主编第 3~5 章,沈天瑞主编第 6~8 章。内容由周霞萍补充、完善;本书编入了国内外经典的、最新的腐植酸及相关的科技成果。

在编著过程中,得到了中国腐植酸工业协会曾宪成、韩立新、李双、韩慧英、郑蕾、袁晓娜、轿威等老师,山东农大肥业-农业农村部腐植酸类肥料重点实验室丁方军等老师,全国土壤肥料与调理剂标准化技术委员会刘文璐等老师,中国蔬菜协会蒋卫杰、席巍峰等老师，华东理工大学许振良、吴幼青、王贵友、胡凤仙、黄胜、王杰、石晶等老师，研究生王子、孙雷、羽西、焦新铭、李梦雪、刘艳香、顾嘉乐、刘鹏博、毛峰、赵雪、樊可、刘静的帮助，常州大学柳文娜、王虹、卓振的帮助，也得到了化学工业出版社的指导，在此表示深深的感谢。编写过程中，尽管笔者做了各种努力，但疏漏之处在所难免，恳请广大读者和同行专家提出宝贵意见。

编著者

2024 年 10 月

目录

第3章　现代腐植酸产品　129

第 5 章　现代腐植酸设备技术　　　　324

第8章　腐植酸绿色金融管理　　381

附录　　389

第1章
绪 论

腐植酸（humic acid，HA）主要是由高等植物通过大自然的生化反应、矿化反应、物理化学反应等演变的结果。腐植酸包含黄腐酸和棕腐酸，是由芳香族、脂肪族及多种官能团组成的无定形的高分子有机酸。而腐殖物质，是由动植物残体，主要是植物残体，经微生物的分解和转化，以及地球物理和化学的一系列作用累积起来的，或利用非矿物质源生物质原料经生物化学技术转化的由芳香族、脂肪族、萜类、甾类、木素类的多种官能团物质组成的无定形有机物。现代腐植酸产业，利用多种资源，进行技术研发、产品开发，通过标准化检测、智能管理使得一项项腐植酸工程拔地而起；腐植酸具有的生理活性、吸收、络合、交换等功能，在农林、畜牧、能源、环保、材料、食品、医药等行业的应用之广泛，值得溯源、表征，继往开来。

按照腐植酸的来源分类，可分为天然腐植酸和人造腐植酸两大类。在天然腐植酸中，又按存在领域分为土壤腐植酸、煤炭腐植酸、水体腐植酸等。按生成方式可分为原生腐植酸和再生腐植酸（包括天然风化煤和人工氧化煤中的腐植酸、生物发酵酶解生成的腐植酸及化学氧化生物质生成的腐植酸）。按在溶剂中的溶解性和颜色分类，又有黑腐酸、棕腐酸和黄腐酸之分。按照天然结合状态分类，可以分为游离腐植酸和结合腐植酸，加上腐植酸加工方式和品种的增加，其对应的专用名词与对照见表 1-1。

表 1-1　与腐植酸有关的专用名称与对照表[1]

名称	别名或曾用中文译名	代号	英文名称
腐殖质	腐殖土	Hu	Humus
腐植物质	腐植酸类物质	HS	Humic substances
腐植酸	胡敏酸	HA	Humic acid(s)
黑腐酸	真腐酸,β-腐植酸	BHA	Black humic acid(s)
棕腐酸	脱氢腐植酸,草木樨酸	HYA	Hymatomelanic acid(s)
黄腐酸	富里酸	FA	Fulvic acid(s)
腐黑物	胡敏素,残留煤	Hm	Humin
腐植酸盐	包括腐植酸钠/钾/镁/铁等	HA-M	Humate(s)
硝基腐植酸	硝酸氧解腐植酸	NHA	Nitro-humic acid
磺化腐植酸	磺甲基化腐植酸	SHA	Sulphonated HA
氯化腐植酸	氯氧化腐植酸	CHA	Chlorinated HA

名称	别名或曾用中文译名	代号	英文名称
游离腐植酸	酸型（H 型）腐植酸	F-HA	Free humic acid
结合腐植酸	高钙镁腐植酸	B-HA	HA bonded R_2O_3
再生腐植酸	天然风化和人工氧化腐植酸	R-HA	
生化黄腐酸	生物技术黄腐酸	BFA	Biolotech FA
煤炭腐植酸	煤基腐植酸	MHA	Coal humic acid
低级别煤	低阶煤，低牌号煤	LRC	Low rank coals
泥炭	泥煤，草炭		Peat
仿生泥炭	仿生泥炭基质		Bionic peat
柴煤	木煤，年轻褐煤		Lignite
褐煤	柴煤		Brown coal
风化煤	煤逊，引煤，露头煤		Weathered coal
风化褐煤	煤逊，引煤，露头煤		Leonardite

1.1　形成腐植酸的资源和化合物

腐植酸是一类无定形的网状的高分子有机物质。除《本草纲目》记载"乌金散"（腐植酸组分）的药学应用外，涉及腐植酸类物质在工业、农业等领域的研究已有 200 多年的历史。随着科学技术的迅速发展，当今可形成腐植酸类物质的资源和化合物在不断地增多，腐植酸应用研究的内容越来越丰富。

1.1.1　形成腐植酸的资源

1.1.1.1　泥炭

泥炭，又名草炭、泥煤，形成于第四纪，由沼泽植物的残体在多水的天气条件下不能完全分解堆积而成；含有大量水分和未被彻底分解的植物残体、腐殖质以及一部分矿物质。泥炭是煤化程度最低的煤。泥炭作为湿地生态系统是重要的有机碳库，碳储量约为 770 亿吨，占到陆地生态系统的 35%。

（1）泥炭的特征

泥炭作为一种重要的自然资源，具有多种特征，包括其物理性质、化学组成、形成环境和用途等。泥炭通常呈黄棕色至暗褐色，是一种松散的沉积物，具有多孔隙结构、密度（容重）较低、质地疏松等特点。泥炭含有大量的有机质和腐植酸，以分解度和酸碱度等物理化学性质作为发生发育和科学分类的重要指标。

根据泥炭的结构状态和在空气中的颜色变化，以保存下来的植物残体、根、茎、叶、种子等形态特征，可以进行不同泥炭的野外应用鉴定（表1-2）。泥炭的自然形成过程极为缓慢，每年仅能形成1mm，相对于不断攀升的庞大需求，泥炭资源储量迅速降低。而开展泥炭藓的种植，使部分泥炭资源再生，实现泥炭资源的持续利用与平衡，是现今泥炭资源研究的热点之一[1]。

针对种植的泥炭藓-白泥炭（white peat），按泥炭的纤维分解度和热值，作为泥炭的种植应用、肥料应用、燃料应用依据（表1-3）；结合泥炭与植物化学组成的比较，又可以从中了解现代生化合成过程中哪些组分不易被微生物降解、哪些又可以生物合成。

表1-2 泥炭的鉴定分类

泥炭种类	颜色在空气中变化	结构状态	外形特征
藓类泥炭	淡黄→棕色,在空气中变暗	疏松、海绵状	页状薄片,茎呈丝状,叶呈细末状
草本泥炭	棕色→褐色,在空气中变暗	纤维状,有弹性	根、茎、叶交织成网状,有时为层状
木本泥炭	暗褐色→黑色	片状、块状,无弹性	木质片,树片状的硬质薄片

表1-3 植物与泥炭化学组成的比较

植物与泥炭	元素组成/%				有机组成/%				
	C	H	N	O+S	纤维素和半纤维素	木质素	蛋白质	沥青	腐植酸
莎草	47.90	5.51	1.64	29.37	50	20～30	5～10	5～10	0
木本植物	50.15	5.20	1.05	42.10	50～60	20～40	1～7	1～3	0
草本泥炭	55.87	6.35	2.90	34.97	19.69	0.75	0	3.56	43.58
木本泥炭	65.46	6.53	1.26	26.75	0.89	0.39	0	0	42.88

泥炭是集固体、气体和水分于一体的有机-无机复杂体系，其中有机物质由HS和未完全分解的植物残体组成。从化学族组成来分，体系包含沥青质（苯提取物，即原始植物残存和演变了的蜡、树脂及微生物合成-代谢的蜡质）、易水解物（可用稀酸降解和分离出来的产物，主要是半纤维素和部分黄腐酸）、难水解物（可用浓酸降解的产物，主要是纤维素）、不水解物（主要是木质素）和腐植酸（用碱可提取出的组分）。

泥炭中的矿物质除少量是原始植物本身固有以外，主要是由地表水和地下水冲积而来，其灰分组成中以SiO_2为主，其次是Al_2O_3、Fe_2O_3、CaO、MgO和K_2O等。

泥炭的性质一般用分解度、自然湿度、持水量、密度（容重）、孔隙度、酸碱度等指标来表征，其中分解度（R）是最主要的一个指标，它反映造炭植物的生物化学转化的程度，也就是泥炭中失去植物细胞结构的无定形物质（包括初步腐烂的残体和HS）的含量。泥炭分解度范围很大，可从1%到70%。水分一般在70%～90%之间。分解度越高，水分越小。泥炭干容重一般$0.2～0.5t/m^3$，持水量 400%～1500%，pH 一般 2.5～5.8，含 Ca 高的泥炭 pH 可达 7～7.5。泥炭沥青、腐植酸、易水解物、纤维素、木质素等组分的含量，都与分解度有关。根据各地泥炭测定的数据，表 1-4 列出了 3 类泥炭的平均组成性质，可以认为，从利用腐植酸的角度考虑，选用低位、高分解度泥炭是最适宜的。

表 1-4　三类泥炭的大致组成性质

泥炭类型	物理性质				物质组成(无水无灰基)/%				
	分解度(R)/%	湿度/%	干基灰分含量(A_d)/%	pH	沥青质	易水解物	腐植酸	纤维素	木质素
低位	34	88	7.6	5.1	4.2	25.2	40.0	2.4	12.3
中位	31	90	4.7	4.1	6.6	23.9	37.8	3.6	11.4
高位	23	91	2.4	1.2	7.0	35.8	24.7	7.3	7.4

（2）泥炭的分布

世界上几乎每个国家都有泥炭地，在寒冷（如亚北极地区）和潮湿（即沿海和湿润的热带）地区尤其丰富。泥炭资源面积较大的国家有俄罗斯、芬兰、加拿大、中国、美国和瑞典。世界泥炭总储量约 3180 亿吨，中国泥炭储量 124.96 亿吨，居世界第四位，主要分布在东北寒温和温带山地、华北温带平原、长江中下游、青藏和西北高原（表 1-5）。储量最大的是四川（52 亿吨）和云南（21.1 亿吨），占了全国总储量的 59%。从泥炭类型来看，国内低位-富营养型的为115.34 亿吨，占总储量的 92.3%；就原始植物来看，草本泥炭占 98.5%，其余依次是混合型泥炭、木本泥炭和苔藓型泥炭。中国泥炭分解度为 20%～50%，湿度 70%～90%，有机质 50%～70%，腐植酸 30%～60%，持水量 500%～700%，pH 值 4.6～7，总体上属于中有机质、中分解度、高腐植酸、高灰和微酸性泥炭，适合于制取其腐植酸及关键组分制成吸附材料、营养基质和复混肥料、土壤调理剂、绝缘材料，以及医用泥炭浴疗剂、化妆品添加剂等（表 1-6）。

表 1-5　中国泥炭的主要分布区及泥炭基本性质

产地	有机质/%	腐植酸/%	全 N/%	P_2O_5/%	pH	分解度(R)/%
东北山地	0.65～92.5，平均 67.72	18.6～60.07，平均 37.17	0.64～3.14，平均 1.80	0.1～0.53，平均 0.33	3.71～7.02，平均 5.73	26.10
华北平原	30.28～83.42，平均 50.58	12.11～61.13，平均 25.99	0.24～2.37，平均 0.95	0.02～0.19，平均 0.11	4.62～6.80，平均 5.29	34.40
青藏高原	31.13～85.85，平均 57.16	15.58～49.60，平均 33.77	0.87～2.42，平均 1.66	0.03～0.14，平均 0.07	5.20～8.41，平均 6.18	26.47
长江中下游	30.54～83.42，平均 50.58	12.11～61.31，平均 25.99	0.24～2.37，平均 0.95	0.02～0.39，平均 0.11	4.62～6.80，平均 5.29	34.40

表 1-6　不同分类泥炭的用途

泥炭类型	pH	灰分/%	纤维分解度/%	热值(Q_{DT})/(kJ/kg)	利用途径
高位	<3.6	50～70	20～40 50～70	<5200 5201～5600	绝缘材料、肥料、农药助剂、土壤调理剂等
中位	4.8～3.6	25～50	20～40 >40	5201～5600 >5600	建筑材料、吸附材料、能源原材料、园艺基质等
低位	>4.8	<25	<20 20～40	5201～5600 >5600	营养钵、净化吸附材料、泥炭浴疗剂原材料、化妆品添加剂等

1.1.1.2　褐煤

(1) 褐煤的特征

褐煤是成煤过程第二阶段前期（成岩作用）的产物，其外观呈浅褐色到深褐色，有一定的层理状构造。与泥炭的主要区别是，褐煤基本不保存未分解植物的残体，水分较少，碳含量增高。也有一些年轻褐煤（也称木煤、柴煤）仍保留着原始植物的外形结构（年轮、心线），或含一定的沥青（即褐煤蜡）。褐煤仍含有腐植酸（从 1% 到 85%），煤化程度与腐植酸含量无明显相关性，但到烟煤阶段就无腐植酸的痕迹了。因此，腐植酸的有无，是区分褐煤与烟煤的主要标志之一。与烟煤的其他特征区别是，褐煤水分大、密度小、加热后不黏结，易在空气中风化变质、破裂成碎块甚至粉末，发热量（燃烧热）低等。特别是有些年轻褐煤有机部分（包括腐植酸和腐黑物）比表面积大，孔隙率高，还含有一定数量的活性官能团，具有较强的吸附、络合（螯合）、氧化、还原、离子交换等性能，经适当机械处理或化学改性就可以制成吸附剂。有些年轻褐煤的碳含量较低，沥青质含量较高，适合作为提取腐植酸和褐煤蜡的原料，也可用于化学加工制取再生腐植酸和其他化学制剂。此外，一般褐煤中无机矿物比泥炭少，但比烟煤多。

褐煤结构组织中已不存在未被分解的植物残体，相较泥炭水分减少，元素组成发生变化等。褐煤横贯有不同大小微孔和毛细管的有机凝胶，可吸附 15%～30% 的水，在风干时这些水分仍牢固地被吸附着。褐煤的表面性质决定了它的渗透性和反应性。因而，除了腐植酸应用外，无论用于燃烧、气化和加氢液化或氧化，褐煤的反应性都很好[2-4]。

(2) 褐煤的族组分及特征

褐煤的族组分主要有腐植酸、沥青和残留煤三个组分，通常用抽提法可以使其分离。褐煤用苯或苯-醇溶剂抽提，得到可溶的沥青和不溶的残渣（腐黑物），残渣再用 0.5% NaOH 溶液处理，即得可溶的腐植酸碱液（而顺次用 5% 盐酸和丙酮处理，可分出黄腐酸、棕腐酸和腐黑酸）及不溶的残留煤。因为褐煤沥青包括有机酸、可皂化物质及不饱和化合物，因此褐煤沥青通常还可以与褐煤蜡一样以酸值、皂化值和碘值来表征。

朱娟等用石油醚提取褐煤蜡，定义褐煤蜡的酸值为中和 1g 褐煤蜡中的酸所需氢氧化钾的毫克数，以 mg/g 表示，皂化值是 1g 褐煤蜡完全皂化时所需的氢氧化钾值。在优化工艺为褐煤水分含量约 6%、提取温度 45℃、提取时间 150min、褐煤与石油醚的用量为 1:4 的条件下，进行了 3 次试验验证，得出粗蜡的提取率分别为 5.01%、4.92%、5.03%；粗蜡的酸值、皂化值分别为 46.95mg（KOH）/g、62.03mg（KOH）/g [5]。将褐煤沥青、褐煤蜡制成漆蜡，碘值计算值为：在规定条件下与 100g 漆蜡发生加成反应所需碘的克数[6]。

碘吸附值（碘值）（mg/g）通常是指褐煤沥青在一定条件下制成活性焦或活性炭所吸收碘的量。碘值被用来衡量液相中褐煤活性焦或活性炭对小分子物质的吸附能力。李强等将褐煤原煤破碎与筛分，然后进行干燥提质处理、冷却降温，冷却后进入制粉系统制粉，褐煤细粉与焦油、沥青和水按一定比例混合均匀后挤压成型，成型后的棒料干燥脱水后送至炭化炉炭化，炭化料直接送至活化炉活化处理后，得出褐煤活性焦的碘值为 300~400mg/g，可用于土壤抗菌改良；褐煤沥青制活性炭的碘值越大，表示不饱和键含量越高，吸附活性越高，用褐煤沥青等制成的活性炭碘值最高可达 1425.2mg/g，适合用于水处理等[7]。

（3）褐煤的分布及特点

世界褐煤总储量约 2.4 万亿吨，主要分布于北美，其次是俄罗斯、西欧和日本。中国已探明储量 1216.09 亿吨，占世界第三位（次于美国和俄罗斯），主要集中在内蒙古东北部（929.83 亿吨，占全国总储量的 74.5%）以及与东北三省相邻地区（晚侏罗纪褐煤为主）、云南、海南（晚第三纪年轻褐煤为主），还有零散分布的早第三纪褐煤（主要在吉林舒兰、山东黄县、河北涞源、山西繁峙、广西百色、南宁等地）、少量第四纪年轻褐煤（浙江天台）。表 1-7 为国内外典型的褐煤样品分析及特征。

表 1-7　国内外典型褐煤样品的分析结果　　　　　　　　单位：%

产地	类型	干基灰分（A_d）	腐植酸	黄腐酸	元素分析（无水分无灰基）				
					C	H	N	O+S	H/C
北达科他州（美国）	风化褐煤	7.7	77.81	—	63.9	4.0	1.2	30.9	0.75
中山（日本）	柴煤	15.5	7.5	2.0	67.9	5.5	2.9	23.7	0.97
云南寻甸	年轻褐煤	8.45	53.28	9.82	54.81	5.38	1.46	38.35	1.17
内蒙古霍林河	年老褐煤	7.71	34.91	—	70.27	4.59	1.16	23.98	0.78
内蒙古武川	风化褐煤	15~37	40~55	—	56.08	3.23	1.11	39.58	0.69
内蒙古蒙东	褐煤	12.82	51.39	—	62.01	2.97	4.01	31.01	0.56
山西繁峙	年轻褐煤	27.32	15.74	4.64	67.63	5.86	1.06	25.33	1.21
山东龙口	年老褐煤	10.97	12.60	2.27	74.96	5.62	—	16.45	0.90
吉林舒兰	年轻褐煤	47.70	12.24	—	64.95	5.68	1.71	27.63	1.05

注：H/C 表示"H/C 原子比"。

表 1-7 中内蒙古蒙东褐煤，经硝酸氧化后 C、H、S 含量降低，O、N 含量增加，灰分变化不大，挥发分升高，褐煤中芳香环羧基化，侧链烷基氧化和硝化。赵顺省等在硝酸氧化的基础上，采用假单胞菌属对蒙东褐煤氧化煤的最优降解条件为煤浆浓度 0.5g/50mL、提取时间 14d、菌液用量 2mL/50mL，粪产碱杆菌对蒙东褐煤氧化煤的最优降解条件为煤浆浓度 0.5g/50mL、提取时间 12d、菌液用量 4mL/50mL，2 种细菌对腐植酸的最高产率分别为 35.39％和 38.26％，对照组碱提取法对化学腐植酸最高产率为 42.89％。紫外光谱（UV）和红外光谱（IR）分析表明，2 种生物法制的腐植酸分子量、芳香度以及含氧官能团的总数量小于化学腐植酸；XPS 分析表明，2 种生物法腐植酸中含氧官能团的种类数大于化学腐植酸，同时 2 种生物法腐植酸中的碳元素的存在形式与化学腐植酸也有较大差异；营养元素检测表明，2 种生物法腐植酸中的 N、P、K、Ca、Mg 的含量远大于化学腐植酸。这是根据褐煤资源特点，强化应用的一种方式[8]。

1.1.1.3 风化煤

（1）风化煤的特征

风化煤即露头煤，由接近地表或位于地表浅层的褐煤、烟煤等在大气中长期经受阳光、空气、雨雪、风沙等渗透和风化作用，主要是由造煤植物在地中经历了煤化过程的还原性环境，再在地表气流影响下置于氧化性环境中，受空气和水的影响而发生缓慢的氧化所引起的。与相应未风化的煤相比，风化煤的物化性质发生了一系列变化，如强度和硬度降低，以至用手都可以捻碎；吸湿性增加；碳和氢含量、着火点、发热量都降低，并引入大量含氧官能团，出现了再生腐植酸。因此，风化煤以氧含量降低、腐植酸含量高、黏结性降低等为特征。

（2）风化煤的形成与特点

经过风化的煤，颜色变浅，光泽变暗，强度降低。褐煤、烟煤的风化大致经历三个阶段：

第一阶段：煤的表面氧化。氧与煤的有机物形成一种煤氧复合物，同时有少量的 CO、CO_2 和水生成。

第二阶段：腐植酸形成阶段。这一阶段在氧化剂继续作用下，煤氧复合物发生分解，放出活性氧，氧化生成腐植酸（再生腐植酸），并且腐植酸含量逐渐增加。随着氧化深度的加深，再生腐植酸达到一个最大值后开始下降。风化后煤中 HA 可达 50％～80％。

第三阶段：化学组成变化，即风化后碳、氢含量下降，氧含量上升，活性功能团增加；并随着再生腐植酸含量增加，发热量降低，着火点下降。

同一煤化程度的煤，亮煤、孢子暗煤比一般暗煤和丝炭易于风化，弱黏结煤比强黏结煤易于风化。而这些风化煤中易于风化的成分是腐植酸＞腐黑物＞腐殖质＞沥青。易风化的成分含有较多的羧基、醛基、羰基等的不饱和性质的官能团，沥青被认为具有防止氧化的性质。在我国，风化煤不论是储量还是含量都更具优势。

风化煤腐植酸芳香缩合度高，很少含脂肪结构，化学活性比褐煤、泥炭要差，因而其深加工难度也大。风化煤没有甲氧基，羧基和醌基含量较高，因此它在某些生物活性上高于褐煤和泥炭，如对酶活性的抑制作用、生物刺激活性等。由于埋藏和露头程度、矿物质成分、温度、水分含量等环境条件波动很大，腐植酸含量不太稳定。此外，风化煤矿床中无机矿物较多，包括含钙、铝、镁、铁、钠、钾等的硅酸盐、硅铝酸盐、碳酸盐，以及硫酸盐（石膏）、硫化物（黄铁矿）、食盐、氧化亚铁等。有些风化矿层中的钙、镁盐类被水浸蚀并与腐植酸反应，形成"高钙镁腐植酸"，不能用 NaOH 水溶液直接提取出来，因此风化煤凝聚限度很低，给实际应用带来不利影响；从另一角度看，羧基含量高与金属离子络合能力强是它的一个优势所在。风化煤中的再生腐植酸可进一步转化为水溶性黄腐酸，进而生成简单的有机酸，如各种苯羧酸及气体产物如 CO、CO_2 等。

（3）风化煤资源及利用

根据调查数据，世界风化煤资源的储量大致在数百亿吨级别。风化煤的主要分布国家包括美国，主要分布在东部和中部地区；澳大利亚，主要分布在昆士兰州和新南威尔士州；南非，拥有较大的风化煤资源，主要用于电力生产；俄罗斯，风化煤的储量也相当可观，主要分布在西西伯利亚、远东地区和乌拉尔地区；印度，风化煤储量丰富，约数十亿吨级别，主要用于电力生产和钢铁制造；中国，是世界上最大的煤炭生产和消费国，风化煤的资源相当丰富，主要分布在山西、内蒙古、新疆、黑龙江、江西等地，对山西、内蒙古、新疆进行过初步普查，探明储量分别为 80 亿吨、50 亿吨和 3.5 亿吨，其 HA 含量一般在 20%～70%之间，个别的可达 80%以上，是宝贵的自然资源。表 1-8 为中国典型的风化煤煤质分析数据。

表 1-8　几种风化煤的分析结果

产地	A_d	HA_d	元素分析(daf)					
			C	H	N	S	O	H/C
山西灵石	10～20	50～75	68.76	2.73	1.44	0.77	26.00	0.48
山西大同	24.83	45.95	68.09	2.40	1.28	—	28.23	0.42
新疆米泉	5～12	60～80	61.93	2.59	0.94	0.32	32.15	0.5
黑龙江七台河	18～30	40～60	68.05	3.15	1.06	1.07	26.67	0.56
江西萍乡	19.25	47.90	66.92	2.94	1.59	0.49	29.7	0.52
内蒙古乌海	15～25	50～60	—	—	—	—	—	—
安徽淮南	11.94	50～70	70.19	6.92	1.56	1.98	19.31	1.18

注：A_d 代表分析基水分、干基灰分；HA_d 代表分析基腐植酸含量。

从上述情况来看，风化煤的 HA 含量普遍较高，表中的安徽淮南风化煤，虽然硫含量较高，但灰分较低，H/C 也高，刘光鹏等采用负载 Fe_2O_3 的碳纳米管（CNT/Fe_2O_3）作催化剂，继续硝酸氧解该风化煤制硝基腐植酸（NHA），结果表明 CNT/Fe_2O_3 催化剂可明显提高风化煤氧解 NHA 收率，对氧解产物 NHA 结构无明显影响；催化剂用量 10%、氧解温度 120℃ 以及氧解时间 0.8h 时，收率达 55.0%。

1.1.1.4　生物质

植物生物质（生物质），一般指农林废物（包括秸秆、树皮、锯末、杂草、落叶等）、动物粪便，以及造纸、制糖、制酒等发酵和食品工业下脚料等，分布极广，而且数量巨大。中国每年仅秸秆就有 9 亿吨，畜禽粪便 38 亿吨（湿），城市垃圾 2.5 亿吨，干污泥 30 万吨，肉类加工废料 0.6 亿吨，油茶等饼粕类 0.25 亿吨，餐厨废弃物不低于 9000 万吨，糖蜜酒精废液 1.5 亿吨等，都是宝贵的可再生的资源。

运用低碳环保的生物化学协同技术创制生物质腐植酸，与矿物源腐植酸相比，其芳香缩合程度较低、分子量较低，这是由于：①原材料选取的差别。②培育专一菌种的环境。③菌种的筛选和富集技术，如木质素和多酚物质菌种的富集与自然矿化条件的差异，进一步缩合为腐植酸相关技术的区别。生物质腐植酸的生产，符合国家化肥减量、农药减量等系列政策，极具发展潜力。

1.1.1.5　土壤腐植酸

原生的土壤腐植酸由各种植物残体经多种微生物和大自然的长期作用下，在土壤中腐烂分解成有机质、腐殖质、腐植酸，由土壤表面层、次表面层，沼泽沉积物、海湾或港口附近的沙滩和沙砾中的腐殖物质所积聚。土壤和水中的有机物质通常分为腐殖物质和非腐殖物质，有机物质的大部分是由腐殖物质所组成的。非腐殖物质包括碳水化合物、蛋白质和氨基酸、脂肪、蜡、树脂、色素以及其他低分子量有机物质。一般来说，非腐殖物质易被土壤中微生物所作用，残留率相当低。因此，在土壤被矿化、被盐碱化、甚至沙漠化的今天，土壤中的腐植酸还可以通过施加腐植酸肥料增加土壤中腐植酸的比例；也可以在秸秆还田的过程中，同时添加生物酶，将生物质腐植酸直接在大田中完成腐殖化过程，提升土壤有机质和腐植酸的比例。

1.1.2　形成腐植酸的化合物

腐植酸原料是成煤的原始植物，以陆生高等植物为主，低等植物菌藻类次之，包括组成 HA 的纤维素、半纤维素、果胶质、木质素等碳水化合物，蛋白质，脂类化合物包括脂肪、树脂、树蜡、孢粉质、角质、木栓质等，以及鞣质、色素等。高等植物的组成以纤维素、半纤维素和木质素为主，低等植物则以蛋白质为主，并含碳水化合物和脂肪。以下6点是目前腐植酸主要资源。

① 纤维素、半纤维素、果胶质等碳水化合物构成植物营养细胞的细胞壁，半纤维素和果胶质还经常混合出现，或集中于植物的果实中。木质素分布在植物茎部的细胞壁中，包围着纤维素并充填其间隙，增强茎部的强度，是成煤植物中最主要的有机组分。生物质腐植酸，从纤维素、半纤维素、木质素细分，通过生产纸浆和纸张的过程已经有稳定的商业生产途径；而木质素作为副产物，仍未得到充分的利用，作为腐植酸的前体物，还可进一步梯度利用。

② 蛋白质是组成植物细胞内原生质的主要物质，由氨基酸分子缩合而成，是有机体生命起源的物质基础。脂类化合物中，脂肪是植物细胞内原生质的成分之一，低等植物内含量较丰富，高等植物中含量少，集中于植物的孢子和种子内。

③ 树脂在植物体内呈分散状态，当植物受外伤分泌胶冻状物质，其中的易挥发物质逸出后，残留的物质经氧化聚合变硬，起保护外皮的作用。

④ 树蜡呈薄层覆于植物的叶、茎和果实表面，防止水分的蒸发和微生物的侵入；角质是覆盖植物的叶、嫩枝、幼芽和果实表皮的角质层的主要有机组成，木栓质浸透植物的木栓组织，都起保护作用。

⑤ 孢粉质是组成植物繁殖器官孢子、花粉外壁的主要物质。

⑥ 鞣质（单宁）则浸透在老年木质部的细胞壁中，树皮中鞣质高度富集处。

随着科技发展，腐植酸原料已从风化煤、褐煤、泥炭、油页岩等有机矿物源，工农业生产非矿物源生物质副产物扩展到利用餐厨剩余物、生活污泥等原料。如在北京嘉博文循环产业园的高安屯餐厨废弃物资源化处理厂里，餐厨废弃物经过10小时的微生物发酵，产出柔软疏松、形似木屑的高品质生物腐植酸肥料；上海通微生物科技有限公司利用食品工业味精副产物等制成生物腐植酸，上海臻衍生物科技有限公司研发生产含腐植酸的仿生泥炭。陈梦凡等从污泥渗滤水中回收精制到99.9%的黄腐酸。该研究通过核磁共振发现，其水体黄腐酸中的磷元素是以磷酸二酯和磷酸单酯的有机磷形式存在的。说明这些磷元素在核酸、磷脂质、磷酸糖类物质源于生物细胞体，从而说明这些腐植酸的形成是通过生物细胞体（碎片）而聚合形成的。黄腐酸中的磷元素都是以磷酸二酯的形式存在，而腐植酸中的磷元素包括磷酸二酯和磷酸单酯，进一步推测，磷元素的逐步矿化说明了一部分腐植酸可能是由黄腐酸聚合形成的，并证实生物死亡后留下的细胞碎片，也可以被逐步转化成黄腐酸，再转化成腐植酸[8-9]。

上述餐厨剩余物、生活污泥等原料在资源化利用过程中的腐殖质（HS）制成HA、FA，同时作为净水技术（如自来水），除去了其中的HA，成本较低，节能环保，可持续发展。

1.2 形成腐植酸的假说与理论

1.2.1 腐植酸形成假说

在腐植酸的形成和发展史上，有以下几种假说。

① 植物转化假说：认为腐植酸是能耐微生物作用的植物遗骸，在植物中碳水化合物等组分被微生物降解殆尽后，留下耐降解的木质素继续被腐殖化，再生成腐植酸、黄腐酸乃至二氧化碳和水。

② 化学聚合假说：认为腐植酸与原始植物组成无关，强调纤维素、半纤维素的葡糖苷、单宁酸以及其他非木素物质，在微生物作用下由植物残体进一步降解成酚类，又在多酚氧化酶作用下转化为醌，再与氨基化合物等反应，缩合成黄腐酸，再聚合成腐植酸。

③ 细胞组织自溶假说：认为腐植酸是植物和微生物细胞残体，借助于自溶酶作用形成的。因此形成物是不均一的。

④ 微生物合成假说：认为腐植酸是微生物以植物组织作为碳源和能量，在细胞组织内合成、分裂形成，这与图1-8～图1-9也吻合。

其中学说①认为腐植酸主要由植物转化。因此，在矿物源腐植酸、黄腐酸中分析有萜类、甾类、黄酮等组分。用同位素方法分析，现代植物与古植物的上述组分一样。天然腐植酸黄腐酸主要属于植物遗骸，其高端利用可以进一步分离为关键组分。其中学说②单体合成更需要的萜类腐植酸组分。其中学说③和④，也可由图1-1中数个异戊二烯首尾相连，在植物内生菌的作用下，生物合成紫杉醇、银杏内酯、青蒿素、皂苷等含萜类化合物，再合成含萜类的腐植酸，也可以由图1-2中豆甾醇、酵母甾醇，在乙酰辅酶、甲羟戊酸等作用下，也以三萜合成途径为基础，利用环氧角鲨烯为关键前体，合成甾醇类化合物，再合成含甾类的腐植酸，这与由图1-3的氨基糖-多酚-皂苷途径合成腐植酸、由图1-4的邻酚-氨基糖-多肽化合物途径合成腐植酸，以及图1-5的杂多酚（花青素多酚等）、图1-6的木质素氧化降解或酶解合成图1-7的腐植酸和黄腐酸是一致的。

矿源腐植酸是植物残骸在微生物、物理化学等作用下，经脱水、分解、脱羧、氧化、老化等复杂的地质化学成岩（成煤）条件，历经了百万年以上地质压力作用下的热演化过程后形成的蕴藏在泥炭、褐煤、风化煤等矿物中的有机物质。而生物源腐植酸是以生物质为原料，在人工条件下用生物法或化学法提高温度、加快反应速率来模拟有机质的热演化过程而制备的有机质。

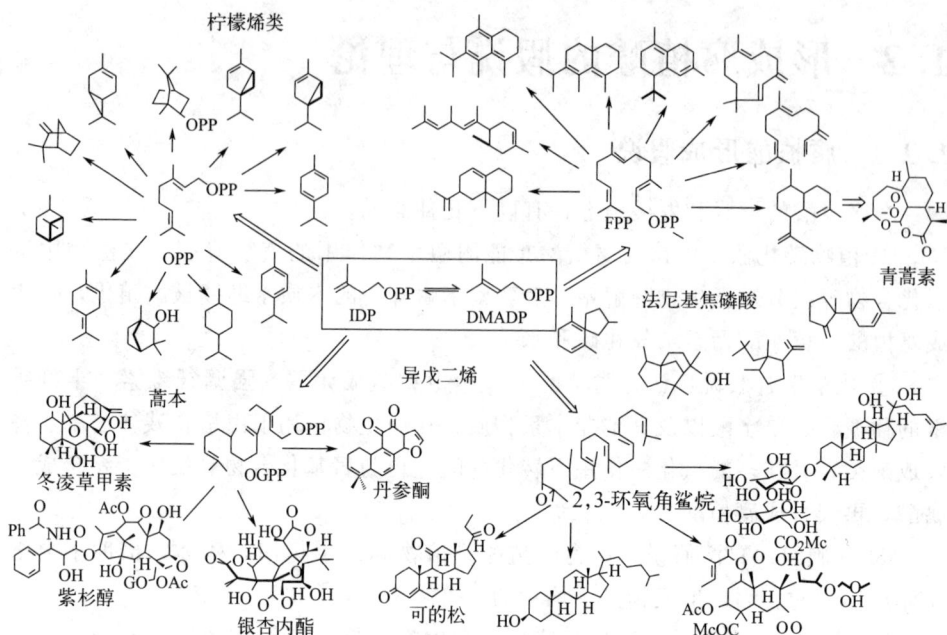

图 1-1 形成腐植酸的异戊二烯、柠檬烯、青蒿素等萜类化合物 [3]

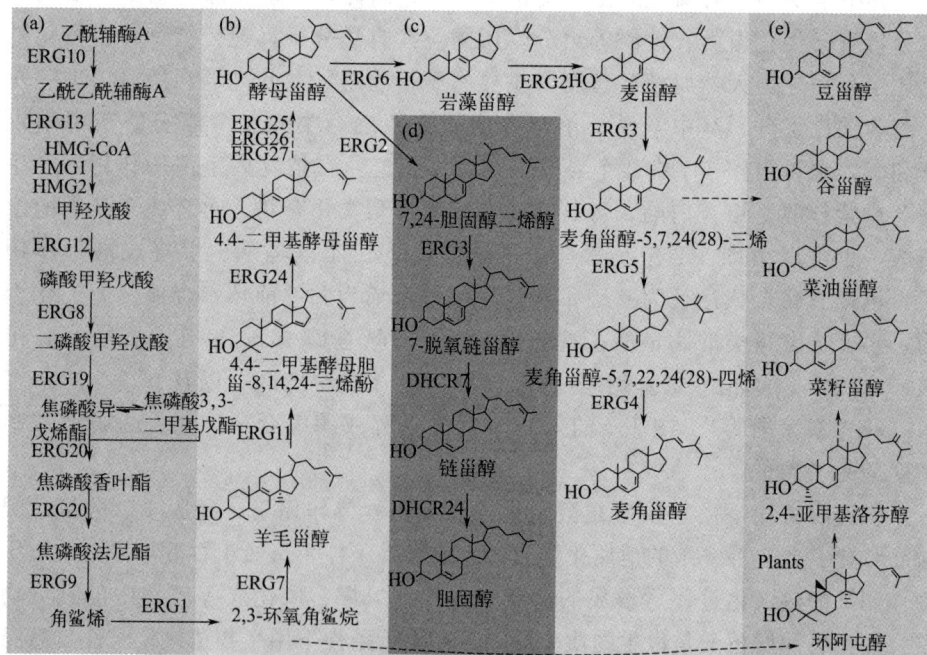

图 1-2 形成腐植酸的羟基戊酸、甾类化合物 [4]

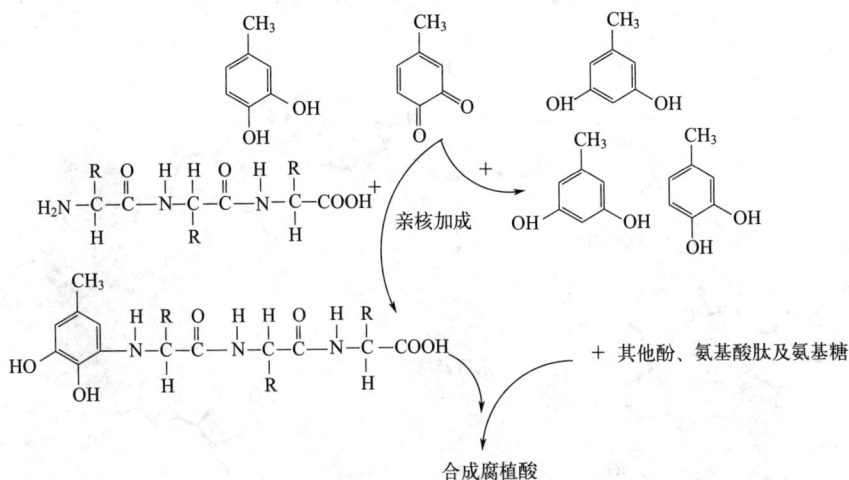

图 1-3　形成腐植酸的氨基糖-多酚-皂苷化合物

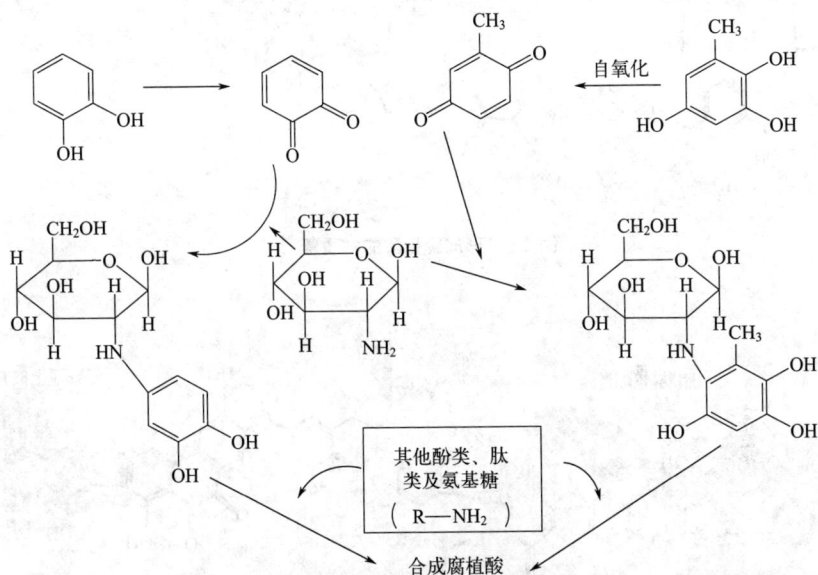

图 1-4　形成腐植酸的邻酚-氨基糖-多肽化合物

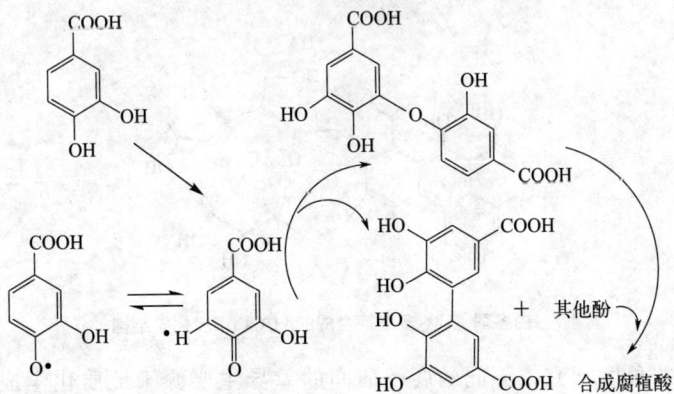

图 1-5　形成腐植酸的杂多酚（花青素多酚等）

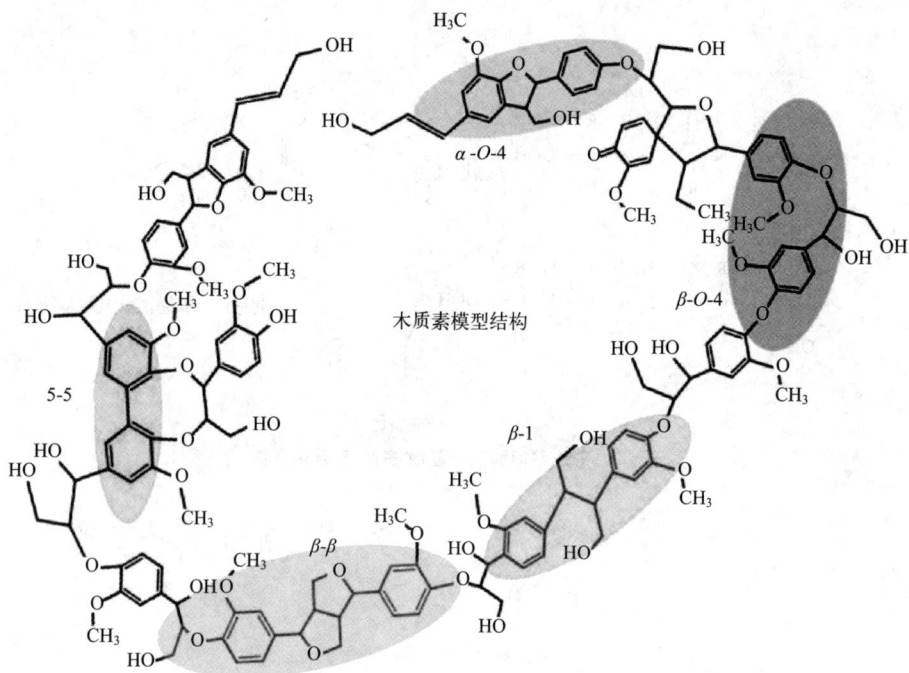

图1-6　形成腐植酸的木质素[5]

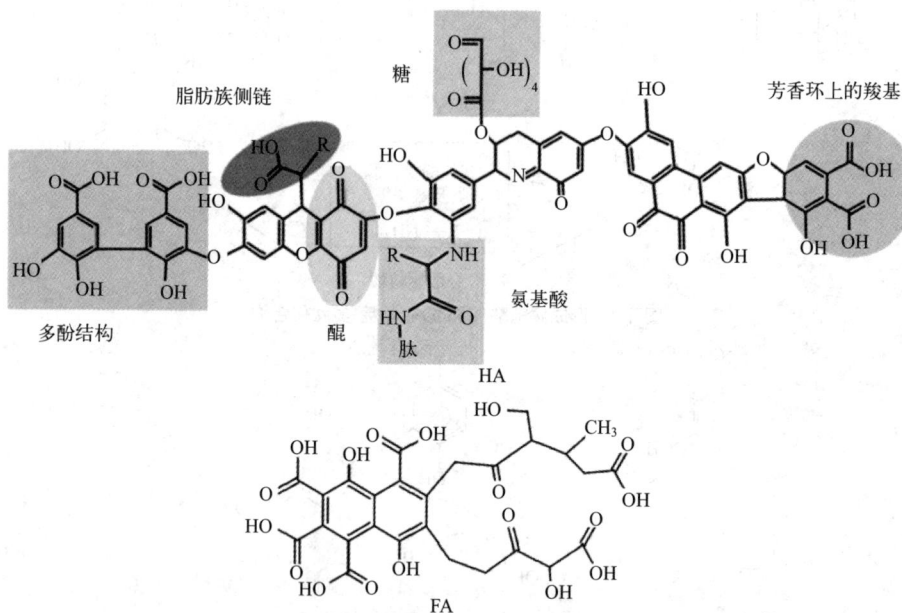

图1-7　由多酚-多肽-多糖等合成的 HA 和 FA 化学结构[5]

从化学的角度探究，不同的腐植酸间的差异主要源于地质化学成岩（成煤）

条件、风化氧化的自然或加工条件、生物发酵/生物降解（酶解）和人工合成的强制或仿生条件等。提高温度、加快反应速率的方法虽然能模拟有机质的热演化过程，可以为基础理论研究提供依据，但无法再现百万年以上的地质压力作用下漫长的煤化过程，因此这也是矿物源腐植酸和生物质腐植酸的生成差别（图1-8）。

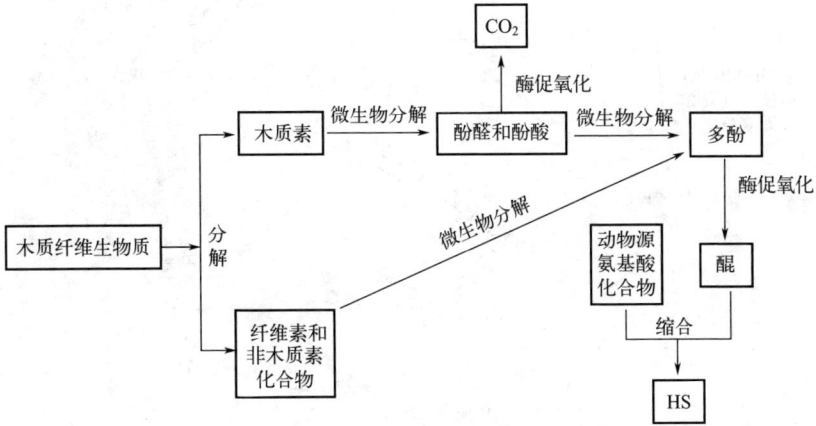

图 1-8　生物质形成腐植酸的多酚理论[6]

因天然植物的相同性，矿物源与生物源腐植酸中具有很多相同的活性物质，已被鉴定的有萜类、甾类等生物活性物质，由生物质制成的腐植酸中含量更多。在科学技术日益发展的今天，选择生物合成、半合成的技术，可以避开腐植酸复杂的分离精制过程，直接获得所需的结构化药物。由图1-1等可以认为黄腐酸的多种药理药效源于萜类，源于同一单元的异戊二烯。它合成了自然界50000种形态，也可以生物合成丹参酮、青蒿素、人参皂苷、β-谷甾醇、印楝素、紫杉醇等。这对腐植酸、黄腐酸的高端应用是一种挑战，也使腐植酸、黄腐酸除了胶体性质以外，借助高等仪器，有了结构化表征的依据。

从原料扩增角度，农作物秸秆、枯枝落叶的发酵堆肥，生产基质，以及生物化工多种产品，都可以转化成腐植酸（图1-9）需要在物料腐熟度上把关。

影响腐植物质腐植化程度的参数与生化过程中的微生物活性和酶的活性有关。支链脂肪酸是土壤环境中微生物活动的产物，这种支链脂肪酸被认为是腐植酸的前体，在堆肥过程中支链脂肪酸可以用作堆肥过程中的生物标志物。Fukushima 等[7]从三种不同成熟度的堆肥中提取并用四甲基氢氧化铵（TMAH py-GC/MS）通过热解-气相色谱/质谱法分析了腐植物质（HS）中的支链脂肪酸，得出具有较高腐植化程度（较高芳香性和较低分子量）的产品中具有较高的腐植物质含量。腐植酸黄腐酸产品作为农业肥料应用，其腐熟度与稳定性是一个相对的数值。有机质矿化是腐熟度与稳定性变化的全过程参数；而 C/N 测定、氨氮/硝氮测定、呼吸好氧测定、光谱分析、生物活性分析仅能作为科学研究的测定方法；测定发芽率、测定发酵过程的温度变化是检测有机肥料、基质质量的简易而

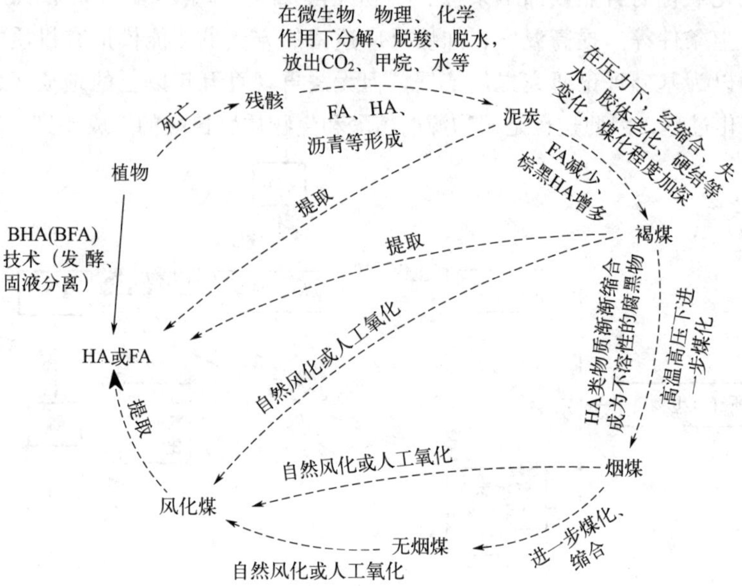

图 1-9　矿物源和生物质源腐植酸的演化示意图 [7]

又实用的方法。生物酶解是一类定向反应过程，除了肥料生产中的腐熟度指标外，还可以用产物组成结构等来判断反应的终点。不同原料的腐植化速度见表 1-9。

表 1-9　不同原料的腐植化速度

培养环境	1d	3d	5d
腐植质	++	+++	+++
杨树叶	+	++	+++
PDA	−	+	++

注：−表示观察时候无菌体；+表示能观察到菌体生长；++表示菌体生长超过 1cm；+++表示菌体布满培养基。

　　这可以解释矿物源煤炭腐植酸和生物腐植酸的形成，最主要的因素之一是微生物菌与生物酶的作用[7]。

1.2.2　腐植酸的用途

　　图 1-10 列出了天然腐植酸的主要用途。例如，用腐植酸代替棉花、炭黑用于蓄电池阴极膨胀剂，可以使电池寿命明显延长；腐植酸用作混凝土减水剂可改善水泥的稳定性、流动度，降低工程造价；腐植酸作为钻井泥浆处理剂在石油开采中，能起稀释、降失水作用；腐植酸也可作为锅炉等工业设备除垢剂、重金属离子吸附剂、涂料添加剂等；腐植酸在医药上具有消炎、皮肤美容、改善微循

环、预防控制恶性肿瘤的生长和扩散等功能。图 1-11 也列出了腐植酸食品酿造、塑料等用途，但如果将原料从矿物源的煤炭腐植酸扩大到生物质腐植酸，其综合利用还应不断深入。

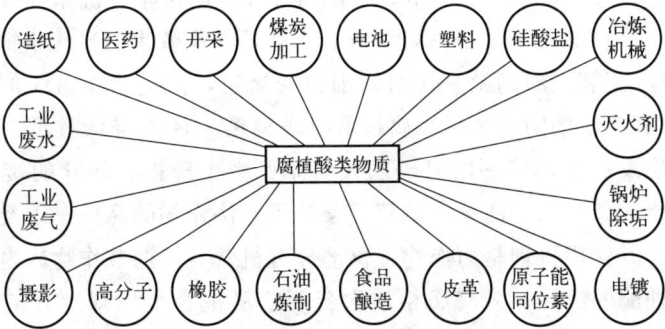

图 1-10 腐植酸类物质在工业上的应用

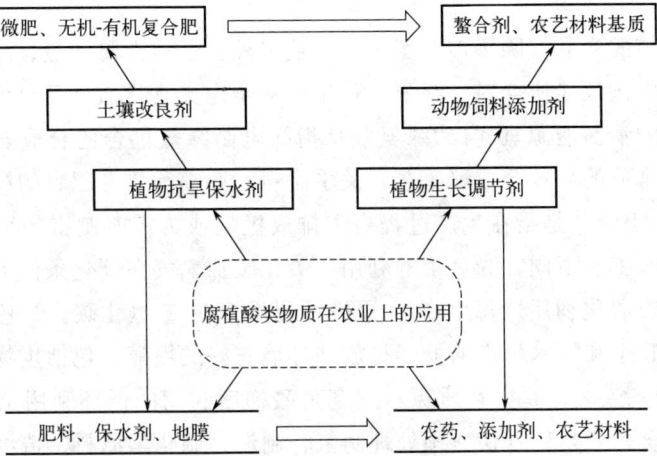

图 1-11 腐植酸类物质在农业上的应用

在图 1-11 中，腐植酸与氮、磷、钾及各种微量元素复配，可制备 30 余种专用有机液肥；作为保水剂，施用腐植酸可松散土壤，促进植物根系吸收水分，对土壤湿度和水蒸发率有稳定作用；同时游离的腐植酸可促进植物叶面毛孔的收缩，减少水分的丧失。作为土壤改良剂，腐植酸可改善土壤的结构和质地，从而提高土壤的透气性和保水性，活化土质养分。

腐植酸的抗旱作用是我国科学家首先发现的，引起了世界的重视。抗旱作用是腐植酸的固有特性。HA 与土壤节水、植物抗病等有关。利用地膜覆盖方式改善农作物生长环境的栽培技术，该法可防止土壤水分蒸发，抑制杂草生长，全面提高作物对光、温、水、肥与土地利用率等。利用腐植酸类地膜能提高田地温度 1~4℃，其最终可化作肥料。

HA 用作动物饲料添加剂，在猪、牛、羊、鸡等畜禽饲料中添加 0.1%～0.5%的 HA-NA，可促进新陈代谢，加速生长发育，改善肉质，增加肉、蛋、奶的产量，并可使牲畜皮毛发亮，发病率减少，增加动物机体抗病能力。

HA 作为农药（植物生长调节剂）能增强作物的抗旱、抗寒等抗逆性能。据不完全统计，腐植酸防治苹果树腐烂病、水稻烂秧病效果明显优于福美砷等化学药物。HA-Na 能够强烈刺激愈伤组织细胞的繁殖，促进愈伤组织的生长。HA-Na 对蚜病也有一定的防治效果。腐植酸（黄腐酸）还能降低黄瓜、黄芽菜、马铃薯的霜霉病发病率，红薯的黑斑病发病率，减少辣椒、烟叶的炭疽病发病率等。腐植酸能改善甘蔗、甜菜、烟草、桑叶等经济作物的品质，以及粮食等其他农产品品质。其作用机理是为作物提供部分有机营养，调节作物体内养分平衡状态，刺激多种酶的活性。为将腐植酸农药用途从植物生长刺激素拓展且效果更佳，还要与植物内源激素、植物自身免疫性能等配合，使腐植酸农药成为针对性更强的抗菌、抗虫、抗病害的专用型农药，以液肥、地膜等配合的现代化应用方式。

现代腐植酸产品，除了涉及工业、农业以外，还可涉足绿氢、绿氨、绿色甲醇等领域。中国氢能协会对"绿氢"作出的初步定义是指通过可再生能源电解水制氢而得到的清洁能源氢气。"绿氨"是指绿电制绿氢耦合的合成氨生产，可实现清洁零碳排放的高效合成氨工艺，关乎肥料、腐植酸复合肥料的绿色生产及其应用。"绿色甲醇"是指在生产过程中碳排放极低或为零时制得的甲醇。与传统煤制甲醇生产工艺不同，绿色甲醇利用二氧化碳加氢气在催化条件下合成，实现了二氧化碳资源化利用。每生产 5t 甲醇可利用 7.5t 二氧化碳。绿色甲醇通过可再生能源或碳中和技术生产的低碳排放和环境友好的甲醇，包括生物质气化和电解 CO_2 等制备工艺，是生物质原料到腐植酸梯度利用的循环利用工艺。如与超临界裂爆结合，它是秸秆快速预处理制氢、制油、制化学原料、造纸、制腐植酸的关键工序，陈洪章、田原宇、颜涌捷、鲍杰、张素平等学者都一直在做这方面的研发工作。其中，田原宇的生物质制氢制油伴生的水溶液浓缩技术，异源合成改制后，成了可全水溶的"壤动"黄腐酸商品，在肥料、土壤改良等方面发挥着液肥、生物刺激素等作用，使玉米、小麦、稻米等作物获得了丰收[10]。

1.3　腐植酸发展方向

腐植酸原料主要是由泥炭、褐煤、风化煤、生物质（木质素）转化成的。腐植酸在农业发展上的肥料产品复合物从微量元素到中量元素、大量元素，肥料类型从微生物、酶制剂到化学螯合物、控释物。此外，腐植酸在食品、医药上的跨度也在不断增加。HA 产品可通过生物、材料、能源等技术制成。尤其是 HA 生物精细化工产业，虽然工艺有区别，但不少设备是通用的。例如，生物发酵类产品设备、反应分离类产品设备，仅腐植酸纳米材料就有以下几种发展方向。

① 新型能源光电转换、二次电池材料、水催化制氢。

② 环境光催化有机物降解材料、抗菌涂层材料、生态建材、处理有害气体减少环境污染的材料。

③ 功能涂层材料，具有阻燃、防静电、高介电、吸收散射紫外线和不同频段的红外吸收和反射的涂层助剂。

④ 纳米密封胶、黏结剂、化妆品、石油钻井浆料等多领域的传统产品进行改造，对新质腐植酸产业结构的调整将起到不可估量的作用。

腐植酸的发展方向和目标是利用可持续发展的方法来降低维持人类生活水平及科学进步所需腐植酸产品，以及以绿色技术、环境友好的清洁生产技术为核心，研究腐植酸基础理论，研发新产品，设计开发制造方法以及从源头上减少或消除产品工业对环境的污染。

1.3.1　以量子化学增强理论研究

① 作为重要的能源、肥料 HA 原料，褐煤资源潜力巨大、分布广泛但综合利用率低。研究褐煤的分子结构模型，有助于预测褐煤在热解、液化和气化过程中的化学反应机理及反应路径，进而提高褐煤 HA 的综合应用水平。张殿凯等以云南峨山褐煤为研究对象，利用傅里叶变换红外光谱、核磁共振波谱及 X 射线光电子能谱等分析测试方法，获取了峨山褐煤的含碳、含氧及含氮结构参数。借助 Gaussian 09 计算平台，采用量子化学建模的方法构建并优化了峨山褐煤的分子结构模型。研究结果表明：峨山褐煤的芳碳率为 39.20%，结构主要为苯和萘，且芳香桥头碳与周边碳的比值为 0.07；脂碳率为 49.51%，脂肪碳结构主要为亚甲基，季碳和氧接脂碳；氧原子主要存在于羟基、醚氧、羰基和羧基结构中；含氮结构则以吡啶为主。基于元素分析、^{13}C 核磁共振波谱分析，又经过热重试验消除褐煤中残余水分的影响后，计算出峨山褐煤的分子式为 $C_{153}H_{137}N_2O_{35}$，分子量 2345；如图 1-12 所示，芳香簇主要通过亚甲基、醚氧基、羰基、酯基和脂肪环连接，含氧官能团主要分布在分子边缘，脂肪族侧链比较多。在此基础上，进行 HA 含氧官能团、含硫官能团以及含氮官能团的研究应用，通过量子化学过程模拟解决褐煤氧的问题，确认反应过程中各个过渡态、反应物、中间体和生成物的能量变化和结构参数[11-13]。

张彩凤等利用分子模拟平台 Discovery Studio 研究分析黄腐酸和三七中人参皂苷 Rg1 分别对蛋白磷酸酯酶 2A（protein phosphatase 2A，PP2A）的影响。结果表明，人参皂苷 Rg1 通过促进 PP2A 的活性以减少 tau 蛋白的过度磷酸化，从而防治阿尔茨海默病（Alzheimer disease，AD）。采用 CDOCKER 对接技术对

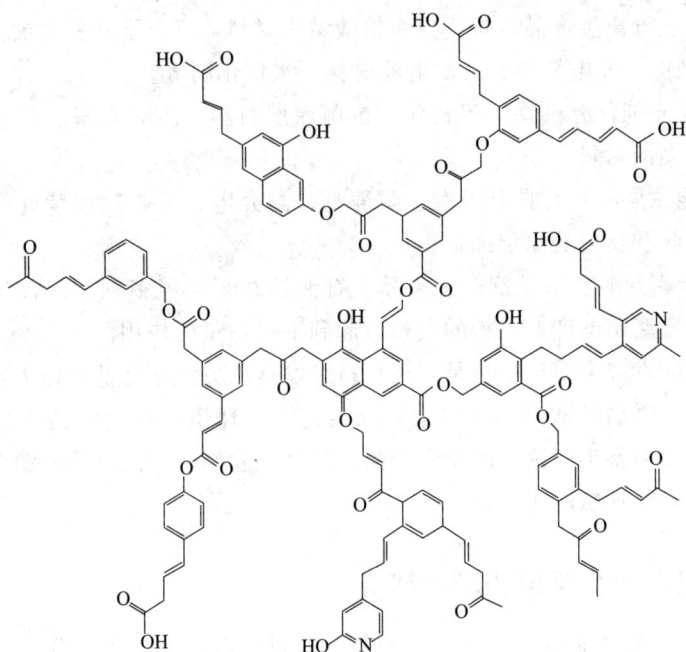

图 1-12 腐植酸分子结构 [13]

黄腐酸和人参皂苷 Rg1 分别与 PP2A 结合研究表明，黄腐酸也可能与 PP2A 发生作用，减少 tau 蛋白的过度磷酸化。与人参皂苷 Rg1 和 PP2A 形成的复合物对接结果表明，黄腐酸可能促进人参皂苷 Rg1 与 PP2A 的结合，从而增强 PP2A 的药理活性（图 1-13）。

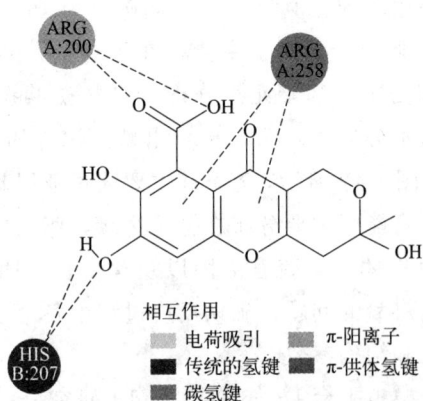

图 1-13 黄腐酸促进人参皂苷的药理活性 [14]

② 张亚超等探究褐煤腐植酸 NH_3 对吸附氧气、对自燃氧化的影响。通过建立

吸附性能显著的含氮活性基团褐煤分子片段模型，运用量子化学包含色散矫正的密度泛函理论方法（DFT-D₃），可以研究煤分子分别与 NH₃ 和 O₂ 之间单独吸附的微观机理以及 NH₃ 和 O₂ 在煤表面共存条件下的相互依存关系。

如图 1-14 所示，—NH₂ 中的 N 原子电负性较强，会导致范德瓦耳斯表面的静电势最小值（最小值为 -135.52 kJ/mol），而静电势最大值出现在—NH₂ 中的 H 原子周围区域，最大值为 $+116.82$ kJ/mol。由于褐煤对 O₂ 的物理吸附性小于 NH₃，煤与 O₂ 分子的吸附位置主要集中在—NH₂ 侧链，如引起的自燃氧化过程主要发生在—NH₂ 侧链；褐煤与 NH₃ 和 O₂ 发生混合吸附时，NH₃ 和 O₂ 分子在煤表面的吸附存在相互促进的作用，且 NH₃ 对褐煤分子吸附 O₂ 的促进作用要强于 O₂ 对褐煤分子吸附 NH₃ 的促进作用；当褐煤表面吸附 NH₃ 与 O₂ 的分子数之比为 1:3 时，NH₃ 对褐煤吸附 O₂ 的促进作用随着 O₂ 分子数目的增加而不断增强；NH₃ 的存在会促进煤对 O₂ 的吸附，加速褐煤的自燃氧化进程。

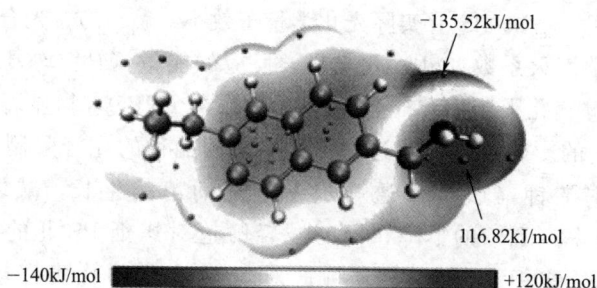

图 1-14　褐煤分子表面静电势分布[15]

③ 孟茜越等以陕北半焦及四种不同分散剂［腐植酸钠（SH）、木质素磺酸钠（SLS）、十二烷基磺酸钠（SDS）和一种自制衣康酸型分散剂（IPMS）］为研究对象，探讨不同添加剂对水焦浆成浆特性的影响。利用 Material Studio（MS）软件计算了分散剂的结构参数及半焦与分散剂间的相互作用能，从量子化学角度对分散剂的作用进行探讨，并与制浆实验结果进行比较。结果表明，加入分散剂可有效降低液体表面张力，增大半焦颗粒表面电负性，从而增强颗粒间静电排斥作用，使得浆体更加稳定。相同制备条件下，分散剂 IPMS 制备水焦浆时效果较优，在剪切速率为 $100s^{-1}$ 时，其表观黏度为 625mPa·s，7d 析水率仅为 2.38% 且无硬沉淀。通过计算机模拟得出吸附过程中分散剂的氧原子向半焦的羟基一侧靠近，产生电荷转移，四种分散剂活性大小顺序为 IMPS＞SH＞SLS＞SDS，IMPS 与半焦相互作用的吸附作用较强与实验结果一致。证明了采用量子化学计算结合实验数据可以对水焦浆分散剂的性能进行评价，为水焦浆体燃料制备技术及新型药剂的设计开发提供了理论基础（图 1-15）。

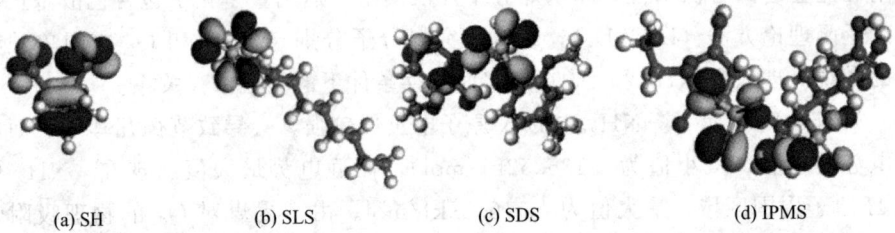

(a) SH   (b) SLS   (c) SDS   (d) IPMS

图 1-15　腐植酸钠等不同分散剂的 HOMO 轨道图[16]

④ 赵永长等采用 5% PEG-6000 模拟渗透胁迫的营养液培养法，以抗旱性不同的两个烤烟品种（"红花大金元"和"云烟 100"）为材料，研究叶面喷施黄腐酸钾（浓度为 0.1%）对渗透胁迫下烤烟幼苗生长和光合荧光特性的影响。结果表明，渗透胁迫下，两品种烤烟幼苗生长受抑制、生物量积累降低，叶片叶绿素含量、净光合速率、气孔导度、胞间 CO_2 浓度、蒸腾速率、叶片光系统 Ⅱ（PS Ⅱ）最大光化学效率（F_v/F_m）、PS Ⅱ潜在活性（F_v/F_o）、PS Ⅱ有效光化学量子效率（F_v'/F_m'）、PS Ⅱ实际光化学量子效率（$\phi_{PS\,Ⅱ}$）、光合电子传递速率（ETR）、光化学淬灭系数（qP）和光化学反应的能量（P）均显著降低，叶片水分利用效率、气孔限制值和非光化学淬灭系数（NPQ）均显著升高，且"云烟 100"受胁迫的影响更大；渗透胁迫逆境对两品种的光合限制均以气孔因素为主。喷施黄腐酸钾能改善渗透胁迫下烤烟幼苗的生长，减缓净光合速率（Pn）和蒸腾速率（Tr）的下降，同时减轻胁迫对烤烟 PS Ⅱ的伤害，提高光化学效率。黄腐酸钾可缓解渗透胁迫对烤烟幼苗的伤害，提高烟苗的抗旱性[17]。

1.3.2　以明确组分提高定量构效分析

定量构效关系（QSAR）是指通过数学方法建立化合物分子描述符与其生物活性的线性或非线性关系模型，在分子水平上阐明化合物的分子结构与生物理化性质之间的关系。与传统的体外实验、体内动物实验以及传统药物活性筛选所需的有限的人体观察相比，黄腐酸、棕腐酸、黑腐酸的关键组分有了明确的分子式、分子量，可以通过 QSAR 分析，缩短实验时间，降低实验成本。以黄腐酸、棕腐酸、黑腐酸中的萜类、甾类、黄酮类、醌类、酚类等，如阿魏酸、山楂酸、齐墩果酸、花青素为关键组分，通过定量构效分析，可进一步了解腐植酸的药理药效作用机理以及在食品中的应用。

阿魏酸具有抗氧化、抗菌消炎、抗血栓、降血脂、降低心肌耗氧量、降低肝损伤等药理作用，被广泛应用于医药、保健品、化妆品及食品添加剂中。如图1-16 中的阿魏酸（ferulic acid，FA），广泛存在于植物细胞壁中，它可以通过氧化降解从腐植酸甾类中获得，也广泛存在于麸皮、米糠、咖啡、甜菜粕、谷壳等食品原料及副产物中，也是生物腐植酸的组成部分。张婷等从泡盛曲霉固态发酵产出阿魏酸酯酶，经水解断裂羟基化肉桂酸与多糖之间交联酯键，释放出游离态的阿魏酸及其衍生物[18-19]。阿魏酸属于多酚类化合物，也可归入萜类或甾类，可以作为黄腐酸腐植酸的关键组分，研究定量构效关系。

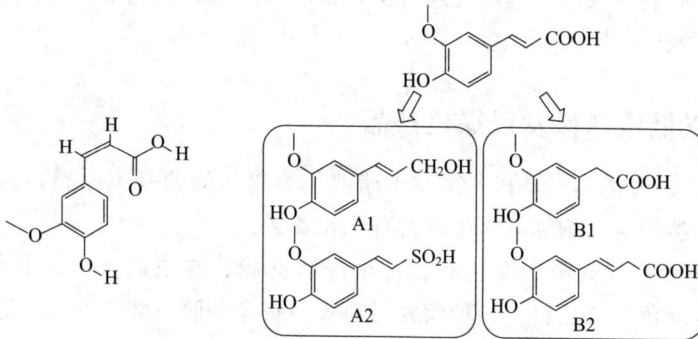

图1-16 生物黄腐酸中阿魏酸及其衍生物的结构

方子超等以阿魏酸研究脱除咖啡、安赛蜜等多种苦味物质的苦味，建立定量构效关系，并结合电子舌分析技术，得出阿魏酸羧基取代基团氢键受体的电荷量与苦味抑制强度呈反比。阿魏酸的丙烯酸碳链长度改性为二碳长度，会导致配体与关键残基相互作用不稳定，导致其苦味抑制强度降低；改性为四碳长度则增强其苦味抑制强度。阿魏酸作为新型苦味抑制剂，在改善食品食用品质方面具有开发潜力[20]。

原花青素可由不同数量的儿茶素或表儿茶素缩合而成。原花青素属于缩合单宁，是广泛存在于各种植物的核、皮或种籽等部位的一种多酚化合物。由于其具有强大的抗氧化作用，而广泛应用于食品、药品和化妆品等领域。近些年又发现原花青素具有抗癌活性和保护心血管的功能，而被作为防癌、防治心血管疾病药物的有效成分（图1-17）。

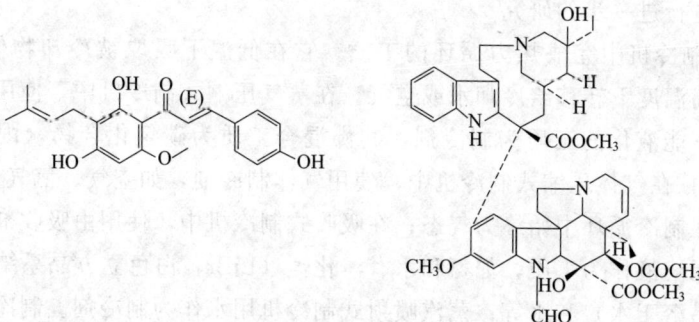

图1-17 生物黄腐酸中花青素、生物碱结构

现在发现多种植物中含有原花青素，如葡萄、山楂、花生、银杏、罗汉柏、崖柏、蓝莓和黑豆等[21]。生物腐植酸以植物果渣果枝等为原料，提取其组分，通过动力学模型，可以进行腐植酸和黄腐酸增加苹果、葡萄、蓝莓花色素，以及育苗品质的构效作用，联系宏观和微观的结构信息，预测提取分离和环境物质的活性关系，有利于提供一些研究新方法，是腐植酸与各类化学结构物质相关性研究的前沿领域[22-23]。

1.3.3 以低碳环保发展绿色产品

① 资源。选择风化煤和生物质木醋液作为腐植酸的基本原料，以仿生泥炭部分替代天然泥炭，增加可再生的循环利用资源。

② 新材料。以高吸水性树脂、可全降解薄膜、导电高分子、氧化石墨烯、纳米材料、绿色复合建材、特种陶瓷材料等，贯穿到腐植酸产业，并通过低碳化降低能耗。

③ 新产品。以腐植酸中黄腐酸（黄腐酚）和黄酮等药品、生物柴油、生物农药、植物生长调节剂、无土栽培液、叶面肥、腐植酸保水剂、生物刺激素、新型天然杀虫剂产品、腐植酸液态地膜、生物被膜等为主[24-25]。

④ 新能源。以辅助氢能源、生物质能（如沼气）、海水（废盐水）电解、太阳能电池等多元协同，提高效率、降低消耗，实现最低成本的减排。

⑤ 节能技术。多种腐植酸产品的干法生产工艺、气化炼铁黏合剂等，不仅提高能效，还可减排，控制污染物排放总量[26-27]。如富氧燃烧技术作为一种高效的 CO_2 捕集方法和能效提升手段，是实现目标的关键技术之一。然而，富氧燃烧目前的研究多集中于前端空气分离制氧和燃烧过程中参数的调控，而对后端烟气净化处理的关注度不足，严重制约了富氧燃烧技术的工业发展进程。从富氧燃烧烟气纯化技术的角度出发，由于各项目之间的工艺流程各不相同，无法进行能耗等性能的对比，未来仍需要开展长期示范项目，对烟气成分、氧化剂和工艺流程优化进行进一步的研究。

⑥ 在制冷机中完成热力循环的工质。它在低温下吸取被冷却物体的热量，然后在较高温度下转移给冷却水或空气。在蒸气压缩式制冷机中，使用在常温或较低温度下能液化的工质为制冷剂，共沸混合工质为碳氢化合物（丙烷、乙烯等）、氨等；在气体压缩式制冷机中，使用气体制冷剂，如空气、氢气、氦气等，这些气体在制冷循环中始终为气态；在吸收式制冷机中，使用由吸收剂和制冷剂组成的二元溶液作为工质，如氨和水、溴化锂（LiBr，白色立方晶系结晶或粒状粉末，极易溶于水）和水等；蒸汽喷射式制冷机用水作为制冷剂。制冷剂的主要技术指标有饱和蒸气压、比热容、热导率、表面张力等。通过对非共沸混合工质的应用进行了大量的试验研究，并已将其用于天然气的液化和分离等方面。应用

非共沸混合工质单级压缩可得到很低的蒸发温度，且可增加制冷量，减少功耗。作为可到−77℃的中等制冷剂液氨，掺进腐植酸氨是否可强化液氨的制冷效果，节水技术仍是开发应用的重要方向。

⑦ 生物降解与生物合成技术，腐植酸酶解制黄腐酸、木质素结构修饰合成腐植酸，定向合成黄腐酸医药，发展复合农药，生物农药[28-29]。

⑧ 加强理论研究，从量子化学、分子模拟等进行腐植酸、黄腐酸的结构、官能团表征与解析，减少实际应用障碍。

1.3.4　以人工智能加快腐植酸产业发展

① 基于腐植酸生物刺激素在浸种育种中有较好的应用，依托人工智能、基因组测序、基因编辑等相关技术，通过遗传变异等数据的整合，实现作物性状调控基因的快速挖掘与表型的精准预测；通过人工改造基因元器件与人工合成基因回路，使作物具备新的抗逆、高效等生物学性状。其培育集抗性强、优质、高产等性状为一体的作物品种。改变中国种业公司多为"作坊式"生产且分布分散的状况，需要实现高通量的基因筛选与预测。

大数据时代下的智能化育种前提是具有标准化大数据体系。面对农业数据采之不易、不统一，作物表型数据差异性较大，不同人采集的数据真实可靠性与准确性难以控制，且彼此数据不开放共享，使得研究中可比较的数据量少的情况，借助人工智能（AI），对数据进行规范化采集处理、存储与管理，并建立开放共享的数据库，通过云计算、物联网、大数据和移动互联网等技术实现农业生产全过程的数字化管理是腐植酸农业应用的重要方向。

② 对腐植酸黄腐酸食品、医药等高端需求，以"新质生产力"为导向，科技创新为驱动，通过多学科交叉融合手段，研发探讨黄腐酸中药炮制机理，明晰饮片炮制过程"药性-质量"关联规律；应用仿生传感与人工智能实现饮片全息质量表征、云边协同大数据系统助推生产线智能升级，构建"物理-化学-生物"多模态数据融合的优质饮片评价体系，促进中药炮制过程向更高效、精准、可持续的方向发展，推动腐植酸黄腐酸中药产业可持续发展，为中医药现代化提供理论和实践支撑（图 1-18 和图 1-19）[30-31]。

③ 腐植酸钠作为添加剂在陶瓷中的应用有较长的历史，它涉及陶瓷坯的解凝与分散，涉及釉浆的流变学，包括表面活性、可塑性、防腐性等。熵（entropy）是热力学体系中表征物质状态的参量之一，高熵陶瓷具有的独特微观结构、优异的物理化学性能，如较大的介电常数、较快的离子导电能力、低的热导率、较好的化学耐腐蚀性、良好的催化性和优异的电化学性能等，目前还处于研究探索阶段。对比腐植酸钠在不同结构、不同组元的高熵陶瓷彼此间的力学性能，发展性能交叉融合的高性能陶瓷材料，必将是未来的研究重点。高熵作为全新的

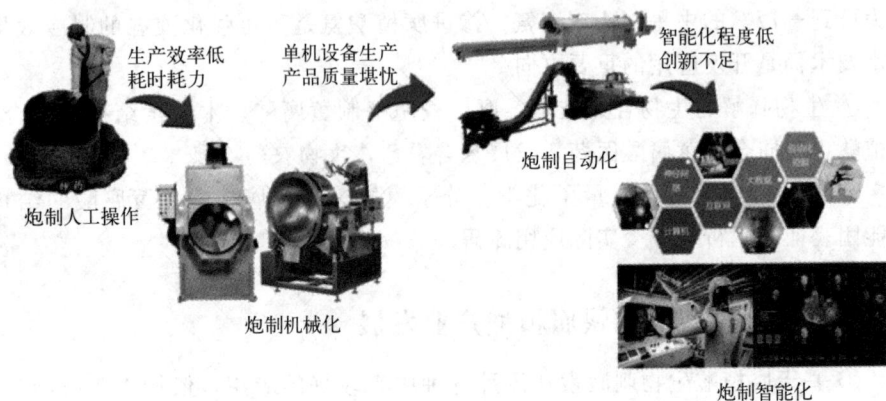

图 1-18　黄腐酸中药饮片炮制加工发展进程

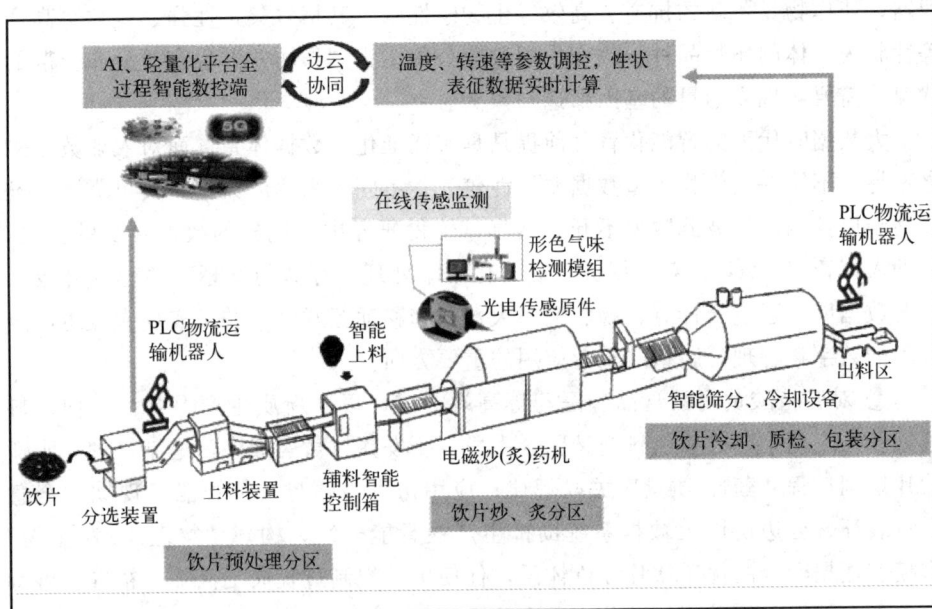

图 1-19　黄腐酸中药炮制智能化生产线示意图

材料体系，需要精准的成分设计理论、高纯高产率粉体制备、新型烧结工艺等方面。

如图 1-20 所示，采用人工智能机器学习，设计腐植酸产品，寻找在结构、热障耐腐涂层、机械、工程光学和磁性等方面的实际应用，将方兴未艾[32-33]。

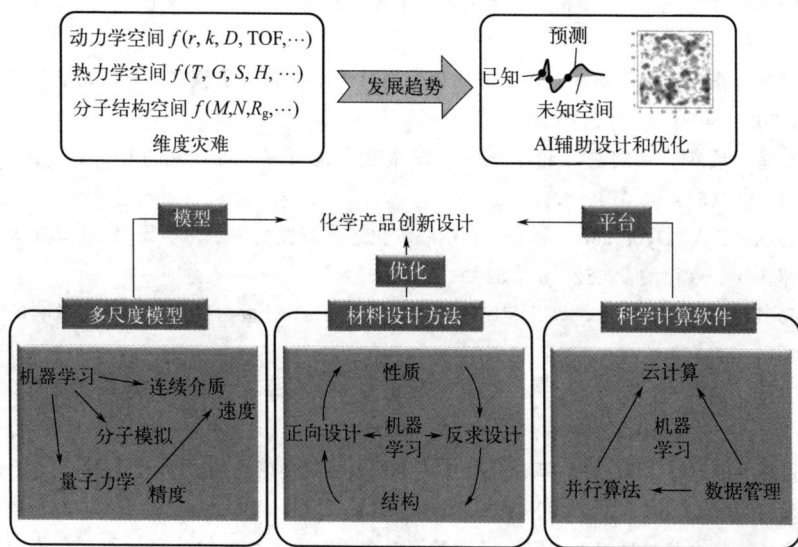

图 1-20　人工智能设计生产线示意图

参考文献

[1] 成绍鑫. 腐植酸类物质概论 [M]. 北京: 化学工业出版社, 2007.

[2] 刘扬, 石凤翎, 王桂花. 卷边桩菇内生真菌天然红色素的分离鉴定 [J]. 食品研究与开发, 2021, 42 (6): 17-21.

[3] 史清文, 顾玉诚. 天然药物化学史话 [M]. 北京: 科学出版社, 2019.

[4] 熊亮斌, 宋璐, 赵云秋, 等. 甾体化合物绿色生物制造: 从生物转化到微生物从头合成 [J]. 合成生物学, 2021, 2 (6): 942-963.

[5] Sutradhar S, Fatehi P. 木质素衍生腐植酸制备与应用最新进展 [J]. 袁晓娜, 译. 腐植酸, 2024 (2): 9-23.

[6] 周霞萍. 腐植酸应用中的化学基础 [M]. 北京: 化学工业出版社, 2007.

[7] Fukushima M, Tu X, Aneksampant A, et al. Analysis of branched-chain fatty acids in humic substances as indices for compost maturity by pyrolysis-gas chromatography/mass spectrometry with tetramethylammonium hydroxide (TMAH-py-GC/MS) [J]. Journal of Material Cycles and Waste, 2016, 20: 176-184.

[8] Chen M F, Jin X B, Wang Y, et al. Investigating the potential origin and formation of humic substances in biological wastewater treatment systems from the forms of phosphorus formation [J]. Environmental Technology, 2019, 42 (13): 1979-1988.

[9] Chen M F, Jin X B, Wang Y, et al. Enhanced removal of humic substances in effluent organic matter from a leachate treatment system via biological upgradation of molecular structure [J]. Environmental Technology, 2022, 43 (23): 3620-3630.

[10] 高曦，陈美骅，孙凯．腐植酸对漆酶诱导雌激素自聚合动力学的影响［J］．农业环境科学学报，2023，42（5）：1042-1050.

[11] 张殿凯，李艳红，訾昌毓，等．峨山褐煤的分子结构和分子模拟［J］．光谱学与光谱分析，2022，42（4）：1293-1298.

[12] 蒙雅莹，周宇，张晓婉．量子化学在煤微观结构研究中的应用进展［J］．山东化工，2021，50（5）：66-67，69.

[13] Yarkova T A，Gyul'maliev A M．腐植酸氧化还原特性的量子化学预测［J］．沈天瑞，周霞萍，译．腐植酸，2022（6）：62-66.

[14] 张彩凤，刘志帆，宋珍，等．黄腐酸及人参皂苷 Rg1 对蛋白磷酸酯酶 2A 影响的初步研究［J］．腐植酸，2018（3）：47-63.

[15] 张亚超，郝朝瑜，何文浩，等．NH_3 对煤物理吸氧影响规律的量子化学研究［J］．煤炭转化，2021，44（6）：16-25.

[16] 孟茁越，杨志远，鞠晓茜，等．分散剂对水焦浆成浆性影响的量子化学研究［J］．燃料化学学报，2019，47（9）：1025-1031.

[17] 赵永长，宋文静，邱春丽，等．黄腐酸钾对渗透胁迫下烤烟幼苗生长和光合荧光特性的影响［J］．中国烟草学报，2016，22（4）：98-106.

[18] 吴波，张伶俐，陈醒，等．阿魏酸调控心肌肥厚的作用机制［J］．亚太传统医药，2022，18（6）：180-185.

[19] 张婷，刘喜莹，陈涛．泡盛曲霉固态发酵产阿魏酸酯酶条件优化［J］．中国酿造，2024，43（2）：140-145.

[20] 方子超，周隽涵，郑建仙．苦味抑制剂阿魏酸的构效关系［J］．食品科学，2024，45（14）：14-22.

[21] 杨成佳，成旭，胡冰，等．P450 酶在植物三萜化合物生物合成中的催化与调控［J］．生物加工过程，2023，21（1）：39-49.

[22] Johnson J B，El Orche A，Naiker M. Prediction of anthocyanin content and variety in plum extracts using AT R-FTIR spectroscopy and chemometrics［J］. Vibrational Spectroscopy，2022，121：1-7.

[23] 宋丽军，龙勇益，李中旭，等．5 种新疆特色植物色素的理化特性［J］．轻工学报，2023，38（3）：1-10.

[24] 姚文英，张中荣，黄亚星，等．不同发酵菌剂对树叶堆腐的效果［J］．北方园艺，2019（5）：26-31.

[25] 常璐，黄娇芳，董浩，等．合成生物学改造微生物及生物被膜用于重金属污染检测与修复［J］．中国生物工程杂志，2021，41（1）：62-71.

[26] 王万钰，李慧，魏浩展．R134a-DMF 溶液制冷剂质量分数在线软测量［J］．煤气与热力，2023，43（1）：35-38.

[27] 杨状，李闰华，强增寿，等．废弃制冷剂 R134a 的光催化降解［J］．化工进展，2023，42（4）：2109-2114.

[28] 刘建民，崔宇翔，任恒星，等．雅致小克银汉霉与芽孢杆菌联合降解义马煤生产腐植酸［J］．煤炭学报，2023，48（11）：4224-4232.

[29] 田原宇，谢克昌，乔英云，等．基于化学族组成的煤化学研究体系构建及其应用［J］．煤炭学报，2021，46（4）：1137-1145.

[30] Al-Azawi K F, Al-Baghdadi S B, Mohamed A Z, et al. Synthesis, inhibition effects and quantum chemical studies of a novel coumarin derivative on the corrosion of mild steel in a hydrochloric acid solution [J]. Chemistry Central Journal, 2016, 10 (23): 1-5.

[31] 李林，李伟东，苏联麟，等．"新质生产力"背景下的中药炮制智能化转型升级发展新路径探讨［J］．南京中医药大学学报，2024，40（7）：653-660.

[32] 王云平，刘世民，董闯．高熵陶瓷材料研究进展及挑战［J］．材料工程，2024，52（1）：83-100.

[33] 吴正浩，周天航，蓝兴英，等．人工智能驱动化学品创新设计的实践与展望［J］．化工进展，2023，42（8）：3910-3916.

第2章
现代腐植酸技术基础

2.1　腐植酸提质改性

2.1.1　物理法

2.1.1.1　机械活化法

　　腐植酸原料的提质和再生的方法有机械活化、物理分离、化学氧化和生物降解等方法。所谓机械活化，就是在提取腐植酸前将煤样剧烈粉碎，提高其 HA 含量和活性。俄罗斯和白俄罗斯学者认为，传统的提取方法不能保证原料煤中的 HA 与非腐植物质充分分离，机械活化法是增强 HA 析出性的新途径。研究发现，机械活化可提高煤样多孔性和比表面积，引起超分子结构和化学组分的变化，包括弱化学键以及烷基结构的断裂或变形、分子量变小、含氧官能团（羧基、酚羟基、总羟基）增加、HA 和 FA 及其他水溶性产物增加，表明强烈粉碎和分散导致煤有机物质发生了轻度氧化降解作用。所采用的粉碎机是一种离心冲击粉磨机，线速度 100~150m/s；或者装有钢球（平均转速 18m/s）的星形粉磨机，也可用砂磨机。表 2-1 是部分低级别煤机械活化前后组成结构的变化。

表 2-1　褐煤和泥炭机械活化前后组成结构的变化　　　　单位：%

样品来源	活化处理	HA	FA	f_a	元素分析				
					C	H	O	H/C	O/C
褐煤(汉金斯克)	前	33.5	—	57	64.4	4.6	27.6	0.85	0.32
	后	54.9	—	38	52.7	4.9	42.4	1.10	0.60
谢普金斯克	前	33.5	—	60	56.3	4.6	37.4	0.98	0.50
	后	73.9	—	58	54.5	4.8	40.7	1.06	0.56
泥炭(藓类)	前	10.0	1.7	—	—	—	—	—	—
	后	19.5	2.5	—	—	—	—	—	—
芦苇-苔草	前	30.4	—	—	—	—	—	—	—
	后	39.6	—	—	—	—	—	—	—

　　注：f_a 表示"芳香度"，即芳香结构的 C 占总 C 的百分比（%）。

　　由表 2-1 可知，无论褐煤还是泥炭，机械活化后 HA 含量提高 30% 到

120%，H/C、O/C原子比明显增加，芳香度（f_a）降低。泥炭活化处理时间（15～60min）和含水量（9.2%～89%）对 HA 产率有一定影响，水分较多比较有利。凝胶色谱分析表明，较短粉磨时间有利于增加低分子量组分，但时间太长则有重新聚合成大分子的倾向。ESR 分析表明，泥炭活化后顺磁信号（ΔH）变宽，自由基浓度增加，认为可能是由于机械作用下 Fe^{3+} 离子作为配位中心形成新的络合物。研究还发现，在机械处理时添加适量的碱或纤维分解酶可明显提高 HA 和水溶产物的收率。普遍认为，机械活化是值得继续探索的一项有应用前景的新技术。

2.1.1.2　超声波法

超声波预处理也是提高 HA 提取率和提取速度的一种有效方法。Хренкова 在煤粒度<0.2mm、煤/碱比 2∶1、频率 15kHz 的情况下，处理褐煤 5～60min，可自动放热维持 75～89℃，HA 产率增加 50%～100%，析出速度提高 700%。超声处理还使 HA 结构和性质发生了较大变化：O/C 和 H/C 提高，酚羟基和醌基增加，缩合芳香结构变小。生物试验表明，处理后的 HA 使植物根、茎增重 32%，表明生理活性有显著提高。Haradzava 在添加甲醛的酸性介质中用 100kHz 的超声波处理泥炭，可提高泥炭处理能力和 HA 的析出率。

2.1.1.3　浮选法

用廉价的物理方法脱除矿物和其他有机质，以提高原料煤的腐植酸含量，是不少研究者一直在探索的课题。Скрылев 曾根据表面化学和矿物浮选原理，采用松脂酸铵作浮选剂成功地将煤中腐植酸和矿物质进行了分离。参考煤炭重介质分选、磁力分选和干法分选方法对 HA 的原料煤进行分离，也引起研究者的极大兴趣。这些方法是基于 HA 和矿物质在密度、顺磁性、导电性或介电性等方面的差异得到有效分离的。任何分选工艺处理之前，应该用简单的办法（如手选、过筛）除去煤中的矸石、泥沙，以便尽可能降低原料中的无机杂质，提高后续操作的效率。

2.1.2　微生物法

20 世纪中叶，有人就进行过煤物质生物降解制腐植酸的尝试。研究发现多种微生物以芳香性的 HS 和煤作为碳源和能源，并几乎都向着氧化降解的方向进行；熊田等用无烟煤、烟煤和褐煤加入微生物色素，培养 6 个月后得到类似 HA 的物质，光谱和化学稳定性都与土壤 HA 极其相似。20 世纪 80 年代陕西微生物所等单位筛选出对风化煤具有降解作用的锈赤链霉菌和绿色木霉两种细菌。近期不少研究者进行了微生物降解煤大分子物质的研究，发现多种真菌（包括担子菌、曲霉、木霉、青霉等）和细菌（如假单胞菌、放线菌、链霉、杆菌等）都对缩合芳香结构有较明显的氧化降解作用。一般认为，微生物是通过向体外分泌胞外因子来解聚煤大分子的，其中主要机理是酶解、碱溶与络合，其中酶解作用最为显著。参与作用的酶包括氧化物酶（锰过氧化物酶、木质素过氧化物酶、漆酶）和水解酶（主要是酯酶）。中国农大、中科院沈阳应用生态所已开展了此项研究并取得可喜进展。经微生物处理后，褐煤中的腐植酸由原煤的 13.6% 提高到 25%～26%，黄腐酸由原煤的 1% 提高到 4%～11%，FA/HA 增加 3～7 倍，而且原有 HA 的分子量降低，O、N、官能团、凝聚极限都明显提高。植物盆栽试验表明，生物降解后的 HA 和 FA 的生物活性也有所提高。还有人将水煤浆在 200℃下处理 6h 后再用细菌作用，可得到高收率的 FA。总的来说，煤的生物降解研究和开发是廉价及清洁生产 HA 与 FA 的新技术，但研究开发及产业化技术仍需要不懈的努力[1-15]。

2.1.2.1 好氧堆肥法

好氧堆肥法指废弃生物质中的有机质在有氧条件下转化分解为 HS 以及氮、磷、钾等化合物，并释放出能量的技术[12]。其一般可分为四个阶段：加热阶段、嗜热阶段、冷却阶段和成熟阶段（图 2-1）[13]。好氧堆肥过程复杂，受到的影响因素大致可以分为三类：原料、添加剂以及堆肥条件。

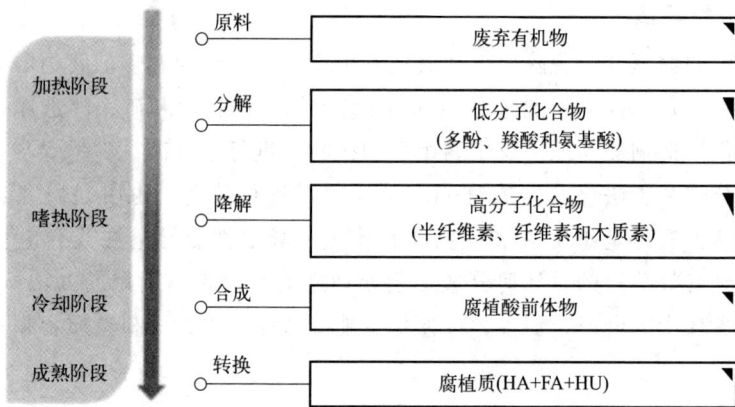

图 2-1 好氧堆肥过程中形成腐植质的途径

（1）堆肥原料

原料对好氧堆肥的影响主要体现在原料的类型和配比上。不同种类的原料本身的理化性能不同，在堆肥过程的作用不同；禽畜粪便氮素含量高、C/N 低、有机质丰富、易被微生物分解，是优质能量调理剂；作物秸秆为高碳源物质，能均衡 C/N、调节堆肥孔隙度和含水率。范嘉妍等以稻秸秆和猪粪为原料、$(NH_4)_2SO_4$ 溶液为 N 源，控制 C/N 比为 25:1，采用室内培养法在不同原料质量比下对比研究发现，仅有稻秸与猪粪质量比为 9:1 时，在 90 天堆肥结束后，能使代表 HA 的碳增加 13.1%，其余处理 HA 的碳均表现为消耗，这是由于 HS 的源头物质被微生物消耗而减少了 HA 的合成（表 2-2）。

表 2-2　原料种类对堆肥过程的影响

堆肥原料	影响
畜禽粪便和玉米秸秆	禽畜粪便在共堆肥中具有提升微生物数量、提高微生物代谢强度及堆肥物质转化效率的作用
牛粪和猪粪	堆肥过程中脂肪族、多糖类物质减少，相应芳香碳结构增强，腐殖化程度有所增加
猪粪和秸秆	伴随堆肥的进行，腐殖化程度会相应提高
鸡粪和玉米秸秆	堆肥过程有机碳、水溶性物质会渐趋下降，腐殖化程度会有所增加
猪粪-稻草 牛粪-稻草	猪粪-稻草共堆腐的腐熟指标要优于牛粪-稻草，更易促进堆肥腐熟

（2）堆肥添加剂

堆肥添加剂可以提高微生物活性，调整堆肥特性，加速堆肥腐植化速率。堆肥添加剂种类繁多，具体可以分为两种：微生物添加剂和非生物添加剂。微生物添加剂通过调节堆肥中的菌种群落缩短堆肥时间、增加肥效、提高堆肥效率。宋修超等比较了中药渣自然堆肥与添加腐熟中药渣堆肥过程中 HA 等物质的动态变化特征，表明添加腐熟堆肥可提高 HA 活性，增加游离 HA 含量（7.8%）及水溶性 HA 含量（30.1%），显著促进堆肥效率，提高堆肥品质。非生物添加剂包括能调节菌种状态的药物如阿莫西林、硝酸盐等，也包括能调整堆肥物理结构的材料如生物炭等。表 2-3 列出了不同种类添加剂对好氧堆肥的作用。

表 2-3　不同种类添加剂对好氧堆肥的作用

添加剂种类	添加剂	作用
微生物添加剂	腐熟回流	提高 HA 活性，增加游离 HA 及水溶性 HA 含量，促进堆肥效率，提高堆肥品质
非生物添加剂	阿莫西林	增加优势菌的相对丰度，缩短嗜热周期，促进 FA 的合成代谢
	硝酸盐	增强反硝化作用，提高反硝化功能基团丰度，降低好氧污泥堆肥中 HA 组分含量
	生物炭	降低钾和磷含量，改变堆肥的碳形态，增加成熟堆肥中的养分保留率、含水量和总非生物炭有机碳含量

（3）堆肥条件

堆肥条件指含水率、时间、温度、翻堆频次、通风量等。通过调节堆肥过程中的物理条件，可以控制生化 HA 的产率及性能。但由于堆肥条件复杂，每种条件对堆肥的影响也不同，因此需要对堆肥条件的作用进行单独研究。游晓霞等以剩余污泥为主原料，以玉米秸秆、牛粪、沙子为辅料，考察 C/N、含水率和翻堆频次对好氧堆肥后 HA 含量的影响，结果表明对腐植酸含量影响最大的是 C/N 比，其次是含水率和翻堆频次。Xiong 等研究了功能性膜覆盖对好氧堆肥的影响，结果显示氧利用率和桩温提高、营养菌的竞争优势提高、潜在致病真菌的数量（＜0.10％）显著降低、生物有效性有机氮提高 29.95％、氮损失降低 34.00％、腐殖质化增强 26.09％、HA 浓度增加 31.77％，提高了最终堆肥产品的安全性、稳定性和质量。Tan 等分析了通风量 [0.1、0.2、0.3L/（kg 干物质·min）] 对污泥堆肥过程中 HS 的电子转移能力和光谱特性的影响，结果表明通风量的增加能加速蛋白质的降解，促进木质素的降解。

　　由于堆肥条件的因素多且复杂，除了通过调节实际的参数进行对比得到最优条件，还可以通过建立数学模型进行计算预测。Shi 等以中药残渣为原料，基于正交试验数据，以堆肥条件（C/N、初始含水率、接种剂类型、堆肥天数）为输入，以 HA 含量为输出，构建了反向传播人工神经网络模型，证实了最终堆肥的性质通常取决于所用材料的初始 C/N 比，建立了堆肥工艺参数与 HA 含量之间的关系并准确预测 HA 含量（表 2-4）。

表 2-4　好氧堆肥条件及结果

原料	C/N 比	含水率	堆肥时间	HA 含量/(g/kg)
鸡粪、玉米秸秆	25	60％	35d	45
制药剩余污泥、玉米秸秆、牛粪、砂子	35	60％	35d	23.5
中药残渣	37.42	69.76％	50d	37.04

2.1.2.2　生物发酵法

　　生物发酵法是以有机废弃物为原料，在人工控制条件下经微生物发酵制备生化 HA。微生物具有降解纤维素、半纤维素甚至木质素的能力。尚校兰等将培养成熟的毛霉、根霉、青霉、枯草芽孢杆菌分别接种到巨菌草溶液中培养，发酵 30d，其中根霉对木质素的降解程度最高，生成总 HA 的含量最高，是 10％氨水提取得到的总 HA 含量的 1.45 倍。赵建亮等对经微生物发酵后含有 HA 的发酵海藻渣进行了碱提酸析，提取得到的 HA 含量为 37.5％。张院萍等以发酵糠醛渣为原料，采用 6％氢氧化钾溶液，以 1∶7 固液比，在 70℃下，提取得到了含量为 8.5％的生物 HA 上清液，其结构和商品 HA 相似，但生物 HA 官能团种类更多，分子量更小。师杨杰等通过将 4 株具有高效木质纤维素腐殖化能力的真菌菌株组配构建的复合微生物菌剂进行产 HA 固态发酵，在发酵 20d 后总 HA 产量达到 338g/kg。师杨杰等对比了复合微生物菌剂发酵的生物 HA 和商品 HA，其中生物腐植酸具有更高的 N、H 元素含量以及更多的羟基、亚甲基和酰胺基官能团（图 2-2）。

　　生物发酵法受微生物菌剂影响大，需要选择与原料适配的微生物菌剂，同时

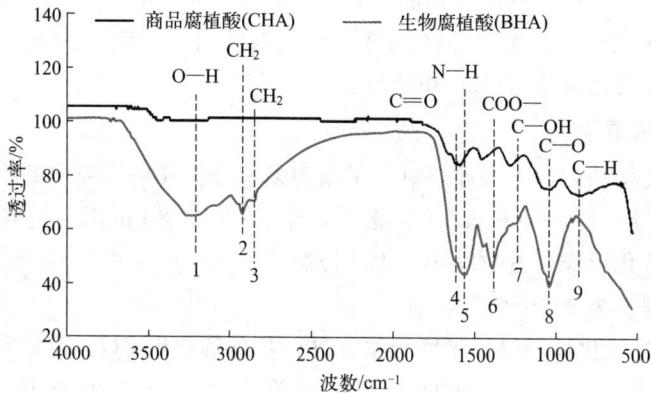

图 2-2　HA 的 FTIR 图谱

由于发酵条件和参数不明确，发酵过程的稳定性差，并且生物发酵法依旧存在着降解转化速率慢、发酵周期长、HA 产率低的问题。

综上所述，利用好氧堆肥法制备生物 HA，需要在原料方面按照 C/N 比、原料含水率找到合适的原料种类与比例；加入合适的添加剂可以达到增加肥效、缩短堆肥时间的效果；并且需要在堆肥过程中控制调整翻堆频次、堆肥温度、堆肥时间、通风量等条件。生物发酵法首先需要对菌种进行筛选以获得优势菌种，其次发酵周期受到菌种降解能力的限制，相对较长。总体而言，生物法制备生物 HA 的过程较为复杂，受到的影响因素很多，而由于受到微生物的降解能力限制，周期长，可调控性、稳定性差，制备的生物 HA 产率和纯度低[16-18]。

人们期望生物质制取腐植酸的历程与土壤中微生物对植物残体分解-合成过程相近。与天然 HA 相比，人工发酵制备的腐植酸的芳香缩合程度、分子量都低得多，而非腐植物质（主要是糖类）则很多，显然是由于人工模拟"不到位"，其难度在于：①很难完全模拟培育专一菌种的土壤环境。②菌种的筛选和富集技术还不成熟。其中纤维素分解菌的筛选和培育技术与传统的有机堆肥相似，已基本解决，目前关键是分解木质素和多酚物质菌种的富集，通过含腐植酸的萜类、甾类、皂苷等逆向缩合为有确定组分的腐植酸，相关研究正在不断完善中。

2.1.3　化学法

化学法处理生物质是比较简便有效的方法。如日本三宅正至曾对酒精蒸馏残渣进行降解制取 HA；学者[19]用硝酸氧化牛粪，HA 含量由原来的 20% 提高到 39.4%；江苏通州土肥站采用催化氧化法处理秸秆，得到具有高生物活性的水溶腐植酸类物质。

2.1.3.1　氧化降解法

人工氧化降解是提高原料煤 HA 含量的主要化学方法，所用的原料除低级别煤外，焦炭、半焦、炭黑和其他含碳物质都可用氧化的方法制取 HA，这对于缺乏天然 HA 资源的国家和地区无疑具有很大吸引力。能作为工业生产所用的廉价氧化剂主要是空气（O_2）和硝酸。

（1）空气氧化

煤有很发达的内、外表面，氧分子很容易通过微孔向煤粒内部渗透，与煤的 C 结构发生作用。据 Касаточкин 等报道，当煤粒＜0.2mm 时，空气扩散的影响可被消除，氧化反应可看作均相动力学控制。

氧化过程分为 3 个阶段：

① 形成过氧化物和表面氧络合物，进一步分解放出 CO、CO_2 和 H_2O。

② 结合键（—O—、—CH_2—等）断裂，生成含氧官能团 [—COOH、—OH（酚）、C＝O 等]，即形成腐植酸。

③ 继续氧化可能形成黄腐酸、低分子有机酸，以至分解形成 CO_2、H_2O。

空气氧化煤生成 HA 的过程和动力学方程为：

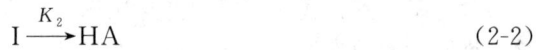

$$煤 + O_2 \xrightarrow{K_1} I(中间产物) \tag{2-1}$$

$$I \xrightarrow{K_2} HA \tag{2-2}$$

可见煤的空气氧化属一级反应，反应速率常数 K（S^{-1}）随温度提高而增大。经计算，HA 形成和分解的表观活化能并不高，分别为 46.9kJ/mol 和 53.6kJ/mol，表明氧化过程主要与脂肪侧链的破坏有关，不涉及芳香核。因此，空气氧化属于温和氧化过程。但 Jensen 等认为，煤空气氧化通过生成酚-醌结构导致芳环开裂而形成 HA，反应历程见图 2-3。

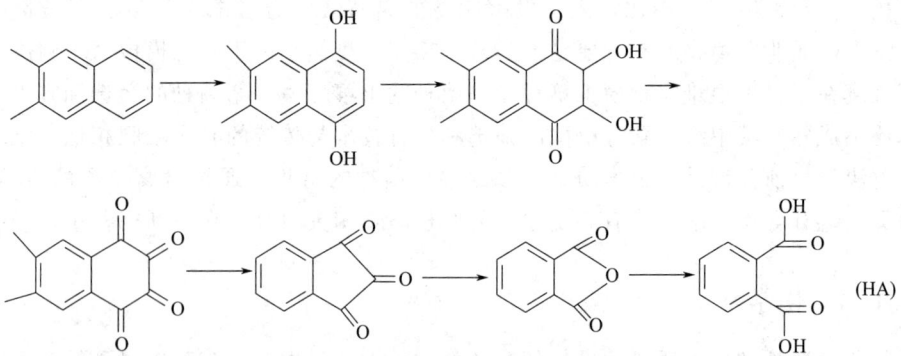

图 2-3　煤的芳香结构氧化形成腐植酸的历程

实际上，煤氧化的深度不仅取决于煤的种类（变质程度），也与氧化反应条件有关。20 世纪 60 年代，印度 Shrikhande 等曾在流化床反应器中以≤200℃、空气线速度 6cm/s 的条件对粒度为 200 目的低级别煤氧化 25～50h，HA 产率达到 70％～90％，该项研究曾实现了工业化生产。日本西田清二等在添加稀醋酸的情况下，在150℃下对褐煤进行湿式氧化，HA 收率也明显提高。苏联也有不少人员用氨、NaOH 或 Na_2CO_3 事先对煤预处理，再用空气氧化，褐煤腐植酸含量从原来的20%提高到40%～60%，风化煤则达到78%。我国原北京石油学院在沸腾床内200℃下对扎赉诺尔褐煤进行氧化，HA 含量从15%提高到90%左右。氧化催化剂一般用 Fe_2O_3，其次是 Zn、Mn、Cu、Cr、W 和 V 等的氧化物或盐类。有不少研究者对早先较剧烈的氧化条件提出了异议，认为剧烈氧化不仅技术上难度大，而且经济上也不合算。西班牙 Estévez 等对不同煤种空气氧化进行对比研究后指出，褐煤150℃长时间氧化导致剧烈脱水脱烃，提高再生 HA 含量实际上是以减少原生 HA 为代价的，无工业生产价值，认为用长烟煤（变质程度比老褐煤稍高）150℃氧化10d 比较合算。Bergh 等以水介质（不用催化剂和碱）在180℃、4MPa 下通 O_2 氧化1h，还有人在氧分压 0.5MP/200℃下氧化老褐煤，都取得了较高收率的 HA，认为是有工业化前景的方法。最近土耳其 Yildirim 在90℃下对当地褐煤进行空气氧化144h，氨水可溶 HA 产率达到85%，看来这是至今最温和而有效的操作条件。总的来说，空气氧化是相对廉价的提质方法，但氧化效果和工业可行性首先取决于原料煤本身的氧化活性，需要事先通过小规模实验来确定。

（2）硝酸氧解

早在19世纪末，德国就率先进行过硝酸氧解煤制取 HA 的尝试。日本20世纪50年代开始硝酸氧解褐煤制取 HA（称为硝基腐植酸，NHA）的研究。此后，美国、波兰、印度、苏联和我国都相继研究，一度成为主要的再生 HA 加工途径，有的还实现了产业化。1962年日本台尔那特公司建成3t/d 的生产装置（商品名为胡敏绍尔、阿兹敏）。乌兹别克斯坦建立了100kg/d 的半工业生产线。我国也先后建立了3条1000～2000t/a 的 NHA 装置，产品主要用于出口。HNO_3 浓度一般为12%～60%（按硝酸用量的多少，分为湿法和干法工艺），温度在80～100℃之间，所用催化剂主要是硫酸、FeS_2、MnO_2 或 V_2O_5、ZnO 等；有的干法操作还添加表面活性剂（如二烷基丁二酸），以增强液固分散性。

樋口耕三等认为硝酸氧解分为氧加成（10～30min）和水解（2～4h）两个过程。朱之培等也认为褐煤硝酸氧化反应分两个阶段，但在第一阶段氧加成和水解同时发生，硝酸消耗速度方程为：

第一阶段：$C_1 = C_0 e^{-K_1 t}$ （$0 \leqslant t \leqslant 11$）$K_1 = 0.112$ (2-3)

第二阶段：$C_2 = C'_0 e^{-K_2 t}$ （$t > 11$）$K_2 = 0.047$ $C'_0 = 24.9\%$ (2-4)

$$K_1 / K_2 = 2.38$$

式中 t、C、K 分别为时间（min）、硝酸浓度（%）和反应速度常数。不难看出，在第一阶段的11min 以内的反应速度极快（从室温自动升至100℃），硝酸消耗速度是第二阶段的2倍多。

成绍鑫等对褐煤和风化烟煤的硝酸氧化机理研究认为，对褐煤的作用主要是氧化降解并形成 COOH、酚羟基（OH_{ph}）和醌基（$C{=}O_{qui}$），不仅脂肪结构断裂，而且芳环也被部分裂解，平均分子结构单元的芳环数由原来的 4 个降到 2～3 个；而风化烟煤主要是脂族结构的氧化脱氢反应，基本未触及芳香环；测得褐煤和风化烟煤的氧化反应热分别为 3403J/g 和 287J/g，前者 HA 增加的幅度也大得多。因此，褐煤作为硝酸氧化提质的原料更为合适，表 2-5 是国内外部分褐煤和风化烟煤硝酸氧化试验结果。

表 2-5　煤硝酸氧化前后组成性质的变化

原料来源	氧化处理	收率[①]/%	HA[①]/%	CEC[①]/(mmol/g)	HNO_3利用率/%	E_4/E_6（HA）	原子比	
							H/C	O/C
褐煤（霍林河）	前	—	34.91	—	—	2.03	0.78	0.31
	后	116.4	88.05	5.11	48.85	6.37	0.95	0.42
扎赉诺尔	前	—	14.55	—	—	2.00	0.78	0.22
	后	113.0	83.93		52.26	5.71	0.96	0.33
寻甸	前	—	51.2	0.22	—	2.33	1.01	0.30
	后	87.2	69.5	1.83		5.75	1.13	0.42
日本中山	前		7.5					
	后		71.7					
风化烟煤（灵石）	前	99.8	74.01	0.28			0.49	0.29
	后		76.01	4.24	62.0		0.42	0.30

① 干基原料。

可以看出，所有褐煤硝酸氧化后 HA 收率都明显提高，阳离子交换容量（CEC）、H/C、O/C 和 E_4/E_6 比值（反映芳香度和分子大小的一个指标）都有所增加，而且原煤 HA 含量越低，氧化后变化越大。风化烟煤氧化后，除 CEC 明显提高外，其他指标变化不大，说明自然氧化程度很深（HA 很多）的缩合大分子煤物质很稳定，难以继续氧化。

硝酸氧解处理低级别煤工艺有两点制约因素：①硝酸来源少和价格高，只在有条件的地方才适于加工。此外，为节省硝酸且不排放废液，最好采用干法工艺，即固/液比例不超过 0.5。美国和日本有人用生产硝酸的尾气（含 HNO_3 蒸气、NO_2、NO、N_2O_4）处理低级别煤生产 NHA，是既降低成本又减少污染的明智方案。②硝酸反应尾气（主要是 NO 和 NO_2）的吸收处理，无疑是不可忽视的重要环保环节。除采用碱液吸收、分子筛吸附及催化还原法除掉大部分 NO_x 后，再用泥炭＋碱（氨或石灰）吸附残余尾气，可获得较好的净化效果，吸附饱和的泥炭还可用于制作肥料。

2.1.3.2 活化法

活化法是指将生物质经过活化得到酚类、糖类、氨基酸类等不同组合混合物的前体，然后在催化剂或氧化剂的作用下将前体物质水解、催化和氧化生成HA。活化法的腐殖化途径主要基于多酚理论和美拉德反应。化学活化法有利于降低HA的分子量，增加其活性官能团的含量，从而提高HA的生物活性。常见的活化法包括碱活化、酸活化、氧化剂活化等（图2-4）。

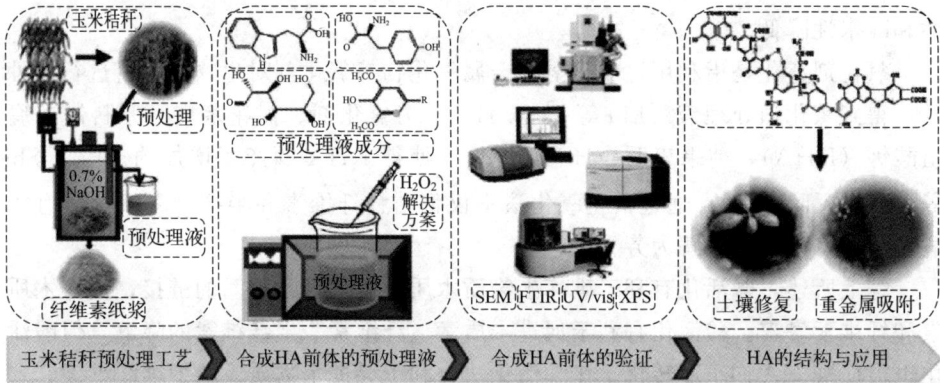

图2-4　生物质碱性预处理 H_2O_2 活化流程

碱活化是利用碱性活化剂破坏木质素和纤维素之间的氢键连接，增强木质纤维素生物质的酶解，提高整体生物转化效率。常见的碱性活化剂有氨、碱性过氧化物和石灰等[22]。张院萍等[20]以发酵糠醛渣为原料，采用6% KOH溶液，以1∶7固液比在70℃下提取得到了含量为8.5%的生物HA上清液，其结构和商品HA相似，但生物HA官能团种类更多、分子量更小。赵建亮等[22]采用KOH对废弃海藻渣在80℃下进行共氧化，提取到了含有芳环结构和羟基、羧基等极性官能团的生物HA。学者[25]研究了HCl、$NH_3 \cdot H_2O$、草酸铵和果胶酶四种活化方法对甜菜渣物理结构和化学成分的影响，结果表明，在80℃将甜菜渣经过10% $NH_3 \cdot H_2O$预处理6h可以增加纤维素含量，暴露纤维素的结晶区，破坏刚性结构，切断碳水化合物和木质素之间的酯键，修饰和重新分配木质素官能团，对木质素中的酚羟基进行改性，并使细胞壁错位，但没有明显的脱木素作用。尚校兰等[21]分析对比了HNO_3、HCl、CH_3COOH、草酸、$NH_3 \cdot H_2O$制备巨菌草HA的效果，五种活化剂均能降解纤维素、半纤维素或木质素，从而生产HA和FA，其中$NH_3 \cdot H_2O$处理有利于木质素向FA和HA转化，10.0% $NH_3 \cdot H_2O$提取巨菌草得到的HA含量最高。

酸活化是指利用酸性活化剂促进纤维素、半纤维素及木质素的降解。常用的酸性活化剂有HNO_3、HCl、CH_3COOH等，其中HNO_3、HCl处理有利于半纤维素和木质素向HA和FA转化，CH_3COOH处理有利于纤维素向HA转化。

李斌斌等[27]将秸秆与 HNO_3 反应制取 FA 和 HA，首先秸秆分解为分子量较大的 HA，其次 HA 继续分解为活性高、分子量小的 FA，最后 FA 彻底分解为 CO_2 和 H_2O，而提高 HNO_3 质量分数、升高反应温度或延长反应时间均可以促进秸秆分解为 HA 并进一步分解为 FA，提高 FA 的收率。硝酸氧化常用于处理煤炭以提高 HA 提取率和活性，将生物质炭化后采用 HNO_3 氧化处理以改善炭的性能或提取类腐殖质。例如，Mourab 等[28]通过 HNO_3 在室温下氧化甘蔗工业的副产品水热炭，得到了率率超过 80％的 HS，并且氮和氧基团增加，而芳香性和疏水性降低。

氧化剂活化是指利用过氧化氢、金属氧化物等氧化剂对生物质原料进行预处理，得到氧化预处理液。Liu 等[30]以 H_2O_2 为氧化剂、棉花茎皮为原料制备腐植酸钾（KHA），结果表明，H_2O_2 的加入使得 KHA 的产率增加约 40％。Shi 等[31]以秸秆为原料，通过催化氧化法不仅将秸秆纤维素和半纤维素氧化成有机酸，而且将木质素氧解为芳香羧酸。

综上所述，碱活化有利于破坏生物质木质素和纤维素之间的链接，使得木质素和纤维素暴露。酸活化有利于促进木质素、纤维素、半纤维素的降解，但酸活化也会促进 HA 向 FA 转化。化学活化法有利于促进生物质原料中半纤维素、木质素和木质素的降解，从而提高 HA 产率，但也存在着反应不充分、酸碱消耗量大、经济成本高的问题。

2.1.3.3 堆肥法水热法

水热法是以生物质为原料，在高压密闭的水环境中进行热化学转化合成生化 HA 的方法，见图 2-5。水热温度通常在 $150\sim350℃$ 之间，压力在 $5\sim250MPa$ 之间，并且水热制备生化 HA 的 pH 环境一般为碱性。水热法合成的 HA 含有丰富的含氧基团（包括—OH 和—COOH）、集中的大分子结构，与天然 HA 具有高度相似性[32]。影响水热过程的关键因素有：原料种类、固液比、反应时间、反应温度、pH 环境等。其中，pH 环境主要与碱的添加量和碱的种类有关。不同的水热工艺条件影响 HA 的分子结构特征，重点综述原料种类、碱的类型、pH 环境对水热法的影响。

（1）原料种类

生物质中主要含有纤维素、半纤维素、木质素，以及一些糖类[33-34]、脂质、蛋白质等[35]。不同原料制备的 HA 存在显著差异。Cao 以大白菜、西蓝花、红薯三种蔬菜废弃物为原料，以 KOH 为催化剂，通过水热法一步制得 HA，并研究了不同原料制得 HA 的结构和杀菌活性。结果显示，由于红薯中 S 元素最高，红薯 HA 对灰霉病和辣椒疫霉的抑菌活性高于其他 HA，蔬菜废弃物基 HA 的分子量较高且含氧官能团较多。Chen 等分别以淀粉、木聚糖、纤维素、木质素、葡萄糖、HMF、葡糖胺为底物，通过对比添加谷氨酸对最终 HA 产量的影响分

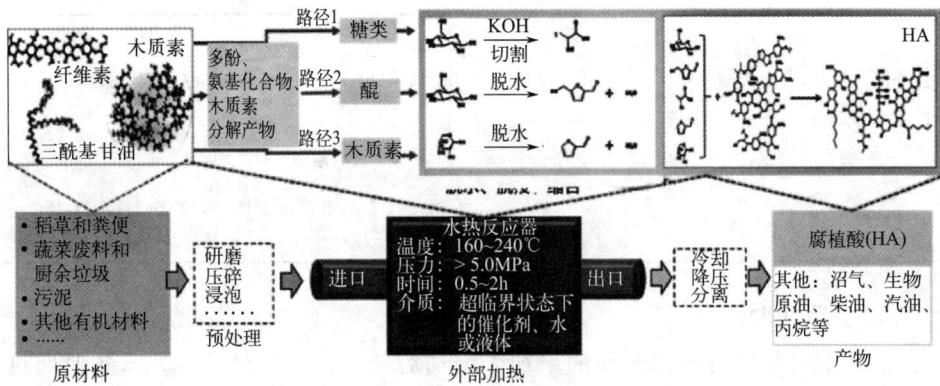

图 2-5　水热法制备腐植酸理论[31]

析蛋白质对 HA 产量的作用。加入谷氨酸后，淀粉、木聚糖、HMF、葡糖胺的 HA 含量提高，蛋白质和碳水化合物之间的反应对 HA 的产量有显著影响，蛋白质可以通过促进中间体 HMF 来增加 HA 的形成，葡糖胺是反应中间体。纤维素 HA 不变，温和的水热条件下难以水解和进一步转化[36-40]。

（2）反应温度

HA 产率随着反应温度的提高而增加，但具有最佳点，合适的温度 HA 才能形成稳定的芳香结构。吴鹏等以玉米秸秆为原料、NaOH 为反应介质，利用吸光度观察 HA 含量，随反应温度（180～220℃）的变化，结果显示随着反应温度的升高 HA 产率呈现出先增加后减小的变化趋势，在 200℃时出现了拐点，这是由于水热温度升高能加快有机质的降解，但温度过高时生成的 HA 之间会产生缩合或炭化反应，产率反而降低。温度对产物中 HA 的内部具体组成也有直接的影响作用。李传华等以甘蔗渣为原料，研究了反应温度（140～240℃）对 HA 酸性官能团的影响，结果显示，总酸基和羧基随温度的变化较大，而温度对酚羟基的影响较小。当温度为 160℃时，HA 含量最高为 46%，总酸基和羧基的含量都达到最大。Chen 等以模拟食物垃圾为原料，研究了温度（155～245℃）对 HA 产率的影响，实验发现：185℃以下无 IIA 结构生成；200℃才开始腐殖化，HA 含量逐渐增加；在 215℃达到最高，为 32.6%，此时，H/C 和 O/C 比最低，芳香族和羧基结构最多；继续增加温度则会使 HA 结构不稳定、HA 产率下降（表 2-6）。

表 2-6　HA 含量随反应温度的变化

原料	反应温度	其他条件	HA 含量
模拟食物垃圾：50%大米、20%土豆、20%卷心菜和 10%猪肉	155～245℃	1∶5,30min,pH=7	215℃时最高,32.6%

原料	反应温度	其他条件	HA 含量
甘蔗渣	140～240℃	3h,Na_2CO_3	160℃时最高,46%
树叶	200～260℃	(1：2)～(2：3),1.5h,0.5% Na_2CO_3 溶液	240℃时最高,33.21%
玉米秸秆	180～220℃	1：10,5h,0.75mol/L NaOH 溶液	200℃时最高,0.48g/g 秸秆

（3）反应时间

腐植酸产率随着反应时间的增加先增加后减小，具有最佳点。水热时间过短，反应不完全，大量的纤维素和半纤维素未分解；水热时间过长，生成 HA 中的羧基和羰基等基团将被还原，反硝化反应得到增强，导致线性链的进一步分解，从而使得 HA 产率下降。Chen 等以模拟食物垃圾为原料，研究了反应时间（30～180min）对 HA 含量的影响，HA 含量随着时间的增加先增后减，在 60min 达到最高为 38.5%，原因是在延长的反应中反硝化反应得到增强，导致了线性链的进一步分解。李传华等以甘蔗渣为原料，研究了反应时间对 HA 含量和酸性官能团的影响，HA 含量随着时间先增后减，在 1.5h 时最高为 45.2%，总酸基和羧基的含量当超过 3h 后，两种基团的含量随时间的增加而增加。而对于酚羟基，时间几乎没有影响。吴鹏等以玉米秸秆为原料，以 0.75mol/L NaOH 溶液为催化剂，在 180℃、固液比 1：10 的条件下，研究了 HA 产率随反应时间（3～10h）的变化。结果显示，HA 产率和羧基等酸性官能团随反应时间先增加后减少。在水热反应时间为 6h 时，HA 溶液的 A_{273nm} 达到最高。这是因为水热过程为还原反应，生成 HA 中的羧基和羰基等基团将被还原，获得不具有助色功能的结构，或秸秆被炭化，因此 HA 的产量反而随着反应时间的延长而减少。

（4）反应介质

① 固液比。水热过程中水不仅起到溶剂的作用，而且在水热过程中提供半超临界的溶剂条件，促进玉米秸秆中大分子纤维素的降解。因此，当固液比超过一定值时，提取出的 HA 达到最大值，但因溶液比例的增大，故而 HA 的浓度降低，紫外吸收值也会减小。此外，溶液比例增加，还会使工艺过程产生较多的含碱液废水，因此，固液比应选择合适的比例。吴鹏等[41]以玉米秸秆为原料，研究了固液比（1：8）～（1：12）对水热过程的影响。随着固液比的增加，HA 溶液的吸光度出现先上升后下降的趋势，当固液比为 1：10 时，HA 溶液的吸光度达到最高。

② 碱浓度。HA 的产率能随碱添加量增加而增加，过量的碱无法使 HA 产率继续提高，反而会增加经济成本，因为还需要过量的酸使 HA 析出。王家樑

等以树叶为原料，研究了不同浓度 Na_2CO_3 对水热过程的影响，加入 0.5% 催化剂后，HA 含量达到 33.21%，增加了 7.58%，而后随着碱浓度的提高，HA 含量的增加幅度不大。吴鹏等[41]以玉米秸秆为原料、NaOH 为碱催化剂，研究了不同浓度（$0.4 \sim 1.6mol/L$）NaOH 对水热过程的影响。当碱液浓度为 0.75mol/L 时 HA 溶液的 A_{273nm} 达到最高。由正交试验的极差分析结果可知，4 个因素对玉米秸秆中 HA 提取率的影响从大到小依次为水热温度、固液比、反应时间、NaOH 溶液浓度。

③ 碱的类型。碱可分为强碱与弱碱，常见的有 NaOH、KOH、$NH_3 \cdot H_2O$、Na_2CO_3 等。KOH 可以促进纤维素和半纤维素的水解。姚颜莹等以玉米秸秆为原料，与三种不同催化剂 [$(NH_4)_2SO_3$、酸性 $(NH_4)_2SO_3$、碱性 $(NH_4)_2SO_3$] 混合进行了水热预处理，其中酸性 $(NH_4)_2SO_3$ 处理玉米秸秆后的固体产物中的有机质含量最高，并且酸性 $(NH_4)_2SO_3$ 预处理使得玉米秸秆固体产物的类腐植质数量增加，腐植化程度提高。Wang 等将玉米秸秆与 0.7% NaOH 溶液按 15g：100mL 混合，130℃下反应 30min 后取出骤冷，离心取上清液制得生物质碱性预处理液，以生物质预处理液为前体、8% H_2O_2 溶液为氧化剂，40℃氧化 2h，合成类腐植酸可达 2.9g/L，与商品 HA 相比，类腐植酸具有更均匀的粒径和更高的 C（22.5%）、N（2.3%）、O（33.8%），羟基和羧基含量分别是商品 HA 的 3.3 倍和 2.0 倍。

④ pH 环境。在水热过程中，反应体系的 pH 环境是影响生化 HA 制备效率及性能的关键因素。中性水热、碱性水热、酸碱中和水热。因为中性条件下水热转化的液相产物富含各种物质，为酸性环境，不利于 HA 的提取和分离；而在碱性催化剂的作用下，能促进糖胺缩合反应生成 HA，并且 HA 在碱性环境下更易于分离和提取；酸性条件不促进 HA 的形成，因为氨基容易发生 1,2-烯醇化反应，从而阻止了糖胺的形成。Chen 等以模拟食物垃圾为原料、HCl 和 NaOH 为反应介质，通过水热法制备生化 HA，并研究了 pH 环境对水热反应的影响。实验表明，当 pH 增加到 13 时，HA 的最佳产率增加到 43.5%。所制备的 HA 与天然矿物提取的 HA 具有相似的结构和组成，且含有更多的 N，餐厨垃圾中的蛋白质通过糖类与氨基酸的反应显著促进 HA 的形成，其中美拉德反应是关键的一步。在强酸水热条件下（pH 0~2），纤维素和半纤维素很容易降解为 HA 形成的关键前体如单糖和呋喃，而大多数木质素仍保持固相。因此，酸性水热处理和碱性水热处理相结合可以增强聚合反应，增加腐植化产物。此外，为提高生化 HA 的产率，Shao 等提出了酸碱联合工艺，即先对原料进行酸性水热预处理，继而进行碱性水热提取 HA。

生化腐植酸制备技术的优缺点见表 2-7。

表 2-7　生化腐植酸制备技术的优缺点

制备方法		优点	缺点
好氧堆肥法 微生物发酵法		腐植酸产品生理毒性小	微生物腐殖化的持续时间很长,通常持续数周或数月
活化法	碱活化	最有效且相对廉价,HA 的羧基、羟基含量增加	处理量小,经济成本较高
	过氧化氢活化	HA 产率提高	
	酸活化	有利于促进 HA 进一步分解为小分子 FA	
水热法	碱性水热	操作简便,效率高。合成的 HA 含有丰富的含 O 基团(包括—OH 和—COOH),具有集中的大分子结构,与天然 HA 具有高相似性	不利于纤维素和半纤维素转化,导致固体残渣的产率高
	酸碱联合	溶解和转化较碱性水热显著提高,残渣少,HA 产率高	

综上所述,目前已经有多种制备生化 HA 的方法和路径。其中,生物法周期长,HA 产率低,产品多为液相、难以运输保存,制备方法繁琐;化学法中催化氧化法反应条件过于温和,无法破解纤维素、木质素等大分子结构,不能使反应充分进行,且经济成本较高。与生物法和化学活化法相比,水热法处理时间短,设备简单,所需场地小,无臭,无甲烷、二氧化碳气体排出,反应完全,得到的产品十分稳定[32-43]。

2.1.3.4　矿源/生化二元体系下的腐植酸制备

由于生化 HA 的制备受到原料种类影响大、产率低、易吸潮、不易储存,有学者提出将矿源 HA 和生化 HA 相结合,在复合体系中制备新型 HA。目前,根据制备方式的不同,存在两种复合体系 HA:一种是生物质和煤炭经生物法制备双源 HA,另一种是生物质与煤炭经化学法制备复合 HA。

山东农业大学研出"双源 HA 技术",并与山东佐田氏生物科技有限公司合作,实现了产业化应用。所谓"双源 HA 技术"是将"生物 HA 工程"与"矿源 HA 的生物活化"两个生物转化过程糅合到同一个生产过程中,其结果是二者相互促进,互补增益。"双源 HA 技术"的技术路线见图 2-6。

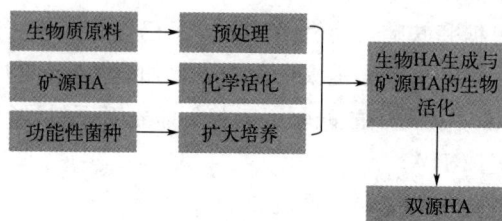

图 2-6　双源 HA 的制备

双源复合腐植酸是通过将煤与生物质混合为原料利用化学法制备得到。李艳玲等发现将低阶煤与麦秸秆经 HNO_3 共热氧化后的氧化残渣中腐植酸含量（37.46%）高于理论值，产生了正协同作用，复合腐植酸的产率为 62.37%，且共热氧化得到的复合腐植酸较矿源腐植酸和生化腐植酸具有更多含氧官能团。

双源腐植酸的制备见图 2-7。

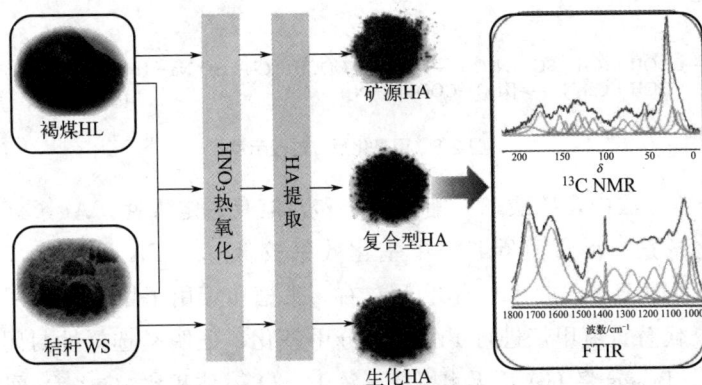

图 2-7 双源腐植酸的制备

相较于生化腐植酸，矿源/生化二元体系腐植酸的产率、活性得到了提高。双源腐植酸的生产周期长，工艺较复杂，而一般的复合腐植酸的制备周期较短，工艺过程较生物法制备双源腐植酸的工艺过程更为简单[32-50]。

腐植酸的提质改性主要指在组成、结构和性质的基础上进行化学改性以及与其他物质的相互作用带来的性质变化。

化学改性，实际上是人们为某种研究或应用目的所设计的定向化学反应或结构修饰。比如，借助酸性官能团的甲基化把 HA 从水溶性转化为油溶性、借助硝化提高羧基的化学活性、借助磺甲基化提高络合-增溶性等，都是比较成熟的 HA 化学改性的举措。

随着 HA 化学研究的不断深入，其化学改性的方法和路线也有所创新，但主要的改性手段仍然是氧化或还原（降解）、甲基（烷基）化、酯化、硝化、磺（磺甲基）化和卤化等。

2.1.3.5 甲基化法

用甲基化试剂中的—CH_3 取代 HA 中的—COOH 与—OH_{Ph} 中活泼 H^+ 的反应称为甲基化，也称甲酯化。两种基团的 H^+ 都被甲基取代的叫作全甲基化，其中一种被取代的叫作部分甲基化。通过甲基化将此两个基团全部或其中一个"封闭"起来，既可消除氢键，提高在有机溶剂中的溶解性，又可保护—COOH 和—OH_{Ph}，使其不被解离或降解，从而更有利于结构分析和某些反应机理研究。

通常的甲基化方法有：①硫酸二甲酯法或甲醇＋浓硫酸法。②Ag_2O-CH_3I 或 BaO-CH_3I 法。③重氮甲烷法。

主要的反应过程见图 2-8。

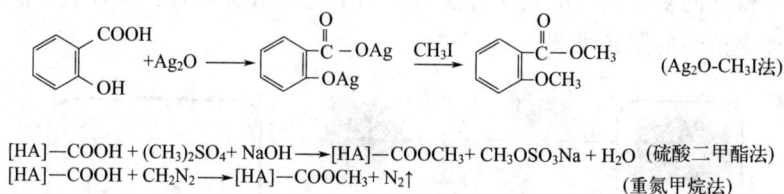

[HA]—COOH + $(CH_3)_2SO_4$ + NaOH ⟶ [HA]—$COOCH_3$ + CH_3OSO_3Na + H_2O (硫酸二甲酯法)
[HA]—COOH + CH_2N_2 ⟶ [HA]—$COOCH_3$ + N_2↑
(重氮甲烷法)

图 2-8 甲基化反应过程示意

这些经典方法中，硫酸二甲酯反应缓和，但有一定毒性。Ag_2O-CH_3I 是较好的甲基化试剂，但过程冗长，甲基化效率较低。对 FA 甲基化，收率可达 70%～90%，而 HA 的收率只有 30%左右。张德和等用 1-甲基-3-对甲苯基三氮烯（TMT）代替重氮甲烷进行 FA 的部分甲基化，证明是选择性封闭—COOH 的有效方法。Briggs 将 HA 用无水甲醇＋浓 H_2SO_4（体积比 100：2）回流 2d，再重复一次，得到 95%收率的羧基甲基化 HA，看来是迄今甲基化产率最高的范例。

2.1.3.6 硝化法

腐植酸芳环上的 H 被硝基（NO_2）取代的过程称作硝化，实际上主要是氧化反应。

HA 硝化的难易程度，一是取决于原始 HA 芳核外围取代基的组成、构型和数量，二是取决于与取代空位相对的基团种类，即定位效应。定位基团分为两类：①邻、对位定位基（给电子基），导致芳环活化，在相对位置容易引入硝基。②间位定位基（吸电子基），容易使间位钝化，以使整个芳环难以硝化。按定位效应，各种基团影响 HA 硝化反应能力的顺序大致为：—NH_2＞—OH_{ph}＞—OC_2H_5＞—OCH_3＞—$OCOCH_3$＞—CH_3＞—Cl＞—CH_2COOH＞—H＞—NO_2＞—CN＞—SO_3H＞—CHO＞—COOH＞—$COOCH_3$＞—NH_3（H 前面的是邻、对位定位基，后面的是间位定位基）。许多实验也验证了上述规律：泥炭、褐煤 HA 中给电子基团（—OH_{ph}、—OC_2H_5、—CH_3 等）较多，故容易硝化；风化煤 HA 的—COOH（间位定位基）较多，故难以硝化。表 2-8 实验数据证明，泥炭和褐煤 HA 引入的硝基数量是风化煤 HA 的 2～3 倍。

表 2-8 不同来源腐植酸的硝化程度对比

腐植酸来源	产地	引入 N_{daf}/%	相当—NO_{2daf} 数量/%
风化煤	山西灵石	1.19	3.91
	山西大同	1.87	4.19

腐植酸来源	产地	引入 N_{daf}/%	相当—NO_{2daf} 数量/%
褐煤	山西繁峙	2.60	8.54
	云南寻甸	2.54	8.05
	山东黄县	3.42	11.24
泥炭	广东遂溪	2.60	8.54

注:实验条件为 20% HNO_3 溶液,液固比 2∶1,90℃,30min。

图 2-9 可描述硝化反应历程。

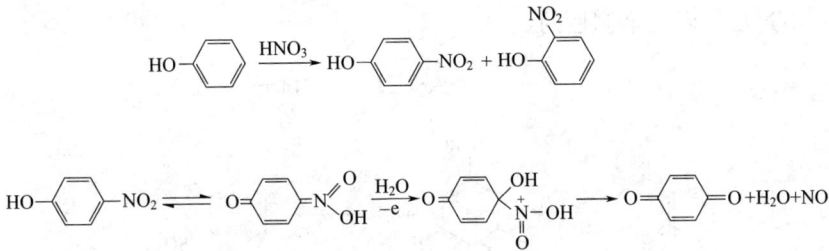

图 2-9 硝化反应过程示意

一般单一的硝化,尽可能控制在第一阶段,继续强化反应将发生异构化——脱水和脱氮形成醌;与氧化为目的的操作条件不同,HA 的硝化反应一般在高硝酸浓度(以至发烟硝酸)、低温并加催化剂(多用硫酸)的情况下进行。Mazumdar 等用 HNO_3 ($d=1.42$)+H_2SO_4 ($d=1.84$)=1∶1(体积分数),$-14\sim15℃$ 下硝化处理 2h,N 含量达到 6%~8%,并同时增加—COOH、$C=O$、—OH_{ph} 含量,产物收率达到 140%~150%。

而采用浓 HNO_3+浓 H_2SO_4 进行硝化,具有下列优势。

① 引入硝基的同时增加了活性官能团,特别是对硝基酚结构发生互变异构现象,形成醌结构,极大地提高 HA 的化学和生物活性。

② 在 NO_2 邻位和对位的—COOH 和—OH_{ph} 上的 H 被强烈活化,使酸性更强,更容易解离。比如,苯酚原来的 pK_a 值是 10.01,邻位或对位引入 1 个—NO_2 后其 pK_a 降到 7.2,引入 3 个—NO_2 后 pK_a 值降到 0.8。Green 等认为在苯羧酸的任何位置引入—NO_2 都可使 pK_a 值低于 3.5。他还通过极谱分析发现 HA 被硝化后还原电位从 pH 7 的位置跳跃到 pH 5 或更低,显然是由于—OH_{ph} 离子化,使 NO_2 增加了电负性而难以还原。这时 NO_2 本身也呈活化状态,近于羧酸盐的作用。

③ 硝基诱导其邻位和对位的—CH_3、—CH_2CH_3、—OCH_3、—Cl 等基团

变得更为活泼，尤其容易将—CH_3 氧化成—COOH，或引发其他取代反应和聚合反应。

2.1.3.7 磺化和磺甲基化法

磺化和磺甲基化是在 HA 分子中引入磺基（—SO_3H）和磺甲基（—CH_2SO_3H）的过程。这两个改性反应是 HA 作为分散剂、吸附剂和石油钻井液处理剂的基础（图 2-10）。

磺化和磺甲基化大致有以下几种情况：①取代反应，按定位效应，磺基或磺甲基很容易取代 HA 中与 OH_{ph}、NH_2、CH_3 等邻、对位的芳氢，也容易取代芳核上的 Cl。② 连接芳环的亚甲基桥被水解，引入磺甲基。③醌基的 1,4-加成反应。不过后二者是推测性的。

$$ArCH_2Ar \xrightarrow{Na_2SO_3} ArCH_2SO_3Na + (—Ar)$$

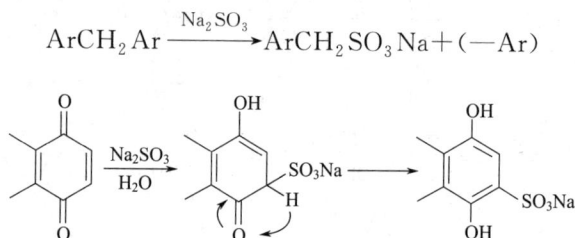

图 2-10 磺化和磺甲基化

所用的磺化试剂是浓 H_2SO_4、Na_2SO_3、$NaHSO_3$ 等，磺甲基化试剂是 CH_3OSO_3Na（由等物质的量的 $HCHO+Na_2SO_3$ 或 $HCHO+NaHSO_3$ 制备），也有些特殊的磺化或磺甲基化制剂和方法。如佐佐木满雄等用浓 $H_2SO_4+BF_3$（物质的量比 0.134），100℃下对泥炭 HA 磺化 90min，制得阳离子交换树脂。有人还在惰性气体中用氯磺酸催化磺化。郑平等在碱性条件下对不同来源的煤炭 HA 进行磺化和磺甲基化，NaOH 用量为 10%～30%，磺化或磺甲基化试剂为 30%（均以纯 HA 重量为基础），100℃下反应 1h，证明泥炭和褐煤 HA 都很容易磺化和磺甲基化，而磺化反应只有泥炭 HA 可以进行，风化煤无论磺化还是磺甲基化都难进行。孙淑和等的研究也得到类似结果。杨国仪等在球磨机中对含水 20%～30%的桦川泥炭进行干法磺甲基化，表明反应程度和转化率均高于水相反应。一般用离子交换和测定 S 的方法计算引入磺基的数量。红外光谱 $1035～1040cm^{-1}$ 或 $1126cm^{-1}$ 处的吸收峰是磺基伸缩振动引起的，可以检验 HA 分子上是否引入磺基；如果 $1440cm^{-1}$ 处的吸收同时增强，证明有—CH_2— 引入，可作为磺甲基化的证据。

磺化和磺甲基化是提高 HA 的水溶性和对无机盐的抗絮凝性的有效措施。磺基特别是磺甲基的酸性比—COOH 强，在 pH 2～3 时就可以解离，这就决定了磺化和磺甲基化 HA 更具水化性能和离子交换性，凝聚限度也可显著提高。从表 2-9 的数据可以看出，泥炭和褐煤 HA 磺化和磺甲基化产物的性能优于风化煤。

表 2-9　不同煤种 HA 磺化和磺甲基化性能比较

HA 来源	处　理	水可溶物/%	SO$_3$H/%	凝聚极限/(mmolCa^{2+}/L)
风化煤	原　煤	微	0	4
	磺化后	微	0.5~0.9	2~4(3~4)
褐　煤	原　煤	7~10	0	8
	磺化后	43~52	0.9~1.4	12(20)
泥　炭	原　煤	20~24	0	12~14
	磺化后	65~78	0.4~1.1	>40(18~20)

注:括号中为磺甲基化产物的数据,其余为磺化产物的数据。数据均以干燥无灰基为基准。

2.1.3.8　硅烷化法

腐植酸与烷基卤硅烷反应,可用硅烷基取代 HA 中羧基的活泼 H$^+$,可能还取代酚羟基中的 H$^+$,类似于酯化反应,生成的产物除具有羧酸酯类的结构特征外,可能还有共价键和以硅氧盐形式的 d-pπ 配位键。李善祥等进行了风化煤腐植酸硅烷化研究,从 IR 谱图上发现反应产物中 1700cm^{-1}（—COOH 中 $\diagdown$C＝O）和 1240cm^{-1}（C—O）消失,而新出现了 1000~1100cm^{-1} 吸收带（Si—O—C,Si—O—Si）,推断 HA 与一氯三甲基硅烷可能的反应过程之一是:

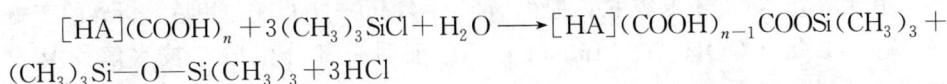

$$[HA](COOH)_n + 3(CH_3)_3SiCl + H_2O \longrightarrow [HA](COOH)_{n-1}COOSi(CH_3)_3 + (CH_3)_3Si—O—Si(CH_3)_3 + 3HCl$$

卤硅烷与 HA 的反应活性随前者卤素取代度的增加而提高,一般烷基卤硅烷的活性大于苯基卤硅烷。HA 被硅烷化后,其水溶液的表面张力明显降低,表明该产物具有两亲表面活性,是近年来开发的新型石油钻井液防塌处理剂。

2.1.3.9　酰胺化法

腐植酸的铵盐在 100℃ 以上脱水就得到 HA 酰胺,但 HA 酰胺水解后又返回成为铵盐,是可逆反应,见图 2-11。

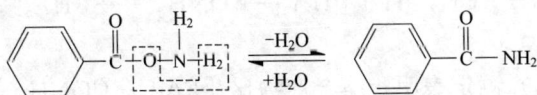

图 2-11　酰胺化反应示意

在 150~200℃ 以上加热同时通入 NH$_3$,也可直接得到 HA 酰胺,甚至用氨基取代 OH 得到腐植酸胺:

$$[HA]COOH + NH_3 \longrightarrow [HA]CONH_2 + H_2O$$

$$[HA]OH + NH_3 \longrightarrow [HA]NH_2 + H_2O$$

将 HA 用氨水氨化,再加热脱水,是制取 HA 酰胺的最简单的方法。郑平等对巩义 FA 酰胺化的温度进行了考察，发现 120℃时转化率（即 $CONH_2$ 占总 COOH 的比例）只有 1/3，180℃时为 44％，到 200℃时也只有 65％，看来全部酰胺化可能要到 250℃以上。

① HA 酰胺化实际上"封闭"了羧基，水溶性降低，油溶性提高，可作为制取油基石油钻井液的材料。

② 在适当条件下 HA 酰胺可水解成 HA 铵盐。用碱水解还可生成［HA］COONa（或钾盐），放出 NH_3。

③ 霍夫曼（Hofmann）重排，即［HA］—$CONH_2$ 在次氯酸钠作用下失去 C＝O，转变成腐植酸胺（［HA］—NH_2），见图 2-12。

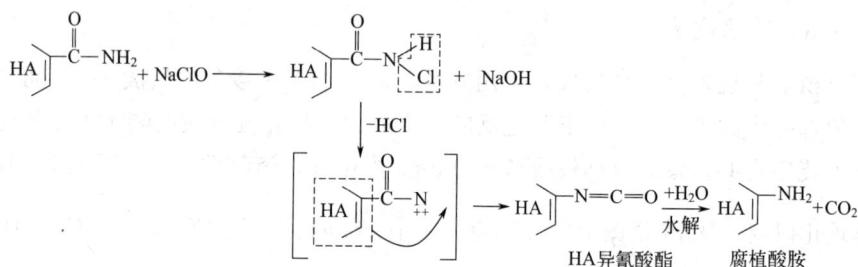

图 2-12　腐植酸胺形成的反应机理

郑平等在 200℃下制得 FA 酰胺，再与 NaClO＋NaOH 作用后，析离的产物含 N 4.71％，COOH 为 3.4mmol/g。IR 证明一部分酰胺基被水解恢复为 COOH，另一部分发生 Hofmann 降解形成了氨基。

④ 加成反应：［HA］—$CONH_2$ 与亚硝酸或 NO 可发生加成反应，转化成［HA］—COOH，释放出 N_2，这有可能被用于治理 NO 污染。

⑤ 缩合反应：［HA］—$CONH_2$ 可与甲醛反应，用亚甲基桥（—CH_2—）将两个—$CONH_2$ 连接起来，缩合成更大的分子[11]。

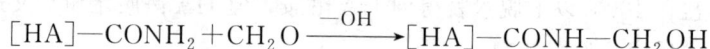

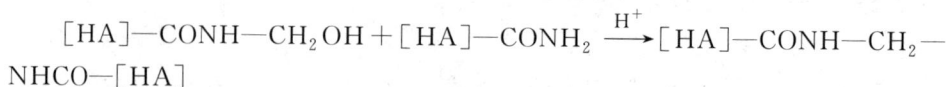

$$［HA］—CONH_2 + CH_2O \xrightarrow{-OH} ［HA］—CONH—CH_2OH$$

$$［HA］—CONH—CH_2OH + ［HA］—CONH_2 \xrightarrow{H^+} ［HA］—CONH—CH_2—NHCO—［HA］$$

增比黏度（η_i）测定表明，缩合产物比［FA］—$CONH_2$ 高达一倍。因此，出于某种应用目的，通过酰胺化再进行缩聚反应，确是增大 HA 分子量和缩合度的一个有效途径，值得继续研究。

⑥ 胺甲基化和季铵化反应：［HA］—$CONH_2$ 与甲醛、二甲胺之间容易发生胺甲基化反应，然后再与氯化苄反应，生成季铵化阳离子化合物。

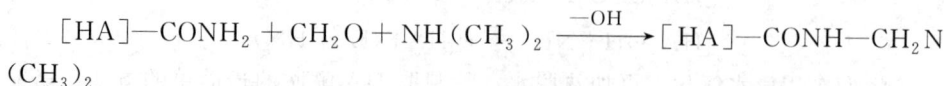

$$［HA］—CONH_2 + CH_2O + NH(CH_3)_2 \xrightarrow{-OH} ［HA］—CONH—CH_2N(CH_3)_2$$

$$[HA]—CONH—CH_2N(CH_3)_2 + ClCH_2Ph \longrightarrow [[HA]—CONH—CH_2N$$
$$(CH_3)_2—CH_2Ph]^+ Cl^-$$

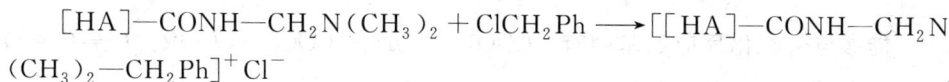

此类反应及其产物对制备高性能石油钻井液处理剂或水处理剂有很重要的实用意义。

2.1.3.10 重氮化法

腐植物质的重氮化反应（图 2-13），不仅是研究 HA 化学结构的一种手段，而且可能生成一些有价值的应用产品（如偶氮类染料、色素）。Moschopedis 曾研究过 HA 重氮化机理，认为主要属于自由基反应历程，包括：

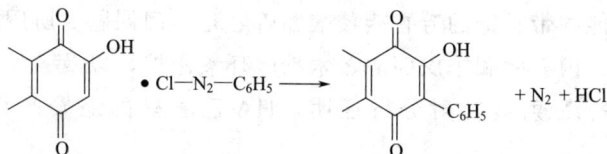

图 2-13 腐植酸的重氮化反应示意

① 酚类特别是醌类倾向于自由基取代并与重氮盐反应，生成核中含苯基的化合物，放出 N_2 气，从而为 HA 中含有醌提供了依据。

② 在 HA 的芳环 OH_{ph} 邻、对位直接偶联。

$$HO—[HA]+ \cdot XN_2—Ar \longrightarrow HO—[HA]—N=N—Ar$$

HA 的重氮化大约有 1/3 直接偶联，2/3 为醌结构的自由基反应。

③ 磺基重氮盐可与活性亚甲基（或次甲基）或羟甲基（—CH_2OH）反应，生成重氮化合物与甲醛，这也是证明 HA 中有活性亚甲基或次甲基的一种分析方法，可在 HA 重氮化的同时引入磺基，得到水溶性的缩聚物。

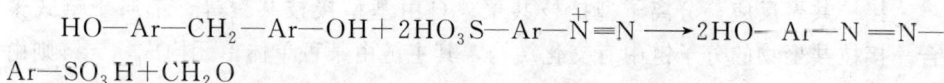

$$HO—Ar—CH_2—Ar—OH+2HO_3S—Ar—\overset{+}{N}=N \longrightarrow 2HO-Ar—N=N—$$
$$Ar—SO_3H+CH_2O$$

磺基重氮盐是由对氨基苯磺酸+HCl+$NaNO_2$ 在 pH 7.8、0℃下反应得到的。产物的 IR 谱图表明，1200～1000m^{-1} 处出现了新吸收峰，证明确实引入了磺基，也发现有一定量的氧化和/或分子重排。褐煤 HA 的该重氮化反应效果最好，水溶性产物收率达到 72%。

2.1.3.11 酯化和聚酯化法

酯化指高级醇类与 HA 酸性基团反应以制成水不溶大分子物质；聚酯化则是用二元或多元醇为交联剂，将 HA 缩聚成为更大的聚合物。

将煤氧化生成的煤酸（实际为再生 HA），在 KM_2 阳树脂存在下分别用丁醇、戊醇和异戊醇酯化，发现用异戊醇所得产物产率最高、质量最好，被用于润滑剂、乳化剂和增塑剂。

能参与聚酯化反应的基团有—COOH、—OH、—COCl、—COOR、$\overset{\diagdown}{\underset{\diagup}{C}}$=C=O
等，其反应能力为酰氯＞羧酸酐＞羧基＞羧酸酯。上述基团 HA 中本身就存在，或经过化学修饰后都可能引入。以 HA 的醇-酸聚合为例来说明聚酯的形成过程：

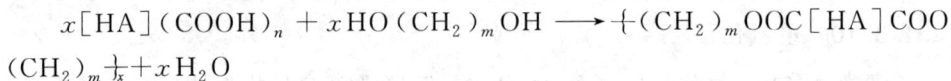

$$x[HA](COOH)_n + xHO(CH_2)_mOH \longrightarrow \text{+}(CH_2)_mOOC[HA]COO(CH_2)_m\text{+}_x + xH_2O$$

式中，x 为聚合度。可以通过调整反应条件来控制聚合度，制成不同性能要求的产物。

20 世纪中叶，在石油芳烃非常短缺的情况下，通过腐植酸类物质聚酯化生产具有高性能的带长链的芳香族羧酸酯曾经是热门课题。所用的交联剂有乙二醇和乙二胺、丙三醇和季戊四醇、木糖醇环氧乙烷，以及各种氧化烯烃、碳酸乙二醇酯等。X 射线衍射分析证明，HA-乙二醇的缩聚产物具有聚酯链结构。

据有关研究报道，欲提高聚合反应性能需注意以下几点：①HA 分子尽可能小，最好以一个芳环的苯多羧酸型结构为主，因此用风化褐煤硝酸氧化的产物最合适。②可在常压 125℃、25～30h，也可在加压下 140～170℃、2h 进行反应。③反应生成的水和过剩的交联剂应及时减压蒸出。④产物可用 $SnCl_4$ 和白土精制脱色。⑤有的反应需添加催化剂，如对甲苯磺酸、锌酸锡等。

HA 的聚酯产物用途很广，如制成具有高强度、高介电常数的热固型绝缘树脂、涂料、乳化剂、化妆品、润滑脂、黏合剂、杀虫剂和药物原料、离子交换树脂等，用煤炭和 HA 为原料制取聚酯显然是非常宝贵的技术储备。

2.1.3.12 缩聚与接枝共聚法

接枝共聚反应，分离子型接枝共聚、自由基型接枝共聚等，都属于链式聚合。接枝共聚物的分子链中有支化结构，其主链由某种单体单元构成，支链则由另外的一种单体单元构成较长的链段。在主链高分子链上存有接枝点或在反应过程中能生成接枝点。将主链聚合物溶解于支链的单体中，然后在指定的条件下进行接枝共聚反应。接枝共聚反应一般都要涉及母体（基体）聚合物，利用"长出"或"接上"支链的方式来进行。

通过缩聚，可将两种性质不同的聚合物接枝在一起，形成性能特殊的接枝物。例如：丙烯酸系与腐植酸接枝共聚，既能充分发挥腐植酸刺激植物生长、增强植物抗逆、改善植物营养的功效，又可达到提高树脂的吸水性、耐盐性及降低树脂成本等目的。

由图 2-14 可知，HA-Na 接触角为 30°，说明 HA-Na 具有很强的吸水性；HA-Na-PMMA 固体表面接触角为 84°，表明接枝改性后 HA-Na-PMMA 疏水性提高。相比较 HA-Na 的接触角，HA-Na-PMMA 的接触角提高了 50°左右，说明 HA-Na-PMMA 的疏水性能相对于 HA-Na 有很大提高。上述结果也进一步表明，通过 SI-ATRP 反应后，PMMA 成功接枝到 HA-Na 上，形成了 HA-Na-PMMA 接枝共聚物。HA-Na-PMMA 接枝共聚物 FTIR 见图 2-15。

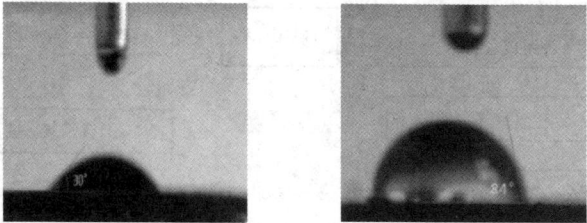

(a) HA-Na 固体表面的接触角图　　　(b) HA-Na-PMMA 固体表面的接触角

图 2-14　HA-Na 固体表面

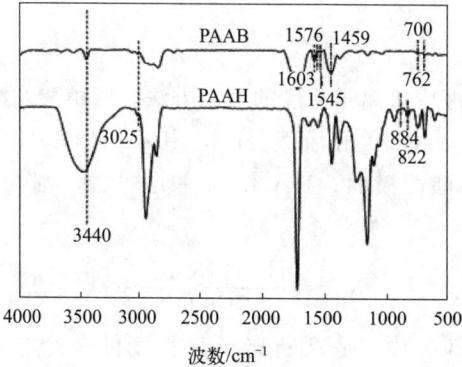

图 2-15　HA-Na-PMMA 接枝共聚物 FTIR

以丙烯酸丁酯（BA）、丙烯酸（AA）和苯乙烯（St）为主单体，利用腐植酸（HA）接枝，制得土壤固化剂 PAAB 和 PAAH，特征如图 2-15 显示，对其进行结构表征和应用性能测试。结果表明：①合成乳液稳定，粒径分布均匀。②固化土/水接触角、静水中团聚体稳定性、抗冲刷性均有明显增强效果。③随着养护龄期和固化剂掺量的增大，固化土试样的无侧限抗压强度呈现增大的趋势[44-54]。

2.2　腐植酸的技术参数

腐植酸的技术参数含物理参数、化学参数、热力学参数、动力学参数等（图2-16），可以选择各种仪器进行检测。

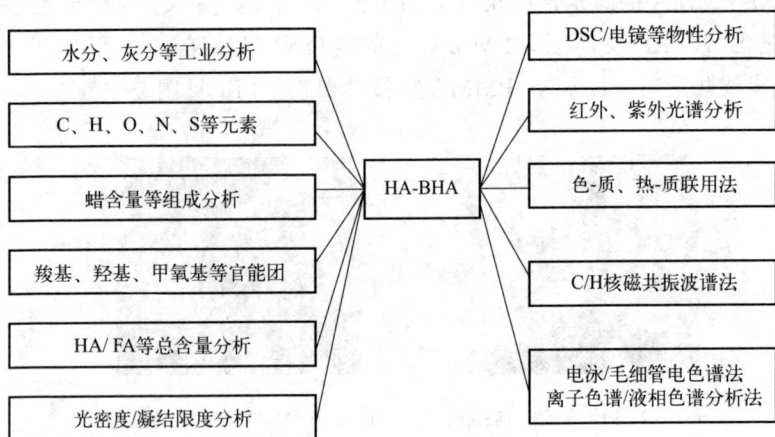

图 2-16　HA/BHA 技术参数的各种检测方法

2.2.1　表观 pH

表观 pH 是水溶液中氢离子活度的表示方法，腐植酸水溶液中的酸性官能团（—COOH 和—OH_{Ph}）能给出活泼 H^+，其中—COOH 酸性最强，其次是—OH_{Ph}，而—OH_{alc} 酸性极弱；HA 作为一元弱酸，则在水中的解离平衡方程为：

$$K_a = \frac{[H^+][RCOO^-]}{[RCOOH]}\qquad(2-5)$$

式中，K_a 为解离常数，是判断离子化程度的一个指数。K_a 愈大，酸性愈强。

K_a 取对数表示，$pK_a = -\lg K_a$。但在多官能团的 HA 中，—COOH、—OH_{Ph} 的解离程度不同，就显示出不同的酸性，出现两个以上的 pK_a 值，则：

$$pK_a = pH + \lg \frac{1-\alpha}{\alpha}\qquad(2-6)$$

式中，α 为官能团的解离度（%）。当忽略分解度时，表观 pH 可表示腐植酸的氢离子浓度。

pH 的测定方法有酸度计法、仪器直读数字法、试纸法等。表观 pH 应用虽然简单，却是腐植酸的基本性质、官能团、缓冲性能等研究中重要的技术参数之一。

2.2.2　分子量

腐植酸是一类大分子多分散体系，若不是按确定的组分逆向合成的，很难有一个确切的分子量。造成 HA 的分子量范围可从几百到几百万，是由于原始物质来源和生成条件的不同，若按高分子聚电解质来看待 HA，即它们的"分子量"并不是像纯化合物那样真正的"分子质量"，而是表示 HA 分子间通过各种物理-化学键结合形成的胶体聚集体颗粒的大小，这些颗粒大小是随环境变动，即在不同 pH、离子强度、浓度、温度等情况下得出的分子量截然不同，也包括人为因素造成的差异，如样品提取和分离、杂质种类和含量、测定仪器和方法等各不相同，所得分子量可能会相差 1~2 个数量级。

而以凝胶色谱测定的腐植酸黄腐酸分子量，选用交联葡聚糖（Sephadex）、羧甲基葡聚糖（CM-Sephadex）、聚丙烯酰胺凝胶（Bio-GelP）和琼脂糖（Sepharose，BioGel A）等为树脂，最通用的是 Sephadex，其吸水值（1g 干凝胶在完全膨胀的凝胶颗粒中所吸收的水量）是主要特征性指标。表 2-10 是 Sephadex 凝胶的特性指标。

表 2-10 Sephadex 凝胶的特性指标

型号	分级范围[①]/Da	吸水值/（g 水/g 干胶）	床体积/（mL/g 干胶）
G-10	~700	1.0	2
G-15	~1500	1.5	3
G-25	100~5000	2.5	5
G-50	500~10000	5.0	10
G-75	1000~30000	7.5	12~15
G-100	1000~100000	10.0	15~20
G-150	1000~150000	15.5	20~30
G-200	1000~200000	20.0	30~40

① 对任意卷曲的多糖测得的结果。

以最常见的数均分子量和重均分子量公式计算表示如下：

$$\overline{M}_n = \frac{\sum\limits_i H_i}{\sum\limits_i H_i/M_i} \tag{2-7}$$

式中，$\overline{M}_n$ 为数均分子量；H_i 为峰高；M_i 为分子量。

$$\overline{M}_w = \frac{\sum\limits_i M_i H_i}{\sum\limits_i H_i} \tag{2-8}$$

式中，$\overline{M}_w$ 为重均分子量；H_i 为峰高；M_i 为分子量。

由图 2-17 可知，山东泉林嘉友委托华东理工大学测定的黄腐酸产品，数均分子量 391，重均分子量 468，Z 均分子量 M_z 576，M_{z+1} 黏均分子量 702，不同分子量测定表示的分子直径 PD 宽度 1.19nm。

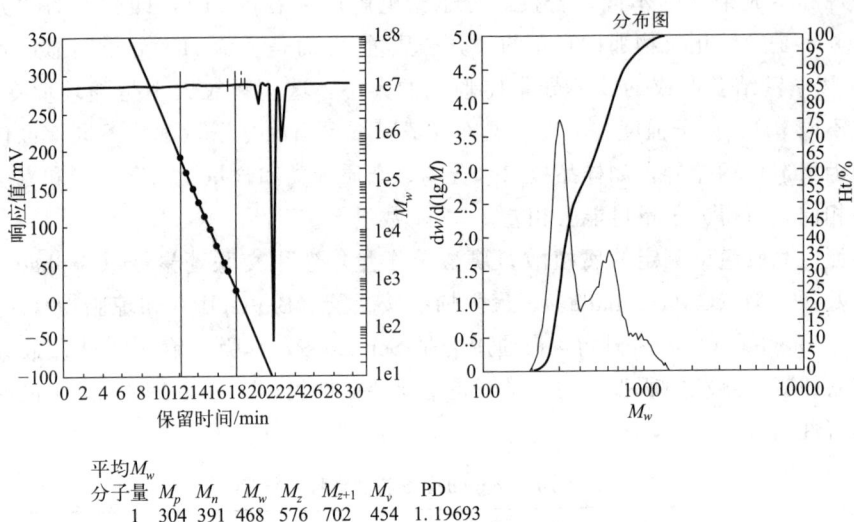

平均 M_w

分子量	M_p	M_n	M_w	M_z	M_{z+1}	M_v	PD
1	304	391	468	576	702	454	1.19693

图 2-17　凝胶色谱测定的黄腐酸分子量谱图

表 2-11 列出了以不同测定方法获得的腐植酸黄腐酸分子量结果。

表 2-11　以不同测定方法获得的腐植酸黄腐酸分子量结果

	来源	测定方法					
		冰点	沸点	VPO	黏度	超离心	凝胶
腐植酸	黑色土壤	2250	—		36000	5893	$10^4 \sim 10^5$
	砖红土壤	2200			14000～21000	2000～4800	
	暗棕土壤	890			—	—	—
	堆肥	985	—		—	—	—
	延庆泥炭	—		2273	5013		
	日本中山褐煤	4200					
	褐煤						2345
	灵石风化煤			2257	7834		
硝基腐植酸	日本中山褐煤	1445					
	舒兰褐煤	—		1210	3540		
	灵石风化煤			1419	2542		
黄腐酸	河水	600～1000	—		—	—	—
	黑色土壤	1450					
	砖红壤	710		952			
	九道弯风化煤	1300					
	晋城风化煤	—		3413			5000～50000
	新疆风化煤						738～1220
	山东泉林						391～468

2.2.3 吸附性

吸附是指在固相-气相、固相-液相、固相-固相、液相-气相、液相-液相等体系中某个相的物理密度或者溶于该相的溶质浓度在界面上发生改变（与本相不同）的现象。几乎所有的吸附现象都是界面浓度高于本体相的正吸附（positive absorption）。但也有些电解质是水溶液浓度低于本体相的负吸附（negative absorption）。被吸附的物质称为吸附质（absorbate），具有吸附作用的物质称为吸附剂（absorbent）。

液相吸附量与气相压力或液相溶质浓度和温度有关，是吸附的基本性质。温度一定时，吸附量与压力（气相）或者浓度（液相）的关系称为吸附等温线，是表示吸附性能最常用的方法。吸附等温线的形状能很好地反映吸附剂和吸附质的物理化学相互作用，如吸附剂的表面性质、孔分布以及吸附剂与吸附质之间的相互作用等有关信息。压力一定时吸附量与温度的关系称为吸附等压线。吸附量一定时压力与温度的关系称为吸附等量线。由吸附等量线可以获得微分吸附热。吸附可分为物理吸附和化学吸附，从表 2-12 中可以简明地看出两者的主要区别。

表 2-12　物理吸附和化学吸附的主要区别

内容	物理吸附	化学吸附
吸引力	范德瓦耳斯力	固体表面形成化学键
吸附热	与凝聚热相似(表面凝聚)	与化学反应热的数量级相同(表面化学反应)
选择性	无	有
吸附分子层	一般多分子层	单分子层
吸附速度	较大	较小

Langmuir 吸附等温式是基于四条基本假设的：固体表面是均匀的；吸附是单分子层的；被吸附的气体分子间无相互作用力；吸附平衡是动态平衡。

泥炭、褐煤、风化煤含有大量腐植酸，作为芳香羟基羧酸，具有离子交换和络合能力，对金属离子有良好的吸附能力。

腐植酸以式（2-9）进行离解，生成带负电荷的腐植酸阴离子。

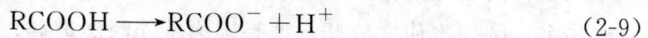

$$RCOOH \longrightarrow RCOO^- + H^+ \tag{2-9}$$

式中，RCOOH 为腐植酸分子的示性式。

腐植酸与水溶液中的金属离子反应后生成难溶的腐植酸盐。

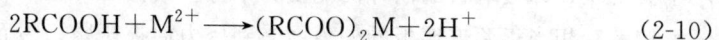

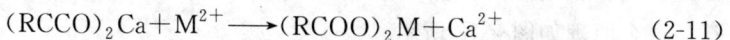

$$2RCOOH + M^{2+} \longrightarrow (RCOO)_2M + 2H^+ \tag{2-10}$$

$$(RCCO)_2Ca + M^{2+} \longrightarrow (RCOO)_2M + Ca^{2+} \tag{2-11}$$

腐植酸是一种有机配位体，可以和金属离子形成络合物或螯合物。

腐植酸对金属离子的吸附能力可以用吸附容量和分配系数来表示。吸附容量指单位质量的样品所吸附金属离子的质量。分配系数指金属离子吸附在腐植酸上的数量与残存在溶液中的数量之比。

腐植酸对金属离子吸附等温线基本上属于朗缪尔型，可以认为是一种单分子层吸附，即吸附剂一旦被吸附质占据后就不能再吸附，在吸附平衡时，吸附、脱附达成平衡。Langmuir 吸附方程式表达为：

$$q = q_\infty \frac{cK}{1+cK} \quad \text{或} \quad \frac{c}{q} = \frac{1}{q_\infty}c + \frac{1}{q_\infty K} \tag{2-12}$$

式中，q 为吸附容量，每克样品吸附金属离子的质量；c 为平衡浓度；q_∞ 为饱和吸附容量；K 为平衡常数。

式（2-12）中，当溶液中存在两种金属离子时，腐植酸对其中一种离子有选择性吸附。腐植酸对两种金属离子的吸附性可以从吸附平衡曲线和选择性系数 $K\frac{A}{B}$ 表示出来。

腐植酸吸附重金属的容量有静态吸附与动态吸附，并与腐植酸极性、比表面积等也有较大的关系。研究显示，钙基改性后的腐植酸对土壤 Cd 重金属离子的吸附为 $8.62 \sim 10.23\text{mg/g}$，对水体 Cd 重金属离子的吸附容量最大可达 70.73mg/g 和 87.02mg/g。腐植酸作为重金属离子吸附剂，在工业化动态运用中，需要将 pH 调节到 5 左右，以防腐植酸溶出，或者与其他高分子树脂一起形成复合型树脂。

2.2.4 润湿性

润湿是液体与固体接触时发生的一种界面现象。等温等压条件下，液体与固体接触后若吉布斯自由能降低，则为润湿（热力学定义）。

吸附和润湿是腐植酸的重要物理化学性质。当腐植酸被水润湿时，由于腐植酸分子与水分子之间的作用力大于水分子间的作用力，故有热量放出，称该热量为润湿热。它的大小与水或其他液体的种类、腐植酸的表面积大小有关，并直接关系到腐植酸的吸附性。

例如，两块光滑干燥的玻璃板叠放在一起时，很容易将其分开。若在两板之间放些水，则很难使之分开，这是因为水能润湿玻璃，所以夹在玻璃板之间的水层四周呈凹形液面，并受到指向空气方向的附加压力（P_s），导致水层所受压力小于大气压，即玻璃板的内外两侧受力不等，内侧压力较小，与空气接触的外侧压力较大，相当于两玻璃板的外表面受到压力而被压紧，因而两块玻璃板难以分开。这个原理如图 2-18 所示。

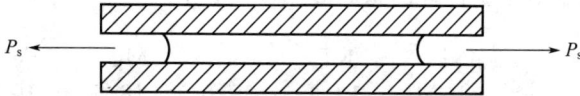

图 2-18　平面间润湿实验示意图

夹有水层的玻璃板所受到的被压紧的附加压力称为毛细压力。雨后沙石地带出现地面塌陷的现象也与毛细压力有关：沙石之间存在不坚固的孔隙结构，下雨之后，孔隙中充满了水而在孔口形成凹形液面，从而产生毛细压力，将碎石压紧，导致整个结构垮塌。

再来看一个例子：在毛细管中装有一种液体，它能润湿管壁，如图 2-19 所示，当在毛细管一端加热时，请判断液体是往左边还是右边移动。

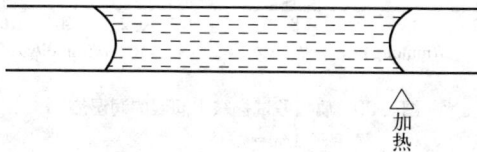

△
加
热

图 2-19　管壁间润湿实验示意图

图 2-19 中润湿管壁，假设其弯曲液面呈球形，则有附加压力，因为附加压力方向指向气相，当加热毛细管一端时，温度升高，表面张力降低，故液体向左边移动。

吸附和润湿是腐植酸的重要物理化学性质。当腐植酸被水润湿时，由于腐植酸分子与水分子之间的作用力大于水分子间的作用力，故有热量放出，称该热量为润湿热。它的大小与水或其他液体的种类、腐植酸的表面积大小有关，并直接关系到腐植酸的吸附性。

研究腐植酸和腐植酸盐的吸附性能，实验中要先将试样洗去矿物杂质，并用 1mol/L 盐酸溶液洗到滤液无铁离子，再将腐植酸转成氢型，然后在其中注入 0.1mol/L NaOH 溶液，并用电动搅拌器搅动所得悬浮液，澄清后倾去腐植酸钠的碱溶液，再离心；然后在腐植酸钠溶液中添加 20% 盐酸溶液，并进一步用 0.1mol/L 盐酸处理腐植酸凝胶，直至得到均离子的氢型腐植酸，用水洗去多余的盐酸，呈凝胶状的所得产物置 70℃ 的真空烘箱中干燥到恒重，所得固体产物粉碎并分成几个级分，研究用试样是 0.25~0.50mm 的级分，对腐植酸官能团（羧基）上未被 Na^+、K^+、Ca^{2+}、Mg^{2+}、Fe^{3+} 和 Al^{3+} 取代的产物（腐植酸盐，如腐钠、腐钾、腐钙、腐镁等）进行用水润湿热效应的测定。

实验发现，随着所有试样中水分增加，发现润湿热效应减小，而当水含量较高时，曲线与横坐标接近，见图 2-20。图 2-20 中的 1~6 曲线表示的都是腐植酸盐，结合水的极限量，即图上的直线与横坐标的交点。用此法得到的金属离子结合水的数量以及绝对干燥试样的水润湿热数值如下：

	Na^+	K^+	Ca^{2+}	Mg^+	Fe^{3+}	Al^{3+}
$a=0kcal/g$	15.8	13.6	17.5	18.5	16.8	17.2
$Q=0mmol/g$	8.31	7.76	8.51	9.40	7.41	7.94

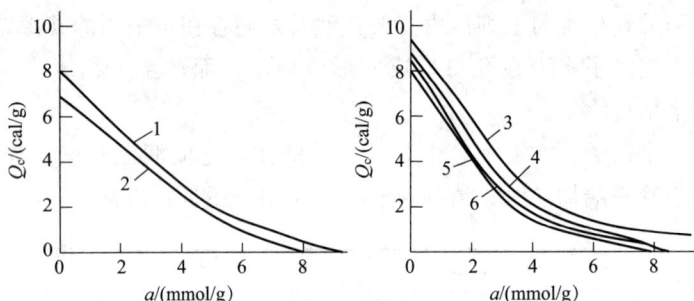

图 2-20　腐植酸试样被水润湿的润湿热
1cal＝4.184J

　　显然，润湿热的数值与取代腐植酸官能团上氢的金属离子数量有关，根据测得的热效应数值，可以得到与腐植酸交换的阳离子强弱顺序为：$Mg^+>Ca^{2+}>Al^{3+}>Na^+>K^+$。从这些数据看到，腐植酸镁具有最大的亲水性，这与镁离子有独特的水化能力有关；腐植酸钾的亲水性最小，是因为钾离子的可水化性小。

　　水的吸附热 Q_c 与吸附液体的数量（a）之间的关系如图 2-21 所示，从图 2-21可以看出，当 a 不大时，Q_c 与 a 之间呈直线关系。显然，当 $a<2\sim3mmol/g$ 时，为 Langmuir 单分子层吸附，在分子之间几乎没有排斥力；而当 a 为 $2\sim3mmol/g$ 时，单吸附结束（按水蒸气的吸附等温线，计算 a 单值），所放出热量增加的速度比吸附的液体数量慢，随着被吸附分子量的增加，这些分子与腐植酸盐的吸附中心所结合的能量减少。按曲线 $Q_c=f（a）$ 的历程可以得出腐植酸盐对水吸附变为多分子层吸附。

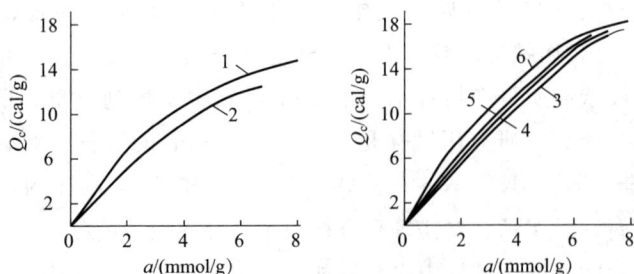

图 2-21　腐植酸盐类对水的吸附热

图 2-22 的 S 形等温线显示，腐植酸和腐植酸盐都属于非均质的吸附剂。随着外加压力 P 的增加，第 1、2、3、4、8 种腐植酸的吸附量增加明显，第 5、6、7 种腐植酸随压强的增加其吸附量变化相对较小。同样，随外加压力降低，前 4 种腐植酸与第 8 种的脱附效率也比第 5、6、7 种高。但是，这些腐植酸和腐植酸盐对水蒸气的吸附/脱附等温线的特征是相同的，这些试样彼此的差别在＝1 时，有最大的吸附水量。

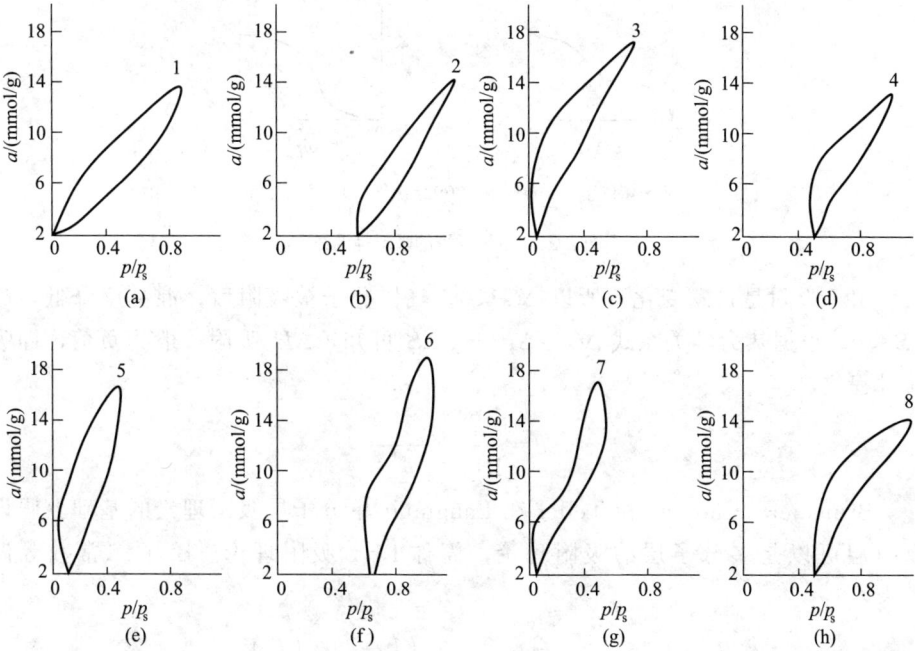

图 2-22　腐植酸的吸附和脱附等温线
（曲线的上线均为吸附线，下线均为脱附线，p 为外加压力；p_s 为饱和蒸汽压）

将图 2-23 的腐植酸吸附曲线对照物化中五种常见的吸附等温线，可以看出：腐植酸的吸附有单分子层吸附、多分子层吸附、也发生毛细管凝结现象。比压太低，建立不起多分子层物理吸附；比压过高，容易发生毛细凝聚，使结果偏高。Langmuir 单分子层物理吸附没有电子转移，没有化学键的生成与破坏，也没有原子重排等。化学吸附相当于吸附剂表面分子与吸附质分子发生了化学反应，在红外、紫外-可见光谱中会出现新的特征吸收带。

通常，吸附平衡可以表示如下：

$$—\overset{|}{S}—+A \underset{脱附}{\overset{吸附}{\rightleftharpoons}} —\overset{|}{S}—A \qquad (2\text{-}13)$$

$$\left(\frac{\partial \ln p}{\partial T}\right)q = \frac{\Delta H_{吸附}}{RT^2}$$

(a) 单分子层吸附　　(b) 多分子层吸附　　(c) 毛细管凝结现象

(d) 孔容有限的多分子层吸附　　(e) 水蒸气在腐植酸、活性炭上的吸附

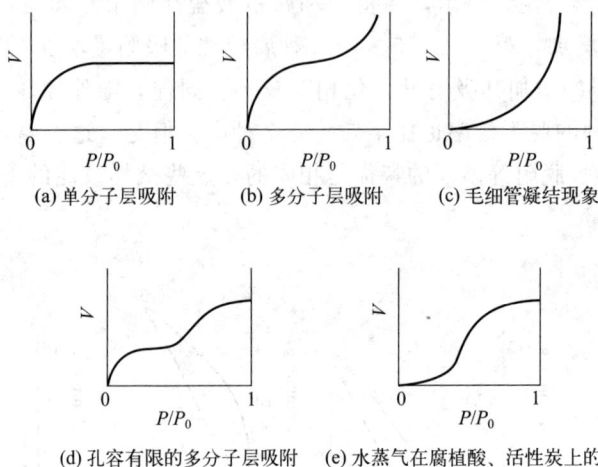

图 2-23　五种类型的吸附等温线

由于吸附是自发变化，所以 $\Delta G<0$。气体分子被吸附后，混乱度降低，故 $\Delta S<0$。根据热力学关系式 $\Delta G=\Delta H-T\Delta S$ 可知，ΔH 吸附一般为负值，即吸附过程放热。

$$\theta=\frac{a^{1/2}p^{1/2}}{1+a^{1/2}p^{1/2}}$$

Brunauer、Emmett 和 Teller 在 Langmuir 单分子层吸附理论的基础上假设吸附层可以是多分子层的吸附理论，简称 BET 吸附理论。BET 二常数等温式为：

$$V=V_m\frac{cp}{p_s-p}\cdot\frac{1-(n+1)\left(\dfrac{p}{p_s}\right)^n+n\left(\dfrac{p}{p_s}\right)^{n+1}}{1+(c-1)\dfrac{p}{p_s}-c\left(\dfrac{p}{p_s}\right)^{n+1}} \tag{2-14}$$

用实验数据 $\dfrac{p}{V(p_s-p)}$ 对 $\dfrac{p}{p_s}$ 作图，得一条直线。从直线的斜率和截距可计算两个常数值 c 和 V_m，从 V_m 可以计算吸附剂的比表面积：

$$S=\frac{A_mV_L}{22.4\mathrm{dm^3/mol}} \tag{2-15}$$

式中，A_m 是吸附质分子的截面积；V_L 为 Langmuir 吸附体积；$22.4\mathrm{dm^3/mol}$ 表示要换算到标准状态（STP）。

如果吸附层不是无限的，而是有一定的限制，例如在吸附剂孔道内至多只能吸附 n 层，则 BET 公式修正为三常数公式：

若 $n=1$，为单分子层吸附，上式可以简化为 Langmuir 公式；

若 $n=\infty$，$(p/p_s)^\infty\to0$，上式可转化为二常数公式。

三常数公式一般适用于比压在 0.35~0.60 之间的吸附。

表 2-13 列出了褐煤腐植酸和腐植酸盐对水的吸附能力。

表 2-13 褐煤腐植酸和腐植酸盐对水的吸附能力

吸附特征	腐植酸	腐植酸盐					
		Na	K	Ca	Mg	Fe	Al
$n=1$	9.03	12.30	11.02	12.87	16.10	10.91	11.96
$n=\infty$	0.162	0.221	0.198	0.232	0.29	0.196	0.21

表 2-14 $p/p_s=1$ 时与羧基上氢的取代程度有关的腐植酸盐所吸附水的最大量

取代的阳离子	取代程度	吸附水的最大数量/(mmol/g)	极限吸附容量/(cm³/g)
Na⁺	22	17.30	0.31
	26	16.88	0.31
	31	15.57	0.28
Ca²⁺	32	15.28	0.27
	38	15.22	0.27
	45	15.37	0.28
	32	17.81	0.32
Mg²⁺	38	17.48	0.31
	42	17.20	0.31

分析不同水蒸气压力下羧基上的氢被阳离子取代程度不同的腐植酸盐所吸附的水量时，可以感受到在不大的或中等的相对压力下腐植酸盐吸附的水量随着腐植酸上的氢的取代程度的增加而增加；但在相对压力 $p/p_s>0.8$ 时发现相反的关系，即随着取代程度的增加，腐植酸钠和腐植酸镁吸附水的量减少或腐植酸钙吸附水的量几乎保持不变。表 2-14 中看到三种不同的取代程度的各个试样的单吸附容量值彼此很接近，知道了试样的单吸附容量和交换容量，可以计算对每一个交换（取代）阳离子的水分子的数量 n。

腐植酸和腐植酸盐吸附水蒸气的特征证明了对给定场合 BET 公式的正式适用性（图 2-24）。

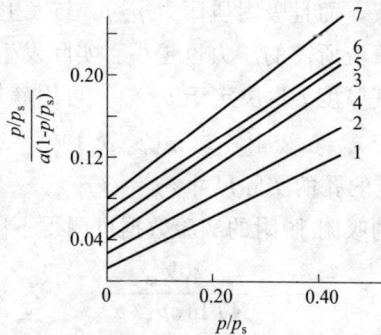

图 2-24 BET 坐标上褐煤腐植酸和腐植酸盐吸附水蒸气的等温线

平衡吸附量随压力而变化的吸附等温线不仅可以获取有关吸附剂和吸附质性质的信息，还可以计算比表面积和孔径分布。

2.2.5　孔隙率

采用动态氮吸附，相关仪器有 JW 系列的比表面积和孔径分布仪（图 2-25），这种方法的优点是通过屏幕上吸附峰或脱附峰的显示，使固体样品表面的吸附或脱附过程一目了然，形象而直观。气体量的获得是通过气体浓度传感器，再经过信号放大，所以灵敏度高，是一种比较先进的方法。这种仪器通过采用固体或气体标样，易实现快速测定和多样品测定，从而彻底解决了动态法测量 BET 比表面积和孔径分布的技术障碍。JW 系列动态氮吸附比表面积和孔径分布测试仪的面世，使比表面积和孔径分布测试仪器的发展又跨出了一步。

图 2-25　JW 系列比表面积和孔径分布仪
（根据孔半径的大小，固体表面的细孔可以分成三类：微孔，孔径 2nm，分子筛会有此类孔；中孔，孔径 2～50nm；大孔，孔径 50nm）

比表面积是表征腐植酸多孔物质的最基本参数之一，在毛细管内，液体弯月面上的平衡蒸汽压 p 小于同温度下的饱和蒸汽压 p_0，即在低于 p_0 的压力下毛细孔内就可以产生凝聚液，而且吸附质压力 p/p_0 与发生凝聚的孔的直径一一对应，孔径越小，产生凝聚液所需的压力也越小。实际发生凝聚时，在毛细管壁上已有一层氮的吸附膜，其厚度 t 也决定于 p/p_0，可用赫尔塞方程表达如下：

$$t = 0.354[-5/\ln(p/p_0)]^{1/3} \tag{2-16}$$

因此与 p/p_0 相对应的孔的实际尺寸 $rp = rk + t$。

利用吸附质水蒸气的吸附-脱附的实验数据可测得不同大小孔容积的分布。

$$r = \frac{20V_m}{RT\ln(p_s/p)} \tag{2-17}$$

式中，r 为孔径；p_s/p 为吸附质的饱和蒸汽压与实际大气压之比；R 为气体吸附常数；T 为温度；V_m 为吸附质的摩尔容积。

为了评价试样的多孔结构，计算中应用了脱附的试验数据，从细小半径的孔容积的分布曲线的形式来看，试样具有非均相的多孔结构，孔的半径在 $1.0 \sim 7.0 \text{nm}$ 的范围内波动，但是小尺寸的孔（$1.0 \sim 1.5 \text{nm}$）占多数，所以腐植酸盐的孔隙几乎相同，并具有与活性炭相同数量级的孔隙大小。

除腐植酸镁外，对各种腐植酸盐所计算的单吸附容量的平均值在数值上是接近的，而腐植酸镁的单吸附容量与腐植酸的数据是一致的（表 2-15）。

表 2-15　褐煤腐植酸和腐植酸盐的单吸附容量和有效比表面积

试　样	$a_m/(\text{mmol/g})$			$S_{有效}$
	吸附	脱附	平　均	$/(\text{m}^2/\text{g})$
腐植酸钠	3.56	4.34	3.95	256
腐植酸钾	2.45	5.10	3.78	245
腐植酸钙	2.97	4.90	3.93	255
腐植酸镁	3.63	6.86	5.25	340
腐植酸铁	2.43	5.50	3.97	258
腐植酸铝	2.40	4.60	3.51	228
腐植酸	2.97	7.45	5.21	337

表 2-16 列出了对羧基上氢不同程度取代的腐植酸盐试样的单吸附容量的有效比表面积。

表 2-16　对羧基上氢不同程度取代的腐植酸盐试样的单吸附容量的有效比表面积

取代的阳离子	取代程度	$a_m/(\text{mmol/g})$			$S_{有效}/(\text{m}^2/\text{g})$
		吸附	脱附	平均	
Na^+	22	3.14	4.67	3.9	254
	26	3.11	4.59	3.85	250
	31	2.98	4.61	3.79	247
Ca^{2+}	32	3.5		4.32	281
	38	3.49	5.15	4.29	279
	45	3.34	5.08	4.29	279
Mg^{2+}	32	3.86	5.24	4.55	296
	38	3.76	5.2	4.48	292
	42	3.7	4.81	4.25	276

表 2-17 数据指出，虽然不同取代程度的腐植酸钠、腐植酸钙和腐植酸镁的吸附容量值几乎相同，但在不大的相对压力下（$p/p_s = 0.3 \sim 0.4$）对每一个交换（取代）阳离子的水分子数量随取代程度作如下的变化：试样中无机阳离子含量越多，在每个阳离子附近配位的水的分子越少。

表 2-17　对每个取代阳离子的水分子数量 n

取代的阳离子	取代程度	阳离子含量 /(mmol/g)	对阳离子的 n	对价数的 n	离子的酸位数
Na$^+$	22	0.64	6.1	6	8
	26	0.75	5.1	5	
	31	0.9	4.2	4	
Ca^{2+}	32	0.93	9.3	6	8.6
	38	1.1	7.8	4	
	45	1.3	6.6	3	
Mg^{2+}	32	0.93	9.8	5	6
	38	1.1	8.2	4	
	45	1.22	7	3	

注：$n = \dfrac{amZ}{E}$。式中，Z 为阳离子的价数，E 为腐植酸盐的交换容量（mmol/g）（对阳离子）。

从多分子层吸附公式所找到的单吸附容量数值实际上反映的不是腐植酸盐的内表面的单分子层填充程度，而是在不大的相对压力下在交换阳离子附近配位的水分子的数量。因此，腐植酸羧基上的氢为无机阳离子的取代，有可能改变和调节它们的吸附能力。这在泥炭腐植酸等应用中是十分重要的。

2.2.6　溶解度

腐植酸能或多或少地溶解在水、无机试剂和有机试剂中，因而这些溶剂也是腐植酸的抽提剂。从腐植酸的结构和官能团考虑，对腐植酸的溶解性起关键作用的主要是其分子间的氢键缔合。

（1）腐植酸在水中的溶解

如图 2-26 可知，黄腐酸（FA）可直接溶于水，其水溶液呈酸性，而腐植酸中的棕黑腐植酸（HA）不溶于水，需要转变为钾、钠等一价金属盐或铵盐才能溶于水，这些盐的水溶液都呈碱性。

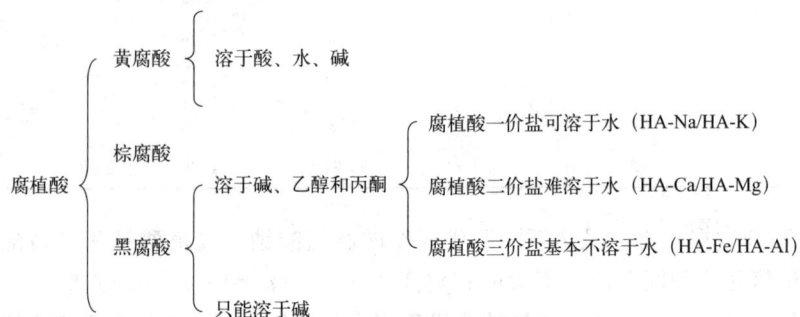

图 2-26　腐植酸的溶解性

黄腐酸在不同 pH 下的溶解性是不同的。将腐植酸分成黄腐酸、棕腐酸、黑腐酸的分法，是 Oden 于 1919 年首先提出的，该分法得到了中国、俄罗斯等国家的腐植酸界及土壤学界广泛认同，一直沿用了近一个世纪。

近十多年，由于生化腐植酸（BHA）的出现，其相对于 FA 和某些低分子水可溶有机酸的界定问题有争议。

由表 2-18 的结果可以看出，以不同原料、不同方法制备的黄腐酸在各溶剂中的溶解度差异很大；即使同一产地的原料，用不同方法提取时，FA 的溶解度也有所不同。因此，严格地讲，黄腐酸的界定应以"可溶于水的腐植酸组分为唯一条件"，所说的黄腐酸可溶于酸、碱的提法应改用可溶于稀酸、稀碱，而且也应明白其溶解性是有条件的、是因物而异的。

表 2-18　四种黄腐酸在不同浓度和不同溶液中的溶解情况

溶剂样品	盐酸/(mol/L)				NaOH/(mol/L)			乙醇	丙酮
	0.01	0.1	2.0	6.0	0.1	3.0	6.0		
离子交换法 FA	可溶	微溶	—	—	可溶	微溶	—	可溶	微溶
硫酸-丙酮法 FA	可溶	可溶	微溶	—	可溶	微溶	—	可溶	微溶
哈密硫酸法 FA	可溶	可溶	可溶	可溶	可溶	微溶	—	可溶	微溶
山西煤化所降解法 FA-Na	可溶	可溶	微溶	—	可溶	可溶	可溶	—	—

（2）腐植酸在碱性溶剂中的溶解

腐植酸在碱性溶剂中溶解时，首先进行了中和反应，然后发生了腐植酸盐的溶解作用，通过溶剂及时地向固相渗透，这一溶解过程伴随着局部的化学过程。通常，腐植酸在稀碱中溶解所得到的是真溶液，不能看作是胶体。因为，实验显示低浓度的腐植酸盐溶液中没有胶体的黏度，只有在高浓度时才形成胶体。

（3）腐植酸在有机溶剂中的溶解

有机溶剂对某一化合物是否能溶解和溶解能力的大小，一般遵循"相似相溶"的规律。对腐植酸这样的复杂物质，其在有机溶剂中的溶解规律也应该是如此。例如，腐植酸在有机羧酸中有一定的溶解性能，在一元羧酸如甲酸、丙酸、油酸中的溶解度很高，在不饱和脂肪酸如丙烯酸、甲基丙烯酸中的溶解度较差，在二元羧酸如草酸、琥珀酸、己二酸、马来酸和顺式丁烯二酸、反式丁烯二酸中的溶解度更差，与腐植酸结构中本身含有羧基有关。腐植酸中含有酚羟基、醇羟基，所以在醇类中也有一定的溶解能力。然而，由于腐植酸多种官能团结构的复杂性，它在有机溶剂中的溶解性能绝不能只按"相似物溶于相似物中"的规律来简单地得到阐明。

对于复杂有机化合物来讲，物质分子的结构特征、分子量大小，所含官能团的种类、数量，分子之间的相互作用力以及溶剂的特征等，都会影响其溶解度。

表 2-19 是中科院河南化学所从溶剂的极性和结构特征出发，参考了某些有机溶剂的介电常数和溶解度参数得到的。

表 2-19   一些有机溶剂和水的介电常数、溶解度参数对黄腐酸溶解能力的影响

溶剂	ξ	δ	δ_d	δ_0	δ_a	δ_n	溶解黄腐酸的含量/%
乙酸乙酯	6.1	8.6	7.0	3	2	0	<1.3
乙酸甲酯	7.03	9.2	6.8	4	2	0	8.1
丙酮	21.45	9.4	6.8	5	2.5	0	15.8
四氢呋喃	7.35	9.1	7.6	4	3	0	46.2
苯甲醇	13	—	—	—	—	—	59.5
丙醇	21.8	10.2	7.2	2.5	4	4	73.0
乙醇	25.7	11.2	6.8	4.0	5	5	79.1
甲醇	31.2	12.9	6.2	5	7.5	7.5	60.2
乙二醇	38.7	14.7	8.0	大	大	大	100
水	81	21	6.3	大	大	大	100
苯甲醚	4.33*	9.7	9.1	2.5	2	—	0
硝基苯	34.82	11.1	9.5	4	0.5	0	0
1,2-二氯乙烷	10.45	9.7	8.2	4	0	0	0

注：* 是指在 25℃时的数值，其余的 ξ 都是 20℃时的数值。

腐植酸类物质属于聚电解质是因为它具有弱酸性。此弱酸性是由腐植酸分子结构中存在的羧基和酚羟基所决定的。弱酸的酸性可用电离常数 K 或酸度指数 pK 来表征，pK 等于电离常数的负对数 $[lg(1/K)]$。借助 pK 可以计算在任意溶液 pH 值的电离常数 α，或在任意电离常数时的 pH 值。

2.2.7 电位和电导

以测定两电极间电位差为基础的分析方法为电位分析法。它包括直接电位法和电位滴定法。电位滴定法是靠观察电位的突跃来确定滴定终点的，根据所用滴定剂的用量计算出欲测定离子的含量。它与普通化学滴定法一样，只是确定终点的方法不同。

腐植酸是酸性物质，可以采用电位（pH）滴定求其当量值。但实际上得到的滴定曲线是 S 形的，没有明确的终点（图 2-27）。当以等增量的 0.1mol/L 氢氧化钠碱溶液滴定腐植酸，以 $\Delta pH/\Delta V_{NaOH}$ 作图，得到的滴定曲线有三个极大峰（图 2-28），三个滴定终点 A、B、C 分别为强羧酸基、弱羧酸基和酚羟基。刘康德等用此法测定煤炭腐植酸羧基的结果，与用纯化学品醋酸钙相比高度一致。

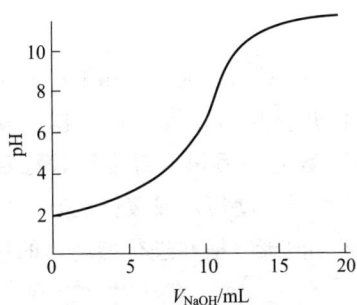

图 2-27 腐植酸的直接 pH 滴定

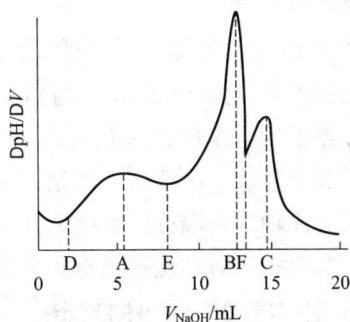

图 2-28 腐植酸的微分 pH 滴定

电导是用来表示导体导电能力的物理量。对电解质溶液而言，将面积为 $1m^2$ 的两平行板电极置于电解质溶液中，两电极间的距离为 $1m$ 时，它的电导称为该溶液的电导率。电解质溶液的电导率与电解质的种类、溶液浓度及温度等因素有关。

电导滴定也可以用来测定腐植酸的酸性基团。将腐植酸溶解在过量的标准碱溶液里，用标准酸溶液滴定，则其滴定曲线如图 2-29。在 VW 以前所耗的酸，是用于中和过量的碱。VW 区代表极弱酸基，W 区代表弱酸基，S 区代表强酸基。N 点代表中和加入的碱溶液相应的标准酸体积毫升数。所以从 I 到 N 间的距离，即相当于总酸性基。问题在于怎么划分羧基和酚羟基。也可以把 VW 部分指定为酚羟基。但此值往往偏低，因为有些酚羟基酸性较强，可能混在 W 部分。

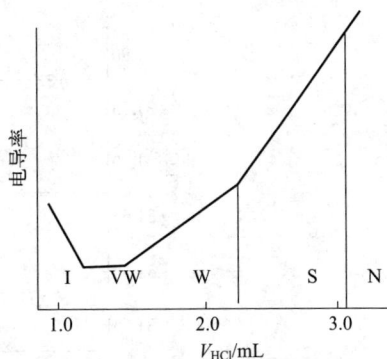

图 2-29 腐植酸的电导滴定

2.2.8 热值

氧弹式量热仪是利用样本在氧弹中燃烧产生的热量使周围水上升的温度来换算出样本的热量进行热值测定的。测定覆盖面包括泥炭、褐煤、风化煤，生物腐植酸以及运用腐植酸种植出的粮食、蔬果等食品。取样进行燃烧热计算的公式为：

$$mQ_v = W_卡 \Delta T - Q_{点火丝} \Delta m - Q_{样品} m_{样品}$$

式中，m 为待测物质的质量，g；Q_v 为待测物质的恒容燃烧热；$W_卡$ 为热量计水当量；ΔT 为燃烧前后温度的变化值；$Q_{点火丝}$ 为点火丝的燃烧热，$Q_{点火丝} = 1400.8J/g$；Δm 为燃烧丝参加燃烧反应的质量。

热值测定步骤:

(1) 热量计水当量 $W_卡$ 的测定[55-56]

用烧杯把水（约 1800mL，内桶装水与氧弹瓶相平为 1800mL）倒入内壁桶中，盖好盖子后将温度探头放入内筒内，打开搅拌器，按仪器操作步骤进行实验，每隔 30s 记录一次温度。当记录前 20 个数时中后段的温度比较稳定则开始点火。点火成功后每隔 30s 继续记录数据，直到温度稳定或缓慢上升到 100 个数的温度。实验完毕后称量剩余点火丝的质量，记录数据并进行燃烧热的计算。

(2) 空白器皿燃烧热的测定

测量步骤同（1），最后根据记录的数据作出空白器皿的雷诺温度校正图，结果如图 2-30 所示。

(3) 待测样品的燃烧热的测定

将样品装于空白器皿中，置于氧弹瓶内装好后再充氧和测定，步骤同（1），结果样品的雷诺温度曲线见图 2-31。

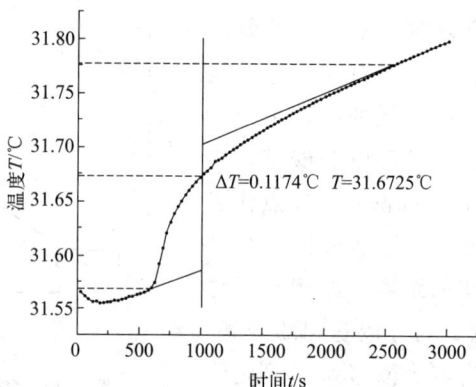

图 2-30　空白器皿的雷诺温度校正图

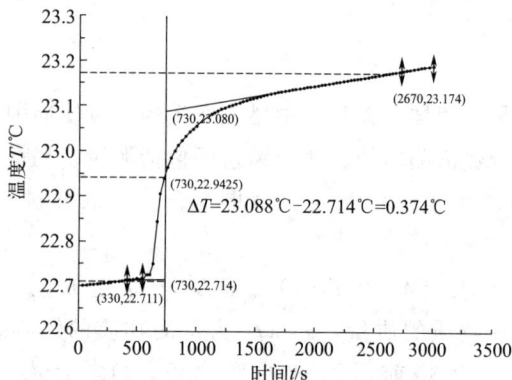

图 2-31　样品的雷诺温度 ΔT 曲线图

（4）计算燃烧热

根据公式计算出样品的燃烧热。

（5）结果计算

按 GB/T 213—2008 标准测定，褐煤的热值一般＜24MJ/kg，且含水分高，限制了褐煤的燃烧、热解、气化。热值测定可判断褐煤是作能源燃料、热解原料，还是合适作腐植酸原料用于农业，或者梯度利用。

2.2.9　电泳和等电聚焦

腐植酸是聚电解质，溶在适当的缓冲溶液里，放在电场中会向阳极泳动。从早期的纸上电泳，到近些年在聚丙烯酰胺凝胶中做测试，实验的精度在不断地提高。一般电泳位移的速度主要取决于两个因素，一是带电分子的大小，二是带电分子上电荷的数量。因此，腐植酸在凝胶电泳中显示出来的分布不是严格的分子量分布。实验表明：在相同条件下，低分子量的级分电泳后，大部分集中在前缘；高分子量的级分电泳后，大部分滞留在后边。由此，电泳可作为腐植酸分子量分布的一种近似表征。

等电聚焦，原是一种研究两性化合物的方法。例如很多蛋白质、壳聚糖在水溶液里随 pH 值不同，或带正电荷或带负电荷，在电场中则或向阴极或向阳极泳动。但若在这种溶液中造成 pH 梯度，那么某个特定的两性化合物泳动到某一点就停止不动了，"聚焦"在那一点。那一点的 pH 值就是该化合物的等电点，腐植酸并非两性化合物，在溶液中只带负电不带正电，严格地说不会有等电聚焦。但实验表明在这种条件下它们确实也有聚焦现象。它们是聚焦在其 pK_a 值处。腐植酸在等电聚焦时，会在酸性的 pH 值范围出现多条浓淡不等的色带，可以看作是按 pK_a 值的分级。

电泳和等电聚焦是基于不同原理的分离方法，可用同一设备，操作条件也相近。随着该法测试设备从垂直电泳仪（图 2-32）、双向电泳仪到毛细管电泳仪的发展，足以证明它对腐植酸等大分子的研究是极有用的。某黄腐酸级分的分子量分布曲线如图 2-33 所示[6]。

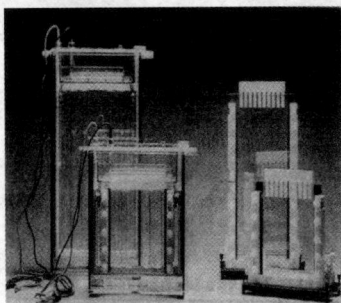

图 2-32　垂直电泳仪

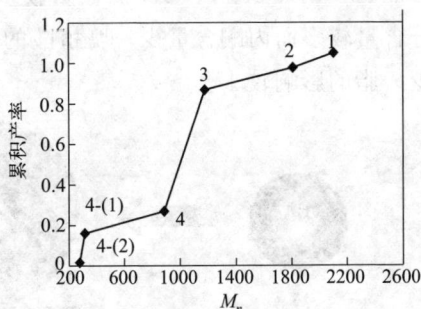

图 2-33　某黄腐酸级分的分子量分布曲线

2.2.10　氧化还原电位

腐植酸具有醌基和酚羟基，是一个氧化还原体系。该氧化还原体系和腐植酸的许多性能有密切关系。比如，腐植酸作用于以阴离子形态出现的重金属 $Cr_2O_7^{2-}$ 时，带负电荷的腐植酸先把 $Cr_2O_7^{2-}$ 还原成 Cr^{3+}，然后再吸附。腐植酸具有广泛的生理活性，其部分原因可能在于它的氧化还原性质上。

标准氧化还原电位是衡量氧化还原能力的尺度。德国科学家研究设计了用电位计测定腐植酸的标准氧化还原电位 E_0 的方法。中国科学院化学所研究员用这个方法测定了泉州泥炭腐植酸、茂名褐煤腐植酸和吐鲁番风化煤腐植酸的 E_0，分别为 0.60V、0.63V 和 0.69V。测量结果表明：煤炭腐植酸的标准氧化还原电位在 0.6～0.7V 之间，其趋势是芳香化程度愈高，其氧化还原电位值也愈大。

2.2.11　介电常数

介电常数在很大程度上决定着溶剂的极性。δ 是从沸点计算得到的溶解度参数；δ_d 是色散溶解度参数；δ_0 是定向（极性）溶解度参数，对于具有较大偶极矩的化合物如硝基化合物，它是溶剂极性最好的和唯一的指标；δ_a 和 δ_n 都是反映氢键相互作用的溶剂度参数。

从整体上来讲，溶剂对黄腐酸的溶解能力主要决于 δ_a，即它随 δ_a 的增加而增加，而其他表示极性和溶解度的参数都不能给出与黄腐酸溶解度相一致的关系，这显然是由于黄腐酸的羧基和部分酚羟基表现出的酸性。而溶解度的大小主要决定于溶剂与黄腐酸形成氢键能力的大小，即通过黄腐酸提供质子，与含氧有机溶剂分子中具有高电负性的氧形成氢键。

腐植酸在丙酮中具有一定的溶解性。腐植酸的—COOH 和—OH 在丙酮表面处理液中也处于可反应的活性伸展状态。如图 2-34 所示，当丙酮溶液浓度比较高时，溶液中丙酮含量较多，腐植酸的溶胀层厚度 δ_2 较大，处于伸展状态的活性官能团—COOH 和—OH 的数量较多；而当丙酮溶液浓度比较低时，溶液中水分含量较多而丙酮含量少，腐植酸的溶胀层厚度 δ_2 较小，活性官能团的数量较少。脂的影响较小。

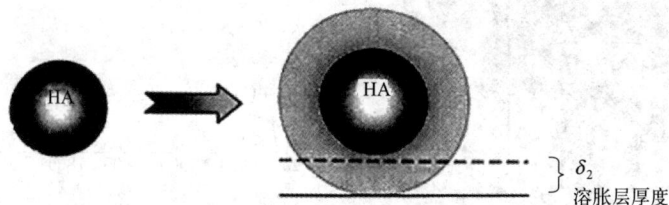

图 2-34　HA 表面溶胀层

腐植酸在丙酮等有机溶剂中的溶解性，在腐植酸类保水材料的表面处理中是十分有用的。

2.2.12　凝聚极限

凝聚极限主要反映腐植酸胶体在水溶液中对电解质的稳定性，可以表征腐植酸的抗硬水能力。按照物理化学的定义，胶体体系分散相粒子的半径通常在 $10^{-9} \sim 10^{-7}$ m。腐植酸在水中的最小分散颗粒的直径在 $10^{-9} \sim 10^{-8}$ m（6 ～ 10nm）范围内，是一种水溶胶。

不少学者对腐植酸的胶体性质做过研究。电子显微镜的观察显示，加入电解质会破坏腐植酸胶体溶液的稳定，使腐植酸颗粒凝聚起来，产生絮状沉淀。电解质对腐植酸溶液的这种作用称为絮凝作用，可用絮凝极限来标志。絮凝极限是腐植酸的一个重要特征常数。一般地说，不同来源、不同组分的腐植酸类物质的絮凝极限情况为：泥炭腐植酸＞褐煤腐植酸＞风化煤腐植酸；黄腐酸＞棕腐酸＞黑腐酸。

腐植酸本身是混合物，所谓分离和精制不是指得到纯的化合物，而只是意味着把它们从原料中和无机矿物质及非腐植酸的有机成分分离开来。即便如此，这也是非常困难的事情。腐植酸是具有很强络合、吸附性能的胶体物质，要去尽其中的金属离子、硅酸盐等矿物质是不易做到的。因为腐植酸和其他非腐植酸有机物的界限本来就不清楚，性能上又常交错重叠，彼此通过键合、氢键、吸附等化学和物理作用结合在一起，如何拆分是迄今仍未完满解决的问题。

对腐植酸胶体化学性能的研究大多数是按整体的土壤有机质进行的，或是使用泥炭或矿质土壤中提取出的腐植酸来进行的。前者主要是研究离子交换等性质，而腐植酸的胶体化学性能研究大多是以溶胶或悬浮液来进行的，包括分子量测定、通过局部絮凝进行组分分离、色谱研究、电泳研究等。

腐植酸被看作一种胶体，具有胶体化学性质，可从以下几个方面来阐述。

（1）腐植酸与金属离子的相互作用

早年德国科学家施耐德（Schneizer）认为，腐植酸在溶液中的首要作用是作为胶体溶剂来保护胶体。此后，又将腐植酸物质看作是大分子的真溶液或带负电荷的亲水胶体，腐植酸物质通常呈现出的胶体性质之一是它们能被各种电解质凝聚（腐植酸也是一种胶体，故而能被各种电解质凝聚）。研究表明：在 pH＝7 时，三价离子比二价离子对凝聚腐植酸更有效，而二价离子比一价离子有效，这和舒尔策-哈代（Schulze-Hardy）规则是一致的。对 Fe^{3+}-腐植酸络合物的凝聚，硫酸盐比硝酸盐和氯化物更有效。不同价离子的平均临界浓度与其原子价的六次方成反比，因而一价：二价：三价离子的比例是

$$\left(\frac{1}{1}\right)^6 : \left(\frac{1}{2}\right)^6 : \left(\frac{1}{3}\right)^6 = 1 : 0.016 : 0.0014 \tag{2-18}$$

具有最大离子半径的同价阳离子是最有效的凝聚剂，但这个规则不适用于三价离子，因为它们有较高的电荷密度，在溶液中不是以简单的阳离子形式出现的。曾经观察到 Fe^{3+}-腐植酸和 Al^{3+}-腐植酸，以及 Fe^{3+}-腐植酸和 Al^{3+}-腐植酸络合物，对 Ca^{2+} 比对 Mg^{2+} 更敏感，这是与相应的离子半径有关的。

Weng 和 Bischkur 根据 Fuoss 效应解释了添加盐类对于腐植酸的胶体化学性质的影响：当聚电解质溶于水中时，它们的官能团（羧基和羟基）解离。结果是带负电荷的基团相互排斥，而聚电解质将选择一种伸开的构型。当盐类加入时，阳离子附着在带负电荷的基团上，聚合体链中分子内部的排斥减少，因而有利于链的盘卷。所以，大分子发生变形，链的盘卷排斥了围绕在分子周围的部分水合水，使分子的水合程度降低。这样，腐植酸和黄腐酸分子将从亲水胶体变为疏水胶体。溶解度变化的另一种解释方法是：阳离子的加入减少了聚电解质上的电荷，因而降低了腐植酸分子能保持的极性水合水的重量。腐植酸的凝聚与溶液的 pH 和 μ 值有关，当没有盐类、pH=3 时，实际上发生完全的胶溶，离子强度的增加使胶溶的 pH 提高到 4.5～5.0。发生胶溶的 pH 一般比凝聚的 pH 稍高，这可能是由于腐植酸粒子被氢键缔合。

（2）腐植酸及其盐类的水凝胶的研究

当凝胶浓度相同时，腐植酸的塑性强度值在腐植酸钙和腐植酸镁之间。根据对腐植酸盐的结构的不同，可交换的阳离子的顺序为 $Fe^{3+}>Al^{3+}>Ca^{2+}>H^{+}>Mg^{2+}$。所得到的结论是：随着水化离子半径的减少，水的中间夹层的厚度变小，因而在水凝胶中分散相浓度较低时，粒子之间形成牢固接触的可能性增加。研究有电解质存在时腐植酸盐水凝胶的流变学性质发现：在 Mg、Al、Ni、Mn、Ca、Cu、Co 的氯化物水溶液中，上述各种相应的金属腐植酸盐的流变特性显示出系统的液体结构并不随电解质浓度的增加而变化，电解质的加入并不使水凝胶结构形成的凝聚本性发生变化，一般这些系统仅形成微弱的固体结构。有时用超过滤、电渗析和渗透压法测得的多分散的腐植酸溶胶，可以作为缔合胶体来描述。

用电子显微镜的数据研究得出，泥炭腐植酸具有无定形疏松结构，它们的大分子缔合体（聚集体）是通过官能团的直接相互反应，并通过水分子和多价离子的作用而形成的。这些聚集体对水分子和离子是可渗透的，其密度与聚集体内部和聚集体之间、键的数量和能量的比率以及官能团的离子化程度有关。根据电镜和流变学的研究，在腐植酸的分散液中添加 $CaCl_2$ 时，可以看到以下的转变：原始结构（真溶液）→一次聚集结构→紧密聚集→二次凝聚结构→二次紧密聚集。

在这样的转变过程中，聚集体的不等轴性（最大尺寸对最小尺寸之比，也就是粒子长度对粒径之比）发生变化。添加 $CaCl_2$ 溶液时，聚集体的不等轴性由20变为50，这证明了系统中动态的分散平衡向生成较大聚集体的方向移动。各个超分子的络合物或致密的小粒子参与了有效直径为 $8\sim1000nm$ 的腐植酸聚集体的形成。

总之，从腐植酸胶体性质的情况来看，腐植酸的特征是形成螯合物的能力。腐植酸的胶体化学性质在多数情况下是由腐植酸的超分子化学结构的特征决定的。腐植酸是不紧密的，并具有非常发达的多孔的疏松构造，这一事实在较大程度上表征了它们的持水能力和吸附性质。腐植酸的亲水性是由疏水性的含碳缩合芳香体系与带有亲水性基团（—COOH、—OH）的侧链比率决定的。腐植酸的水分散溶在较少的固相含量（5%～12%）时，显示出非常明显的弹性、可塑、黏稠的性质和触变性。水溶性的腐植酸钠（腐植酸官能团上的 H 完全被 Na 取代）是许多分散体系的有效稳定剂。工农业上可以利用腐植酸所具有的这一系列特性，来满足各种不同的需求。腐植酸的胶体性质在腐植酸的应用中发挥了很大作用，腐植酸水煤浆、腐植酸钻井液、腐植酸叶面喷施剂的制备、应用及其作用机理等，都与腐植酸的胶体性质有关。

2.2.13 表面张力

被称为表面活性物质的通常具有溶解于水、改变溶液的表面张力和吸附于固体表面、改变固液界面性质的作用。无机盐类（NaCl）、不挥发性酸（H_2SO_4）、碱（KOH）及含多个—OH 的化合物进入腐植酸溶液会改变它的表面张力。腐植酸本身含有的极性基团（—OH、—COOH）与—CN、—CONH$_2$、—COOR 或—SO$_3$—、—NH$_3^+$、—COO—作用，呈化学吸附的化合物也会引起表面张力的变化。

腐植酸是否具有胶体性质的表面活性作用，可由下列相似的表面性能得以证明：

① 它们使水的表面张力降低。

② 它们在水的表面以可以看得见的速度展开（通过排开撒在水面上的石松粉可以观察到）。

③ 它们在水面上形成一层薄膜。

腐植酸的表面活性随 pH 的增加，显现水表面张力的减少；腐植酸的表面活性与总酸度呈线性的反比关系；热解失去酸性官能团的黄腐酸仅有微弱地减少水表面张力的能力。腐植酸的许多应用，如油田钻井泥浆调整剂、水煤浆添加剂、水泥减水剂、陶瓷釉浆及陶瓷泥的添加剂等，都是利用了腐植酸分子的表面活性作用，来增加固体颗粒-水的悬浮液的流动性。

Tschapek 等测量了研究产物褐煤腐植酸钠水面上形成的单分子膜（厚度为 7.9nm），按吉布斯方程式，计算出的分子横截面面积为 $0.62 \sim 0.68nm^2$。这和电子显微镜观察的结果是很吻合的。

腐植酸胶体性质表面活性剂的特点，还表现在具有胶束临界浓度。

水的表面张力降低的幅度，与加入的腐植酸盐的种类和浓度有关。表面张力降低的幅度，以泥炭腐植酸为最大，褐煤为原料的硝基腐植酸次之，风化煤腐植酸为最小。根据统计分析，表面张力与所加腐植酸的 C/H 比值相关系数为 0.844，达到极显著程度。这说明腐植酸盐溶液的表面张力和腐植酸的芳构化程度有密切关系。

2.2.14　荧光参数

荧光分光光度法具有检测灵敏度高、选择性较强和使用简便等特点，常用于微量甚至痕量物质的定量分析，在生物医学、药物分析、临床检测等方面有着广泛的应用，而且荧光光谱性质与分子结构密切相关，可以根据光谱波长变化分析产品差异。张彩凤等以黄腐酸的激发、发射波长为定性指标，以黄腐酸浓度与荧光强度为定量指标，研究了多种黄腐酸的区别。研究确定了多种黄腐酸的最大激发波长和最大发射波长，探讨了不同来源黄腐酸的荧光强度随浓度改变的变化情况[7-9]。结果表明，相同方法提取黄腐酸，煤样中黄腐酸含量越高，其荧光强度峰值所对应浓度越大。因此，通过激发、发射波长的测定，并根据荧光强度峰值所对应的浓度变化，可以为分析黄腐酸的来源及半定量判断提供一种新的研究思路。

表 2-20 选用 7 种含黄腐酸的煤样进行黄腐酸的提取，这 7 种煤样分别为内蒙古泥炭（HHHT）、沈阳泥炭（ZW）、蒙古褐煤（MGH）、黑龙江褐煤（BQ）、内蒙古褐煤（HLH）、甘肃风化煤（WV）、新疆风化煤（FK），采用的荧光仪为 F-7000 型荧光分光光度计（日本日立公司），数据由中国腐植酸工业协会腐植酸质量检测中心（太原）提供。经典黄腐酸原料中含有黄腐酸，黄腐酸溶于水；再生黄腐酸原料本身不含黄腐酸，需要通过催化氧化制备得到再生黄腐酸。因此，两类黄腐酸制备方法不同。经典黄腐酸测试样品制备方法：称取 150g 泥炭样品，加入 1500mL 水进行提取，提取后剩余体积为 1200mL，对提取物中黄腐酸含量进行测试，后用水逐级稀释至所需浓度进行荧光测试（表 2-21）。再生黄腐酸测试样品制备方法：分别称取 150g 褐煤和风化煤样品，加入 0.75g 金属催化剂、500mL 30％硝酸进行氧化提取，提取后剩余体积约 300mL，用水稀释至 1200mL，加氢氧化钠调至 pH＝3 左右，对提取物中黄腐酸含量进行测试，后用水逐级稀释至所需浓度进行荧光测试。

表 2-20   不同煤样中黄腐酸含量

项目	内蒙古泥炭	沈阳泥炭	蒙古褐煤	黑龙江褐煤	内蒙古褐煤	甘肃风化煤	新疆风化煤
黄腐酸/%	0.22	0.34	0.14	0.15	0.11	2.34	0.13
荧光峰值浓度/(g/mL)	0.0055	0.0153	0.0035	0.0060	0.0001	0.0281	0.0020

表 2-21   各种黄腐酸的荧光参数

参数	内蒙古泥炭	沈阳泥炭	蒙古褐煤	黑龙江褐煤	内蒙古褐煤	甘肃风化煤	新疆风化煤
最大发射波长/nm	421	432	430	440	450	511	452
最大激发波长/nm	310	325	265	265	270	275	275

2.2.15　热力学参数

腐植酸的热解活化能 E，是对泥炭、褐煤、风化煤，包括生物质能利用，以及热解过程产物加工成高附加值产品的重要参数。王传格等运用热重-质谱（TG-MS）联用技术在对伊敏褐煤、丝炭腐植酸（F-HA）和脱灰丝炭腐植酸（DF-HA）的热解行为进行了分析（表 2-22）。结果表明：①F-HA 热解活化能分布函数呈类 Gaussian 分布，且具有一定的对称性。②F-HA 和 DF-HA 热解氢气生成活化能分布函数均呈类 Gaussian 分布，热解氢气生成活化能的整体趋势为随着转化率的升高而增力（表 2-22）；而生物质与泥炭、褐煤、风化煤的热解活化能，在脱羧阶段，与热裂解阶段有较大的区别（表 2-23）。

表 2-22   腐植酸产品热解特征参数[55]

煤样	升温速率 /(℃/min)	Δw(daf) /%	T_i /℃	T_{DTCmax} /℃	T_c /℃	$\Delta(T_c-T_i)$ /℃	$(dw/dT)_{max}$ /(%/℃)
F HA	5	41.4	217.4	370.8	580.6	363.2	0.125
	20	41.3	235.3	386.0	593.5	358.2	0.120
	50	41.2	240.7	389.6	597.8	357.1	0.111
DF-HA	5	43.0	175.3	353.2	576.6	401.3	0.114
	20	42.3	192.1	381.6	591.0	398.9	0.111
	50	42.2	199.5	383.2	595.1	395.6	0.106

表 2-23   HA 的热解活化能 E[11]   单位：kJ/mol

样品及来源	脱羧 E(<400℃)	热裂解 E(>400℃)
生物质[10]	45.72～74.12	
泥炭 HA(延庆,德都)	84.8～112.24	175.72～178.67
褐煤 NHA(吉林舒兰)	86.46	124.94
风化煤 HA(灵石,萍乡,吐鲁番)	58.6～74.73	266.69～352.62

2.2.16 动力学参数

在腐植酸研究和应用中，确定温度、浓度、pH，在反应容器中进行水热水解、催化气化、转化聚合等，不同的反应对应不同的动力学模型（方程式），有不同的动力学参数（图 2-35，表 2-24）。

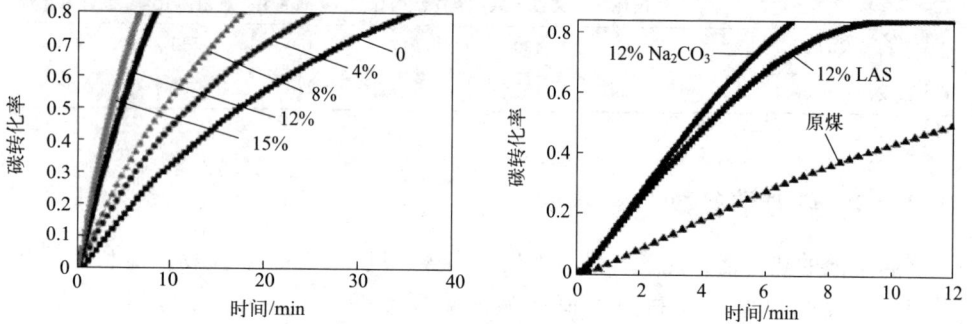

图 2-35　不同浓度不同催化剂的动力学反应速率

表 2-24　使用不同催化剂的动力学参数

催化剂质量分数/%	n	E/(kJ/mol)	A_0/min	ρ^2	催化剂质量分数/%	n	E/(kJ/mol)	A_0/min	ρ^2
0	2/3	201.2	3.099×10^7	0.9974	0	2/3	201.2	3.099×10^7	0.9974
4	2/3	196.2	2.321×10^7	0.9961	4	2/3	190.1	1.201×10^7	0.9913
8	2/3	165.7	1.538×10^6	0.9859	8	2/3	185.9	1.073×10^7	0.9916
12	2/3	123.1	3.735×10^4	0.9652	12	2/3	163.9	1.653×10^6	0.9895
15	2/3	97.1	3.654×10^3	0.9686	15	2/3	152.1	6.431×10^5	0.9944

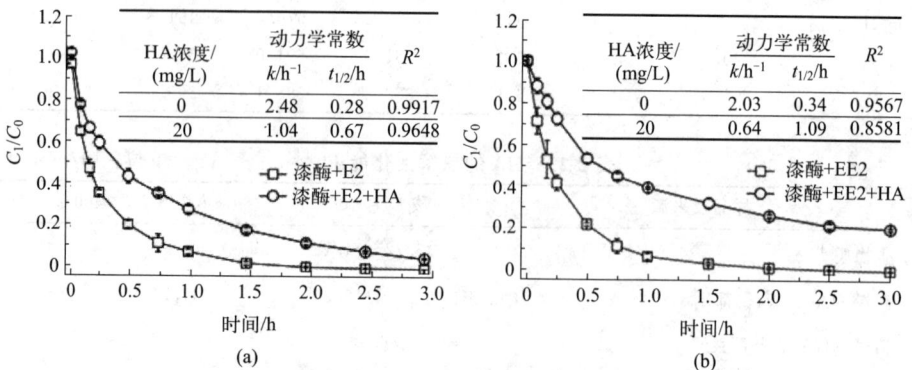

图 2-36　HA 对漆酶诱导酶转化动力学反应及参数

图 2-36(a)(b)针对环境雌激素污染问题，由动力学试验显示 HA 能够影响漆酶诱导雌激素自聚合，形成更加复杂的共聚合产物，从而消除环境污染、封存有机碳。

通过动力学参数测定，了解不同条件的反应速率、转化率与时间的关系，是腐植酸产业化发展十分需要的基础研究之一，这方面的数据和经验还需不断积累。

2.2.17　光热效应

腐植酸是天然有机碳源的主要组成部分，是微生物对动植物残体进行生物降解而自然形成的。由于腐植酸含有许多具有生理活性的组分（如酚类、羧酸类和醌类），腐植酸的生物医学应用研究在不同文化背景下已历经了几个世纪甚至更长的时间。在本研究中，基于近红外区域的本征吸收，腐植酸钠（SH，腐植酸的钠盐）被研究开发成一种光热剂，用于光诱导光声成像和光热治疗（图 2-37）。纯化的腐植酸钠胶体具有高达 76.3％ 的光热转换效率，远高于包括金纳米棒的21％、Cu_9S_5 纳米颗粒 25.7％、锑烯量子点 45.5％ 和黑磷量子点 28.4％ 等大多数先进的光热剂，在体内外都有明显的光声增强作用（图 2-38）。

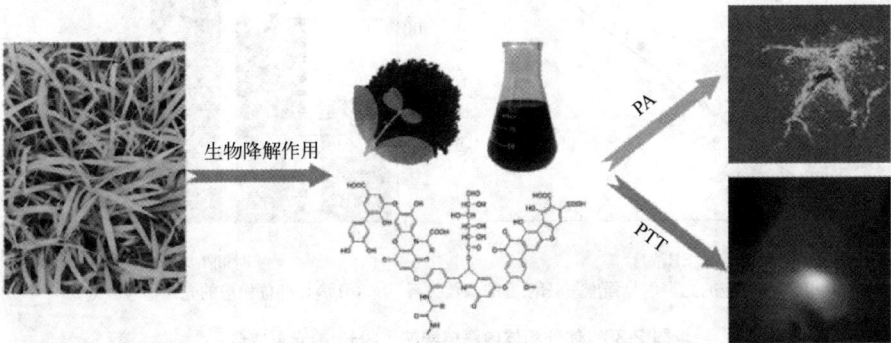

图 2-37　用于光诱导光声成像和光热治疗的腐植酸钠示意图[12]

各种研究表明，光热剂也可以作为有效的光声造影剂。因此，可期望具有高光热转换效率的天然 SH 也能实现高分辨率的光声成像和深层组织穿透，天然腐植酸钠可作为光诱导的光声成像和肿瘤 PTT 新型治疗剂。SH 的光热转换率高达 76.3％，光热稳定性好，在体内表现出明显的光声增强，能在 20 天内有效消融肿瘤而不复发。重要的是，SH 在细胞和动物水平上的毒性可以忽略不计。与其他治疗药物相比，SH 具有储量丰富、价格低廉、生物相容性高等优点，具有很高的临床应用前景。

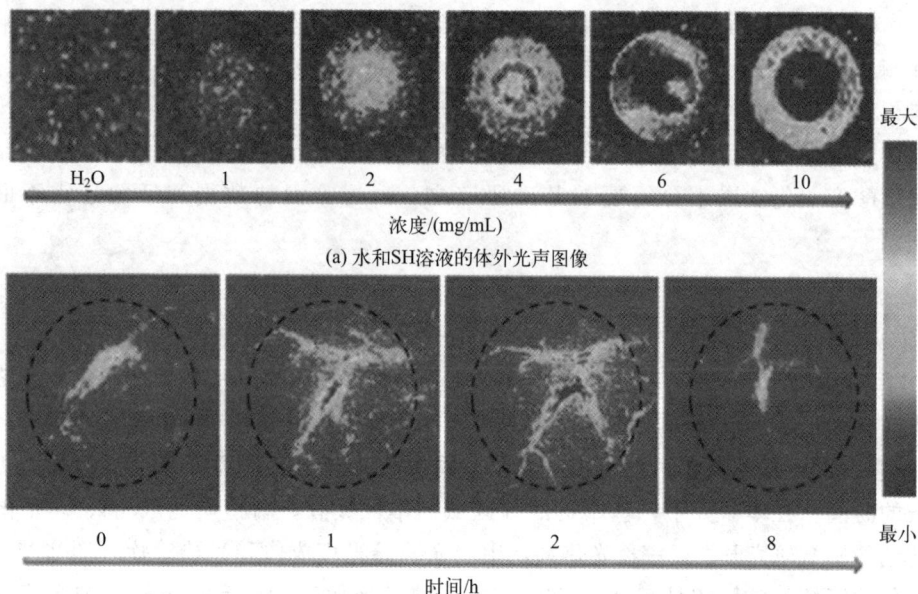

(a) 水和SH溶液的体外光声图像

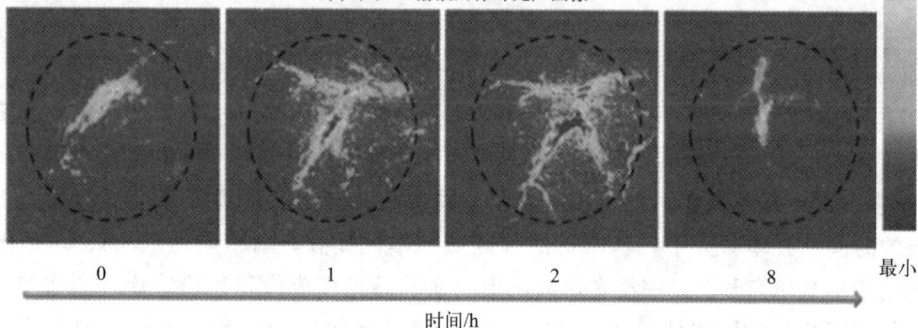

(b) 静脉注射SH溶液(0.1mL,10mL)后病灶区域的体内光声图像(用黑色虚线圈标记)

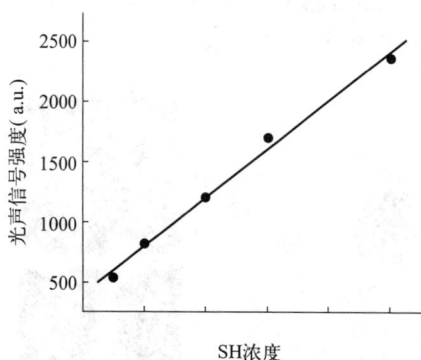

(c) SH溶液相应的光声信号强度与SH浓度的函数关系

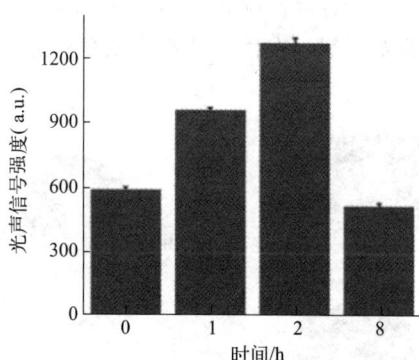

(d) 病灶部位相应的光声信号强度

图 2-38　体外和体内腐植酸钠（SH）的光声成像

2. 2. 18　官能团

　　腐植酸类物质中的氧有 $68\%\sim91\%$ 是存在于官能团，主要的含氧官能团包括羧基（COOH）、酚羟基（OH_{ph}）、醌基（$C=O_{qui}$）、非醌羰基（$C=O$）、醇羟基（OH_{alc}）、甲氧基（OCH_3）、烯醇基（$CH=CHOH$）等，$OH_{ph}+OH_{alc}$之和为总羟基（OH_{tot}）。最重要的官能团是总酸性基（羧基和酚羟基）和醌基，它们是决定腐植酸化学性质和生物效应的主要活性部位。目前测定含氧官能团的方法主要是化学法和电位法。不同来源 HS 的含氧官能团分析结果见表 2-25。总的规律是：对 COOH 来说，FA＞HA≥棕腐酸＞腐黑物，不同来源的同类腐植酸之间的差异不显著；对 OH_{ph} 来说，不同煤种的棕腐酸都较高，其中 FA 中的

OH_{ph} 随土壤、泥炭和风化煤依次降低；OH_{alc} 含量高低的次序是土壤 HA＞泥炭 HA＞风化煤 HA≥褐煤 HA；而 CO_{qui} 则是风化煤 HA、FA 最高，泥炭 FA 最少；此外，在土壤、泥炭的各种 HS 级分中或多或少存在着 OCH_3，而风化煤 HS（除源自巩义的 FA 外）都无 OCH_3。

这些数据都再次证明腐植酸的生成规律：随腐植化或煤化程度的加深，原始腐植酸中表征植物残体固有的甲氧基、醇羟基、非醌羰基逐渐变少以至消失，而醌基逐渐增多，羧基和酚羟变化无明显规律。BFA 属于特殊类型，仅从酸性基团含量和比例来看，与煤炭 FA 差异很大[4,13-14]。表 2-26 给出了统计分析所得 HA 和 NHA 的主要结构参数。

表 2-25　不同来源腐植酸的含氧官能团　　单位：mmol/g

类别	来源	总酸性基	—COOH	—OH_{ph}	—OH_{tot}	—OH_{alc}	＼C＝O_{qui}	＼C＝O	—OCH_3	参考文献
腐植酸	土壤（加）	6.6	4.5	2.1	4.9	2.8	—	4.0	0.3	[3]
	土壤（日）	4.75	3.46	1.29	3.90	2.61		2.39	0.35	[14]
	泥炭（廉江）	6.57	3.95	2.62	3.98	1.36	1.8	2.3	0.23	[8]
	褐煤（茂名）	6.33	3.71	2.62	2.70	0.08	1.8	1.5	0	[8]
	风化煤（北京）	6.18	4.30	1.88	2.36	0.48	2.9	0.9	0	[8]
棕腐酸	泥炭（桦川）	4.88	1.72	3.16					2.64	[4]
	褐煤（扎赉）	6.68	3.58	3.10					0.50	[4]
	风化煤（大同）	7.28	3.49	3.16					0	[4]
黄腐酸	土壤（加）	12.4	9.1	3.3	6.9	3.6	—	3.1	0.5	[3]
	泥炭（湛江）	8.47	6.39	2.08	5.55	3.47	0.70	0.85	0.26	[8]
	风化煤（吐鲁番）	10.7	9.1	1.6	1.83	0.23	1.40	2.60	0	[8]
	风化煤（巩义）	9.39	7.96	1.43	1.53	0.10	2.46	3.70	0.04	[8]
生物腐植酸	深州秸秆发酵	5.77	3.31	2.46	—	—	—	—	—	[9]

表 2-26　统计分析所得 HA 和 NHA 的主要结构参数

样品	$(M_c/d)_{corr}$[①]	C_p/C_a[②]	芳氢率 f_{Ha}	芳核取代度 σ	单元分子量 M_o	总环数 R[①]	芳环数 R_a	芳香度/f_a 密度法[①]	芳香度/f_a 氧化法
风化煤（灵石）HA	10.71	0.61	0.67	0.33	341	6	5	0.90	0.91
NHA	9.57	0.60	0.70	0.42	394	6	5	0.87	0.88
褐煤（黄县）HA	—	0.67	0.28	0.27	316		4		0.64
NHA	—	0.77	0.25	0.56	314		2～3		0.68
柴煤（日本）NHA	—	0.76	0.24	0.89	290		2～3		0.56
土壤 HA	—		0.2～0.4	—	—		1～4		0.5～0.7

① 褐煤的密度很难测定，只列出风化煤密度统计分析法参数，其余都为低温氧化法所得参数。

② C_p/C_a 为芳核外周碳与芳碳数的比例（缩合度指标之一）。

2.2.19　芳香度

芳香度表示在煤的结构单元中的芳香环结构、脂环结构和脂肪族结构比例，属于芳香环结构的碳原子数 C 与总碳原子数 C 之比。Dulhunty、van Krevelen 等研究发现，煤的镜煤质 H/C、O/C、N/C 与真密度（d_4^{20}）之间存在线性关系。

$$V_m = \left(\frac{M_C}{d}\right)_{corr} = \left(\frac{M_C}{d}\right)_{exp} + \sum K \tag{2-19}$$

$$\left(\frac{H}{C}\right)_{corr} = \left(\frac{H}{C}\right)_{exp} + \sum L \tag{2-20}$$

式中，M_C 为 C 原子所占的分子量；d 为真密度，$g/100cm^3$；$\sum K$、$\sum L$ 为对 O、N、S 及其官能团的校正系数；$V_m = M_c/d$ 为单个 C 的摩尔体积，cm^3。

根据 M_c/d-H/C-f_a 关系图[20]，得出芳香度（f_a），计算出总缩合环数 R。按式（2-21）：

$$2\left(\frac{R-1}{C}\right) = 2 - \left(\frac{H}{C}\right)_{corr} - f_a \tag{2-21}$$

式中，R 和 f_a 缩合度是煤结构的两个重要的结构参数。

低温缓慢氧化与元素、官能团测定相结合进行统计结构分析，是 Mazumdar 等首先提出来的。与密度统计分析法相比，该法更适用于 HA 结构的解析。Mazumdar 等证明，在 170～220℃下将煤及其 HA 氧化 470h 以上，除与芳核直接相连的 α-脂肪 C 原子转化为 COOH 外，其余脂肪（脂环）C 全部分解，而芳核则完整地保留下来，据此求出 f_a、H 分布和核结构模型。这个方法后来被引用到土壤 HA 结构研究中[22-23]。成绍鑫等用密度法和低温氧化法相结合，对不同煤种的 HA 和硝基腐植酸（NHA）进行结构研究，经校正 COOH、C=O$_{qui}$、NO$_2$、NO 等官能团，用 M_c/d-H/C-f_a 关系图[19-20] 和 Ali 的 C_p/C_a-C_a 曲线[25]分别估算 f_a 和芳环数 R_a。

2.2.20　收缩度

腐植酸中含有大量的芳香结构和共轭体系，常采用收缩度表示，即 UV-vis 对腐植酸的 E_4/E_6 值（465nm 和 665nm 波长处吸光度的比值）和色调系数 ΔlgK 值（$lg\ Abs_{400nm}$-$lg\ Abs_{600nm}$）进行研究，这 2 个值可评估腐植酸的分子量，E_4/E_6 和 ΔlgK 值越大，腐植酸分子量越小。Ibarra 等采用紫外分光光度法对腐植酸的分子量进行评估。Novák 等将褐煤腐植酸、土壤腐植酸、木质素磺酸和木质腐植酸分别溶解在 0.05mol/L 的 NaHCO$_3$ 溶液中以配置成 80mg/L 的腐植酸溶液，并测定其紫外光谱。结果表明，4 个腐植酸样品均在 220nm 处出现特征峰，该峰是由样品中芳香环上 π 电子吸收引起的，木质素磺酸在 280nm 处存在第二个吸收峰，这是磺化有机化合物的典型特征，而土壤腐植酸和木质素腐植酸仅在该波长附近有一个小肩峰，将其归因于分子中丰富的发色团发生电子跃迁造成的。Giovanela 等将 5mg 巴西亚热带海底沉积物腐植酸溶解在 250mL 0.05mol/L 的 $NaHCO_3$ 溶液中，并测定其紫外光谱。结果表明，腐植酸的 UV-vis 谱图没有明显的特征，在 270～280nm 范围内出现了一个肩峰，并认为该范围内的电子跃迁是由腐植酸中大量的发色团重叠吸收引起的，且在紫外区负责吸收光的发色团主要是酚芳烃、苯甲酸、苯胺衍生物、多烯和具有 2 个或 2 个以上环的多环芳烃；同时提出了根据谱图特征和 ΔlgK 值可将腐植酸分为 A、B、Rp 和 P 型，A 型腐植酸的特征是 ΔlgK 值小于 0.60 且其谱图上没有特征吸收带，B 型腐植酸的特征是 $0.60 < \Delta lgK < 0.80$ 且在 270～280nm 有一个微弱的肩峰，Rp 型腐植酸的特征是 $0.80 < \Delta lgK < 1.10$ 且在 270～280nm 有一个微弱的肩峰，谱图在可见光区 615nm、570nm 和 450nm 处有特征吸收峰的腐植酸为 P 型腐植酸。Doskočil 等将褐煤腐植酸溶解在磷酸缓冲液中（NaH_2PO_4，Na_2HPO_4）并测其紫外光谱，通过计算 E_4/E_6 和 ΔlgK 值来分析比较 7 种褐煤腐植酸的结构特性差异，还计算了 $E_{Et/Bz}$ 值（253nm 与 203nm 处吸光度之比）、$E_{250/365}$ 值（250nm 与 365nm 处吸光度之比）和 $E_{254/410}$ 值（254nm 与 410nm 处吸光度之比）。$E_{Et/Bz}$ 用于衡量芳香结构被脂肪族官能团（如羟基、羰基、酯和羧基）取代的程度，$E_{Et/Bz}$ 值越大，表明芳香结构被含氧官能团取代的程度越大；$E_{250/365}$ 与 E_4/E_6 相同，且 $E_{250/365}$、$E_{254/410}$ 和 ΔlgK 均反映腐植酸的分子量，其比值越低，腐植酸分子量越大。其他学者也通过 $E_{250/365}$、E_4/E_6 和 ΔlgK 值来分析腐植酸的特征。综上所述，UV-vis 可用于分析腐植酸的分子量等信息。

E_{465} 与 E_{665} 可见光的吸光度之比，是腐植酸 HA 和黄腐酸 FA 的特征常数，也作为腐熟度的评价指标，可反映酶解或洁净发酵秸秆原料的腐殖化程度，也反映泥炭、仿生泥炭生态基质中腐植酸与黄腐酸的比例。E_4/E_6 值也表示其亲水性，具有较少的芳香族和较多的脂肪族基团。

以泥炭碱提取液的修正的 E_4/E_6 值（400nm 和 600nm 处吸光度比值）来表征泥炭腐殖化度，并探讨其指示的古气候意义。根据泥炭碱提取液 E_4/E_6 值与校正年龄的变化曲线，以及将其与哈尼泥炭 400nm 处吸光度直接表征腐殖化度的曲线进行对比，发现哈尼泥炭碱提取液的 E_4/E_6 值对古气候具有很好的指示意义，对全新世以来的气候突变事件以及前人研究的气候时期划分都能得到很好的对应：哈尼泥炭碱提取液 E_4/E_6 值高，泥炭腐殖化度低，指示气候干冷；其 E_4/E_6 值低，泥炭腐殖化度高，指示气候暖湿。在今后的研究中，可结合 E_4/E_6 值来表征泥炭腐殖化度，并结合磁化率、孢粉等化学物理生物因子以及温度、湿度、水文、地质条件等其他因素来探讨泥炭腐殖化度对古气候的指示意义[15]。

2.2.21 酸碱缓冲能力

酸碱缓冲能力（acid-base buffering capacity of sustainable growing substrate），是含腐植酸的生态基质保持的酸碱度相对稳定，具有缓解酸碱度发生剧烈变化的能力。其也是腐植酸类基质的抗酸能力、抗碱能力，是土壤修复的重要参数[16]。

缓冲能力由缓冲溶液弱酸及其盐、弱碱及其盐组成。其中，能对抗外来强碱的称为共轭酸，能对抗外来强酸的称为共轭碱。腐植酸的缓冲抗酸能力取决于抗酸成分即共轭碱，缓冲抗碱能力取决于共轭酸。前者抗酸，后者抗碱，加上腐植酸的表面吸附性能，在较宽的 pH 范围，腐植酸及产品都可以使在应用中使 pH 稳定。

腐植酸的酸碱缓冲容量可按下式计算：

$$p_{HBC} = 1/a \times 10$$

式中　p_{HBC}——酸碱缓冲容量，表示引起每 kg 基质发生每单位 pH 变化时需要添加的酸量（mol，以 H 计），10^{-3} mol/kg；

　　　a——将基质酸碱滴定曲线的突跃范围近似为直线所拟合线性方程的斜率，该值越大，表示土壤酸碱缓冲能力越小。

经农业农村部肥料质量监督中心（沈阳）、华中农大等多家国家认定的权威机构测定，由上海臻衍生物科技有限公司提供的腐植酸生物有机肥的 pH 为 6.78，酸缓冲能力为 87.3mol/kg，碱缓冲能力为 126.9mol/kg。

2.2.22 交换容量

交换容量（cation exchange capacity，CEC），或称中和当量（base exchange capacity，BEC），是对腐植酸与金属阳离子进行交换能力的一种度量，是评价土壤质量的一项技术指标。采用盐酸回滴法和醋酸铵法，适用于各种含腐植酸的原料以及产品，盐碱地 NaAc-火焰光度法测定 CEC。

研究表明，土壤的保肥能力取决于它能吸附的阳离子数量。HA 可增加土壤的阳离子交换容量：①通过为无机胶体提供较大的表面积增加对换性阳离子的吸附量。②COOH 和 OH 基团的解离产生极性端，从而与阳离子结合形成复合物。③促进土壤矿物质的溶解，从而为化学反应的发生提供更大的表面积。一项利用来源于泥炭和风化煤的 26 种 HA 进行的土壤培养试验研究表明，所有处理的土壤 CEC 均有所提高，提高幅度为 1%～58%。但试验样品的基础 CEC 与相应改良后的土壤 CEC 的增加比例间无明显线性相关关系。这可能表明，HA 的 CEC 并没有直接转化为改良土壤的 CEC，HA 的质量可能对土壤 CEC 的提高有重要影响。Laskosky 等进行的大麦盆栽试验中，研究了腐殖质、泥炭和生物炭对典型灰色淋溶土退化土壤 CEC 的影响，结果表明，腐殖质改良土壤的 CEC 高于生物炭改良土壤的 CEC。目前尚无更多研究证明 HA 对非根际土壤和根际土壤 CEC 的影响。大部分关于 HA 对 CEC 影响的试验都是在受控环境下进行的短期研究。因此，需要进行几种作物的长期田间试验来进一步探究 HA 对土壤 CEC 的影响，以填补此方面的研究空白。土壤和植物中的 HA 机制和功能见图 2-39。

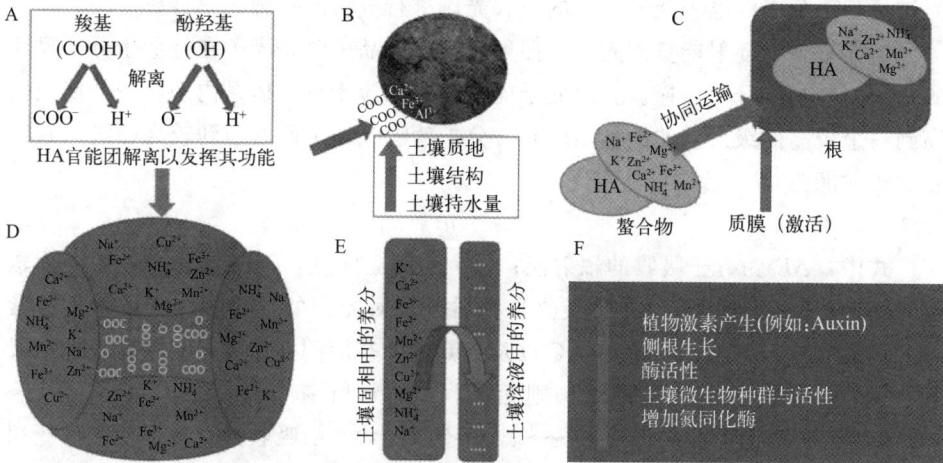

图 2-39　土壤和植物中的 HA 机制和功能 [18]

（A）HA 官能团的解离；（B）解离官能团的亲水端连接金属离子和土壤表面；（C）HA 螯合阳离子营养物质并通过根系质膜进行运输；（D）解离官能团的亲水端吸引阳离子（提高土壤的 CEC）；（E）HA 补充土壤溶液中的养分（提高土壤的缓冲能力）；（F）HA 的其他功能

2.3　腐植酸仪器检测

现代仪器分析是一类信息技术，涉及信息的获取、处理、显示等内容，是实验和科研的眼睛，是高科技开发的基础和伴侣。通常对物质结构分析的前提，是其必须为单一组分的物质。核磁共振光谱（NMR）将傅里叶变换技术应用到核磁共振光谱后，不但提高了测定有机质的灵敏度，消除了无机离子的干扰，并且能直接测定固体样品，这样可以在不破坏腐植酸化学组成的条件下真实地反映其结构特征，因此核磁共振光谱已成为腐植酸研究中重要的分析手段。紫外光谱（UV）、红外光谱（IR）是定性分析有机物官能团的主要手段，根据紫外、红外吸收曲线的峰位、峰强及峰形可以判断化合物官能团和反应活性等信息。色-质联用/热-质联用法也是强有力的分析方法，能准确地测定有机物的分子量，提供分子式和其他结构信息，它的灵敏度远远高于其他结构分析方法，因此也是有机化学研究领域中不可缺少的工具。

2.3.1　紫外可见光谱法

物质对光的吸收 遵守比尔（Beer）定律，即当一定的光通过某物质的入射光和透过光的对数比值与物质的浓度和液层的厚度成正比。Beer 定律是紫外-可见光伏定量分析的依据。可见光（波长 400～780nm）和紫外光（波长 200～400nm）光谱是基于分子内电子跃迁产生的吸收光谱进行分析的一种光学分析方法。

当具有一定辐射能量的光子束照射到物质样品上时，光子在近似于分子尺寸的空间内与物质分子碰撞。如果光子能量正好相应于分子体系内一个较低能级提高到一个较高能级所需的能量 ΔE 时，分子就吸收光子而跃迁到较高能级，其吸收的辐射能为：

$$\Delta E = h\nu$$

式中，ΔE 为分子吸收的辐射能；h 为普朗克常数，$6.63 \times 1034\mathrm{J/s}$；$\nu$ 为辐射频率，Hz。因此，辐射光的吸收是物质分子对光子的选择性俘获的过程。紫外和可见光谱与不饱和双键 C=C 以及含 O、N 基团的共用电子对的共轭体系吸收有关，而脂肪侧链或脂环结构则无吸收。通常所谓 C=C、C=O、—N=N—、—N=O 等"生色团"的 $\pi \rightarrow \pi^*$ 电子跃迁对光的吸收具有特征性，广泛用于含生色团和共轭体系有机物的鉴定。对腐植物质来说，尽管也含有大量生色团，但由于它们过于复杂，各种基团的吸收发生不同程度的叠合或位移，故其光谱没有特征性，其曲线只是一条连续的带。

腐植酸的中性、酸性和碱性水溶液都呈现暗色，因此促使化学家使用颜色深浅来作为分析腐植酸的一种指标。紫外吸收光谱实际上就是紫外光与分子中电子能级间相互作用产生的吸收光谱，紫外光谱及可见光谱又称为电子光谱。电子能级跃迁的同时总是伴随着多个振动和转动能级跃迁，所以紫外光谱是电子-振动-转动光谱。用低分辨率的仪器测定时一般不能分辨因转动和振动能级跃迁产生的差别，测得的有机物的紫外光谱一般是吸收带，用高分辨率的仪器则可以看到伴随振动和转动能级跃迁产生的吸收带精细结构。

腐植酸和黄腐酸的紫外-可见光光谱没有特征吸收，没有明确的极大值和极小值，吸收度随着波长的降低而增加。不能为腐植酸的结构提供很多的信息，但是可以反映结构单元的价电子和不饱和性，可以作为比较不同来源样品的可靠参数，对于预测氧化反应中的腐植酸的不饱和结构的反应活性很有用。

该技术在 HA 分析中的应用有以下几个方面。

（1）相对浓度定量分析

根据 Beer-Lambert 定律：

$$E = \lg \frac{I_0}{I} = \varepsilon c l \tag{2-22}$$

式中，E 为光密度；I_0 为入射光强度；I 为透过光强度；ε 为摩尔消光系数；c 为摩尔浓度，l 为测量液池厚度。在测定条件固定的情况下，E 只与 c 成正比，以此作为定量测定有机物质溶液浓度的理论依据。

一般选用波长 465nm 进行 HA 的定量测定。溶液 pH 值对光密度有一定影响，一般用 0.05mol/L NaHCO₃ 或 pH 为 10.2 的硼砂缓冲液作溶剂；HA 的测定浓度一般在 0.01% 左右。此外，不同来源的 HA 在同一波长的 E 值并不相同，不可能作出一条测定各种腐植酸浓度的标准曲线，因此用该方法不适用于不同来源的 HA 样品浓度的分析，只限于用已知浓度的样品标定（画出 E 与 c 的关系曲线）后，对同一种样品作相对比较。

比如用目测法或光电比色法。腐植酸的吸光度随着它们所含芳环的缩合程度增大而增大；在芳核上的碳和在脂肪或者脂环侧链上的碳的比例增大而增大；随总碳含量增大而增大；随分子量增大而增大，对同一类腐植酸跟踪研究时，可以用光电比色法来测量。

（2）构定性分析

HA 的紫外-可见光谱光密度随波长增加而降低，往往在 260～300nm 处有一最大吸收值，且曲线的斜率随腐植化程度提高和非共轭不饱和键的减少而增高。特殊的是，生化黄腐酸（BFA）在 210nm 处出现一个高峰，显然无法用共轭芳香结构来解释，可能与生物发酵体系的蛋白质和氨基酸中的含 N 共轭体系有关。日本熊田恭一发现在土壤 HA 中分离出的一种"绿色腐植酸"，在 620nm、570nm、450nm 处都有明显吸收峰，认为是醌基引起的。在同一浓度、同一波长（一般用 465nm）情况下对腐植酸进行紫外-可见光谱分析，可以得出很有价值的信息。Кононова 研究表明，不同土壤 HA 的光密度按灰化土＜红壤＜腐殖质层灰壤＜深灰森林土＜普通黑钙土的顺序增加，认为森林土和黑钙土 IIA 的芳构化和官能团共轭程度最高。不同来源的 HA 光密度则是褐煤＞泥炭＞土壤＞有机肥（粪汁），而且最高吸收峰依次向短波方向移动。Tsutsuki 等用硼氢化钠（NaBH₄）和连二亚硫酸钠（Na₂S₂O₄）还原各种土壤 HA，发现紫外和可见光吸收主要是醌基、醛基和非醌羰基的贡献。不同类型土壤腐植酸的共轭体系大小次序为 P+～＋＋＋＞A＞B≫RP，即腐植化程度依次降低。成绍鑫等也用此还原方法研究了煤 HA 和 NHA 的光谱特征，发现 HA 特别是 NHA 用 NaBH₄ 还原后可见光区域吸收峰明显降低，在 410nm 处出现明显的吸收差值（$\Delta E = E_{原样} - E_{还原后}$），NHA 的光谱图形很像 Tsutsuki 等提出的 RP 型土壤 HA 的单环共轭醌结构。

王旭辉通过紫外吸收光谱峰定性鉴定了英格兰七种土壤中的水溶性腐植酸，其中丝木公园湖泊沉积土和草原土中水溶性腐植酸的淋洗曲线如图 2-40 所示，从图可以看出，草原土与沉积土的性质不一样，其低分子量的组分非常弱。

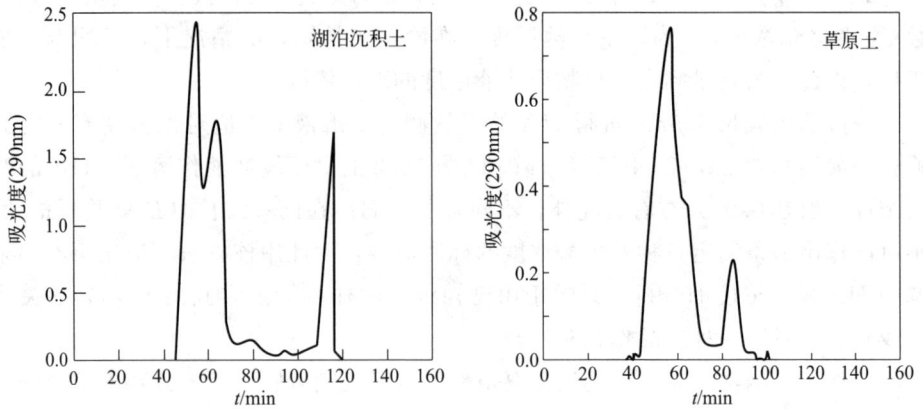

图 2-40　丝木公园湖泊沉积土和草原土中水溶性腐植酸的淋洗曲线

2.3.2　荧光分析法

　　荧光光谱法是一种研究大分子结构的灵敏方法，用于区分不同来源和不同性质的腐植酸。对于腐植酸而言，利用波长和荧光强度的差异可以阐明腐植酸的各种结构单元，较短的发射波长可能与简单的芳香结构和低分子量组分有关，较长的发射波长可以表明存在缩合的芳香结构和吸电子基团，如羰基、羟基和烷氧基取代基。Huculak-Maczka 等用三维荧光研究了不同提取剂提取的褐煤腐植酸的结构差异。Enev 等通过激发波长、发射波长、同步荧光和三维荧光对棕壤、堆肥和褐煤中提取的腐植酸钠（SH）和商业木质腐植酸（LH）进行分析比较，结果表明，SH 的最大发射波长 λ_{em}、同步荧光最大峰的激发波长和三维荧光波长均比 LH 大，表明 SH 具有更多的缩合芳香结构和不饱和键体系、共轭程度更高和更多的羰基、羧基等吸电子基团，而 LH 分子异质性广、芳香缩聚程度低、共轭荧光团含量低且结构更简单。Chen 等提出了同步荧光光谱中（$\Delta\lambda = 18nm$）的 2 个不同区域（350～450nm 和 450～480nm），样品在 450～480nm 区域内出现特征峰或特征峰发生红移的现象，表明样品中存在高分子量腐殖质材料，样品特征峰出现在 380～450nm 区域内，表明样品中存在大量的简单的、离解的酚类和醌类有机化合物。

　　荧光光谱还可以用于计算腐植酸的荧光指数（fluorescence index，FI）和生物指数（biological index，BIX）。固定激发波长为 370nm 时测定腐植酸的发射波长，将发射波长在 450nm 和 500nm 处的荧光强度进行相比即为 FI 值。FI 值为 1.9 左右时，说明样品属于水生腐植酸；FI 值为 1.3～1.4 时，样品属于陆生腐植酸或土壤腐植酸。固定激发波长为 310nm 时测定发射波长，将发射波长在 380nm 和 430nm 处的荧光强度进行相比即为 BIX 值，BIX 值小于 1，说明腐植酸中原生腐植酸组分较少。

荧光分析就是利用某些物质被紫外光照射后发生的能够反映出物质特性的荧光进行该物质的定性或定量分析。可用荧光分析法测定的有机化合物为数更多，大致可以分为：脂肪族化合物、芳香族化合物、氨基酸和蛋白质、胺类、维生素、甾族类化合物、酶和辅酶、药物、毒物、农药等。

有些物质并不产生荧光，但在加入某种试剂之后，两者发生反应而形成一种能够发生荧光的产物，有产物的波长、强度、颜色和性质可以鉴别该物质。相反地，某些物质本身会发生荧光，但经某一试剂处理后荧光即行消失，该物质所发生荧光的性质以及经试剂处理后荧光消失的情况均可作为该物质定性分析的依据。

傅平青等研究了腐植酸的三维荧光特性，认为腐植酸的荧光特性被广泛用来解析其各种天然环境中的来源及分布。荧光光谱分析由于具有灵敏度高、选择性好且不破坏样品结构的优点，非常适合用来研究腐植酸的结构和官能团等特征。结果显示，离子强度对腐植酸的三维荧光光谱特性影响非常小，而腐植酸的浓度和溶液 pH 对其三维荧光光谱特性影响显著。当腐植酸浓度增大时，荧光峰出现明显红移现象。荧光强度一般随着 pH 的升高而增大，当 pH 大于 10 后呈下降趋势。

由于 HA 分子的复杂性和化学非均匀性，观察到的荧光光谱常常很宽，而且很难处理，可能为 HA 大分子中各种不同荧光光团的光谱加和；通过降解方法或其他物理-化学方法或光谱方法来确定某些产生荧光的物质，比如羟基香豆素和甲氧基香豆素等。而且认为一些分子参数和介质条件如分子量、浓度、pH 和离子强度对腐植酸的荧光光谱强度、形状和峰的位置的影响很大。

张彩凤等将分子荧光光谱分析用于腐植酸黄腐酸含量的分析，可以甄别泥炭腐植酸、褐煤腐植酸、风化煤腐植酸以及生物质来源的腐植酸。

图 2-41 中，荧光分析横坐标为化学位移（波数），纵坐标强度即浓度。组图中，除曲线 9 外，曲线 1~12 的波数在 500~600nm 都是腐植酸的波数-波峰；而图中对应的化学位移 400nm 左右的曲线 9 是矿物源黄腐酸的波数-波峰；350nm 左右的是生物源黄植酸的波数-波峰。周霞萍等用不同的紫外荧光分析仪器分析，也得出黄腐酸检测波数在 352nm，腐植酸检测波长大于 452nm。目前，依据紫外荧光等仪器分析的方法已成为行业内用于腐植酸黄腐酸的一种快速测定方法。该类方法在分光光度计光密度与浓度成正比的基础上，先选择确定最佳吸收波数，再分别制定含生物质腐植酸、黄腐酸与泥炭、褐煤、风化煤的标准曲线，在测定试剂、测定条件不改变的条件下标准曲线可沿用，若改变则需要修正。而制成类似 pH 测定的试纸条，更加方便在应急场合测定腐植酸、黄腐酸以及腐植酸盐的含量[57-62]。图 2-42 给出了不同 FA 的紫外-荧光光谱波数与强度（浓度）的关系。

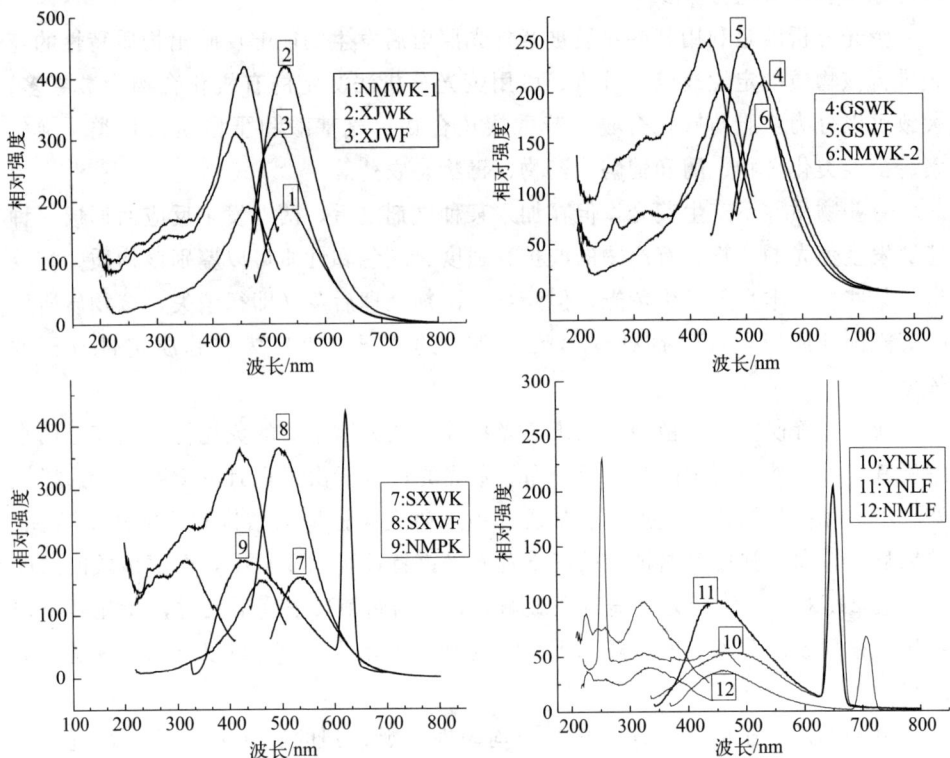

图 2-41 腐植酸黄腐酸荧光光谱示意图

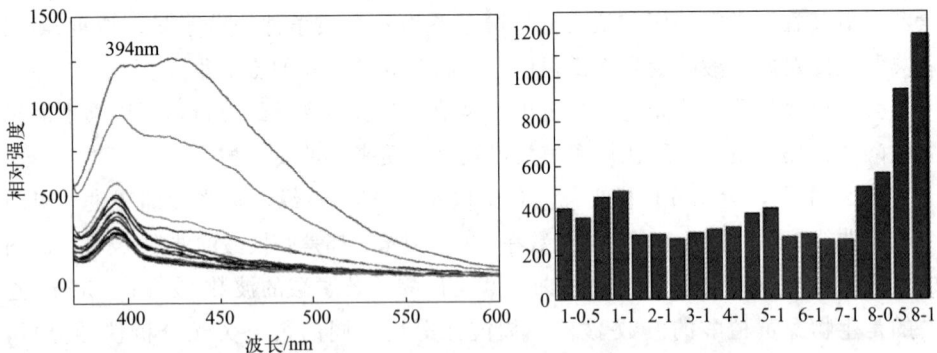

图 2-42 不同 FA 的紫外-荧光光谱波数与强度（浓度）的关系

　　将荧光光谱仪配上计算机，根据荧光物质选择各类有效测量参数并剖析定义化学光谱扫描测量结果，可以简化光谱分析的各项操作步骤和测量机理，达到一台仪器进行一机多功能、多指标、多目标的光谱分析测量各类化学物质及性质的目的。通过计算机软件控制的分子荧光仪还可与其他吸收光谱、色谱、质谱等精密仪器联用，达到更高速、更高效的分析手段，除了应用于一般的腐植酸产品外，还可应用于腐植酸环保、生化、医药等领域。

2.3.3 红外光谱法

物质分子在获得一定的光能之后，不仅可以引起价电子跃迁，同时也能引起分子的转动和转动能级的跃迁。后一种跃迁形成的光谱称为振动和转动光谱，亦称为红外光谱（IR）。红外光谱与紫外光谱一样是一种分子吸收光谱。傅里叶变换红外光谱（FTIR）的应用比紫外-可见光谱要广泛得多，几乎所有的有机化合物及许多无机物在 IR 中都有吸收，是鉴定物质分子结构的重要手段。

红外光波长范围为 $0.78 \sim 300 \mu m$，其中可测范围为 $2.5 \sim 25 \mu m$。IR 谱图纵坐标为透光率（T），横坐标为波长（λ）。近期横坐标倾向于用波数（σ）表示，即 $\sigma = 1/\lambda$，$\lambda = 2.5 \sim 25 \mu m$ 相当于 $\sigma = 4000 \sim 400 cm^{-1}$。

FTIR 是由分子中的振动能级跃迁产生的。各种物质分子内的原子都在不停地振动，其正负电荷的中心距离 r 会不断改变，因此分子的偶极矩也会改变。对称分子正负电荷中心重叠时，$r = 0$，故原子振动不会引起偶极矩变化。不对称分子则不同。当用一定频率的红外光照射该分子时，光能量就通过分子偶极矩的变化传递给分子。如果某个基团的振动频率正好与入射光一样，该基团就吸收一定频率的红外光能 $\Delta E = h\nu$，原子由原来的基态振动跃迁到较高的振动能级而产生红外光谱。按分子振动理论，含 n 个原子的不对称分子估计有 $3n-6$ 个基本振动，其中 $2n-5$ 个发生键变形，$n-1$ 个键伸屈。IR 谱是绝对特征性的，即特定的吸收带（峰）与特定的基团相对应，就是通常所说的"指纹"，可以用来对分子结构，特别是官能团进行定性定量鉴定。

红外光谱图是红外光谱最常用的表示方法，它通过吸收峰的位置、相对强度以及峰的形状提供化合物的结构信息，其中以吸收峰的位置最为重要。

腐植酸的高分子混合物结构的复杂性以及各基团吸收的相互影响使吸收峰发生位移或相互掩盖，给准确鉴定造成困难，但仍可大致确定吸收范围。比如，顾志忙等对我国几种典型的腐植酸进行了系统研究和比较，揭示了不同腐植酸的差别。红外图谱结果表明，4 种腐植酸结构相似，均在 $3500 \sim 3300 cm^{-1}$ 处出现了缔合的—O—H 伸缩振动宽峰，在 $1720 cm^{-1}$ 处有羰基化合物显示的—C＝O 伸缩振动峰，在 $1080 \sim 900 cm^{-1}$ 之间显示了—C—C 的骨架振动和伸缩振动，红壤另在 $3700 \sim 3600 cm^{-1}$ 处有非缔合的—OH 伸缩振动尖峰。

腐植酸的红外吸收波数及其归属见表 2-27，不同的研究者所报道的谱带波数在频率上有微小的差别，列出的值应看成近似值。腐植酸的典型红外吸收可归因于：各种羟基和氨基基团，多数含有氢键；脂肪族的基团和链；各种羰基基团，尤其是羧基基团，以及酮、醛、醌和酯；可能络合有羰基的芳香结构；烯键；酰胺；羧酸盐；酚和醇基团；多糖；硅酸盐杂质和水。

表 2-27　腐植酸的 FTIR 吸收波数与归属

波数/cm^{-1}	归属	波数/cm^{-1}	归属
3400~3000	O—H、N—H 伸缩振动	1423	木质素和/或糖类中 C—H 变形
2920~2860	亚甲基中 C—H 非对称伸缩振动	1420~1400	酚羟基中 O—H 变形和 C—O 伸缩
2860~2850	亚甲基中 C—H 对称伸缩振动	1400~1370	甲基和亚甲基中 C—H 变形、COO—反对称伸缩振动
2650	氢键缔合羧基中 O—H 伸缩振动	1260~1280	芳香基酯中 C—O 伸缩
2500	羧基中 O—H 伸缩振动	1220~1230	芳香基醚和酚中 C—O 伸缩、COOH 中 O—H 弯曲振动
1770	酯羰基(—COOR)	1184	纤维素中 C—O—C 伸缩振动
1730~1660	羧基或羰基中 C=O 伸缩振动	1130~1110	仲醇和/或醚中的 C—O 伸缩
1660~1630	酰胺Ⅰ中 C=O 伸缩、与氢键共轭的酮和/或醌中 C=O 伸缩振动	1070~1080	半纤维素和纤维素中的 C—O 伸缩
1630~1600	芳香 C=C 键振动,与羰基共轭的 C=CO 振动	1045~1035	多糖或多糖类中 C—O 伸缩、硅酸盐中 Si—O 伸缩振动
1590~1517	COO—对称伸缩、N—H 变形、酰胺Ⅱ中 C=N 伸缩振动	880~850	带有独立氢的芳香 C—H 变形振动
1512~1508	酰胺中 C=N 伸缩和 N—H 变形、芳香 C=C 变形	830	1,4-取代芳香环上 C—H 变形振动
1460~1450	甲基中 C—H 非对称弯曲振动	780~765	1,2-取代芳香环上 C—H 变形
1440	亚甲基中 C—H 变形振动	660~620	磺酸基中 S—O 伸缩振动

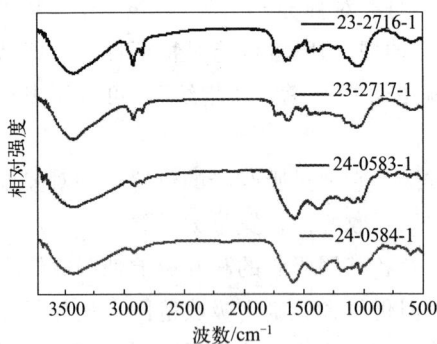

图 2-43　皂苷生物腐植酸 FTIR

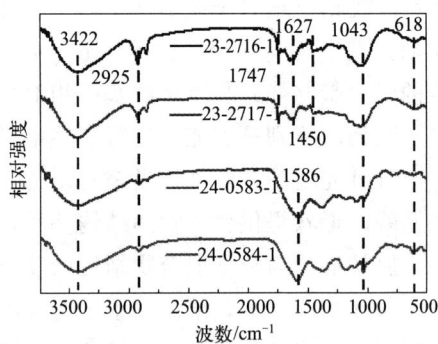

图 2-44　秸秆生物腐植酸 FTIR

在图 2-43、图 2-44 中,23-2716-1 为茶皂苷制生物腐植酸,23-2717-1 为秸秆-褐煤制腐植酸,在波数 3422cm^{-1} 有 O—H、N—H 伸缩振动,在 2925cm^{-1} 有亚甲基中 C—H 非对称伸缩振动,在 1627cm^{-1} 有芳香 C=C 键振动、与羰基共轭的 C=CO 振动,在 1586cm^{-1} 有 COO—对称伸缩、N—H 变形、酰胺Ⅱ中 C=N 伸缩振动,秸秆改性褐煤腐植酸在 1450cm^{-1} 有木质素和/或糖类中 C—H 变形,在 1043cm^{-1} 有 C—O 伸缩、硅酸盐中 Si—O 伸缩振动,在 618cm^{-1} 有磺酸基中 S—O 伸缩振动,与处理工艺有关。从 FTIR 的分析可以看出,生物质腐植酸原料作为可持续发展的腐植酸原料是有组成依据的。

2.3.4 原子吸收光谱法

SPECTRAA 型原子吸收光谱仪配有 Cr、Pb 空心阴极灯，通过标准曲线法可以测定腐植酸肥料等种植产品的金属元素和限量元素等含量。测定时需要干法灰化后消解，或湿法消解处理，同时用空白实验对照，并加标回收率测定。现部分被 ICP-OES（电感耦合等离子体发射光谱）和 ICP-MS（电感耦合等离子体质谱）仪器替代。但是 SPECTRAA 型原子吸收光谱仪存在分析成本较低、分析精确度高的优点，仍在应用。表 2-28 给出了原子吸收光谱法测定条件，表 2-29 给出了回归方程与相关系数。

表 2-28 原子吸收光谱法测定条件

元素	空气流量 /(L/min)	乙炔流量 /(L/min)	灯电流 /mA	狭缝 /nm	波长 /nm	乙炔压力 /MPa	空气压力 /MPa
Cr	13.50	2.90	7.0	0.5	324.8	0.35	0.075
Pb	13.50	2.00	2.0	1.0	217.0	0.35	0.075

表 2-29 回归方程与相关系数

元素	曲线方程	相关系数(R)
Cr	$y = 0.02753x + 0.00321$	0.99867
Pb	$y = 0.0065 + 0.0484x$	0.99918

2.3.5 核磁共振波谱法

核磁共振波谱法（NMR）是基于对含磁矩核的原子的检测技术，是鉴定化合物结构的有力手段之一。从 1953 年出现第一台 NMR 仪器以来，该技术取得了巨大进展，检测的核从 ^{1}H 到几乎所有的磁性核，发射频率从 30MHz 发展到 600MHz 以上，仪器从连续波谱仪发展到脉冲傅里叶变换波谱仪以及各种二维和多量子跃迁测定技术和成像技术，测定样品除溶液外还出现了固体高分辨率核磁技术。20 世纪 90 年代大力发展起来的一维液体 ^{13}C-NMR，采用自旋-回波傅里叶变换（SEFT）、J 分辨多重分类（J-SEFT）、门控自旋回波（GASPE）以及无失真偏振变换波谱（DEPT），都明显增强了核磁信号，提供多重信息。特别是交叉极化魔角自旋固体核磁（CP/MAS ^{13}C-NMR），大幅度提高了核磁信号分辨率并缩短了弛豫时间，为 NMR 在腐植酸类物质的结构分析中的应用提供了极大的便利。

物质的多种同位素原子核都有磁矩，这种核称为磁性核。它们的磁矩很小，比电子的磁矩小 2000 倍。磁性核也有自旋现象，其自旋角动量也是量子化的。若将磁性自旋核放在磁场中，磁矩与磁场相互作用，出现相同与相反两个自旋取向。其中一个磁矩与外加磁场（H_0）一致，磁量子数 $m = 1/2$，核处于低能级状态（$E_1 = -\mu H_0$）；另一个与 H_0 相反，$m = -1/2$，则处于高能级（$E_2 = +\mu H_0$）。

两种取向的能级差：

$$\Delta E = E_2 - E_1 = 2\mu H_0 = h\nu_0 \tag{2-23}$$

式中，μ 为原子核磁矩；ν_0 为射频频率。当照射到样品上的射频波频率 ν_0 正好满足式（2-23）的条件时，自旋核就从低能级跃迁到高能级，这就是所谓核磁共振现象。但是，自旋质子共振频率并不简单地决定于 H_0 和 μ，还与核外围电子的外加磁场产生的反方向次级磁场有关，式（2-23）应修正为：

$$\nu_0 = \frac{2\mu H}{h} = \frac{2\mu H_0(1-\sigma)}{h} \tag{2-24}$$

式中，σ 为屏蔽常数，与核外围电子云密度及所处的化学环境有关，电子云密度越大，σ 值越大，导致理论上的磁场强度或频率发生位移，称作"化学位移"；σ 值不同的自旋核的共振吸收峰将分别出现在 NMR 波谱的不同频率区或磁场区，即具有不同的化学位移，据此可鉴定出不同物质的分子结构部位；H_0 为外加磁场；h 为普朗克常数。

最简单的同位素质子是氢同位素（^{1}H），也常用碳 13（^{13}C）作 NMR 测定。在鉴定时都要以适当的化合物作参比样品。对氢质子来说，一般是以四甲基硅烷（TMS）的质子共振峰作参比物，把它的化学位移定为零。通常用试样共振频率 $\nu_{样}$ 与标样共振频率 $\nu_{参}$ 之差与所用仪器频率 ν_0 的比值作鉴定依据，即 $\delta = [(\nu_{样}-\nu_{参})/\nu_0] \times 10^6$。$\delta$ 称作位移常数，这就是 NMR 图谱横坐标上常看到的符号。

化学位移是鉴定物质化学结构，特别是确认各种基团的"指纹"。虽然腐植酸类物质的化学位移受多种因素（如电负性、各向异性、氢键等）的影响，但处于不同环境中的 ^{1}H-NMR 和 ^{13}C-NMR 的 δ 值仍常有一定范围，给腐植酸的结构解析提供了极大方便。核磁共振氢谱是应用最为广泛的核磁共振波谱，是由于质子的旋磁比较大，天然丰度接近 100%，核磁共振测定的绝对灵敏度在所有磁核中是最大的。^{1}H-NMR 通过图中峰组个数、峰的位置（即化学位移）、自旋偶合情况（偶合常数和自旋裂分）以及积分曲线高度比四种不同的信息直接提供化合物中含氢基团的情况，并间接涉及其他基团。

某腐植酸的 ^{1}H-NMR 的化学位移和归属见表 2-30。

表 2-30　腐植酸的 ^{1}H-NMR 谱中的主要共振峰的化学位移和归属表（DMSO 为溶剂）

化学位移（δ）	归属
0.1~1.0	亚甲基链的端甲基
1.0~1.4	亚甲基链的亚甲基,远离芳香环或极性基团至少 2 个 C 的 CH_2CH_3
1.4~1.7	脂环族化合物的亚甲基
1.7~2.0	芳香环上的 α 位亚甲基和甲基的质子
2.0~3.3	芳香环上的 α 位亚甲基和甲基的质子,羧酸基团 α 位的质子

化学位移(δ)	归属
3.3～5.0	连接在 O 基上的 α 位的质子,碳水化合物
5.0～6.5	烯烃
6.5～8.1	芳环(包括酚)的质子
8.1～9.0	芳族化合物中有空间位阻的质子
8.0～13.0	酚和羧基的质子

试样 HA、BHA 的 ^{1}H-NMR 见图 2-45、图 2-46。

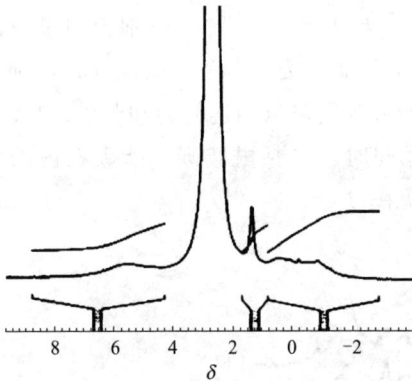

图 2-45　试样 HA 的 ^{1}H-NMR

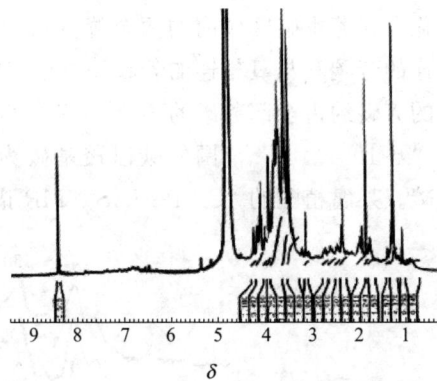

图 2-46　试样 BHA 的 ^{1}H-NMR

根据表 2-30 化学位移和对应的组分归属,在华东理工大学分析测试中心分析的煤炭腐植酸试样,在化学位移 1.0～8.5 的区域内呈馒头状的峰多,芳香烃和亚甲基键呈无定形网状结构的趋势强,对应的腐植酸分子量大;而试样生化腐植酸在化学位移 1.0～8.5 的区域内,呈尖状的峰多,有羧酸、烯烃等组分特征,对应的腐植酸分子量小(图 2-47)[6]。

与氢谱不同,^{13}C-NMR 提供的第一个重要信息是分子中碳原子的数目,每一条谱线代表一种碳原子。如果分子有一定的对称性,则谱线数少于碳原子数目。在对称分子中两个或两个以上的相同的碳原子产生一个吸收峰,吸收峰若明显增大,也是该种碳数目多的一种表现。因此观察和研究碳原子的

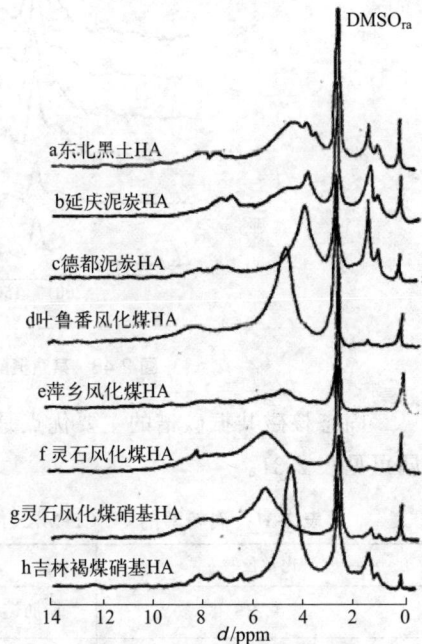

图 2-47　不同 HA 的 ^{1}H-NMR 谱

信号对研究不同类型的腐植酸有非常重要的意义。

^{12}C没有核磁共振信号；^{13}C虽然有核磁共振信号，但其天然丰度只有1.1%，信号很弱，给检测带来了困难。随着脉冲傅里叶变换核磁共振仪的问世，核磁共振碳谱的研究才迅速发展起来，而核磁共振碳谱的测试技术和方法的发展，使^{13}C-NMR变成一种很有效的结构分析方法。李丽等利用切面流超滤技术研究了Pahokee泥炭腐植酸的分子量，用固体核磁共振碳谱表征了腐植酸分子的结构组成，脂肪碳在$0\sim45\times10^{-6}$范围内表现为一个宽峰，在$45\times10^{-6}\sim110\times10^{-6}$的含氧脂肪碳区域内的两个峰分别为甲氧基和与氧相连的脂肪碳，如CH（OH）—或—CH—O—C。随分子量的增加，这两个峰的积分结果没有明显的变化。在芳香碳区域内的两个峰（130×10^{-6}和150×10^{-6}），分别为与氢或碳相连的芳碳和与氧相连的芳碳。腐植酸中的芳香碳主要是与氢或碳相连，这种类型的芳碳约占全部芳碳的80%，仅有20%的芳碳是与氧相连的酚和芳醚。$160\times10^{-6}\sim190\times10^{-6}$范围的碳以羧基碳为主，同时也包括酰胺碳、酯碳在内的各种碳。某腐植酸的^{13}C CP-MAS NMR谱图见图2-48。

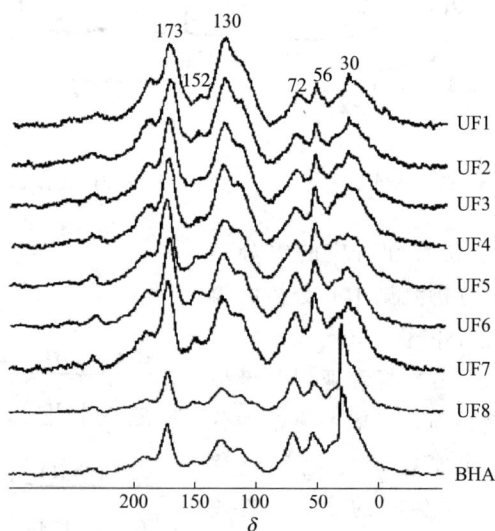

图2-48　某腐植酸的^{13}C CP-MAS NMR谱图

固态核磁共振碳谱的主要优点是缩短了脉冲之间的时间间隔，其化学位移归属可见表2-31。

表2-31　腐植酸的^{13}C CP-MAS NMR谱中的主要共振峰的化学位移和归属

化学位移	归属
$0\sim45$	脂肪链甲基碳（—CH$_3$）
$40\sim60$	脂肪链甲基碳（—CH$_3$）

化学位移	归属
50～58	甲氧基（—O—CH₃）
60～95	烷基—O 碳
95～110	糖类碳、环氧脂肪碳、醇、醚
100～140	芳基—C 和芳基—H 的碳
140～160	芳基—N 和芳基—O 的碳
160～190	羧基碳（—COOH、—COOR、—COO—）
190～250	醛基和酮基的碳

对照表 2-31、图 2-49 的结构图样显示：Uncompahgre 森林土中的腐植酸，存在烷基碳和酮糖结构，也存在羧酸碳结构，脂肪族碳和带甲氧基的碳结构也不少。

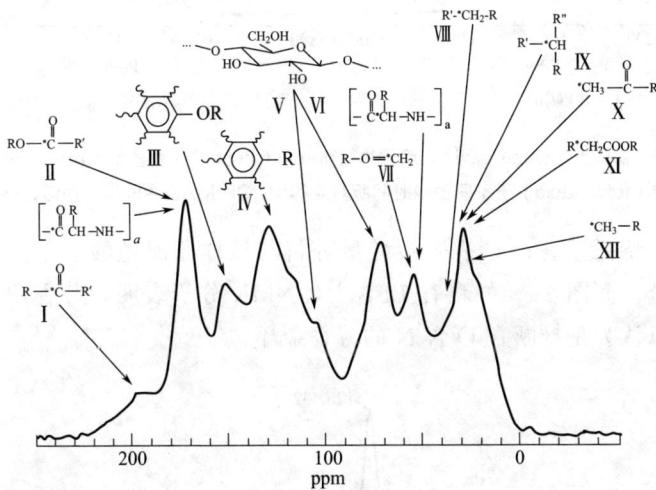

图 2-49　Keeler 和 Maciel 按化学位移归属改良的安肯帕格里（Uncompahgre）森林土中腐植酸的¹³C CP-MAS

　　图 2-50 国家森林土壤及其分离的腐黑物、有纤维素和半纤维素对应的碳水化合物；150、165 有酚羟基；175 有多肽；羧基/羰基碳 180～185；且由分析得出的碳自旋晶格、弛豫时间等显示：腐黑物、腐植酸、黄腐酸之间的差异很小。

　　图 2-51、图 2-52 是华东理工大学提供煤炭腐植酸和生化腐植酸试样，在复旦大学分析测试中心完成的检验结果。通过表 2-32 对应的化学位移及归属分析，可以看出：MHA 中的脂肪碳、环烷碳的量比 BFA 少得多；煤炭腐植酸以苯环

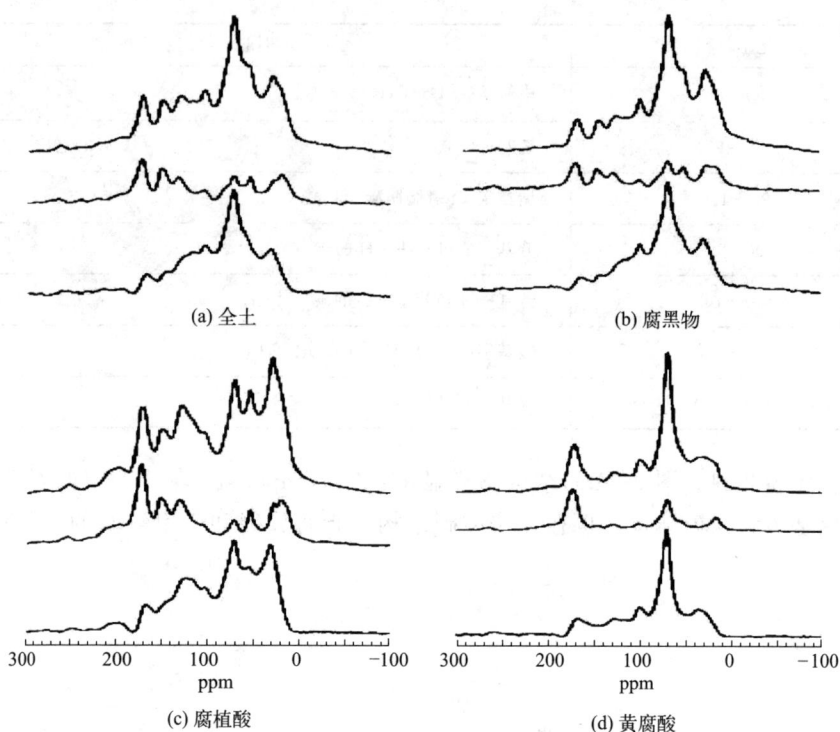

(a) 全土　　　　　　　　　　　　(b) 腐黑物

(c) 腐植酸　　　　　　　　　　　(d) 黄腐酸

图 2-50　森林土（whole soil）、腐黑物（humin fraction）、腐植酸（humic acid）、黄腐酸（fulvic acid）于不同弛豫时间所对应的 ^{13}C CP-MAS 中间谱、顶谱、底谱图

为主的芳香碳特征显著；^{13}C 表观羧酸量分析与试样原腐植酸总量（羧酸）分析结果能相符合。而图 2-53 的秸秆 BFA ^{13}C-NMR 分析表明，芳香羧酸少；按归属分析，可以认为是推断含 O 含 N 的芳香杂环。

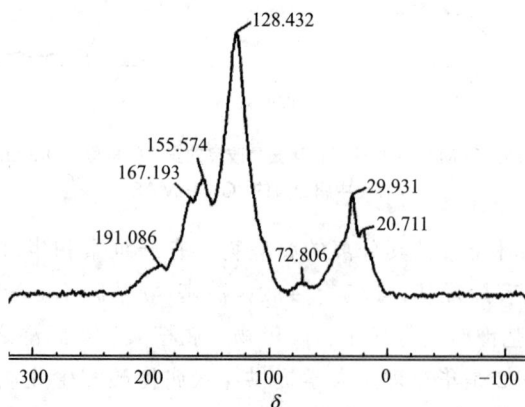

图 2-51　试样 HA 的 ^{13}C-NMR

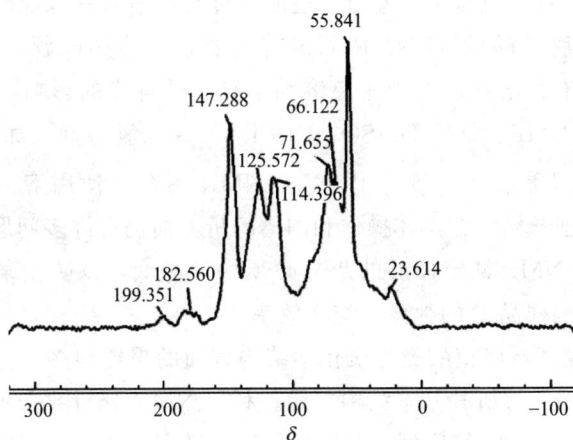

图 2-52　试样 BFA 的 ^{13}C-NMR

表 2-32　煤炭（MHA）/生化腐植酸（BFA）的固体 ^{13}C-NMR 谱的主要化学位移和归属比较

化学位移	归属	MHA/BFA
0～55	不直接与电负性原子 O、N、F、Cl 等相连的脂肪族及带甲氧基的饱和碳原子	9.55/15.55，煤炭腐植酸比生化腐植酸少 38.59%
60～98	烯烃、环烷碳原子	0.71/14.89，前项仅为后项的 4.78%
130～165	芳烃碳原子，含 N、O、S 杂环烃	煤炭腐植酸比生化腐植酸多 1.85%，但前项 MHA 以苯环为主的芳香碳特征强烈，并有复杂的无定形碳迹象；而 BFA 中除了存在芳香碳外，还明显存在含氮、氧等杂环碳
180～200	羧基碳	MHA 比 BFA 多 9.86%

注：该 MHA 试样为新疆风化煤腐植酸。

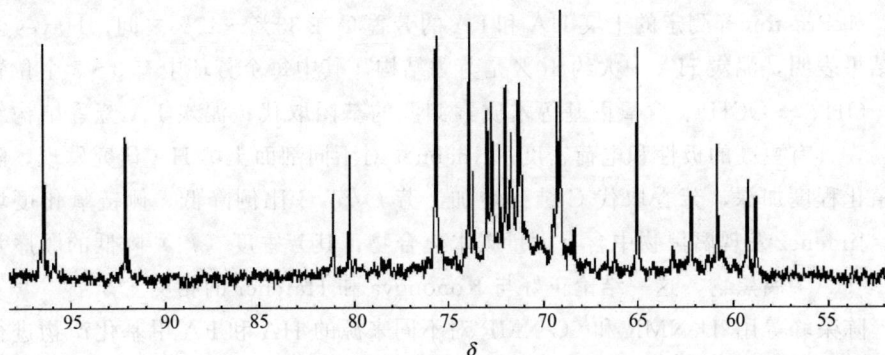

图 2-53　试样为某秸秆 BFA 的 ^{13}C-NMR

NMR 测定不仅可以作定性鉴定，还能通过共振信号的峰面积计算各基团元素的相对含量。腐植酸的 ^{1}H-NMR 测定首先要解决溶剂问题。HA 不溶于水，只部分溶于极性有机溶剂，但为避免溶剂本身质子自旋的影响，必须用氘（D）代溶剂（如氘代 DMF、氘代 DMSO、CDCl$_3$），或无氢溶剂（如 CCl$_4$）；FA 可溶于水，但必须用重水（D$_2$O）。固体 ^{13}C-NMR 不存在使用溶剂的麻烦，但在 HA 上的应用刚刚开始，在具体操作和图谱解析方面仍有许多问题值得研究。比如，^{13}C CP-MAS NMR 测定样品的灰分必须尽可能低，以防止某些顺磁性金属（如 Fe、Cu）影响样品 C 的弛豫和交叉效率。

NMR 技术在解析腐植酸类物质化学结构方面的报道很多，主要目的是取得 HA 的结构参数以及解析其基本结构单元。利用 NMR 分析数据不仅可直接计算芳香 C、H，脂肪 C、H 等比例（%）外，还可结合分子量、官能团分析数据计算以下几个很有实用价值的结构参数：

$$\text{芳香度} \ f_a = \left(\frac{C}{H} - X'H'_{\text{ali}}\right)\left(\frac{C}{H}\right)^{-1} - f_{\text{COOH}} \tag{2-25}$$

$$\text{芳环数} \ R_a = \frac{C'_J + 2}{2} - \frac{H'_F}{2} + N'_{\text{n-F}} + O'_{\text{n-F}} \tag{2-26}$$

$$\text{缩合度} \ \text{AD} = \frac{C'_J}{C'_R - 6} \tag{2-27}$$

$$\text{缩合度指数} \ \text{CD} = \frac{H'_R - 6}{C'_R - 6} \tag{2-28}$$

式中，X' 为脂肪 C 与脂肪 H 的摩尔比；H'_{ali} 为脂肪 H 百分含量；f_{COOH} 为羧基 C 百分含量；C'_J 为与环相连的 C 数（指每个分子结构单元中的个数，下同）；H'_F 为与芳环相连的亚甲基 H 数；$N'_{\text{n-F}}$ 为非官能团 N 数；$O'_{\text{n-F}}$ 为非官能团 O 数；H'_R 为芳 H 及与环相连的 H 数；C'_R 为芳 C 及与环相连的 C 数。

国内外不少学者利用 ^{13}C CP-MAS NMR 手段对 HA 类物质进行了结构研究，如 Preston 等测定的土壤 HA 和 FA 的芳香 C 在 33%～45% 之间。Hayes 测定结果表明，泥炭 HA 中大约 40% 是芳香结构，其中每个芳环中有 3～5 个位置被—OH、—OCH$_3$、含氧丙基等木质素渊源的基团取代；泥炭 FA 芳香结构约 25%，具有更高的极性和电荷密度。Knabner 对不同剖面土壤 HA 研究发现，随腐植化程度加深，芳香取代 C 结构增加，芳 O/芳 C 比例降低，侧链氧化度增加。Jimenez 发现腐黑物中含有大量碳水化合物，其芳香度（f_a）降低的顺序是 FA＞HA＞腐黑物，这一结论正好与 Kononova 和 Hatcher 的相反。

陈荣峰等用 ^{1}H-NMR 和 ^{13}C-NMR 对不同来源的 HA 和 FA 甲基化产物进行了结构解析，部分测定结果见表 2-33，可以看出芳香结构比例大致是：风化煤 HA＞土壤和泥炭 HA。

表 2-33　几种甲基化 HA 的各类 C 的相对含量　　　　单位:%

HA 及其来源	脂肪 C (10~48)	R-CH₃ (48~60)	脂肪连氧 C (60~90)	芳 C (105~160)	Ar-COOR (160~174)	芳 C/ 脂 C
土壤(黑土)	33.59	7.81	10.16	21.68	5.86	0.42
黄棕壤	20.54	9.82	10.18	32.14	9.82	0.79
泥炭(廉江)	33.68	10.11	5.29	33.22	9.54	0.68
风化褐煤(内蒙古)	16.44	9.57	11.21	40.24	9.17	1.08
风化烟煤(三门峡)	12.29	9.02	4.18	50.99	9.86	2.00
吐鲁番	14.00	19.09	9.05	36.53	13.51	0.87

此外，用 ^{15}N-NMR 和 ^{31}P-NMR 对腐植酸（固体或溶液）进行结构研究也时有报道。用 ^{15}N 标记的 ^{15}N CP-MAS NMR 分析表明，土壤 HA 中的 N 有 80%～86%以酰胺形式存在，9%～12%为氨基酸态 N，4%～9%为杂环态 N（主要是吡咯型）；P-NMR 主要用来分析与 HA 结合的磷酸盐、磷酸单酯和二酯、焦磷酸盐、多磷酸盐及其酯类。

2.3.6　电子自旋共振

电子自旋共振（ESR）是用于检测物质顺磁性，即与不成对电子有关的磁矩的技术，故也称电子顺磁共振（EPR）。物质分子中的电子是不断自旋的，故应有一定的磁矩。一般化合物中的电子是配对的，各自自旋方向相反，无净自旋和相应的磁矩，但也有一些物质体系包含有不成对电子，就出现了磁矩和顺磁性。

要想发生 ESR 波谱（图 2-54），必须使电子从低能态跃迁到高能态，但先决条件是：

第一，电子必须吸收适当量子数的能量。如电子是不成对的，它可能提供电磁辐射，使发生自旋反转（即共振），其能量为：

$$\Delta E = h\nu = g\beta H \tag{2-29}$$

式中，g 为常数，称作"光谱分裂因子"；β 为电子的磁矩，称作"波尔磁子"；H 为外加磁场。

第二，外加磁场必须高达 1T。

第三，分子能量可以从电磁光谱的微波区辐射。

满足上述 3 个条件时，逐渐改变磁场强度（扫描），就可以得到 ESR 谱图。

ESR 被认为是测定 HA 类物质细微结构变化的一种相当敏感的技术，常见的几个参数是：

① g 因子——共振裂变因素，是自旋轨道偶合产生的，它决定于未成对电子在化合物中的环境。一般自由电子 $g = 2.002319$，而土壤腐植酸的 g 值在 2.003～2.004，这一范围的 g 很像是半醌或取代半醌自由基产生的[184]。但某些

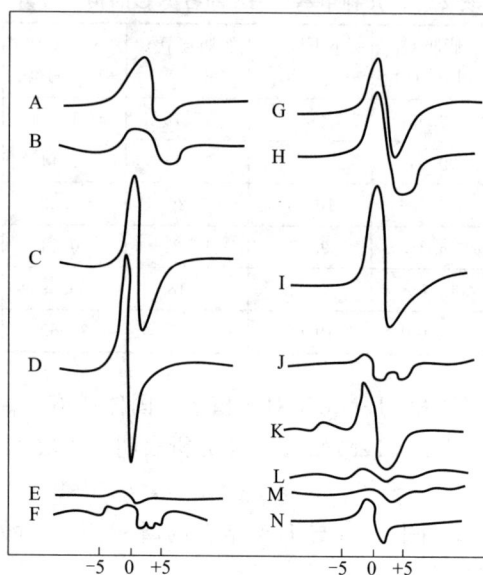

图 2-54　腐植酸的 ESR 谱

泥炭和褐煤 g 值高达 2.00418，随着煤化程度的增加而降低，烟煤和无烟煤 g 值稳定在 2.00290，反映出很发达的缩合芳香结构。C 含量高达 95% 以上的无烟煤 g 值达到 2.01 或更高。g 值的大小，决定了 ESR 图谱横坐标的位置。

② 线宽（ΔH）——ESR 共振峰的宽度，它与跃迁电子在高能态停留的时间呈负相关。ΔH 由不成对电子种类、键合形态及所处环境所决定。一般 HA 的 ΔH 在 $1.8\sim6.5G$ 之间。pH 提高，腐植酸的 ΔH 变窄（$1.8\sim2.2G$），可能由于高 pH 下分子碰撞速率加快、旋转自由度提高所致。在低 pH 下，ΔH 可达 $3.6G$。当 $470℃$ 加热缩聚后，ΔH 增至 $6G$，说明 ΔH 也与芳香缩合度有相关性。

③ 超细分裂——分子中总包含着一些具有核磁矩的原子，它们通过复杂的偶极-偶极相互作用而使自旋磁矩进一步分裂，出现微小的分裂谱带，这对一般纯化合物是特征性的，可作为鉴别自由基类型的手段，遗憾的是 HA 很少出现超细分裂。但 Senesi 发现经过化学处理可使 ESR 出现超精细分裂。他们在室温中用 H_2O_2（pH=7）或 Ag_2O（pH=13）处理 1% FA 溶液，产生了不对称的 3 条等间距谱带。2h 后信号开始衰减，再加氧化剂时又出现了三重线，这可能是未成对电子与几个不均等质子作用常数不同所致。

④ 不成对电子浓度——从 g 值低于 2.0051 ± 0.0007 来判断，HA 不成对电子是属于半醌自由基类型的。因此所测定的不成对电子浓度就是自由基浓度。上述 Senesi 氧化产生的是瞬时自由基，实际上，在腐植物质中还有大量稳定自由基，其来源可能是多种因素引起的（图 2-55）。

Steelink 认为，自由基是一种同醌氢醌共生的半醌，腐植酸的自由基反应是

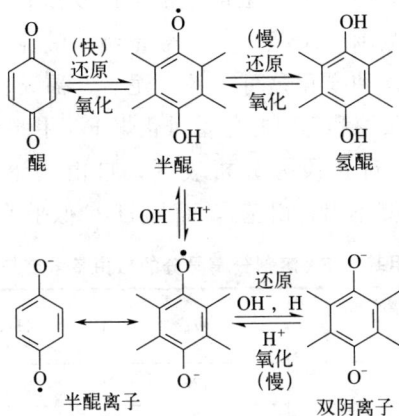

图 2-55 半醌自由基转换历程

分子间的电荷传递体系。从图 2-55 可以更好地理解半醌自由基形成历程。醌基起电子受体作用，而氨基、酚羟基、硫氢基（—SH）则是电子给予体，通过 H 原子的电子传递完成自由基反应。在适度碱性条件下更容易形成半醌离子，而且更稳定。用 ESR 测定的自由基数是半醌和半醌离子的总数。因此，半醌聚合物、羟基醌、芳香共轭结构、多核羟基体系等是自由基多发体系，也不排斥出现 N-缔合自由基的可能性，而吸附络合物、捕获物（金属离子、农药等）以及多核芳烃都有可能产生自由基，所以自由基还与 H/C、E_{465} 以及暗色有关。后者可能归因于 C—C 键断裂或芳香结构的缺陷。Rex 认为，植物残体转化为 HA 的过程实际上就是木质素聚合的自由基反应过程，其中半醌就是植物组织脱氢或水解时形成的。这些自由基在腐植化过程和煤化过程中保留下来，一直到地质沉积过程（约 108 年）中经受复杂化学改性都未遭破坏。此外，提高温度和 pH、化学还原、光诱导、酸解等都会产生瞬时自由基，其浓度甚至比稳定自由基高 55～108 倍。

用 ESR 测定的 HA 自由基浓度是一个很有用的指标，尽管目前还有许多基本问题没有搞清，但也提供了大量有意义的信息和可供研讨的空间。

① 不同来源的天然高分子物质的自由基（自旋）浓度变化趋势大致与腐植化程度呈正相关。Senes 认为植物物质自由基极少，木材也很少（小于 10^4 spins/g），只有真菌攻击后才出现自由基，故自旋浓度高低次序为天然木质素＜微生物降解木质素＜FA ＜HA，HA 盐类＞HA，氧化 HA＞原生 HA。Rifaldi 等也发现自由基浓度大小次序为腐黑物＞HA＞FA，甲基化 HA＞原 HA（但甲基化 HA 的 g 值和 ΔH 变小），芳香高的 HA＞芳香度低的 HA，氧含量高的 HA＞氧含量低的 HA，即随 HS 分子的复杂性增加而增加；而线宽则是 FA＞腐黑物＞HA。Wilson 等的结论与上述相近，并发现自旋浓度次序为土壤 HA＞河

水 HA＞土壤 FA＞水体 FA。自旋浓度也随煤的变质程度加深（C 增加）而增加。以上自旋浓度变化范围为 $10^{18} \sim 10^{22}$ 数量级。碱性或酸性水解可使自旋浓度增加 10～100 倍，但这种变化是可逆的。泥炭、褐煤、风化煤中 HA 的自由基含量似乎差别不大。张德和等对吐鲁番风化煤 FA 甲基化后，自由基浓度增加了 6 倍，用溶剂分级后对各段分分析表明，自由基浓度与分子量呈正相关（$M_n < 1000$ 的段分几乎测不出自由基），而与 H/C 似乎关系不大（表 2-34）。

表 2-34　吐鲁番甲基化 FA 溶剂分离段分的自由基浓度与其他参数的关系

样品及段分	分离溶剂 CHCl₃∶己烷	M_n	H/C	自由基浓度/ (10^{16}spins/g)
FA 原样	—	426	0.75	0.17
甲基化 FA 原样	—	618	0.84	1.06
G8	40∶60	1164	0.90	1.20
G9	50∶50	1700	0.94	3.52
G10	60∶40	2211	0.98	3.93
G11	80∶20	5597	0.93	4.12
G12	100∶0	6601	0.83	4.37

② 自由基浓度与 pH 值有关。据 Wilson 等研究，在 pH 为 2～7 时，自由基浓度一般为常数，但 pH＞9.9 时则迅速增加。引用亨德森-哈塞尔巴尔赫（Henderson-Hasselbalsh）方程：

$$pH = \overline{pK}_a + \frac{1}{n} \lg \frac{I - I_A}{I_B - I} \qquad (2\text{-}30)$$

式中，n 为 FA 在氧化-还原反应中释放的 H^+ 的物质的量（取 $n = 5.5$mol）；I、I_A、I_B 分别为中间、高、低 pH 时的自旋浓度。所得直线的截距正好是 pK_a（10.1），斜率为 1.8。可见自旋浓度差的对数与 pH 是线性关系。Белькевич 也发现 HA 从 pH 11 提高到 pH 13 时自由基含量提高了 3 倍，认为可能是在碱介质中打开了内酯键，增加了—COO—的缘故。

③ 光诱导可使自由基增加。土壤 HA 在光照下自由基含量是黑暗中的 3 倍。光关闭后自由基含量仍保持着较高水平，说明光诱导产生的自由基或多或少是不可逆的。

④ 自由基寿命问题。Senesi 等对一系列 HA 样品的自由基寿命作了研究，认为永久性自由基寿命很长，可以几年为单位计算。而瞬时自由基则很短，其减少的次序为化学还原＞光辐射＞提高 pH。无论哪种自由基，g 值都基本相同，表明属于同类型半醌自由基分子结构。

腐植酸的电子自旋共振（ESR）谱通常是单线，g 值范围在 2.0031～2.0045，缺乏超精细分裂。从图 2-54 中 14 种合成腐植酸的 ESR 看，除了 F、H、J 和 M 呈现不同的信号分裂外，大部分谱图都类似于土壤腐植酸的谱图。

⑤ 长期使用有机肥、化肥、轮作、还原性强的土壤以及水浸或排水不好的土壤中，特别在大量接受光和氧作用的地表腐殖土中，都富含自由基。比较肯定的是，HA 自由基对提高土壤活力有促进作用，但对植物生物活性影响却意见不一。Schnitzer 认为自由基可引发豆茎生根活性，而郑平通过对水稻幼苗培育试验观察，未发现腐植酸自由基浓度与生物活性的相关性。因此，有必要继续深入研究 HA 的自由基与植物生理活性的关系。

⑥ HA 自由基与不少环境化合物（农药、化肥、金属离子、矿物等）属于自由基反应。已发现土壤中加入褐煤 HA，其自由基可对除草剂解毒；风化煤 HA 与尿素的作用也包含自由基反应。

2.3.7 X 射线衍射分析

X 射线衍射分析（XRD）本来是鉴定晶体物质的技术。煤炭特别是年老煤炭的芳香核"层片"排列得比较整齐，可看作是介于晶体和非晶体之间的过渡型物质。早先也有人借用 XRD 技术来研究煤的芳香层片大小、层间平均距离和平均键距。据 Brown 等[217] 的 XRD 测定结果，低变质煤的每一层片缩合芳环数为 1～3 个，而高变质煤则为 2～5 个，层片直径 0.7～0.8nm，层片间距离即（002）面间距由 0.37nm 降到 0.343nm。由于 HA 是煤炭的前身，它们向煤炭的转化过程中可能也会出现芳环逐渐有序排列的迹象，即腐殖化加深的过程可能关系到结晶初始阶段。基于这种假设，前人在 HA 研究中引入了 XRD 分析手段，且得到了许多很有价值的数据。

对腐植酸之类的天然非结晶物质的 XRD 研究，Schnitzer 建议用径向分布函数（原子或电子密度与系统中任何基准原子或电子的径向距离的相对关系）来表示。Adhikari 等在黑钙土 HA 的 XRD 图上清楚地看到（002）面有一条大约 0.35nm 宽的扩散带，表明大多数碳处于排列较整齐的缩合芳核中，而黄腐酸则只有 0.41～0.47nm 的光晕（R 带），说明 FA 的碳大部分在排列无序的侧链上。Kasatochkin 也得到相似的结果，并认为 HA 分子是以脂肪族基团、氨基、羧基等为侧链的芳核高度缩合而成的平面骨架结构；而 FA 则是"由缩合得不太好的芳环体系所构成的不连贯的网组成，其周边围绕着相当数量的无序排列的脂肪链或脂环"。计算表明，一个分子的 FA 正剖面约 17.23nm，有点像炭黑那样的结构。用 XRD 估计的芳香结构部分的比例，也是黑钙土 HA ＞灰化土 HA，HA ＞＞FA。Pollack 等的研究更为深入，他们在 HA 的 XRD 衍射图上看到 3 个带（分别为 0.35nm、0.21nm 和 0.12nm），类似于炭黑的（002）、（101）和（110）的结晶位置，认为 HA 主要是芳香结构或类石墨层。0.75nm 的衍射带为非芳香结构。他们计算出芳香层片尺寸为 $L_a = 0.5～1.0$nm（平面），$L_c = 1.0～$

1.4nm（轴向），单元最小直径＜1.5nm。这样的结构相当于轴向排列着两个 C_2 链，带着 3 个芳环，表明腐植酸核心单元是包含着分子间力构成的"结实"模型。

推测腐植物质的分子量或颗粒尺寸，也是 XRD 技术的一个功能。Visser 等观察到一种霉菌 HA"晶体"的六角形晶胞的 $L_a=1.35$nm，$L_c=1.09$nm。假定晶胞的重量等于最小分子量，则分子量 $M=\rho NV$。式中，ρ 为 HA 的密度（取 1.35g/cm^3），N 为阿伏伽德罗常数，V 是不对称单胞的体积，$V=L_a 2L_c \sin120=1.72$nm^3，求得 $M=1392$。Wershaw 等用小角度 X 射线衍射法测定了 HA-Na 在水溶液中的胶体颗粒尺寸，认为该物质是由椭球形大颗粒（$M=100$ 万）和球形小颗粒（$M=21$ 万）组成的非均一体系。

当 X 射线照射到腐植酸等固体面上以后，会发生一系列复杂的变化，如其部分射线被吸收，部分用于产生散射和 X 荧光等，还有部分将其能量转移给晶体中的电子。按 X 射线与物质相互作用的机理不同，可以将 X 射线分析法区分为 X 射线吸收分析法、X 射线衍射分析法、X 射线荧光分析法以及俄歇电子能谱法。

图 2-56 是某褐煤腐植酸的 X 射线衍射分析图谱。其的特征是：在 8°～12° 的间隔中，表现出无定形物质的最大倾向值；而结合从各个不同产地褐煤的电子显微镜图谱中各质点形状和大小的同一性，显示它们聚集体的特征也是相似的，即都具有无定形物质所特有的疏松结构。

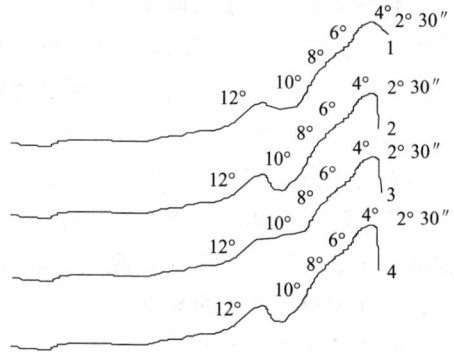

图 2-56　褐煤腐植酸的 X 射线衍射图

表 2-35　某云南褐煤灰分的 X 衍射全组分分析一览表

元素	结果/%	氧化物	结果/%
O	19.4954	O	
Si	13.0458	SiO$_2$	20.5680
Al	18.7765	Al$_2$O$_3$	27.7242
Fe	9.1120	Fe$_2$O$_3$	8.2469
Ca	8.0274	CaO	9.5546
Mg	0.5635	MgO	0.7416
S	1.4227	SO$_3$	2.5106
K	0.9270	K$_2$O	0.9786
Ti	2.1066	Ti$_2$O$_3$	2.3051

元素	结果/%	氧化物	结果/%
P	0.1067	P_2O_5	0.1736
Sr	0.4561	SrO	0.6811
Zr	0.2145	ZrO	0.2682
Zn	0.0276	ZnO	0.0369
Cu	0.0321	CrO	0.0427

采用 X 射线衍射技术，结合材料学中的物相分析，通过对谱峰的归属确定灰分组成，可有效鉴别腐植酸原料质量，以及利用粉煤灰。表 2-35 给出了某云南褐煤灰分的 X 衍射全组分分析结果。

2.3.8　毛细管电泳

毛细管电泳，包括电泳、电色谱等功能，是一类以毛细管为分离通道、以高压直流电场为驱动力、以样品的多种特性（电荷、大小、等电点、极性、亲核行为和相分配特性等）进行的液相微分离分析技术。毛细管电色谱是继高效液相色谱之后有机物分析的又一重要手段，它也使长期难以分析的生物大分子，包括腐植酸类物质的分离分析，有了新的转机。

图 2-57 的腐植酸电色谱分析是用 Beckman MDQ 毛细管电泳仪（氩离子激光诱导荧光检测器，激发波长/发射波长 488nm/520nm），实验在长为 57cm（有效长度 50cm）、内径 75m 的石英毛细管内进行（压力注射；进样时间 0.5s）。

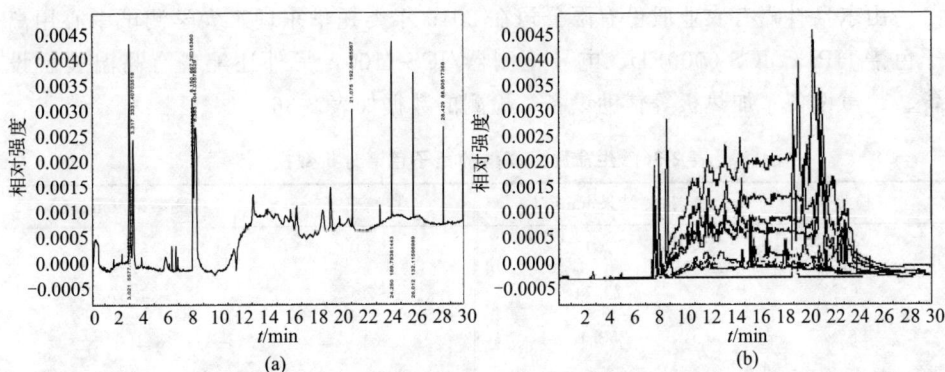

图 2-57　高活性 BHA 的毛细管电泳图

由图 2-57 也可以大致了解煤炭腐植酸与生化腐植酸存在着的较大的差异，而某类 BHA 的聚集体特征却是相似的。

电泳、毛细管电泳除了用于分析外，与其他分离设备结合可以强化分离难点（图 2-58）。

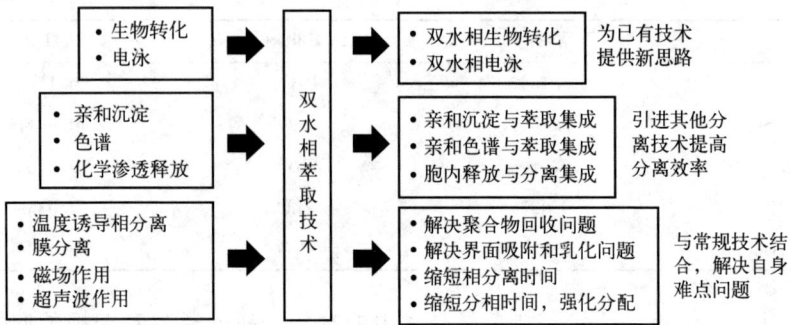

图 2-58　电泳与其他仪器设备的集成化应用

2.3.9　离子色谱

离子色谱属于一种高效液相色谱。离子色谱按照分离机理分类可以分为对色谱、交换色谱和排斥色谱。离子在经过交换树脂的过程中受到树脂亲和力影响，会在某一时间节点被洗脱，从而形成分离各离子组分的目的，经过抑制器作用，被检测器检测到的信号会在显示器上形成信号，在实际应用中通常用于分离阴阳离子。对色谱所使用的树脂为多孔树脂，并具有无离子交换基团的特点，利用其吸附特性确保离子对数量与预期水平相符，在实际应用中主要用于分离过渡金属和活性离子。交换色谱所使用的树脂多为小容量树脂，这在腐植酸及产品的离子含量以及在应用中对大气、水、土壤的影响检测中发挥重要作用。

山东泉林嘉有农业股份有限公司在 2019 年委托华东理工大学测试中心用离子色谱 HPLC ICS-6000ED、电导检测器/ICS-1100，另外还配备有高温裂解设备、超声设备、加热板等辅助设备，检测的数据如表 2-36。

表 2-36　生命源黄腐酸的离子色谱分析数据[20]

检测离子	检测结果/(mg/L)	检测离子	检测结果/(mg/L)
NH_4^+	77.17	NO_3^-	5.54
CO_3^{2-}	72.71	SO_3^{2-}	4.57
SO_4^{2-}	258.16	Cl^-	41.00
F^-	4.74		

离子色谱可以测定气体、液体、固体样品的有机物，如糖、氨基酸、有机酸（黄腐酸）、有机胺等，比较分光光度法、离子选择电极法等方法，利用离子色谱技术测定成效高，并且可同时快速测定出多种不同组分，在腐植酸大气环境、水环境、土壤环境中可发挥作用。

2.3.10 薄层色谱

薄层色谱法是指将适宜的固定相涂布于玻璃板上，成一均匀薄层，待点样、展开后，与适宜的对照物按同法所得的色谱图作对比，用以进行黄腐酸、棕腐酸组分鉴别、杂质检查或含量测定的方法，由于其快速、操作方便、设备简单、显色容易等特点而广泛应用于中药成分分析中。在鉴别生物黄腐酸银杏叶中槲皮素、绿原酸、芦丁等黄酮类组分时，可以与吸附树脂富集的组分对应，获得明确的窄馏分，甚至单一组分，再与 GC-MS、HPLC-MS 等联用，是腐植酸黄腐酸、黄腐酚药物从分析到中试以及产业化的关键分析手段[21-22]。如图 2-59 所示。

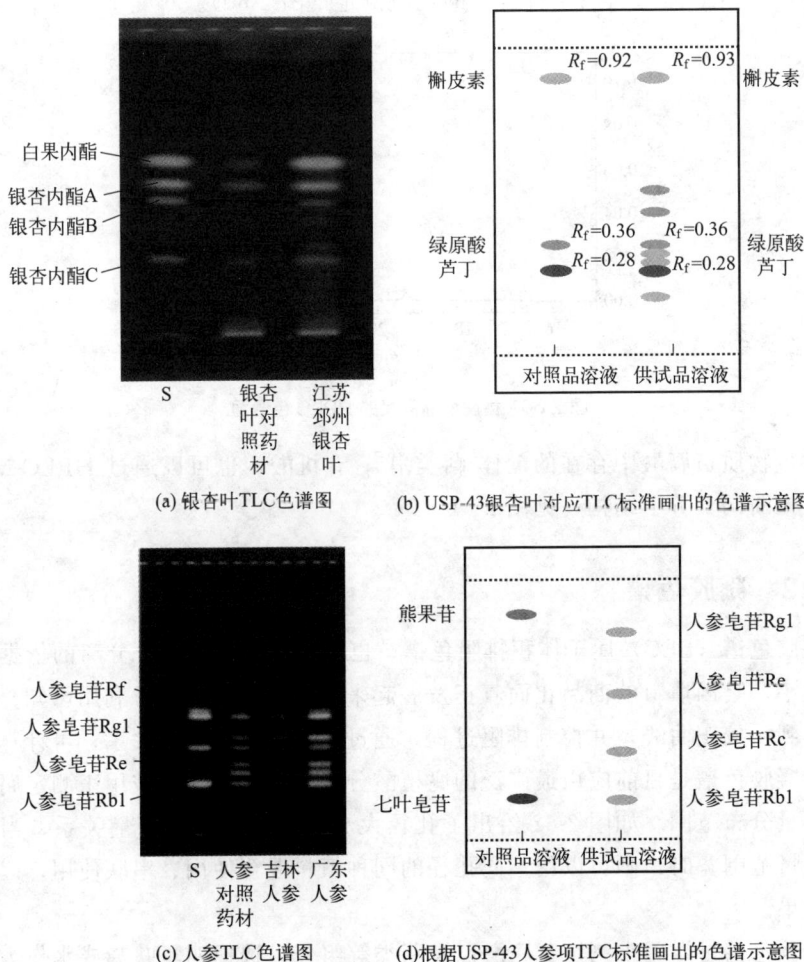

(a) 银杏叶TLC色谱图

(b) USP-43银杏叶对应TLC标准画出的色谱示意图

(c) 人参TLC色谱图

(d)根据USP-43人参项TLC标准画出的色谱示意图

图 2-59 腐植酸黄腐酸中药组分可参考的薄层色谱分析

2.3.11　高效液相色谱

高效液相色谱法（HPLC）又称"高压液相色谱"、"高速液相色谱"等。高效液相色谱以液体为流动相，采用高压输液系统，将具有不同极性的单一溶剂或不同比例的混合溶剂、缓冲液等流动相泵入装有固定相的色谱柱，在柱内各成分被分离后，进入检测器进行检测，从而实现对试样的分析。该方法为多学科领域中重要的分离分析技术。HA分子量大于450的"大分子"挥发性较小，采用HPLC通过测量峰面积或峰高，可以对样品中的各组分进行定量分析，也可以通过比较样品峰与标准品的峰确定样品的纯度。例如，要确定黄腐酸中存在的类黄酮，一种含异戊二烯基的查耳酮——黄腐酚，可以通过比较啤酒花中的黄腐酚标准物，运用HPLC进行定性定量的比较测定（图2-60）。

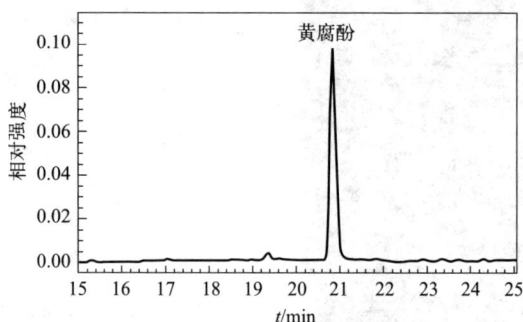

图 2-60　黄腐酚标准品的 HPLC 色谱图

对生物质黄腐酸中存在的糖体-萜类皂苷-有机酸，也可以通过 HPLC-MS 的联用，推断出其分子结构，见图 2-61。

2.3.12　凝胶色谱

凝胶色谱（SEC）属于体积排阻色谱，也称凝胶过滤色谱，分离的依据是分子的大小，是因填料的商品化而真正发展起来的。凝胶色谱通常利用已知分子量分布得到一校正曲线，并控制排阻过程，通过黏度与分子量的关系，可计算出分子量。凝胶色谱是目前应用最广泛的腐植酸分离分级手段，也被用来测定腐植酸的分子量分布范围。如图 2-62 给出了孔径大小对应的溶质分子量关系，当溶质的分子量范围宽时，则可以用不同孔径的同种填料混合使用、串联使用，以改善分离效果。

凝胶色谱可以用来测定黄腐酸以及萜类等组分，选择四氢呋喃或水作为溶剂充分溶解样品，应用凝胶渗透色谱分子排阻原理，可实现目标小分子与大分子间的分离净化[23]。凝胶渗透色谱仪为 Perpelite GV 型全自动凝胶色谱净化系统，

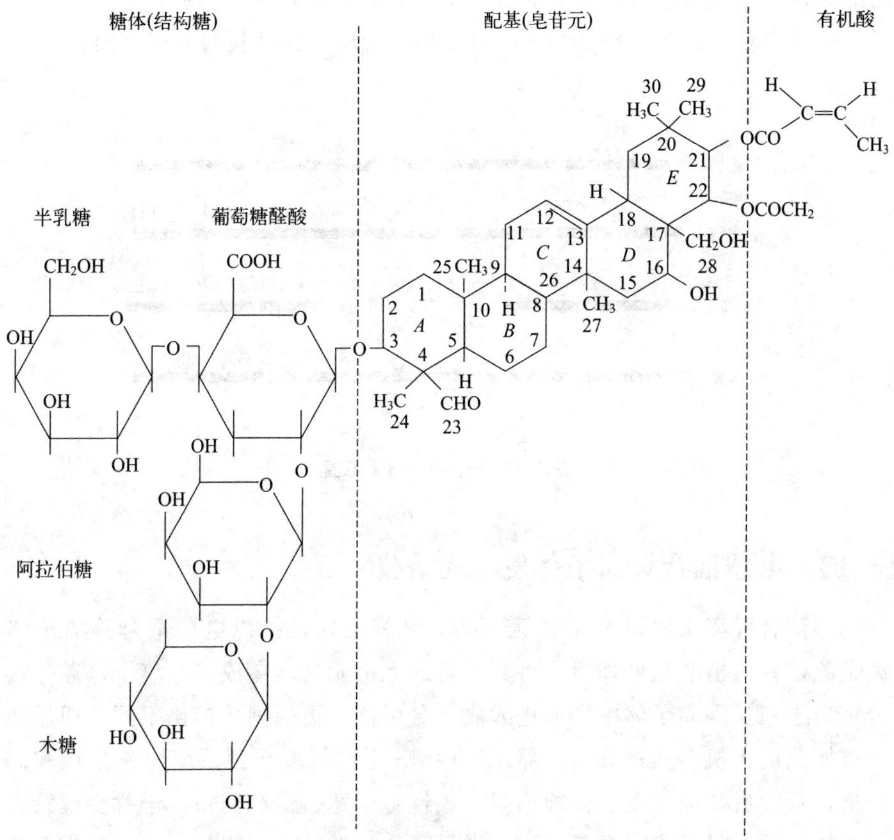

糖体(结构糖)　　　　　　　配基(皂苷元)　　　　有机酸

图 2-61　生物质黄腐酸中的糖体-萜类皂苷-有机酸结构

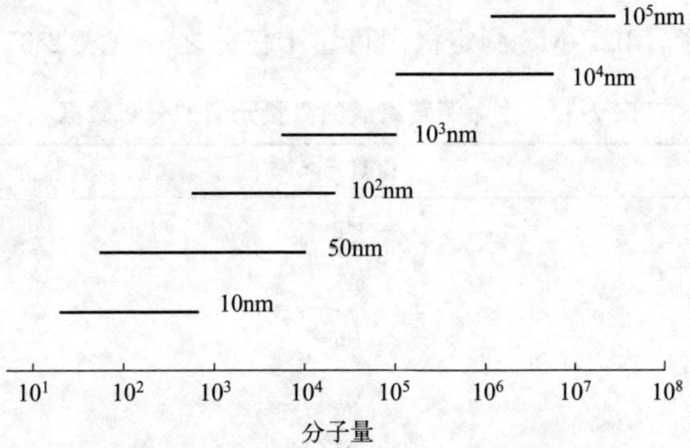

图 2-62　孔径与分离范围之间的关系 [23]

配紫外检测器及填充凝胶填料的净化柱。凝胶渗透色谱仪检测器波长为 254nm。流动相为四氢呋喃。通过凝胶渗透色谱，确定待测分子出峰时间。凝胶色谱与气相色谱、质谱联合分析，可以避免传统萃取的复杂性，提高分离净化的程度、分析的准确性。而通过凝胶孔径等制成分离膜，可以实现腐植酸胶体生物高分子及其杂质的分离精制，得到纯物质[24]。图 2-63 给出了各种膜的分离范围。

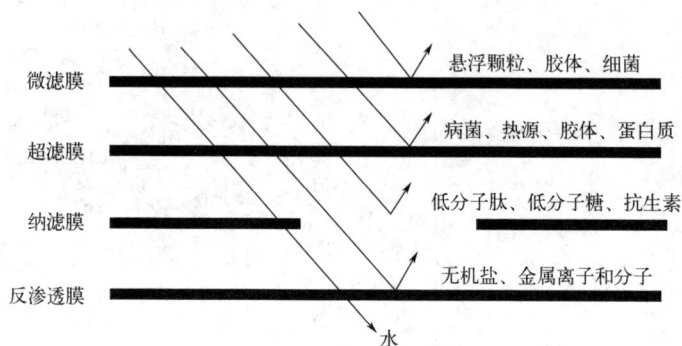

图 2-63　各种膜的分离范围

2.3.13　电感耦合等离子体发射光谱仪

电感耦合等离子发射光谱-质谱仪（ICP-MS），是指以电感耦合等离子体作为离子源，在腐植酸预处理后，将其含有的无机元素电离成带电离子，通过接口部分将离子束从等离子体中提取进入质量分析器，再根据质荷比不同，通过质谱仪进行检测的无机多元素分析仪器。ICP-MS 可进行多元素浓度快速分析和同位素分析，且具有高灵敏度、低检出限、线性范围宽、谱线简单、干扰少等特点。

腐植酸的大量元素、中量元素、微量元素包括重金属限量元素等都需要该类仪器精确地测定，与全谱直读等离子发射光谱-原子吸收光谱仪（ICP-OES，测定极限可达百万分之一）测定金属离子的用途相似，经预处理后也可测定土壤、食品、水体等元素，ICP-MS 测定极限可达十亿分之一（表 2-37）。

表 2-37　生命源黄腐酸的限量元素的分析数据

仪器	检测元素	检测结果/(mg/L)
ICP-OES	Hg	＜0.05
ICP-MS	As	0.13
ICP-MS	Pb	0.073
ICP-MS	Cr	0.013
ICP-MS	Cd	0.010

2.3.14　元素分析仪

Vario EL Ⅲ型元素分析仪，适用于腐植酸化学和药物学产品、合成材料、材料及其他产品、地质材料、农业产品等样品中 C、H、N、S、O 元素含量的测定（表 2-38）。

表 2-38　生命源黄腐酸的元素分析数据

仪器	检测元素	检测结果
Vario EL Ⅲ	C	28.83%
Vario EL Ⅲ	H	7.07%
Vario EL Ⅲ	O	38.90%
Vario EL Ⅲ	N	9.15%
Vario EL Ⅲ	S	11.78%

腐植酸主要由碳、氢和氧 3 种元素组成，含有少量的氮和硫元素。褐煤腐植酸的碳元素含量为 35%～67%，氢元素含量为 2%～6%，氮元素含量为 0～3%，氧元素含量为 25%～50%，硫元素含量为 0～2%。氧元素主要以 C—O 和 C═O 键的形式存在于羧酸、醇、酚、酮、醛、醚等结构中。Doskočil 等通过 XPS 分析了欧洲褐煤腐植酸表面氮元素（N 1s）的存在形式。结果表明，N 1s 的 XPS 谱图可以拟合成 2 个子峰，将其归为吡咯/酰胺氮（400.0eV）和铵基氮（402.2eV），表明腐植酸分子表面氮元素主要存在形式为吡咯/酰胺氮和铵基氮，但由于吡咯和酰胺的结合能比较接近，无法区分两者的相对含量。在腐植酸分子中酰胺类化合物较容易转化为杂环氮，所生成的吡咯通常是褐煤中有机氮的主要组成部分，且褐煤腐植酸中酰胺类化合物比土壤腐植酸中酰胺类化合物更容易转化。更早的研究也表明腐植酸中的氮元素的存在形式为吡咯/酰胺氮和铵基氮。同时，Doskočil 等还对腐植酸中表面硫元素进行了分析，将 S 2p 拟合成 3 个子峰，分别归为硫化物/噻吩、亚砜和砜型硫，其结合能分别为 163.8eV、165.9eV 和 168.0eV，其中硫化物/噻吩的结合能非常接近，因此无法将两者区分开，分子中含有的亚砜和砜可能与腐植酸中含硫官能团的表面氧化有关。

H/C 原子比可以反映腐植酸分子中碳原子的饱和度，可用于衡量腐植酸分子的芳香度，H/C 原子比越大，表明腐植酸的芳香度越小，反之则越大。褐煤腐植酸 H/C 比一般小于 1，低于泥炭腐植酸 H/C 比（H/C>1），但也有文献报道褐煤腐植酸的 H/C 比大于 1，表明其成熟度较低。O/C 原子比可以反映腐植酸分子中含氧官能团的含量，O/C 原子比越大，说明腐植酸中含氧官能团越多。一般而言，褐煤腐植酸的 O/C 原子比位于 0.32～0.54 范围内，最常见的 O/C 原子比值在 0.4 左右，褐煤腐植酸 O/C 原子比低于土壤腐植酸。N/C 原子比可以反应腐植酸中氮的含量，褐煤腐植酸的 N/C 比值通常小于 0.05，小于土壤腐植酸和泥炭腐植酸的 N/C 原子比（约 0.05）。

中国农业大学陈清团队联合中国农科院专家测定的古玛特木质素腐植酸的有机元素结果[25]见表2-39。

表2-39 古玛特木质素腐植酸元素分析数据

仪器	检测元素	检测结果
UNICUBE	C	30.1%
UNICUBE	H	4.04%
UNICUBE	O	44.1%
UNICUBE	N	0.425%
UNICUBE	S	5.72%

而煤炭清洁转化与化工过程重点实验室对淖毛湖褐煤的元素分析见表2-40[26]。

表2-40 淖毛湖褐煤的工业分析和元素分析

类型	指标	结果/%
工业分析 w	M_{ad}	7.12
	A_d	10.49
	V_{daf}	49.20
元素分析 w_{daf}	C	71.89
	H	5.17
	N	0.88
	S	0.74
	O	21.32

比较表2-37~表2-40，显然生物质黄腐酸、腐植酸与矿物源腐植酸的碳氢比、氧碳比都有较大的区别。

2.3.15 激光粒度分析仪

激光粒度仪是基于光散射原理通过测量颗粒散射光与入射光夹角大小确定粉体颗粒大小的，尤其适合测量粒度分布范围宽的粉体和液体雾滴。将激光粒度仪用于腐植酸的粒度分析，可以控制腐植酸钾、黄腐酸钾生产过程中水不溶物含量。对水不溶物的粒度分布进行快速全面分析，可为固液分离工艺参数调整提供理论依据。

英国马尔文仪器有限公司制造的激光粒度仪，在量程 $0.02 \sim 2000\mu m$ 中，宝清原煤的粒度分布检测结果如图2-64。

在风化煤腐植酸燃料应用中，激光粒度分析可了解风化煤灰渣形成的相关特性，为低热值高灰分风化煤不同煤颗粒粒径和燃烧气氛下风化煤的灰渣份额分布、颗粒特性及矿物特性以及其在循环流化床中稳定高效燃烧和灰渣的后续利用

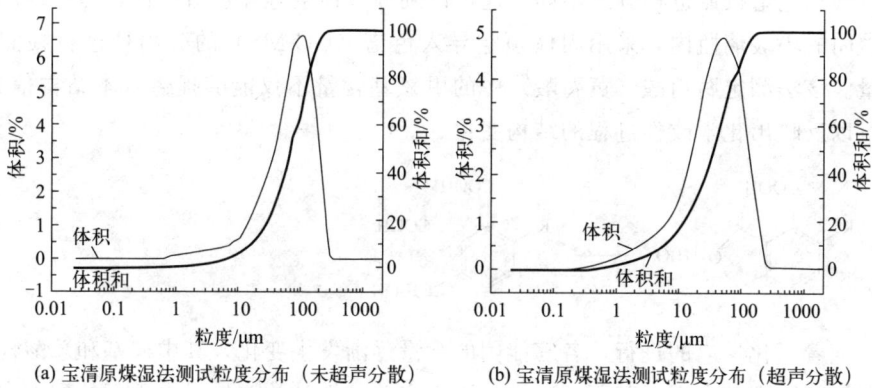

(a) 宝清原煤湿法测试粒度分布（未超声分散）　　(b) 宝清原煤湿法测试粒度分布（超声分散）

图 2-64　神华宝清原煤的粒度分布检测结果[27]

提供参考依据。激光粒度分析仪测定得纳米、微米级的腐植酸，可以利用透射电镜（TEM）、扫描电镜（SEM）等多种分析手段进行准确的定值和校正。

2.3.16　气相色谱-质谱

按照质量分析器的工作原理来分，可分为气相色谱-四极杆质谱联用仪、气相色谱-离子阱质谱联用仪、气相色谱-飞行时间质谱联用仪、气相色谱-傅里叶变换质谱联用仪[36-40]。

天然丰度氨基酸对照品：谷氨酸、丙氨酸、甘氨酸、精氨酸盐酸盐、亮氨酸、异亮氨酸、缬氨酸、天门冬酰胺、谷氨酸、谷氨酰胺、丝氨酸、苏氨酸、天冬氨酸、苯丙氨酸、脯氨酸。稳定同位素^{15}N 标记氨基酸：还可以测得精氨酸盐酸盐、谷氨酸、天冬氨酸、苯丙氨酸、亮氨酸、异亮氨酸、丙氨酸、脯氨酸、缬氨酸、天冬酰胺、谷氨酰胺、丝氨酸、苏氨酸。应用 GC-MS 检测 BFA 中氨基酸结果见图 2-65。

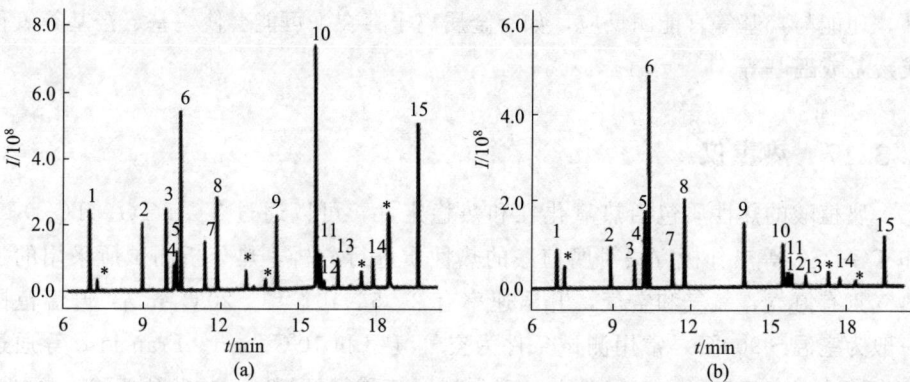

图 2-65　BFA 中氨基酸组分对应的 GC-MS 总电子流

气相色谱按照进样方式不同，还可以细分为顶空进样色谱分析，即将样品放入密闭的小玻璃瓶内，采用固体顶空导入色谱（GC-MS）的分离柱进行检测与定量。该法测定腐植酸（黄腐酸）中的甲氧基含量不仅能够提供基本结构信息，还可以反映出化学改性过程的结构变化。

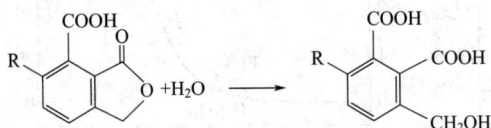

$$\text{内酯结构} + H_2O \longrightarrow \text{开环产物（COOH、COOH、CH}_2\text{OH）}$$

随着氧化反应的进行，各官能团的含量逐渐发生变化，其中羧基和总酸性基不断增加，羰基和甲氧基不断减少。羧基和总酸性基的增加是由于腐植酸上内酯结构的开环，生成了羧基。在高温下，腐植酸内酯环氧化时发生断裂，羧基迅速增加。与此同时，被氧化断裂的环发生脱甲氧基作用，会产生更多的羧基，也使甲氧基含量减少。另外腐植酸上的烷基、醛基可能与溶解氧发生氧化反应生成羧基，导致羧基显著增加而羰基减少，可能是因为与氨发生亲核加成反应生成了希夫碱。

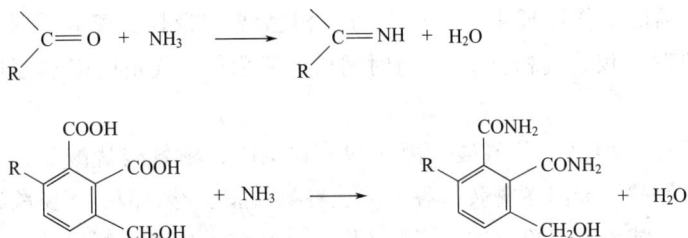

$$R{-}C{=}O + NH_3 \longrightarrow R{-}C{=}NH + H_2O$$

$$\text{（COOH、COOH、CH}_2\text{OH）} + NH_3 \longrightarrow \text{（CONH}_2\text{、CONH}_2\text{、CH}_2\text{OH）} + H_2O$$

可模拟腐植酸、黄腐酸中的给定结构单元的优点，而不受真实样品中存在的其他结构的干扰。HS-MS 法还能测定水产食品、化妆品中的游离甲醛、乙醛，比化学法快速、准确。在褐煤氧化氨解的过程中，氨除了与羧酸发生中和反应外，还能与羟基等官能团反应，如有金属离子存在，可能会使烷基、羟基等氧化成羧基或醛基等[28-31]。

2.3.17 热重仪

腐植酸的热性质包括热氧化性和热稳定性，可以通过 TG-DTG、TG-DTA 和 TG-DSC 等热分析方法对腐植酸的热性质进行分析。热分析测试所采用的加热气氛有氮气、氧气和空气，升温速率有 2、5、10、15、20℃/min，升温范围一般为室温～900℃，常用测试条件为空气气氛和 10℃/min。Francioso 等通过 TG-DTA（空气气氛，10℃/min）对泥炭腐植酸（HAP）、褐煤腐植酸（HAL）和风化褐煤腐植酸（HALe）的结构差异进行研究，结果表明，所有样品的

TG-DTA 曲线在 90～120℃范围内均出现了一个吸热峰（由脱水引起的）。HAP 在 281～294℃出现第一个放热峰，将其归因于多糖的燃烧、酸性基团脱羧和羟基化脂肪结构脱水，在 370～398℃出现的放热峰归因于 C—C 键的断裂。HALe 则在 278～347℃范围内出现放热峰，将其归因于多糖和羟基化脂肪结构的燃烧，455～492℃的放热峰与腐植酸中高分子量多核体系的裂解有关。然而，HAL 除了在 275～289℃和 377～449℃出现放热峰以外，在 580～721℃范围内也出现了一个放热峰，将该峰归因于腐植酸分子内发生的缩聚反应。Giovanela 等采用 TG-DTG（N_2，10℃/min）对海洋、河口、湖泊和陆地的黄腐酸和腐植酸进行研究，为了观察加热过程中样品的结构变化，将样品分别加热到 90℃、400℃和 900℃后进行 FTIR 光谱研究。结果表明，腐植酸和黄腐酸的热降解阶段主要分为 40～100℃（水分的蒸发）和 270～440℃，且热处理后，腐植酸和黄腐酸的羧基含量和脂肪性均降低，但芳香性增加。

TG-DTA 还可用来研究腐植酸的热解动力学。Tonbul 等采用热重对腐植酸的热解动力学和热性质进行研究。Montecchio 等通过 TG-DTA（空气气氛，10℃/min）研究不同植被覆盖阶段的森林土壤腐植酸之间的差异。Xavier 等用 TG-DTA（N_2，10℃/min）表征煤腐植酸时，将腐植酸的 TG 曲线划分为 3 个阶段，第一阶段为 28～140℃（腐植酸脱水阶段），第二阶段为 140～360℃（与多糖的降解、酸性基团的脱羧和脂肪醇的脱水有关），第三阶段为 360～535℃（芳香族结构的分解和 C—C 键的断裂）[41]。

2.3.18 压汞仪

MIP 压汞仪的技术主要是通过在精确可控的情况下把水银压进孔结构内的技术进行的。除了迅速、准确和分析范围广泛等特性之外，高压汞仪还可以用来分析许多样品特征，如孔隙大小形态、结构、类型、孔隙度、孔容、孔比表面积[6]。

在增材制造工艺中，材料孔隙度的表征具有十分重要的意义。BET 能测的孔径是小于 20nm 以下的孔；20nm 以上的孔基本都需要 MIP 来做，孔的极限是 500μm。研究和掌握原料粉体及最终成品的孔隙度对于减少部件内部缺陷、提升加工效率以及获得高质量成品至关重要。目前技术可提供一系列用于增材制造行业中表征孔隙度的仪器，全自动压汞仪可快速高精度地测得原料粉体及成品的孔隙度。利用这些仪器可为增材制造行业的孔隙度表征提供精确高效的测试结果，由此更好地筛选原料粉体，优化增材制造工艺以及评估成品性能。

以水杨酸（SA）为模板分子、改性凹凸棒土为载体，制备表面印迹聚合物（MIP）。用静态吸附实验考察 MIP 的吸附性能，用傅里叶变换红外光谱仪（FT-IR）、X 射线衍射仪（XRD）和 BET 比表面积及孔径分析仪表征 MIP 表面官能

团、晶体结构和孔结构。结果表明：MIP 对水杨酸的吸附约在 120min 达到平衡

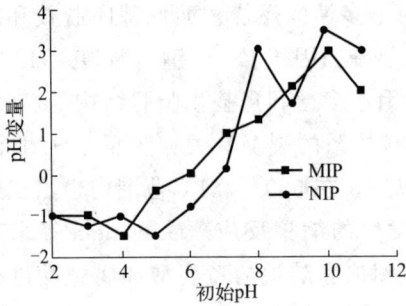

图 2-66 等电点比较测定吸附性能

且动力学符合准二级动力学模型，Langmuir 方程能较好地解释吸附等温行为且为单层吸附。初始 pH 通过影响吸附剂与 SA 间的氢键而影响 MIP 对模板分子的吸附，MIP 具有较好的再生性能。MIP 相对于非印迹聚合物（NIP）对 SA 有更好的选择吸附性能。等电点比较测定吸附性能见图 2-66。FTIR 比较表征吸附性能见图 2-67。XRD 比较表征结构改性见图 2-68。

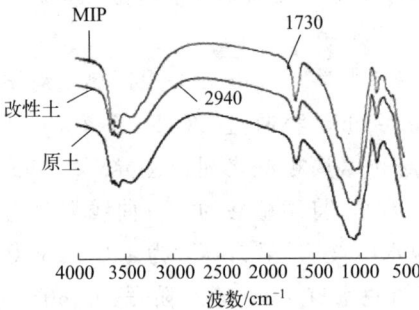

图 2-67 FTIR 比较表征吸附性能

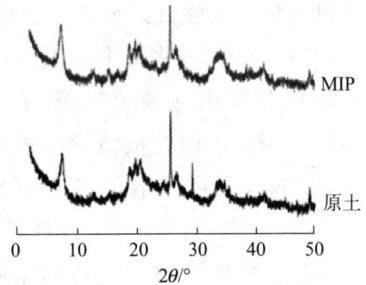

图 2-68 XRD 比较表征结构改性

采用修正 pH 漂移法测定 MIP 和 IP 的等电点，结果见图 2-66。由图 2-66 可得出：MIP 和 NIP 的等电点分别约为 6 和 7；当 pH 低于等电点时，MIP 和 NIP 表面带正电；当 pH 高于等电点时，MIP 和 NIP 表面带负电。采用全自动比表面积及孔径分析测定仪测得 MIP 和 NIP 的 N_2 吸附脱附等温线，进而计算 MIP 和 NIP 的比表面积和孔容。MIP 和 NIP 的比表面积和孔容相差不大，凹凸棒土原土的 BET 比表面积约为 $195m^2/g$，经过改性和聚合反应后，MIP 和 NIP 的比表面积为 $77.524m^2/g$ 和 $73.343m^2/g$，远小于凹凸棒土原土。

2.3.19 扫描电镜仪

刘总堂等以可作生物腐植酸 BFA 的玉米秸秆为原料，经氢氧化钾改性、500℃中温活化后制得的玉米秸秆生物炭 AKBC，比表面积增加、孔隙结构显著改善，芳香性增强，对水溶液中 OTC 的吸附性能显著提升。AKBC 对 OTC 的吸附动力学过程符合准二级动力学模型，颗粒内扩散和膜扩散均为吸附过程的控速步骤。其对 OTC 的吸附量随着温度的升高而增大，Langmuir、弗罗因德利克（Freundlich）和特姆金（Temkin）模型均可较好地拟合吸附等温线，且吸附过

程自发、吸热和熵增加。溶液初始 pH 大于 9 时，腐植酸浓度高于 10mg/L 时，均不利于 AKBC 对 OTC 的吸附。吸附过程存在孔填充、氢键、π-π 共轭、阳离子-π 键和强静电作用等机制。AKBC 对 OTC 有良好的再生吸附性能，该水热炭活性在四环素类抗生素污染治理方面具有良好的应用潜力[43]。图 2-69 为玉米秸秆生物炭的 SEM 照片。

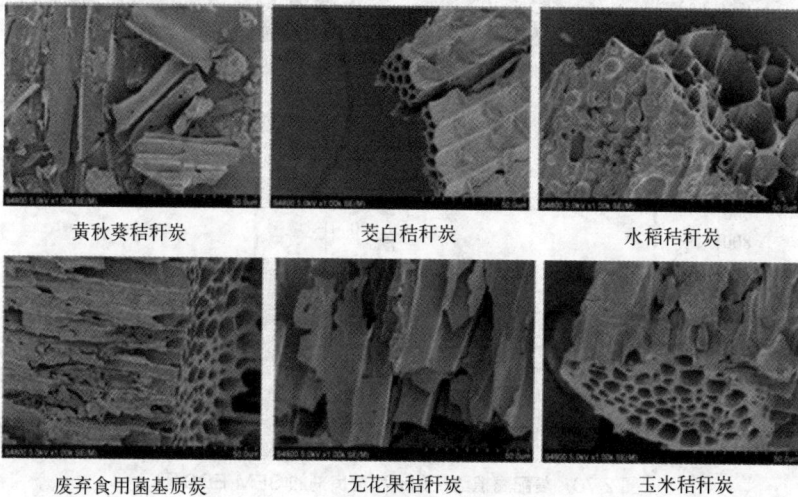

黄秋葵秸秆炭　　　　　茭白秸秆炭　　　　　水稻秸秆炭

废弃食用菌基质炭　　　　无花果秸秆炭　　　　玉米秸秆炭

图 2-69　玉米秸秆生物炭的 SEM 照片

2.3.20　能谱仪

能谱仪（EDS）是用来对材料微区成分元素种类与含量进行分析，配合扫描电子显微镜与透射电子显微镜的使用。EDS 可以与 EPMA、SEM、TEM 等组合，其中 SEM-EDS 组合是应用最广的显微分析仪器，EDS 的发展几乎成为 SEM 的标配，是微区成分分析的主要手段之一[44-45]。图 2-70 为复配腐植酸钝化剂和改良剂的 SEM-EDS 图。

2.3.21　透射电子显微镜

随着社会和工业的发展，大量的重金属离子被排放到环境中，其对环境和人体的健康均构成严重威胁。作为贵金属，银已广泛应用于电子行业以及摄影和成像行业，然而银离子（Ag^+）却被归为重金属污染物毒性最高的类别。尽管不是生物蓄积性毒素，但 Ag^+ 可以使巯基酶失活，能够与各种代谢产物的胺基、咪唑和羧基结合，并可以置换骨骼中羟基磷灰石中的必需金属离子，如 Ca^{2+} 和 Zn^{2+}。因此，准确监测环境中 Ag^+ 的含量对保护环境和人体免受 Ag^+ 的毒害是至关重要的，开发灵敏度高和选择性好的测定方法具有重要意义。金属纳米团簇

(a) 钝化剂的SEM图

(b) 改良剂的SEM图

(c) 钝化剂的EDS图

(d) 改良剂的EDS图

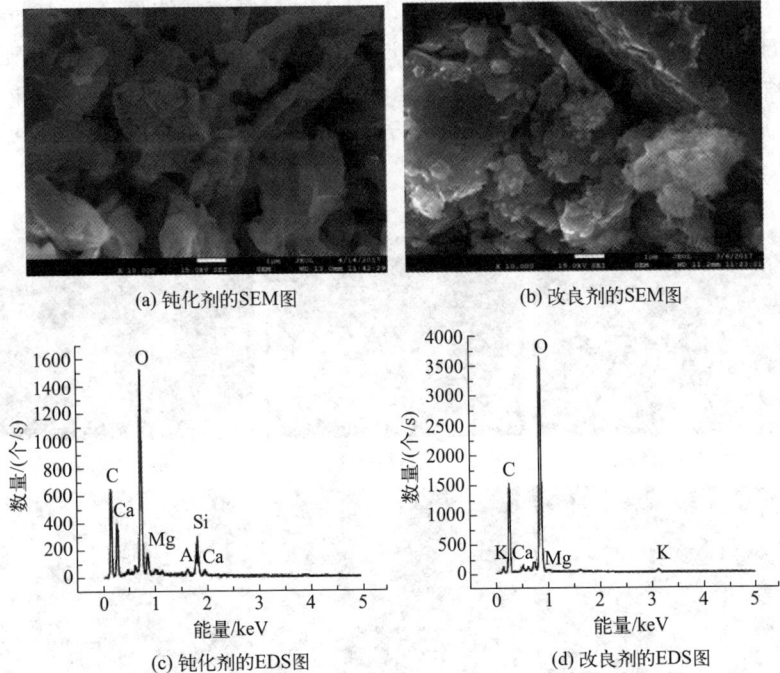

图 2-70 复配腐植酸钝化剂和改良剂的 SEM-EDS 图

已成为生命科学等领域的研究热点。金属纳米团簇具有尺寸小、光稳定性好、生物相容性好、斯托克斯位移大、无毒等优点，已在环境检测、医疗卫生、生物传感器、细胞标记及成像和生物探针等领域得到广泛应用。研究比较多的是金、银、铜纳米团簇，保护剂主要有蛋白质、硫醇、DNA 等。

张彩凤等以 2-巯基苯并咪唑为保护剂、聚乙烯吡咯烷酮为稳定剂、水合肼为还原剂，通过化学还原法合成 2-巯基苯并咪唑稳定的铜纳米团簇。采用透射电子显微镜（TEM）、X 射线光电子能谱分析（XPS）、紫外-可见光谱（UV-Vis）和荧光光谱（FL）等进行表征。并建立高选择性和高灵敏度的测定银离子的新方法，用于实际水样中银离子的测定。

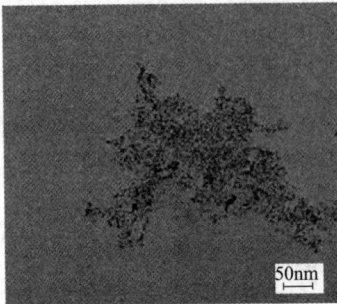

图 2-71 加入 Ag^+ 后铜纳米团簇的 TEM 照片

依据铜纳米团簇用于检测 Hg^{2+} 和 Fe^{3+} 的主要机理为 Hg^{2+} 和 Fe^{3+} 与纳米团簇的保护链发生相互作用，使得纳米团簇发生聚集，进而使纳米团簇的荧光发生猝灭。对加入 Ag^+ 后的铜纳米团簇进行 TEM 分析，如图 2-71 所示。由图 2-71，加入 Ag^+ 后，铜纳米团簇发生明显的团聚现象，可见猝灭机理主要为 Ag^+ 与铜纳米团簇的保护剂 2-巯基苯并咪唑中的巯基发生相互作用[46]。

基于该铜纳米团簇在银离子检测中表现出优异的灵敏度和选择性，将该传感器应用于实际水样中银离子的检测。水样经离心（10000r/min）和 $0.22\mu m$ 滤膜进行过滤以除去所含悬浮颗粒，取上清液进行测试，并进行了样品加标回收实验，其回收率在 $97.6\%\sim107.6\%$ 之间。结果表明，TEM 检测可以成功应用于实际水样中银离子的检测分析。

王冰等通过浸渍法制备了不同钐含量的 Ni-Sm$_x$/SiC 催化剂，研究钐助剂对于 Ni/SiC 在煤炭甲烷二氧化碳重整反应性能的影响。Ni/SiC 在甲烷二氧化碳重整反应中具有高的活性，但稳定性较差，反应 60h 后开始出现明显失活、积炭严重。在加入钐后，Ni-Sm$_x$/SiC 催化剂的活性和稳定性都得到不同程度提高，其中 Ni-Sm$_5$/SiC 的活性和稳定性最好。这是由于钐能够提高活性组分镍和载体的作用，有效抑制活性组分镍的烧结和表面积炭的形成，并能促进催化剂表面碳物种的消除。结果显示：Ni-Sm$_x$/SiC 是一种高效的抗积炭催化剂，在甲烷二氧化碳重整反应中具有潜在的工业应用价值[47]。如图 2-72 所示。

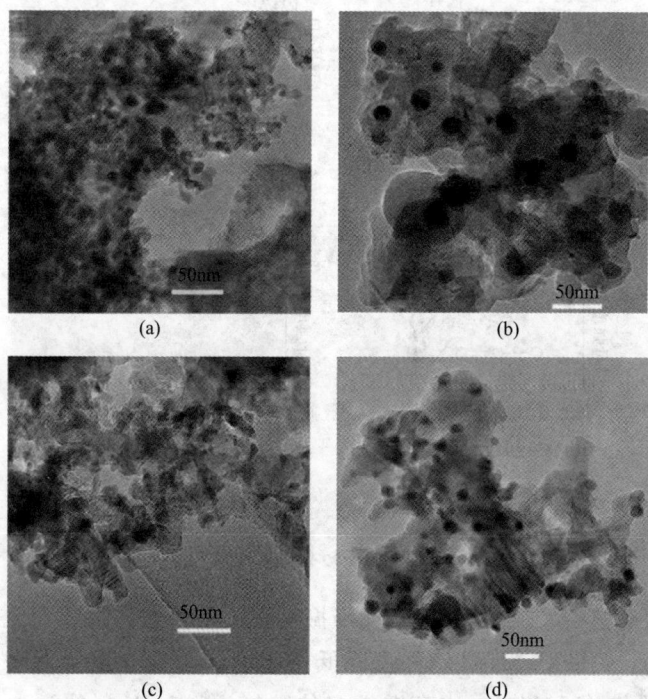

图 2-72 反应前后 Ni-Sm$_0$/SiC-Ni-Sm$_5$/SiC 的 TEM 照片

2.3.22 X 射线光电子能谱

X 射线光电子能谱（XPS）技术是电子材料与元器件显微分析中的一种先进分析技术。XPS 能够提供样品表面以下纳米深度的化学成分信息，可以用来分析腐植酸表面元素的存在形式。Monteil-Rivera 等通过 XPS 分析了每种酸中的原子组成，结果表明，风化褐煤腐植酸和商业腐植酸的表面氧含量低于元素分析氧含量，将其归因于腐植酸中含氧官能团在沉淀过程中优先在分子内部进行排列。此外，对腐植酸 XPS 的 C 1s 拟合为 8 个子峰来分析对比样品之间的差异，这 8 个峰包括未被取代的芳香碳（C—C/C—H）、脂肪碳（C—C/C—H）、α 碳[C—C(O)O]、醇/醚碳（C—O）、酮碳（C=O）、酰胺碳[C(O)N]、羧基碳[C(O)O]和芳香结构上 π-π* 重组。Doskočil 等将 7 个欧洲褐煤腐植酸的 XPS 的 C 1s 谱图拟合为 7 个子峰，比 Monteil-Rivera 等的研究少了 α 碳[C—C(O)O][52]。

在腐植酸增值尿素中，景建元等使用 X 射线光电子能谱仪分别对腐植酸、尿素、腐植酸尿素（HA，U，HAU 以及 UHA）的表面元素组分、化学价态和形式进行表征[53]，得出 XPS 的全谱图以及各分谱图，见图 2-73。HA 与 UHA 的 IR 图和 XPS 分峰拟合见图 2-74。

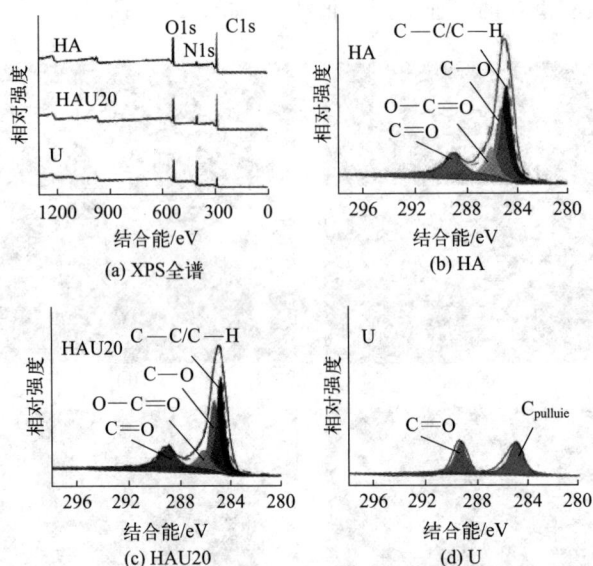

(a) XPS全谱　(b) HA　(c) HAU20　(d) U

图 2-73　C 1s 分峰拟合图

研究发现腐植酸增值尿素 IR 特征峰振动强度低于普通尿素，且随着腐植酸添加量的提高，伯胺 C—N 振动强度降低；通过 X 射线光电子能谱 N 1s 发现，腐植酸增值尿素（HAU20）中存在较多仲胺氮；O 1s X 射线近边吸收光谱表明，HAU20 中不止含有羰基氧，且表现出更多的酰胺特征，表明腐植酸增值尿素制备过程中腐植酸与尿素发生了反应，二者反应将有利于延缓尿素的释放，减少氮素损失；X 射线光电子能谱 C 1s 表明，HAU20 以及 UHA 羧基碳相对比例低于 HA；与腐植酸相比，UHA 中羧酸 C—O—H 面内弯曲振动消失，且羧基 C=O 伸缩振动位置发生偏移，推测腐植酸的羧基参与了腐植酸与尿素的反应。

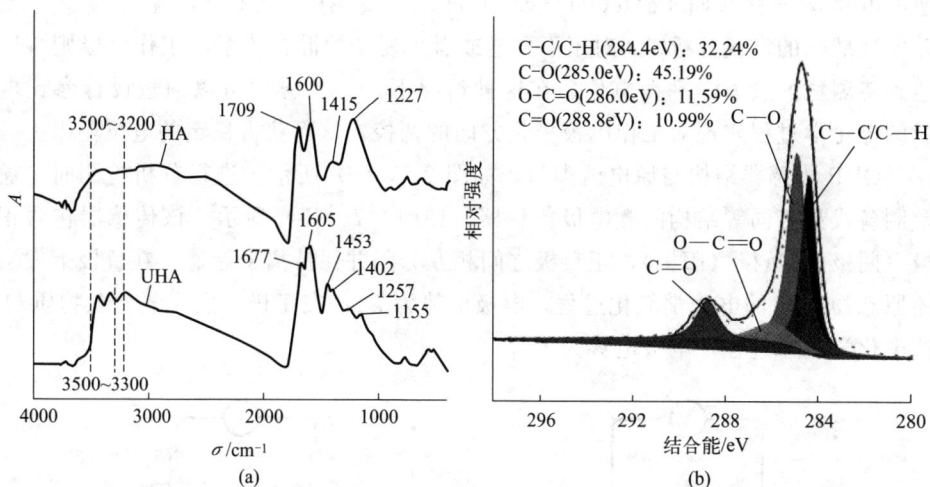

图 2-74　HA 与 UHA 的 IR 图以及 XPS 分峰拟合图

傅里叶变换红外光谱表明 UHA 伯胺氮特征明显，推测腐植酸增值尿素制备过程中，腐植酸与尿素的反应方式为腐植酸羧基处 C—OH 化学键断裂，与尿素胺基结合，脱去一分子水，形成 R—CO—NH—CO—NH$_2$。

2.3.23　电位分析法

测定原电池的电动势为基础的仪器分析测电位法，可采用 pH 计或离子计测定溶液的 pH 或电位值。腐植酸的标准氧化还原电位在 +0.6~+0.7V 之间，可以采用电中和的方法测定活度（浓度），腐植酸盐也可以通过离子选择性电极，通过构筑选择性识别元件测定离子活度[54]。腐植酸的氧化还原电位与原料的芳香化程度成正比。

腐植酸电位分析法，是通过记录开路状态下工作电极与参比电极之间电势差，作为输出信号实现化学物质定量分析的一种方法。与其他电化学方法相比，电位分析法的特点在于其测量过程中电极处于近似开路的状态，回路中几乎没有电流流过，因此也可以用于腐植酸药物对脑神经系统影响的测定。而基于原电池原理的氧化还原电势分析法（GRP），通过构筑与待测物自发形成氧化还原过程的"原电池"，在无须外加极化电压的条件下，通过记录开路电位（OCP）即可实现待测物的分析。GRP 不同于其他涉及氧化还原过程的电位型传感分析，主要区别在于 GRP 将由工作电极（或指示电极）和参比电极构成的测量回路作为一个整体，同时考虑了工作电极和参比电极电位之间的关系。而传统的电位型传感分析仅要求参比电极电位稳定，对工作电极和参比电极之间电位关系没有要求。传统的电位型传感分析主要通过利用热力学平衡状态下 Nernst 方程描述的电极电位与电极表面物质浓度关系来实现传感目的。在实际测量过程中，对于可逆的电化学过程（如 FcMeOH/FcMeOH$^+$、Ag/Ag$_2$S 等体系）容易建立平衡并实现准确的定量分析。而对于不可逆或者更复杂的混合体系，工作电极则难以达到待测物的热力学平衡电位。在这种情况下，GRP 方法可以通过设计参比电极的电化学过程实现对工作电极极化方向的调控，从而获得稳定的电位输出。

GRP 传感器结构与原电池类似，如图 2-75（a）所示。进行分析检测时，通常制备成具有同等结构的微电极传感器，如图 2-75（b）所示。该传感器包含正极（阴极）、负极（阳极），正负极之间相互分隔并保持离子导通。在负极上发生还原态物质 R 的电化学氧化过程，电极电势为 E_a；在正极上发生氧化态物质 O′的电化学还原过程，电极电势为 E_c。

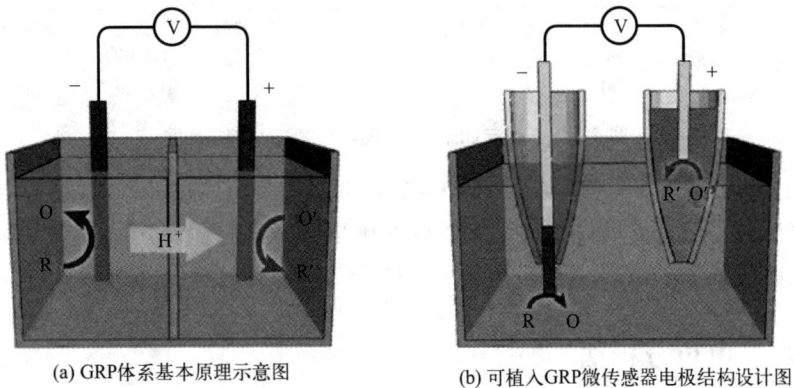

(a) GRP体系基本原理示意图   (b) 可植入GRP微传感器电极结构设计图

图 2-75 GRP 体系原理与结构

2.3.24 极谱分析法

极谱法（polarography）是通过测定电解过程中所得到的极化电极的电流-电位（或电位-时间）曲线来确定溶液中被测物质浓度的一类电化学分析方法。以电解过程中的电压-电流曲线建立起的电化学分析称为伏安法，其中以滴汞电极为工作电极的伏安法称为极谱法。

用极谱法试验腐植酸，在差示脉冲极谱中观察到一个峰值电流，这电流呈现出与腐植酸浓度成线性关系，在线性关系断开处表明团聚体的形成，并受 pH、温度和分子量对电流的影响。电流亦与腐植酸的酸度相关。在地球化学过程，特别是在地球的碳循环和金属及其他无机、有机化合物输送中，极谱分析常采用 JP-2 型示波极谱仪。运用微分脉冲极谱法、阴极溶出伏安法，除了可测 Cl$^-$、B$^-$、I$^-$、S^{2-} 等阴离子、酸根离子外，还可测 Ni、Se、Cr、Fe、Co、Sn、Mn、Pb 等微量元素的变价离子，是原子吸收等其他仪器不能替代的。极谱法在固体食品、饮料等样品测定中，测定灵敏、简便，可批量测定，选择性好，仍是必须掌握的一种仪器测定方法[55]。

参考文献

[1] 杨林，何小燕，王莲辉，等．贵州省泥炭藓科种类资源及分布特征 [J]．西部林业科学，
    2023 (4)：83-89，107.

[2] 王铖．泥炭藓种植与泥炭开采迹地生态恢复的技术进展 [J]．园林，2013 (3)：44-47.

[3] 朱娟，张水花，郭斌．石油醚提取褐煤蜡的条件选择及优化 [J]．山东化工，2014，43
    (11)：39-41，44.

[4] 赵顺省，申义锋，石晨，等．2种细菌降解蒙东褐煤产腐植酸的研究 [J]．中国煤炭，2024，
    50 (3)：110-123.

[5] 董子龙，吴镇伸，李梦珂，等．褐煤基活性炭制备研究进展 [J]．洁净煤技术，2023，29
    (2)：55-66.

[6] 中华人民共和国国家标准 漆蜡 (GB/T 17526—2008).

[7] 刘光鹏，彭健，周文，等．碳纳米管负载 Fe_2O_3 催化剂在风化煤制备硝基腐植酸中的应
    用 [J]．精细化工中间体，2021，51 (6)：58-66.

[8] Hadda Ben Mbarek, Imen Ben Mahmoud, Rayda Chaker. 施加枣椰堆肥的腐植酸对土壤质
    量的影响 [J]．邓祎，陈刚，寇太记，译．腐植酸，2020 (1)：94.

[9] 张彩凤，侯玲杰，张茹霞，等．北部地区矿物源黄腐酸分子荧光性能探究 [J]．腐植酸，
    2022 (2)：36-40.

[10] 周俊，王梦瑶，王改红，等．餐厨垃圾资源化利用技术研究现状及展望 [J]．生物资源，
    2020，42 (1)：87-96.

[11] Guo X X, Liu H T, Wu S B. Humic substances developed during organic waste compos-
    ting：Formation mechanisms, structural properties, and agronomic functions [J]. The
    Science of the Total Environment，2019，662：501-510.

[12] Hu Z T, Huo W H, Chen Y, et al. Humic substances derived from biomass waste during
    aerobic composting and hydrothermal treatment：A review [J]. Frontiers in Bioengineer-
    ing and Biotechnology，2022，10：17.

[13] 胡桂萍，杨广，石旭平，等．不同配比猪粪对茶树修剪物高温堆肥腐熟进程的影响 [J]．
    江西农业大学学报，2016，38 (5)：913-919.

[14] 王砚，李念念，朱端卫，等．水稻秸秆预处理对猪粪高温堆肥过程的影响 [J]．农业环境
    科学学报，2018，37 (9)：2021-2028.

[15] 范嘉妍，王帅，姜岩，等．稻秸与猪粪静态好氧共堆肥的最佳配比 [J]．中国土壤与肥料，
    2020 (3)：82-87.

[16] 王亚飞，李梦婵，邱慧珍，等．不同畜禽粪便堆肥的微生物数量和养分含量的变化 [J]．
    甘肃农业大学学报，2017，52 (3)：37-45.

[17] 于子旋，杨静静，王语嫣，等．畜禽粪便堆肥的理化腐熟指标及其红外光谱 [J]．应用生
    态学报，2016，27 (6)：2015-2023.

[18] 黄红丽，罗琳，王寒，等．猪粪堆肥中铜锌与腐殖质组分的结合竞争 [J]．环境工程学报，

2014, 8 (9)：3978-3982.

[19] 王玉军，窦森，张晋京，等 . 农业废弃物堆肥过程中腐殖质组成变化 [J]. 东北林业大学
学报，2009，37 (8)：79-81.

[20] 张院萍，崔刚，张国兰，等 . 发酵糠醛渣中生化腐植酸的提取工艺 [J]. 安徽农业科学，
2016，44 (21)：86-87.

[21] 尚校兰，李宏宇，杨伊婷，等 . 化学法和生物法制备巨菌草腐植酸的比较 [J]. 草业科学，
2018，35 (1)：76-84.

[22] 赵建亮，王玉珏，赵新巍 . 发酵海藻渣提取生物腐植酸的研究 [J]. 腐植酸，2021 (5)：
44-47.

[23] Qing X，Shen G，Wang Z，et al. Co-composting of livestock manure with rice straw：
Characterization and establishment of maturity evaluation system [J]. Waste Manage-
ment，2014，34 (2)：530-535.

[24] Ye Z M，Ding H，Yin Z L，et al. Evaluation of humic acid conversion during composting
under amoxicillin stress：Emphasizes the driving role of core microbial communities [J].
Bioresource Technology，2021，337：9.

[25] 史明子，赵昕宇，朱龙吉，等 . 污泥好氧堆肥中反硝化作用与腐植酸组分稳定化关系研究
[J]. 环境卫生工程，2021，29 (3)：95.

[26] Hagemann N，Subdiana E，Orsetti S，et al. Effect of biochar amendment on compost or-
ganic matter composition following aerobic composting of manure [J]. The Science of the
Total Environment，2018，613：20-29.

[27] 李斌斌，吴诗勇，吴幼青，等 . 稻秸秆硝解制备黄腐酸和腐植酸研究 [J]. 华东理工大学
学报（自然科学版），2021，47 (2)：189-194.

[28] Mourab R，Santosv S，Metzker G，et al. Oxidation of hydrochar produced from byprod-
ucts of the sugarcane industry for the production of humic-like substances：Characterization
and interaction study with Cu（Ⅱ）[J]. Chemosphere，2023，324：8.

[29] Xiong J，Su Y，Qu H，et al. Effects of micro-positive pressure environment on nitrogen
conservation and humification enhancement during functional membrane-covered aerobic
composting [J]. The Science of the Total Environment，2023，864：9.

[30] Liu T，Zhou H，Lan Y，et al. Preparation of high-performance, three-dimensional, hierar-
chical porous carbon supercapacitor materials and high-value-added potassium humate from
cotton stalks [J]. Diamond and Related Materials，2021，116：9.

[31] Shi C F，Yang H T，Chen T T，et al. Artificial neural network-genetic algorithm-based
optimization of aerobic composting process parameters of Ganoderma lucidum residue [J].
Bioresource Technology，2022，357：7.

[32] 师杨杰，靳红梅，管益东，等 . 复合微生物菌剂发酵制备生物腐植酸的条件优化及其结构
特性 [J]. 农业环境科学学报，2023，42 (9)：2120-2129.

[33] 李艳玲，陈曦，张翠清，等 . 麦秸秆与黑龙江褐煤共热氧化法制备腐植酸及其结构分析
[J]. 燃料化学学报（中英文），2023，51 (2)：145-154.

[34] Wang X，Muhmood A，Dong R，et al. Synthesis of humic-like acid from biomass pretreat-

ment liquor: Quantitative appraisal of electron transferring capacity and metal-binding potential [J]. Journal of Cleaner Production, 2020, 255: 11.

[35] Li G H, Sun Y, Guo W, et al. Comparison of various pretreatment strategies and their effect on chemistry and structure of sugar beet pulp [J]. Journal of Cleaner Production, 2018, 181: 217-223.

[36] Tan Z, Zhu H, He X, et al. Effect of ventilation quantity on electron transfer capacity and spectral characteristics of humic substances during sludge composting [J]. Environmental Science and Pollution Research, 2022, 29 (46): 70269-70284.

[37] Lany A Y, Du Q, Tang C, et al. Application of typical artificial carbon materials from biomass in environmental remediation and improvement: A review [J]. Journal of Environmental Management, 2021, 296: 12.

[38] Cao Y, Jin H, Zhu N, et al. High-efficiency fungistatic activity of vegetable waste-based humic acid related to the element composition and functional group structure [J]. Process Safety and Environmental Protection, 2023, 169: 697-705.

[39] 李涛, 何松, 林晓莹, 等. 农林废弃生物质资源精深加工技术进展 [J]. 材料导报, 2021, 35 (19): 19001-19014.

[40] Chen P F, Yang R J, Pei Y H, et al. Hydrothermal synthesis of similar mineral-sourced humic acid from food waste and the role of protein [J]. The Science of the Total Environment, 2022, 828: 10.

[41] 吴鹏, 韩宇超, 白佳鑫, 等. 水热法从玉米秸秆中提取腐植酸的工艺条件优化 [J]. 安徽农业科学, 2020, 48 (11): 190-193.

[42] 李传华, 钱光人, 洪瑞金, 等. 生物质垃圾转化为生态肥料的水热技术试验研究 [J]. 农业环境科学学报, 2004, 23 (6): 1119-1123.

[43] 王家樑, 李传华, 洪瑞金, 等. 生物质垃圾中树叶的循环水热转化试验研究 [J]. 安徽农业科学, 2009, 37 (29): 14393-14394, 14455.

[44] 姚颜莹, 吴景贵, 李建明, 等. 利用 SPORL 法对玉米秸秆预处理最优条件的筛选 [J]. 农业环境科学学报, 2018, 37 (5): 1009-1015.

[45] Shao Y, Bao M, Huo W, et al. Production of artificial humic acid from biomass residues by a non-catalytic hydrothermal process [J]. Journal of Cleaner Production, 2022, 335: 130302.

[46] 孙中涛, 辛寒晓, 赵升远, 等. 一种双源腐植酸生物肥料及其制备方法与应用: CN112111432B [P]. 2022-02-22.

[47] LI Y, Chen X, Zhuo Z, et al. Co-thermal oxidation of lignite and rice straw for synthetization of composite humic substances: Parametric optimization via response surface methodology [J]. International Journal of Environmental Research and Public Health, 2022, 19 (24): 15.

[48] 孙棋, 白晓成, 张光华, 等. 腐植酸丙烯酸酯接枝共聚物土壤固化剂的制备及其应用研究 [J]. 应用化工, 2023, 52 (12): 3328-3329, 3331.

[49] 时春辉, 薛守喜, 甄卫军. 基于 SI-ATRP 的腐植酸钠-聚甲基丙烯酸甲酯接枝共聚物的

合成及吸附性能［J］. 高分子材料科学与工程，2017，33（9）：1-7.

[50] 杜容容，刘利，边思梦，等. 腐植酸仪器分析方法研究进展［J］. 应用化工，2018，47（11）：2505-2508，2513.

[51] 刘义，韦笑笑，蒙丽丹，等. 顶空气相法测定木质素中甲氧基含量［J］. 中国造纸，2021，40（2）：44-49.

[52] 蔡砚芳，唐鹏，唐承性，等. 土壤中 pH 值的测定方法验证［J］. 云南化工，2023，50（7）：75-77.

[53] 成绍鑫. 腐植酸类物质概论［M］.2 版. 北京：化学工业出版社，2020.

[54] 杨永利，吴秋颖. 低热值煤发热量测定方法的研究［J］. 煤炭与化工，2019，42（10）：155-160.

[55] 王传格，曾凡桂，彭志龙，等. 应用分布活化能模型分析伊敏褐煤丝炭腐植酸热解及氢气生成动力学［J］. 物理化学学报，2012，28（1）：25-36.

[56] 徐思佳，胡雨燕，胡维杰，等. 基于 ReaxFF MD 模拟的生物质三组分共热解气相产物析出特性研究［J］. 煤炭转化，2024，47（3）：13-26.

第3章
现代腐植酸产品

腐植酸产品技术涉及面广，20世纪90年代，《腐植酸》杂志发表了美国 Peter Allread 编写的《腐植酸物质在商业中的应用——现今世界的文献综评》译文，介绍了20世纪70年代以来，作者查阅的包括美国在内的全世界的专利文件、化学文摘、农业、生物、水资源、工程索引等文献，展示了腐植酸应用的70个产品类型（表3-1）。2017年，腐植酸协会又确定了在中国应用的产品类型含其中的55个，涉及农业、林业、能源、医药等，多数属于精细化工品[1-5]。

表 3-1　腐植酸应用的70个产品类型

序号	分类	序号	分类	序号	分类
1	土壤调节剂/稳定剂	21	絮状物质漂浮剂	41	活性炭
2	盆栽土壤的组成	22	型砂铸造成分	42	冶金焦炭
3	颗粒肥料的组成	23	陶瓷添加剂	43	肝脏刺激素
4	悬浮液体肥料添加剂	24	蓄电池阳极	44	治疗胃溃疡药物
5	钻井助剂	25	金属离子吸附、螯合	45	预防肿瘤药物
6	抗腐蚀剂、防垢剂	26	二氧化硫吸收剂	46	抗炎剂
7	铸模涂层	27	离子交换树脂	47	印刷油墨添加剂
8	纸张染料	28	灰浆/水泥添加剂	48	固态微量营养元素
9	铀的回收剂	29	盐卤净化	49	去除硫化氢
10	橡胶配方添加剂	30	生物活化剂	50	纸张上浆
11	圆珠笔油	31	兽用医药	51	复合肥料
12	制革鞣革剂	32	有机吸附作用/农药	52	叶面肥料
13	尼龙染料	33	酵母发酵刺激剂	53	植物根生长刺激素
14	黏合剂成分	34	动物饲料成分	54	缓慢释放剂
15	硫和偶氮染料	35	木材防腐剂、着色剂	55	热解产物
16	环氧稳定剂	36	种子处理/包衣	56	生物积累
17	废水净化	37	杀鼠剂成分	57	抗污剂
18	有机化合物来源	38	抗细菌剂	58	表面活性剂
19	除臭剂/空气清净剂	39	抗病毒剂	59	昆虫/鱼类驱赶剂
20	泥炭浴	40	水培液	60	化学转化

序号	分类	序号	分类	序号	分类
61	反渗透(一种从污水、盐水中提取纯净淡水的方法)	65	药理学、毒性学	69	化妆品
62	塑料模塑物	66	导电薄板	70	陶瓷
63	提取黄腐酸物质	67	对生长作用的研究		
64	腐植酸、黄腐酸化学	68	抗盐分毒性		

面对矿物源、生物源腐植酸资源（原料）不断扩增，以不同的产品质量标准，加以把关应用；也针对食品、医药、兽药、植物药的质量要求，将腐植酸黄腐酸的相关产品上升到有明确的组成结构，可以融入中医药的范畴，可以生物合成新药品。

涉及资源环境的无害开采分离精制、加工过程的清洁生产，其目标是利用可持续理念来发展高质量产品，提高原子的经济性，并降低所需化学品过程生产的有害物质。其核心是利用化学原理从源头上减少或消除化学工业对环境的污染。其内容包括产品设计、助剂选用、制造方法和检测标准，如产品应用时的在线监测和控制，尽量采用常压，以提高能源的经济性。

本章展开的100多种腐植酸产品技术，按腐植酸＋/－提纯产品、肥料、基质、农药、饲料、日用、食品、医药、兽药、材料、环境进行分类介绍。其中：①腐植酸的原料涉及泥炭、褐煤、风化煤、生物质秸秆等，腐植酸的产品有黄腐酸（亲水性黄腐酸）、棕腐酸（含疏水性黄腐酸、褐煤蜡）、腐植酸萜类、甾类、黄酮、黄腐酚类黄酮、生物碱等。②肥料产品包括腐植酸钾、腐植酸钠、腐植酸锌、腐植酸铁、腐植酸磷、腐植酸尿素、硝基腐植酸、硝基腐植酸钙、腐植酸水溶肥、腐植酸微量元素肥（硒、锗、钼、钛、银）、腐植酸中量元素肥（硼、硅、镁、钙、铁）、腐植酸有机无机复合肥、腐植酸有机肥（原料拓宽，无活菌质量指标）、腐植酸生物有机肥。③基质包括泥炭基质、仿生泥炭基质、生态基质、组合基质、黄腐酸活性水无土栽培基质、土壤调理剂。④农药包括助剂、化学复合农药、微生态农药、腐植酸生物刺激素（天然与合成）。⑤饲料包括畜牧饲料、家禽饲料、水产饲料。⑥日用包括电极、电池、钻井助剂、阻垢剂、防腐剂、清洁剂、水处理剂、皂素、絮凝剂。⑦食品包括药食兼用保健品、生物防腐剂、生物抗氧化剂、风味调节剂、食品减盐剂。⑧医药包括皮肤、五官（口、鼻、眼、耳）清洁剂、五脏（胃、心、脾、肝、肾）、血糖、血压、血脑屏障、帕金森病、抗风湿。⑨材料包括水凝胶、果树生物膜（生物被膜）、聚氨酯复合涂料、胶水、封端剂、可降解地膜（分子开关）、生物塑料、半导体电子材料、生物质发电材料、离子交换树脂聚合材料。⑩环境包括油泥裂解回收、稻壳生物炭、氧化石墨烯、型煤型焦、针状焦、碳纤维、脱硫脱硝剂、CO_2 吸收剂、重金属钝化剂、核素回收冶炼机器人装置，采用绿色工艺，体现节能技术、资源循环利用技术[6-10]。

3.1 腐植酸提纯产品

3.1.1 黄腐酸

黄腐酸（FA）是使用范围较广、经济效益较高的腐植酸类产品，至今在植物刺激素、抗逆剂、水溶肥料、医药制剂、化妆品等方面都有较大的市场和竞争优势。

3.1.1.1 原理

黄腐酸（FA）是与黑腐酸、棕腐酸以强弱不同的键结合在一起的，采用过氧化氢或过氧化氢复合酶氧化的方式，将一部分较脆弱的结合键（包括氢键、氧桥、酯键、亚次氨键）切断，释放出低分子的 FA 级分，并用过氧化氢复合酶技术将腐植酸降解为黄腐酸，经过液固分离、离子交换树脂、膜分离工序后，喷雾干燥得到产品（纯度＞99.8％）。

3.1.1.2 工艺流程

黄腐酸生产工艺流程图见图 3-1。

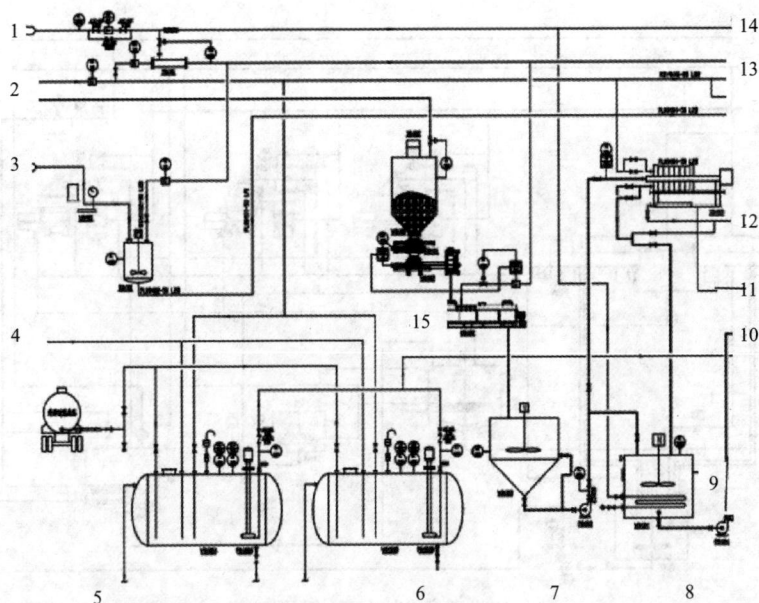

(a) 黄腐酸生产工艺流程图(之一)

1—蒸汽总管；2—工艺软水；3—原料气流输送泵；4—消泡剂输送管；5—双氧水或酶液储槽（2个）；
6—储槽上设有仪表调节；7—料液中间泵；8—料液输送泵；9—中间槽；10—料液去反应管道；
11~12—设备洗涤水回用装置；13—软水循环利用；14—蒸汽去反应系统；15—螺旋秤与物料平衡装置

图 3-1

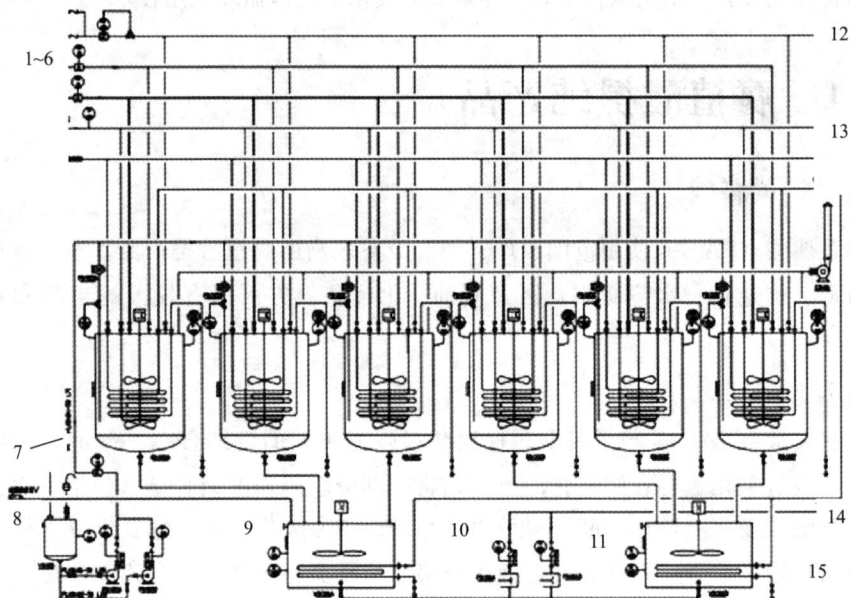

(b) 黄腐酸生产工艺流程图(之二)

1~6—原料液等输送管道；7—反应釜（6 个）；8—计量泵；9—中间槽；10—卧螺输送泵；11—过滤脱灰槽；
12—软水循环系统；13—循环冷却水；14—膜分离前 FA 液输送；15—膜分离前 FA 液贮存

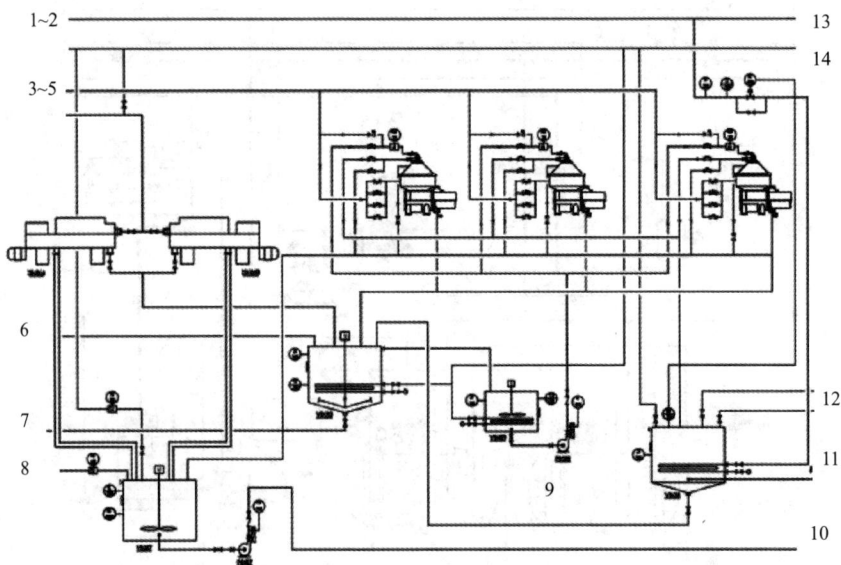

(c) 黄腐酸生产工艺流程图(之三)

1~2—蒸汽管道、软水静态混合通道；3~5—FA 产品过滤泵；6—离子交换树脂＋膜分离纯化；
7—膜分离后 FA 精制液；8—调节槽；9—滤渣输送泵；10—二级沉降槽；11—酶解液回收
循环利用装置；12—回流管；13—蒸汽去浓缩工段；14—软水输送系统

图 3-1　黄腐酸生产工艺流程图

如图 3-1 所示，原料选用矿物源褐煤、风化煤或生物质秸秆。将粉碎好的原料，以塔式方式，运输进反应釜（6 个）氧化降解或酶解。操作时先在搅拌槽里加入 50℃的软水，启动搅拌装置，再放入褐煤或风化煤等原料和催化剂过氧化氢或过氧化氢复合酶，通过搅拌，恒温反应 3～20h，观察温度和压力，釜内温度小于 50℃，压力在 $1kg/cm^2$ 左右。

反应完毕，把反应液体排至反应液储槽，通入蒸汽对反应液储槽实施保温，达到一定储量。启动卧螺离心机（2 台），进行固液分离，分离出来的固相为腐植酸产品，备用。

液体进入一级沉降槽，进行自然沉降后，上部的清液溢流到二级沉降槽，再次进行自然沉降，上部的上清液溢流到清液储槽备用（产品中间控制，按 HG/T 5937—2021 腐植酸黄腐酸含量的快速测定方法分析）。经离子交换树脂、微滤、纳滤膜分离，或电渗析膜分离，进入喷雾干燥，筒顶部设有负压抽风罩，风管把每个抽风罩连接，送到尾气塔冷凝后水循环使用，达到一定浓度返回到反应混料工段作为补充水使用。

FA 半成品经过管状螺旋喂料机均匀地加入到粉碎机中进行粉碎，出来的产品即为合格产品，把合格产品送到成品储存筒仓内，进行定量包装即可[1]。

3.1.1.3 工艺

① FA 的提纯方法，采用配套的微滤、纳滤或电渗析的膜分离方法中，添加了吸附树脂法替代离子交换树脂法，可避免伴生的酸碱废水问题，使得过程用水可以循环使用。

② FA 含量高的原料煤来源非常有限，对原料煤预先深度氧化降解，再分离纯化，并鉴定出有生物学特征的黄腐酸的关键组分，如萜类、甾类、类黄酮等，进行医用、药用、食用，再将原料梯度利用于农业，是一种清洁生产的绿色产品开发路线。若原料采用生物质秸秆，更容易获取 FA 生物学特征化合物。

③ 将 FA 及其关键组分通过低温喷雾干燥法制成固体粉末产品，某些采用冷冻干燥法，蔡涛等经甘肃兰州大学实验室的检测，已获得了 99.80％的产品纯度。

3.1.1.4 产品分析

最终产品按 GB/T 34765—2024 测定，关键组分采用 GC-MS、HPLC-MS 鉴定，结果见图 3-2。

3.1.1.5 质量要求

关于 FA 的质量和技术标准，虽然没有直接规定高纯度指标，但市场上已经出现阿拉丁作为科研用的黄腐酸试剂质量要求 FA＞90.0％，并有规定的 CAS 编号。麦西林等也有 FA 商品在销售。而从中分离出明确的关键组分，可以参考中

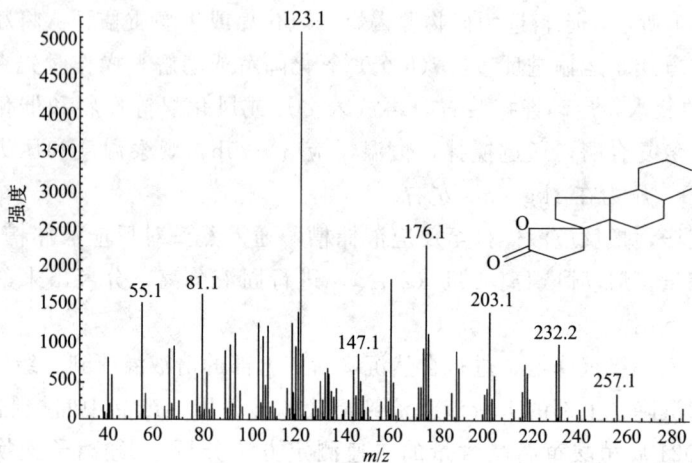

(a) 黄腐酸萜类化合物

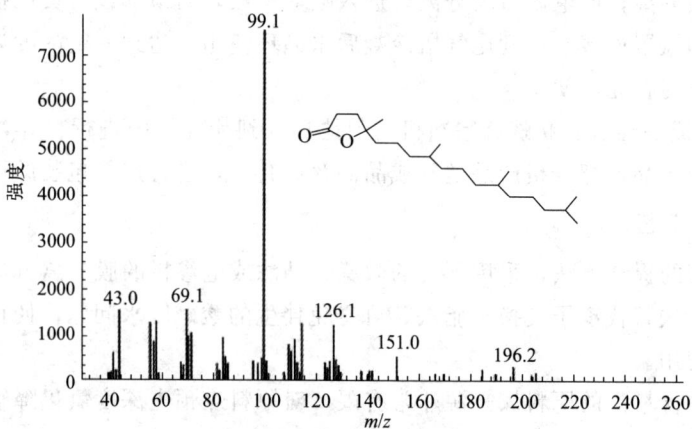

(b) 黄腐酸黄酮化合物

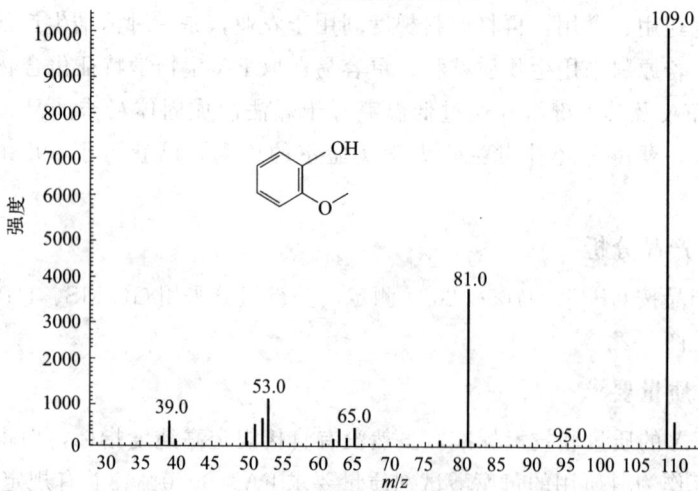

(c) 黄腐酸酚类化合物

图 3-2　黄腐酸类化合物

药进入医药、兽药行列应用，也可以采用半合成法、生物合成法成为处方中药和西药，提高高端 FA 的可利用通道，丰富新药制造品种，减少抗生素的使用，减少耐药性。

不同级别的黄腐酸及其关键组分，可以用于食品、保健品、医药制剂、兽药、化妆品，以及农业抗逆剂（抗旱、抗寒、保温、制冷）、农药植物生长剂等。

3.1.2 黄腐酚

黄腐酚在褐煤、泥炭腐植酸中含量少，在生物质腐植酸原料如茶秸秆、果渣果皮、啤酒花（酒糟）中相对多些，黄腐酚已被列入中药化学对照品波谱分析专著中。大量的研究表明黄腐酚具有预防癌症、抗菌、抗病毒、预防糖尿病和动脉硬化等生理活性，其结构明确、药理明确，既可以作为腐植酸领域的单一性产品，也可以看成矿物源、生物源黄腐酸的重要组分。①化妆品：黄腐酚可用作防腐剂、抗氧化剂和抗菌剂，用于护肤品、口红、洗发水等产品中。②医药领域：黄腐酚可用于制备具有抗菌、抗病毒和抗肿瘤活性的药物在。③食品工业：黄腐酚可用作食品添加剂，延长食品的保质期。④可用于染料和颜料的制备。

3.1.2.1 原理

黄腐酚属于黄酮类化合物（图 3-3），除了啤酒花中有外，中药材雷公藤等含有异黄腐酚（IN）等黄酮类化合物，褐煤棕腐酸中也有黄腐酚类黄酮。通过网络药理学联合分子对接技术，可解释黄腐酚类黄酮通过诱导凋亡及细胞周期阻滞等机制发挥的抗肿瘤等作用[9-12]。

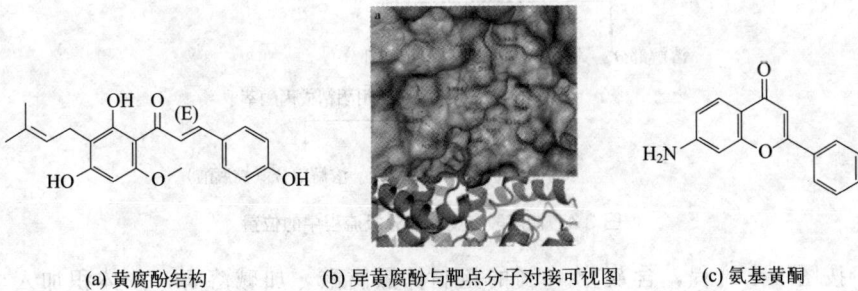

(a) 黄腐酚结构　　　(b) 异黄腐酚与靶点分子对接可视图　　　(c) 氨基黄酮

图 3-3 黄腐酚化合物

3.1.2.2 工艺

采用酶解法、水热提取、醇提取，从褐煤棕腐酸、酒糟生物腐植酸等分离得到粗品，经膜分离或层析、薄层＋色谱精制法，获得结构明确的精制产品。

3.1.2.3 产品分析

产品采用 GC-MS、NMR、HPLC-MS 等方法进行分析鉴定。分析鉴定时，采用薄层色谱法，常规硅胶预制薄层板或高效预制薄层板，必要时也可选用聚酰胺薄膜板或纤维素薄层板等。展开剂的选择至少须做三种不同展开剂的比较，斑点的检测也可采用可见光、紫外光或荧光猝灭法，以获得更多的信息。斑点扫描可应用多波长扫描，再进行比较、分析，专用的显色剂可以直观地显示各自的特征，而后联用 HPLC-MS。

3.1.3 棕腐酸

棕腐酸（humin）是腐植酸的一个重要级分，溶于乙醇、丙酮等极性溶剂，一般可从碱溶-酸析得到的腐植酸胶体中萃取出来，含有褐煤蜡、萜类、甾类、生物碱等，在轻工业、农业和医药上极具应用前景。

3.1.3.1 原理

采用溶剂抽提法得到较低灰分的棕黑腐酸的制品，根据在水、乙醇、丙酮等溶剂中溶解度，棕腐酸可以与黄腐酸分离，也可以与黑腐酸分离。

3.1.3.2 工艺

溶剂萃取法如图 3-4 所示。

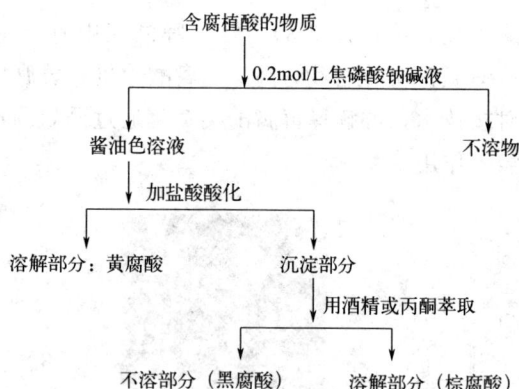

图 3-4　棕腐酸在腐植酸分级流程中的位置

按图 3-4 流程，含灰分 45％的粗制棕黑腐酸，加碱溶解，按体积加入 2％ NaCl 溶液进行盐析，可使无机质和少量腐殖质沉淀析出。过滤出碱液，调节 pH 到 1.5，酸析出较纯的棕黑腐酸，将所得产物经第二次碱溶、盐析、酸析的净化过程，可制得灰分为 8.5％的纯棕黑腐酸。经净化后，重金属含量从 $100 \sim 150 mg/L$ 降低至 40mg/L，砷含量从 720mg/L 降至 <5mg/L，配合膜分离及醇类溶剂精制，可以分离黑腐酸，生产药用级的棕腐酸。

3.1.3.3 产品分析

腐植酸中棕腐酸含量的测定，先加 1.0mol/L 盐酸溶液，摇匀，使棕腐酸、黑腐酸沉淀，以 4000r/min 离心悬浮液 10min，离心液弃掉，后用 60mL 0.2mol/L 盐酸溶液洗涤沉淀物。每次洗涤之后离心，离心液弃掉，重复 2 次。预先将定量滤纸与称量瓶在 105～110℃ 干燥箱干燥恒重。计算黑腐酸和棕腐酸的质量，其中的棕腐酸含量＝黑腐酸与棕腐酸含量－黑腐酸含量。

褐煤棕腐酸（生物质棕腐酸）发现的甾醇，采用膜分离或层析、薄层色谱强化液相色谱法，可以获得结构明确的产品（图 3-5～图 3-10）。

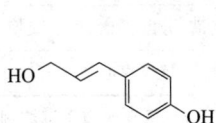

图 3-5　香豆醇

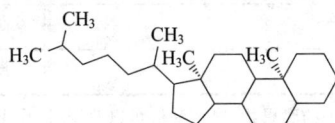

图 3-6　胆甾烷

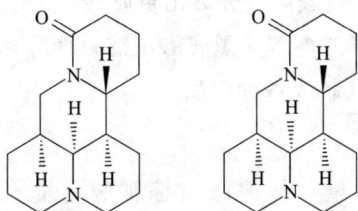

图 3-7　苦参碱

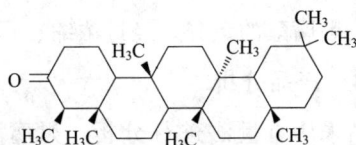

图 3-8　木醛酮

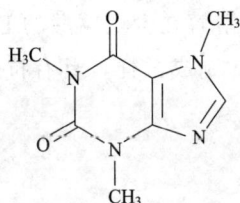

图 3-9　咖啡因

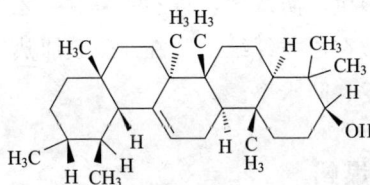

图 3-10　香树精

褐煤棕腐酸（生物质棕腐酸）的关键组分，对胃炎、胃溃疡疗效显著，并有抗菌、抗病毒、抗癌等多种生物活性[13-15]。

3.1.4　黑腐酸

黑腐酸源于腐植酸，产品可制涂料、油漆等工业防水材料，也可用于土壤、水质重金属离子钝化剂、肥料添加剂，在化妆品中作为抗炎、抗菌性的黑面膜材料。

3.1.4.1　原理

黑腐酸是腐植酸中分子量最大的级分，按照如表 3-2 腐植酸的分级依据与方法，可以获得纯净的黑腐酸。

表 3-2　腐植酸的分级原理与方法

分级的依据	分级的方法
1. 在酸或碱或盐类中的溶解度	用溶剂的分段
2. 控制介质 pH 值的分级沉淀	酸的抽出
3. 质点电荷、胶体性质	凝聚电泳
4. 两相间的分配	吸附色谱、分配色谱、离子交换
5. 分子量	凝胶过滤/超级离心法

注:不包括已除去的腐黑物(腐植酸渣可以改制,用作土壤改良剂、重金属离子沉淀剂)。

3.1.4.2　工艺

在腐植酸水溶液中，用中性水或者 2% 硫酸溶液分离出黄腐酸，用 70% 乙醇溶液以 4000r/min 转速离心 10min，使棕腐酸溶解、黑腐酸沉淀，而分离出棕腐酸，就是黑腐酸的级分，经过浓缩、提纯，制成各种产品。

3.1.4.3　产品分析

产品采用重量法进行分析，黑腐酸含量＝黑腐酸与棕腐酸含量－棕腐酸含量。

3.1.4.4　产品应用

以黑腐酸生产防水剂，将乙二醇、三乙醇胺溶解在含黑腐酸的 DMF 中，制成涂料，涂敷在尼龙纤维上，在 160℃ 加热 3min 制成试样，具有抗水性。理化性能包括硬度、防水率。

3.1.5　褐煤蜡

褐煤蜡一般存在于蜡质含量高的褐煤中，常呈褐色或暗褐色，包含蜡、沥青、树脂等成分。褐煤蜡广泛应用于日用涂料、油漆和橡胶添加剂及皮革制造、造纸业、电气工业等领域[2-6]。

3.1.5.1　原理

以褐煤为原料，选取乙醇、乙酸乙酯等毒性较低的溶剂作为提取溶剂，探究不同萃取条件对褐煤中褐煤蜡提取率的影响，得出最佳提取条件，并对已提取的褐煤蜡进行物理性质和化学质量指标的测定。

3.1.5.2　工艺

将黄腐酸液体中的漂在水相上的不溶部分以棕腐酸收集精制，也在溶于黄腐酸的液相中，通过离子交换树脂，以疏水性的黄腐酸组分，通过乙醇、乙酸乙酯等溶液脱附回收。图 3-11 是从棕腐酸级分中提取褐煤蜡，生产褐煤蜡（montan wax）的主要工艺。

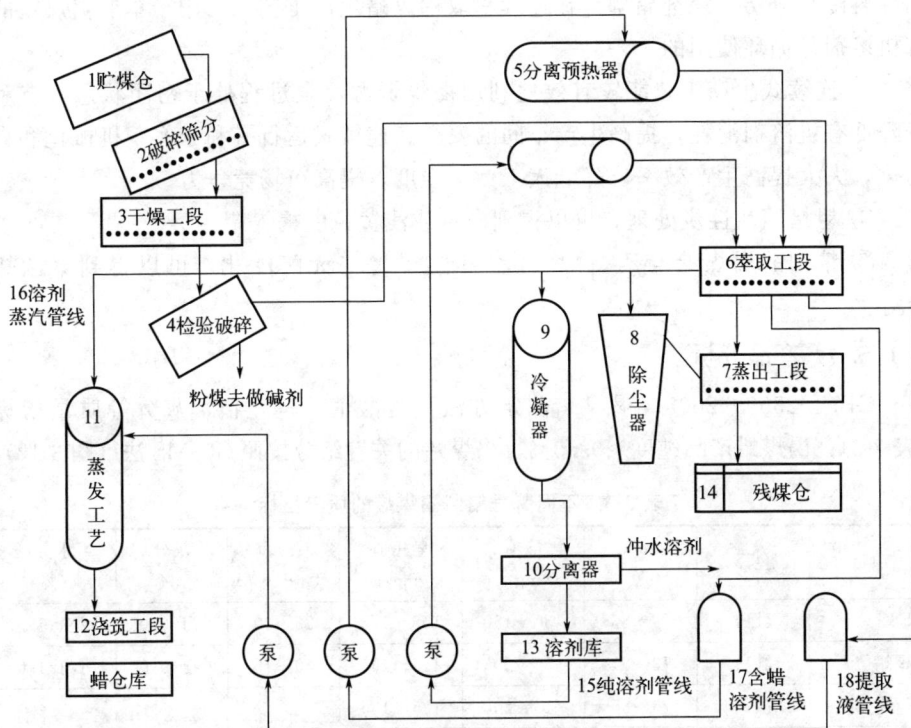

图 3-11 从棕腐酸级分提取生产褐煤蜡

如图 3-11 所示，从贮煤仓出来的褐煤先经过粗破碎，然后细破碎，粒度控制在 1mm 左右，用废烟道气干燥，降低水分，进入萃取工段；在混合状态下，在溶剂的沸腾温度条件下进行常压连续萃取。残煤从萃取器排出于残煤仓，可供热发电；溶剂抽出物和溶剂用泵抽入蒸发分离器，在温度下蒸发去溶剂即成液态褐煤蜡，注入铁模成型冷却后自动脱模得到粗蜡；蒸发出来的溶剂加以回收利用。

工艺要点如下：

① 褐煤有机溶剂的脱出采用加热解吸的方法，有机溶剂受热汽化与物料分离。经过萃取后的物料，由输送设备输送到专门研制的多层连续脱溶干燥器中，干燥器由间接蒸汽和直接蒸汽加热。其间接工作压力为 0.5~0.6MPa，温度控制在 100~120℃，物料在干燥器中处于翻动状态，烘干时间≥30min。为了强化含褐煤有机溶剂的蒸脱，多采用搅拌和直接蒸汽吹扫的措施。对料层搅拌有利于物料均匀受热和料层中有机溶剂的脱出；直接蒸汽工作压力为 0.02~0.05MPa，首先起到高效率热载体的作用，它保证物料迅速加热到需要温度。此外，蒸汽的

应用可降低在物料表面的有机溶剂蒸气浓度，从而加速有机溶剂的蒸发。

② 有机溶剂回收工艺流程包括多效蒸发器、浓缩有机溶剂混合气、有机溶剂冷凝冷却分层、溶剂储罐。在连续萃取褐煤蜡生产工艺中，用于萃取褐煤蜡的有机溶剂是循环使用的。

③ 连续式生产工艺能较有效地利用褐煤资源，全过程处于密闭状态，有利于降低有机溶剂消耗，提高生产车间的安全。连续式运行有利于实现机械化和自动化，大大提高生产效率，降低人工劳动强度，提高市场竞争力。

④ 粗蜡用活性炭处理，可以得到白色或浅黄色的褐煤蜡。

⑤ 精制的褐煤蜡与乙二醇、1,4-丁二醇等二元醇酯化，可以得到聚乙烯蜡等。

3.1.5.3 产品分析

GB/T 2559—2005《褐煤蜡测定方法》含酸值、皂化值、灰分等质量指标（表 3-3）；褐煤蜡产品纯度＞99.5％，褐煤蜡的关键组分按照 GC-MS 法（图 3-12）。

表 3-3 不同牌号精制褐煤蜡的质量指标

项目	色泽	熔点/℃	酸值/(mg/g)	皂化值/(mg/g)	黏度/(mPa·s)	灰分/%	水分/%
S 蜡	乳白	80～83	130～150	155～175	25～30	小于 0.05	小于 1.5
E 蜡	乳白	78～81	15～20	145～165	30～15	小于 0.05	小于 1.0
F 蜡	淡黄	79～85	15～20	125～155			
KPE 蜡	黄	79～85	20～30	100～130			
OP 蜡	黄	98～100	10～15	100～115		小于 0.2	小于 1.0

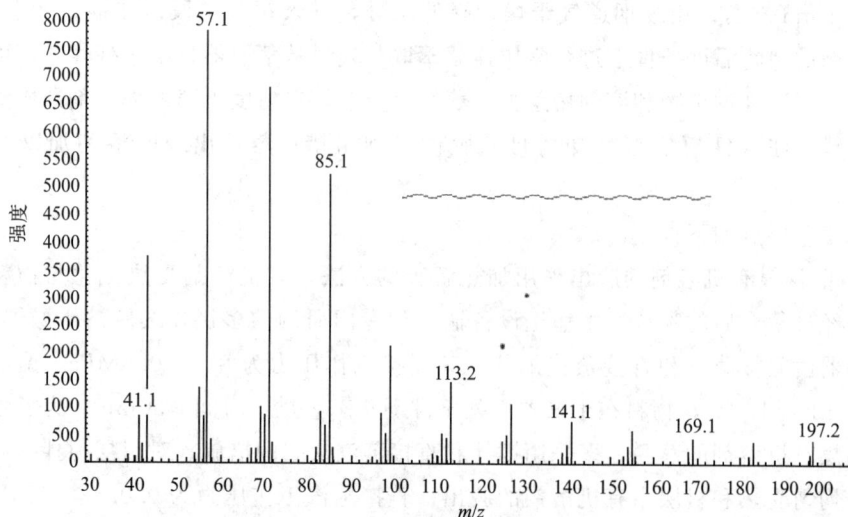

(a) 褐煤蜡产品GC-MS分析图谱(之一)

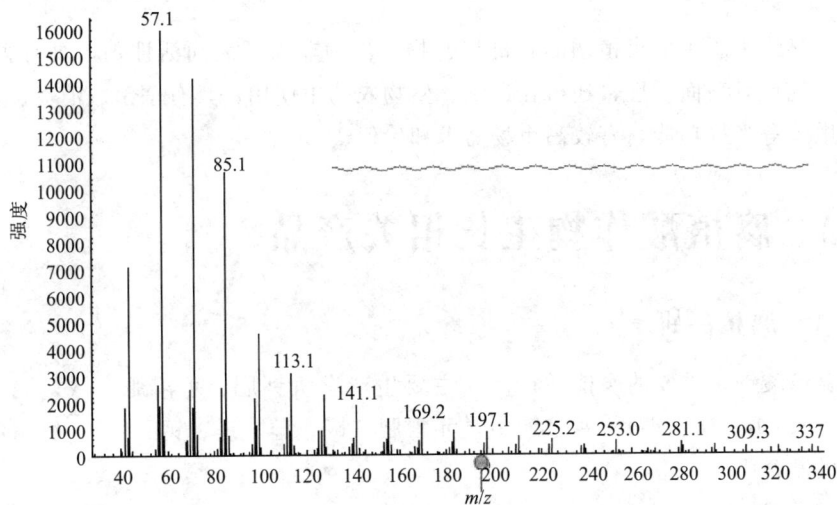

(b) 褐煤蜡产品GC-MS分析图谱(之二)

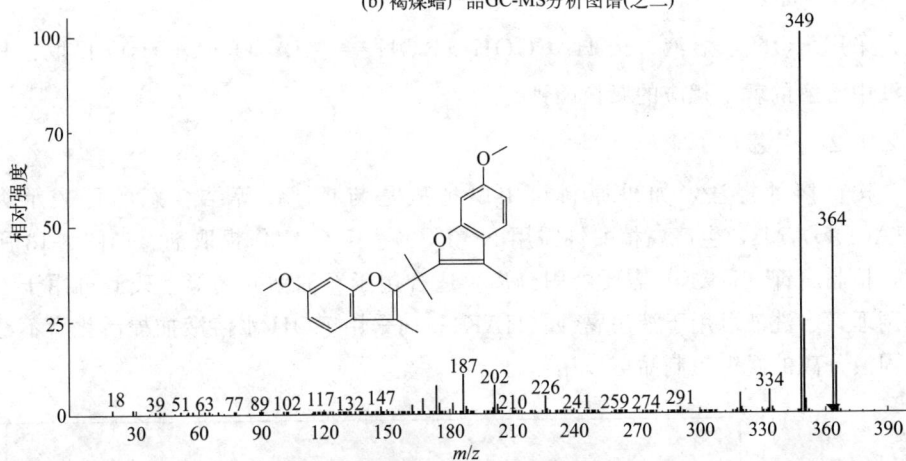

(c) 褐煤蜡产品GC-MS分析图谱(之三)[8]

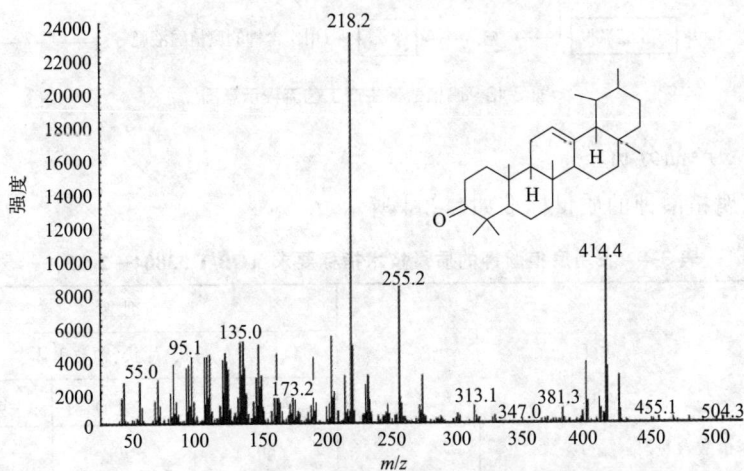

(d) 褐煤蜡产品GC-MS分析图谱(之四)

图 3-12　褐煤蜡产品的 GC-MS 图谱

褐煤蜡来源于成煤植物的有机化合物，作为非离子表面活性剂，具有去污、起泡、乳化等表面活性，还可在造纸、生物农药中使用，具有杀菌、消炎、抑制细胞增殖等多种功能，有较高市场需求和价值[13]。

3.2 腐植酸作物生长相关产品

3.2.1 腐植酸钾

腐植酸钾是重要的腐植酸产品，主要生产有机钾肥、水溶肥、微量元素肥（硒、锗、钼、钛、银）、腐植酸中量元素肥（硼、硅、镁、钙、铁）、腐植酸有机无机复合肥。

3.2.1.1 原理

采用 KOH 水溶液，按 $HACOOH + KOH \Longrightarrow HACOOK + H_2O$ 提取，其溶液中溶解的就是相应的腐植酸钾。

3.2.1.2 工艺

按直接抽提法，如果原料煤中腐植酸是与钙、镁等结合态的可表示为 $(HACOO)_2Me$，生产腐植酸钾需用 $Na_4P_2O_7$、K_2CO_3 作提取剂。如图 3-13 所示，精制腐钾（HAK）需要液固分离，适合用于石油钻井剂等；残渣可用于土壤调理，水洗液可用于液态腐钾（HAK）；而采用 KOH 水溶液抽提活化后不经过固液分离的腐钾粗制品可以用作复合肥。

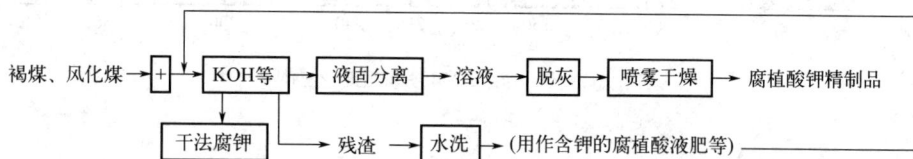

图 3-13 腐植酸钾生产工艺流程示意图

3.2.1.3 产品分析

农用腐植酸钾的质量标准如表 3-4 所示。

表 3-4 农用腐植酸钾的质量技术指标要求（GB/T 33804—2017）

项目		剂型		
		粉状、片状、颗粒固体		
		优等品	一等品	合格品
可溶性腐植酸含量/%	≥	60	50	40

项目		剂型		
		粉状、片状、颗粒固体		
		优等品	一等品	合格品
氧化钾(K_2O)含量/%	≥	12	10	8
水不溶物含量/%	≤	5	10	20
钠(Na^+)含量/%	≤	2.0		
pH 值(1∶100 倍稀释)		7~12		
水分含量(H_2O)/%	≤	15		

注:砷、镉、铅、铬、汞限量应符合 GB/T 23349 的要求。

3.2.2 腐植酸钠

腐植酸钠作为重要的腐植酸产品,在饲料添加剂、陶瓷添加剂、医药止血剂方面的应用性能优于腐植酸钾。

3.2.2.1 原理

采用 NaOH、Na_2CO_3 水溶液,按 HACOOH + NaOH(Na_2CO_3) $\Longrightarrow$ HACOONa + H_2O(+CO_2)反应,直接提取,其溶液中溶解的物质就是相应的腐植酸钠。

3.2.2.2 工艺

按直接抽提法,如果原料煤中腐植酸是与钙、镁等结合态的可表示为(HACOO)$_2$Me,生产腐植酸钠需用添加 $Na_4P_2O_7$、NaOH 作提取剂。如图 3-14 所示,精制腐植酸钠(HANa)需要液固分离,适合用于饲料添加剂、医药止血剂的初步原料等;残渣可用于水质调节剂,水洗液也可用于液态腐钠(HANa);而抽提活化后不经过固液分离的腐钠粗制品可以用作腐植酸抗菌肥料等。

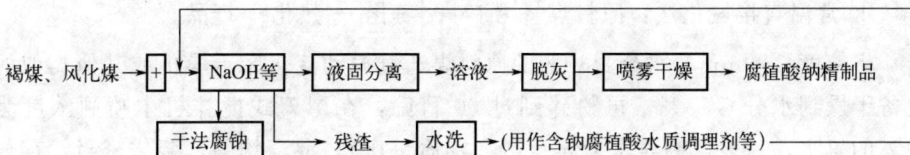

图 3-14 腐植酸钠生产工艺流程示意图

3.2.2.3 产品分析

腐植酸钠的质量技术指标要求见表 3-5。

表 3-5 腐植酸钠的质量技术指标要求 (HG/T 3278—2018)

项目		剂型			
		粉状、颗粒			
		优等品	一级品	二级品	三级品
可溶性腐植酸含量(以干基计)/%	≥	60	50	40	30
水不溶物含量(以干基计)/%	≤	5	10	20	25
水分/%	≤	15		20	
pH 值(1∶100 倍稀释)		8~10		9~11	
1.00mm 筛的筛余物①/%	≤	7~12			
粒度(1.00~4.75mm 或 3.35~5.60mm)②/%	≥	15			
砷及其化合物的质量分数(以 As 计)/%	≤	0.0050			
镉及其化合物的质量分数(以 Cd 计)/%	≤	0.0010			
铅及其化合物的质量分数(以 Pb 计)/%	≤	0.0200			
铬及其化合物的质量分数(以 ACr 计)/%	≤	0.0500			
汞及其化合物的质量分数(以 Hg 计)/%	≤	0.0005			

① 粒状产品不做该指标要求。
② 粉状产品不做该指标要求。

3.2.3 腐植酸铵

腐植酸铵是重要的腐植酸肥料,除了直接氨化法外,通过复分解反应,可转化为腐植酸水溶肥、腐植酸微量元素肥(硒、锗、钼、钛、银)、腐植酸中量元素肥(硼、硅、镁、钙、铁)、腐植酸有机无机复合肥。

3.2.3.1 原理

采用氨水,按 $HACOOH + NH_3 \cdot H_2O \Longrightarrow HACOONH_4 \cdot H_2O$ 直接提取,其溶液中溶解的物质就是相应的腐植酸铵盐。

3.2.3.2 工艺

① 常温直接氨化法:原料煤→ 粉碎 → 氨化 → 熟化 →产品。

将粒度≤20mm、水分≥30%的原料煤通过振动流化床干燥机或其他类似的设备干燥到水分≤15%,再粉碎到过 60 目筛,在犁刀式搅拌机中喷洒浓度为15%的氨水,一般控制氨水∶煤≈1∶2(质量比),混合均匀,装袋密封,存放3~5d 即得产品。

② 加温复分解法:在密闭的反应器内,用高钙镁风化煤原料,用碳化氨水或碳酸氢铵(NH_4HCO_3)在 80~90℃下氨化反应 3~4h,以保证有足够的

CO_3^{2-} 与煤中的 Ca^{2+}、Mg^{2+} 结合生成沉淀。加氨量按直接法计算。

3.2.3.3 产品分析

HG/T 3276—2019《腐植酸铵肥料分析方法》标准只规定了腐植酸含量分 25%、25%～<50%、≥50%，黄腐酸含量也分 25%、25%～<50%、≥50%，铵态氮的含量不能低于 3%，没有更明确的质量要求，因此以腐植酸与磷复合后再氨化，呈磷酸一铵、磷酸二铵的质量标准，见表 3-6。

表 3-6 含腐植酸磷酸一铵、磷酸二铵的要求

项目		含腐植酸磷酸一铵	含腐植酸磷酸二铵
总养分(N+P_2O_5)质量分数/%	≥	52.0	53.0
总氮(N)质量分数/%	≥	9.0	13.0
有效磷(P_2O_5)质量分数/%	≥	41.0	38.0
水溶性有效磷(P_2O_5)的质量分数/%	≥	75	
腐植酸的质量分数/%	≥	0.3	
水溶性磷的固定差异/%	≥	25	
水分(H_2O)的质量分数/%	≤	3.0	
粒度(1.00m)/%	≥	80	

3.2.4 腐植酸锌

锌是植物生长所必需的矿物元素，腐植酸锌可以调节活化植物体内的多种酶的组成成分，用作叶面肥、有机肥、冲施肥增效剂，拌种添加剂。锌也是水系锌电池（一种安全环保的二次电池）的原料，应用于规模化储能，存在正极材料在循环过程中结构崩塌和副反应等问题，将油茶壳木质素 BHA 应用于水系锌离子二次电池中，可以有效降低电解液泄漏的危险，从而显著提升水系锌离子电池的循环性能。

3.2.4.1 原理

腐植酸锌肥料可按 $2HACOONa+ZnSO_4 \rightleftharpoons 2(HACOO)Zn+Na_2SO_4$ 反应制得。

3.2.4.2 工艺

腐植酸锌生产工艺流程见图 3-15。

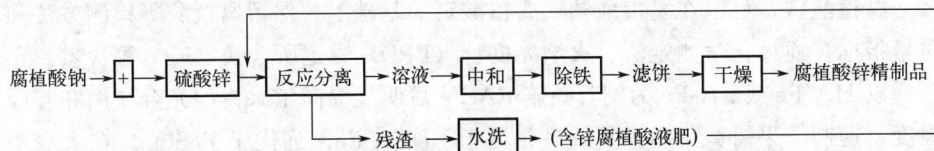

图 3-15 腐植酸锌生产工艺流程示意图

3.2.4.3 产品分析

腐植酸锌作为专用的腐植酸产品，可以在腐植酸钾或钠的基础上，保留腐植酸等检测方法和质量指标，添上含锌化合物的百分含量（%），通过化学测定法、火焰光度计（FPD）、电感耦合等离子体质谱仪（ICP-MS）测定所含的锌（Zn）含量。以锌为例，与腐植酸结合后的应用效果见表3-7。

表 3-7 腐植酸锌的应用效果　　　　　　　　单位：%

处　理	肥料中各种形态的 Zn				施入土壤后 Zn	
	有效态			非有效态	有效态	非有效态
	水溶态	酸溶态	螯合态			
$ZnSO_4 \cdot H_2O$	100	0	0	0	19.21	80.79
$HA+ZnSO_4 \cdot H_2O$	2.61	18.99	36.5	41.9	42.96	57.04
$HA-NH_4+ZnSO_4 \cdot H_2O$	7.17	4.04	16.17	72.6	41.03	58.97

3.2.5　腐植酸铁

铁元素关系到作物的营养素。腐植酸铁，以 Fe^{2+} 等与腐植酸相互作用，在农林牧畜应用，以及作为催化剂在工业上应用。腐植酸铁可以钝化铅、镉等重金属离子，土壤中的铁偏低，pH 值和 HCO_3^- 含量高，会发生缺铁黄化等问题。

3.2.5.1 原理

腐植酸铵可按 $2HACOONa+FeSO_4 \Longrightarrow 2(HACOO)Fe+Na_2SO_4$ 反应制得。

3.2.5.2 工艺

腐植酸铁生产工艺见图 3-16。

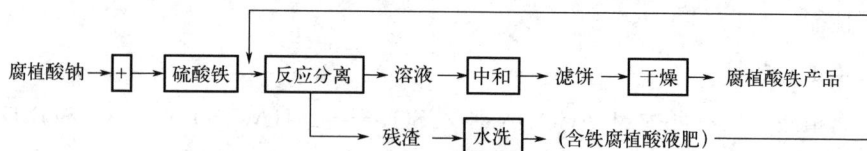

图 3-16　腐植酸铁生产工艺流程示意图

3.2.5.3 产品分析

腐植酸铁，可以在腐植酸钠、腐植酸钙的基础上，保留腐植酸等检测方法和质量指标，通过化学测定法、火焰光度计（FPD）测定所含铁（Fe）等含量。

以 HA-Fe 或 FA-Fe 为例，喷施 FA-Fe 后明显提高了果树的光合作用和呼吸强度，遏制了果树黄化病，其效果相当于 EDTA-Fe，远优于 $FeSO_4$。在大豆中施用 FA-Fe 与施用 $FeSO_4$ 相比，叶片吸收的 Fe 多 23%；用硝基黄腐酸铁

（NFA-Fe）防治苗木、花卉、花生等的黄叶病也取得突出效果，且比普通 HA-Fe 更好；对北方石灰性土壤施用风化煤 HA 的效果进行比较，发现 HA 使土壤中有效 Fe 提高 $1.17\% \sim 3.13\%$，土壤呼吸量增加了 $2.42\% \sim 15.4\%$，是腐植酸铁的活化和促进植物生理功能的结果[16-19]。

分析验证也发现，腐植酸铁会在大豆根部沉淀，堵塞细胞壁的孔隙，减少从根到芽水分和铁的运输，并进一步在大豆根系表面形成铁生物矿化（黄钾铁矾）。

3.2.6 腐植酸钙

腐植酸钙是用途广泛的腐植酸产品，通常由腐植酸钾、腐植酸钠制取。而利用纯碱企业氨碱渣、含碱废液制备腐植酸钙镁螯合肥的方法属于氨碱渣、含碱废液处理及再利用技术领域，针对产能约占全国 46%（约 1000 万吨/年）的"氨碱法"生产纯碱企业，每年都有大量碱渣、废液排放，严重污染环境，破坏农作物生长。对这一现实问题，目前已经通过自动控制、连续化生产腐植酸钙镁螯合肥而解决。

3.2.6.1 原理

① 以腐植酸钾或腐植酸钠生产腐植酸钙等多价金属盐的中间步骤。制取腐植酸多价金属盐原则上必须先制成腐植酸钠溶液，再加入相应的无机盐，通过复分解反应，将腐植酸的多价盐沉淀出来，制成腐植酸钙或复合肥。

$$2HACOOK(Na)+Ca(CH_3COO)_2 \Longrightarrow (HACOO)_2Ca+2CH_3COOK(Na)$$

② 利用矿源 HA 或植源 BHA 与氨碱厂氨碱渣和含碱废液反应制取腐植酸钙镁螯合肥，并同时利用 CO_2 和 NO_2，有多级循环利用工序。

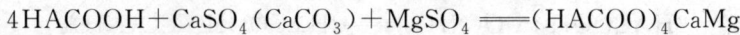

$$4HACOOH+CaSO_4(CaCO_3)+MgSO_4 \Longrightarrow (HACOO)_4CaMg$$

3.2.6.2 工艺

腐植酸钙生产工艺示意图见图 3-17。腐植酸钙镁螯合肥生产工艺图见图 3-18。

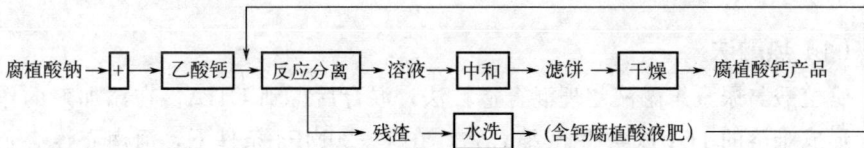

图 3-17 腐植酸钙生产工艺流程示意图

图 3-18 腐植酸钙镁螯合肥生产工艺流程示意图

腐植酸钙镁螯合肥，利用纯碱厂的氨碱渣和含碱废液为原料，室温下，用15‰碳酸钠水溶液与矿源腐植酸或植源腐植酸反应，15min后过滤，气液固分离得到气体 CO_2、NO_2 循环利用，滤饼主要为碳酸钙和硫酸钙；滤液为腐植酸钙镁螯合液（螯合肥），符合腐植酸钙镁肥标准。

3.2.6.3 产品分析

除了通过化学测定法测定腐植酸含量外，通过火焰光度计（FPD）、电感耦合等离子体质谱仪（ICP-MS）、原子吸收光谱仪（AAS）等测定所含的 Ca、Mg 含量。

以 HA 钙（Ca）为例，在苹果树上喷施 FA-Ca，Ca^{2+}-ATPase 活性提高 587.37%，高于氨基酸-Ca（提高 419.82%），也高于无机钙 $Ca(NO_3)_2$＋B（195.21%）和 $Ca(NO_3)_2$（49.49%）；相应地，苹果中维生素 C、可溶固形物含量也是喷施 FA-Ca 的最高。FA-Ca 是优良的植物补钙剂。

以 HA 钙镁（Ca、Mg）为例，改良修复土壤：腐植酸钙镁螯合肥可以改良酸化、盐渍化及板结的土壤，提高土壤综合肥力，并可调节呼吸作用、增强光合作用，增加作物内动力和抗逆性。

3.2.7 腐植酸尿素

腐植酸尿素（UHA）是腐植酸与尿素的反应产物，对土壤中分解尿素的脲酶和硝化细菌活性有抑制作用，进而抑制尿素的快速转化损失，提高尿素利用效率。

3.2.7.1 原理

$$2HACOOH + CO(NH)_2 \Longrightarrow 2HACOOH \cdot CO(NH)_2$$

尿素与腐植酸在一定条件下发生复杂的化学反应，形成羰基加成物或有机络合盐等物理化学性质稳定的腐脲复合物。

3.2.7.2 工艺

（1）热融法

腐植酸与尿素熔融液物理混合造粒法，混合后得到 UHA。在添加剂的作用下，形成难溶的 HA-尿素-甲醛缩合物，在 1～20MPa 条件下，河南心连心企业的尿素的生产规模超 120 万吨/年。

（2）水溶法

腐植酸溶于水的加入尿素的方法或者植酸溶于尿素水溶液的加入法，可在0.03MPa 条件下大规模生产。

（3）包裹法

在具有一定黏性的基质作用下，将 HA 包裹在尿素颗粒上，干燥后形成一层较稳定的半透性包裹膜[27]。所得颗粒产品可直接作为缓效尿素使用，也可作掺混肥的氮肥原料。包裹型 UHA 作为缓控释氮肥，其工艺流程见图 3-19。

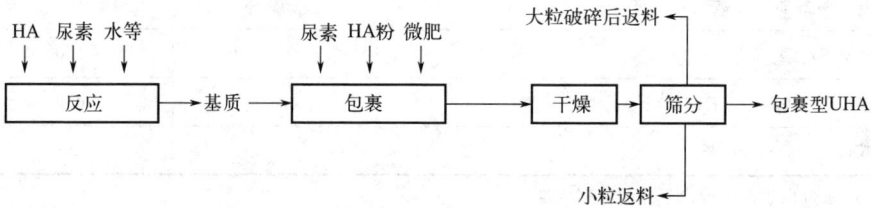

图 3-19　包裹型腐植酸尿素生产工艺流程示意图

将精制的 HA 粉末、尿素、水、助剂、黏结剂等混合，加热反应制成浆状物作为基质。在转动的包裹机内加入尿素、粉状 HA，喷洒适量基质，使 HA 均匀地包裹在尿素颗粒周围，然后在＜110℃下快速干燥，筛分，制得包裹型UHA。将黏结的大粒和筛下小粒经再加工后返回包裹机，或者用于复混肥的配料。

（4）工艺要点

HA 与尿素反应的关键是要严格抑制尿素的过度水解和聚合。反应温度过高、时间过长、水的比例过大以及碱性介质下都会导致尿素水解或缩二脲的生成。因此，在水介质下生产 UHA 或包裹基质时应控制温度≤50℃、反应时间≤20min、pH 在 7 左右为宜。

包裹层的厚度、密实度和微孔隙率，对肥料肥效和缓释性影响极大。HA 的性质、粒度和添加量、基质的黏结性、包裹机的转速、各种原料的水分等，都对包裹层的性能产生影响。包裹层中 HA-尿素络合物含量的多少，也是缓释性的影响因素之一，在一定程度上也反映该 UHA 的技术含量。

所用的粉状 HA 原料是经过适当活化处理的风化煤或褐煤，不必提纯，但HA 含量应≥60％（干基）。根据实际需要，在包裹层中添加适量的微量元素肥料，会起到肥料的互补增效作用[20]。

3.2.7.3　产品分析

UHA 的国家行业标准见表 3-8（HG/T 5045—2016）。

表 3-8　含腐植酸尿素的质量标准

项目		要求
总氮(N)的质量分数/％	≥	45.0
腐植酸的质量分数/％	≥	0.12
氮挥发抑制率/％	≥	5.0

项目	要求	
缩二脲的质量分数/%	≤	1.5
水分[①]/%	≤	1.0
亚甲基二脲[②](以 HCHO 计)的质量分数/%	≤	0.6
粒度[③]($d_1 \sim d_4$)/%	≥	90

① 水分以生产企业出厂检验数据为准。

② 若尿素生产工艺中不加甲醛,可不做亚甲基二脲含量的测定。

③ d_1 为 0.85～2080mm,d_2 为 1.18～3035mm,d_3 为 2.00～4.75mm,d_4 为 4.00～8.00mm;只需符合四挡中的任一挡即可,包装标识中应标明粒径范围。

腐植酸对尿素的增效作用已被大量应用实践证实。对大型尿素生产线改造生产出腐植酸尿素(UHA),工艺较简单,品种变化较多。通过腐植酸在线添加技术,可充分利用尿素装置的在线生产能力开发多功能尿素,也有利于化肥减量,并增强尿素产品市场的竞争力。

3.2.8 硝基腐植酸

硝基腐植酸(NHA)是腐植酸硝酸氧化的产物,采用原料泥炭、褐煤、风化煤、生物质秸秆都可进行硝化氧化等反应。硝基腐植酸(NHA)生物活性强,是盐碱地改良的高效肥料、土壤改良剂。

3.2.8.1 原理

$$RCOOH + HNO_3 \Longrightarrow RCOONO_2 + H_2O$$

3.2.8.2 工艺

硝基腐植酸干法以褐煤、风化煤为主,生产工艺流程见图 3-20。

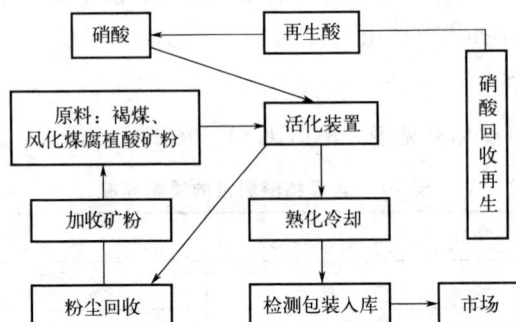

图 3-20 硝基腐植酸干法生产工艺流程示意图[21]

硝基腐植酸干、湿法与磺甲基化联合生产工艺流程见图 3-21。

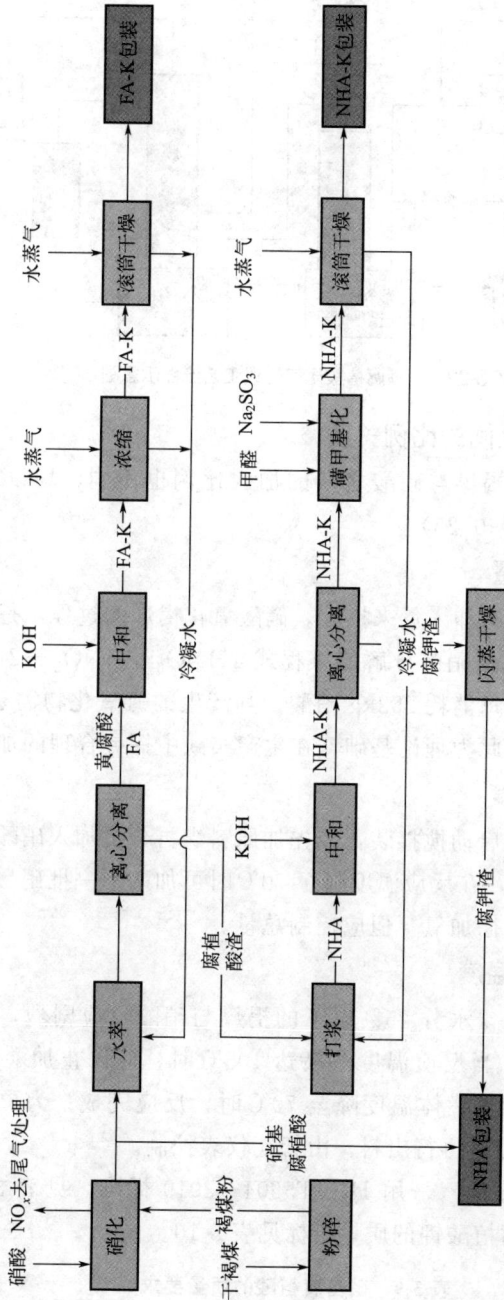

图 3-21 硝基腐植酸干、湿法与磺甲基化产品生产工艺流程示意图

硝基腐植酸尾气处理工艺流程见图 3-22。

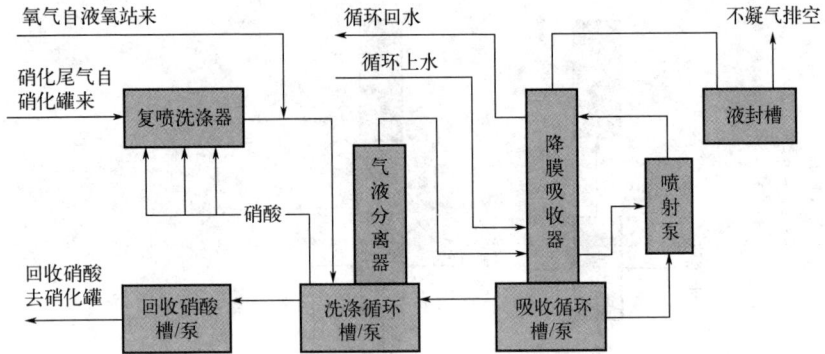

图 3-22 硝基腐植酸尾气处理工艺流程示意图

（1）褐煤、硝酸之间的比例关系

根据原料的不同，褐煤与硝酸之间的加入比例也不同，均以干基计量，褐煤：硝酸为 1：（0.20～0.25）。

（2）氧气的加入量

氧气加入量以硝酸的加入量来推算。硝酸氧化褐煤的过程，是氧化与降解同时发生的加成反应。根据硝酸分解的方程式 $4HNO_3 = 4NO_2 + 2H_2O + O_2$，这个方程式是可逆的，即每消耗 252kg 硝酸，其产生的氮氧化物需要补充 32kg 氧气来返制成稀硝酸，以此为理论基础，在生产实践中探寻合理的加氧区域。

（3）物料加入速度

褐煤加入前，需先启动搅拌装置。先加原料煤再分批加入硝酸，当硝化罐温度达 105℃时停止加酸，在反应温度降至 70℃时可加入下一批硝酸。加氧气，当硝化罐温度上升时可徐徐加氧，但应控制总量。

（4）反应时间和温度

褐煤生化活性较高，水分 25% 以下的褐煤与硝酸反应剧烈，以反应温度来鉴别其反应完成状况。当反应温度最高达 105℃时，应停止加酸；当高于 95℃时，再缓慢加酸。一般当罐体温度降至 70℃时，反应完成；为更多地抽走氮氧化物气体，宜降至 50℃时再行出料，由智能仪表控制。

硝基腐植酸质量分析，采用 HG/T5604—2019 标准，见表 3-9。硝基腐植酸、黄腐酸钾及磺化腐植酸钾的质量指标见表 3-10。

表 3-9　硝基腐植酸的质量要求

项目		指标	
		Ⅰ型	Ⅱ型
腐植酸和黄腐酸总量的质量分数/%	≥	65	55

项目		指标	
		Ⅰ 型	Ⅱ 型
阳离子交换容量/(cmol/kg)	≥	300	250
总氮含量的质量分数/%	≥	2.5	
硝基氮含量的质量分数/%	≥	1.5	
水分(H₂O)的质量分数/%	≤	15	
游离硝酸含量的质量分数/%	≤	0.5	
pH 值		2.0～4.0	
粒度	粒状 0.5mm 筛余物的质量分数/% ≤	5	
	粒状 2.0～4.75mm 的质量分数/% ≥	80	

表 3-10 硝基腐植酸、黄腐酸钾及磺化腐植酸钾的质量指标

主要指标		硝基腐植酸(NHA)		磺化腐植酸钾(NHA-K)		硝化黄腐酸钾(FA-K)	
		Ⅰ	Ⅱ	Ⅰ	Ⅱ	Ⅰ	Ⅱ
腐植酸(HA)(干基)/%	≥	70	55	60	45	—	—
K₂O/%	≥			9	7.5		
有机质(干基)/%	≥	75	60	70	60		
黄腐酸(FA)/(g/100mL)	≥	—	—	—	—	10	8
可溶无机盐(干基)/%	≤					1	20
水不溶物(干基)/%	≤	10	20	10	20	0.5	5
pH 值		8.5～9.5	9～11	6～8	9～11	2～6	2～6
水分/%	≤	10	15	15	15		

3.2.9 腐植酸水溶肥

腐植酸水溶肥，包括叶面肥、冲施肥、滴灌肥等，是 FA 或 HA 的一价盐为水溶有机基质，同 N、K、P 及微量元素或者微生物菌剂配制而成的。腐植酸水溶肥可提供速效养分，同时能发挥及生物菌剂的活性，利用率高，附加值高。

3.2.9.1 原理

$$2FACOOK + H_2O \Longrightarrow 2FACOOK \cdot H_2O$$

3.2.9.2 工艺

HA 水溶肥，以褐煤或泥炭＋氢氧化钾（煤质量的 15％左右）＋水（煤质量的 8 倍左右）（pH9～10）90℃下反应约 1h，3000r/min 离心去渣；FA 水溶液加酸化（pH1.5～2）沉淀，3000r/min 离心除去沉淀、溶液浓缩、滚筒干燥或

喷雾干燥，检验后 HA、FA 呈干粉包装，或者液态桶装，应用时再稀释。

（1）固体产品生产工艺

见图 3-23。

原料处理 → 粉碎计量 → 过滤除杂 → 原料均匀化 → 成品 → 产品

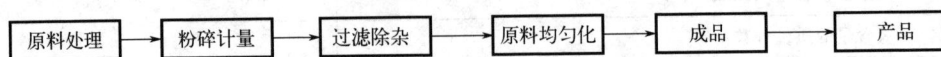

图 3-23　腐植酸水溶肥（固态包装）生产工艺流程示意图

（2）液体产品生产工艺

见图 3-24。

原料处理 → 原料配料计量 → 过滤 → 原料均匀化 → 成品 → 产品

图 3-24　腐植酸水溶肥（液态包装）生产工艺流程示意图

针对矿物源褐煤、风化煤中的黄腐酸含量越来愈少，通过硝酸氧化降解增加黄腐酸的比例，通过化学改性降低腐植酸的分子量、增加官能团，这是提高化学活性、生物活性以及改善胶体保护和络合性能的关键措施。可以通过产品中间控制，测定 HA（FA）的总酸性基 $\geqslant$ 10mmol/g（其中 COOH 占 2/3），测定 $E_4/E_6 \geqslant 8$，使得凝聚极限 $\geqslant$ 12mmol/g，或者能引入—CH_2SO_3H、—SO_3H 等亲水基团，改善应用效果。可采用磺甲基化腐植酸，增加水溶性，在 5000～7000 倍的稀释度下替代黄腐酸，在水溶液中有一定的抗硬水絮凝能力。

3.2.9.3　产品分析

按农业农村部的 NY/T 1106—2010，含腐植酸的水溶肥料添加大量、微量营养元素类型，将含腐植酸水溶肥料分为大量元素型和微量元素型。其中，大量元素型产品分为固体或者液体两种剂型，微量元素型产品仅为固体剂型。产品质量指标为 NY/T 1106—2010，见表 3-11 和表 3-12。

表 3-11　含腐植酸水溶肥（大量元素）质量指标

项目		剂型	
		固体/%	液体/（g/L）
腐植酸含量	$\geqslant$	3.0	30
大量元素含量①	$\geqslant$	20.0	200
水不溶物含量	$\leqslant$	5.0	50.0
水分（H_2O）	$\leqslant$	5.0	—
pH 值（1：250 倍稀释）		4.0～10.0	

① 大量元素含量指总 N、P_2O_5、K_2O 含量之和。产品应至少包含两种大量元素。单一大量元素含量不低于 2.0%（20g/L）。

注：含腐植酸水溶肥料中砷、镉、铅、铬、汞限量应符合 NY1110 的要求。

表 3-12　含腐植酸水溶肥 (微量元素) 质量指标

项目		剂型	
		固体粉剂/%	水剂/(g/L)
腐植酸含量/%	≥	3.0	30.0
微量元素含量[①]/%	≥	6.0	60.0
水不溶物含量/%	≤	5.0	50.0
水分(H₂O)/%	≤	5.0	—
pH 值(1∶250 倍稀释)		4.0～10.0	

① 微量元素含量指铜、铁、锰、锌、棚、钼元素含量之和。产品应至少包含一种微量元素。含量不低于 0.05% 的单一微量元素均应计入微量元素含量中。钼元素含量不高于 0.5%。

注：含腐植酸水溶肥料中砷、镉、铅、铬、汞限量应符合 NY1110 的要求。

3.2.10　腐植酸有机-无机复混肥

腐植酸有机无机复混肥为腐植酸的主要肥料品种，随着化肥用量的负增长、肥料工业 4.0 时代的到来、农业生态可持续发展的深入进行，多品种的腐植酸复混肥将显示更大的生命力和发展前景。

3.2.10.1　原理

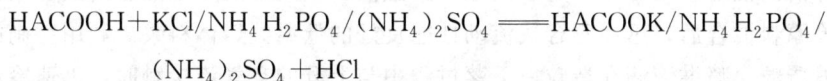

$$HACOOH+KCl/NH_4H_2PO_4/(NH_4)_2SO_4 \Longrightarrow HACOOK/NH_4H_2PO_4/$$
$$(NH_4)_2SO_4+HCl$$

3.2.10.2　工艺

工艺见图 3-25。高塔工艺造粒能够生产出颗粒均匀、形状规整、肥效好的肥料。

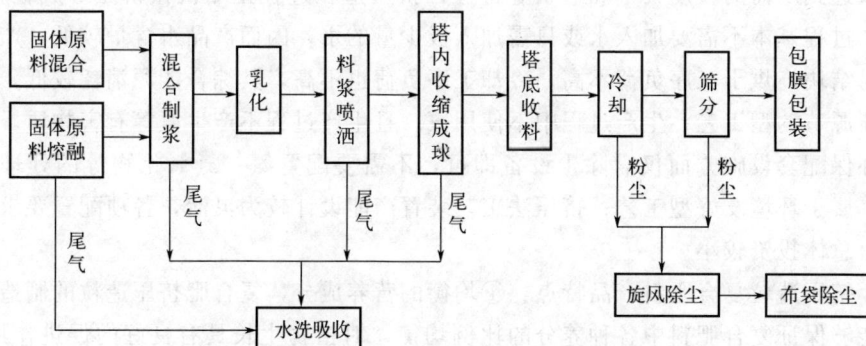

图 3-25　高塔生产腐植酸复合肥工艺流程示意图[23]

将破碎至一定粒度的腐植酸盐、硝铵磷或尿素熔融体与氯化钾、磷酸一铵、氯化铵、硫酸铵、硫酸钾等固体粉料混合后形成低共熔点混合物，制成含有均匀固体悬浮颗粒的熔融料浆。熔融料浆通过特制的喷头喷洒在造粒塔中，分散为一定粒径的液滴，液滴在造粒塔内与自然上升的气流进行热量交换后冷却下来，收缩形成表面较为圆滑的球形颗粒，即可获得养分含量均匀的腐植酸复混肥料（图 3-26）。

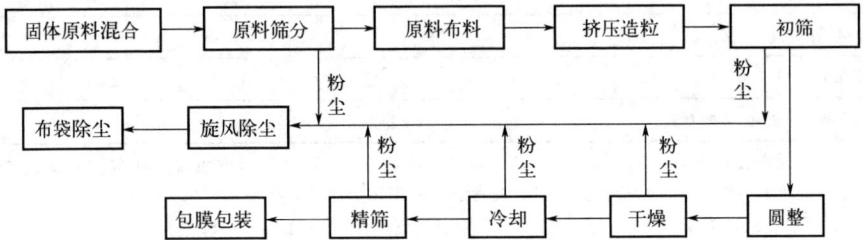

图 3-26　高塔生产腐植酸复合肥挤压造粒工艺流程示意图

腐植酸产品从原料仓，随氮源、磷源、钾源等一起添加，也可通过添加绞龙、齿轮泵等装置从一级槽上进行添加。采用高塔工艺，先将腐植酸预处理。风化煤经过筛分除杂后进入粉碎机，经粉碎后的风化煤过 $120\sim75\mu m$（$120\sim200$ 目）筛进入酸解槽，经质量分数为 $30\%\sim40\%$ 的稀硫酸酸解后，进入烘干机（$120\sim160℃$），当含水质量分数<4%时，通过喂料机、皮带秤进入高塔系统料浆混合槽内混合。关键技术是利用尿素熔融液与预处理的腐植酸、磷酸一铵、氯化钾等原料混合后，迅速复合成流动性能良好的低温共熔体料浆。利用特制的喷头喷淋造粒，喷淋液滴在造粒塔下落过程中与上升的空气流接触时，迅速冷却固化形成颗粒，再经冷却、筛分、包膜、计量包装获得养分均衡稳定，外观光滑圆润，带有针孔状的高氮、高浓度的颗粒型腐植酸功能性肥料。

挤压造粒能够生产均匀的粒度，挤压造粒的制粒过程可以通过控制料筒等参数来达到所需的粒度大小和形状等特性；挤压造粒过程是靠机械挤压形成颗粒，生产过程基本不需要加入水或只需加入极少量的水，因而产品水含量较低，产品不易结块，烘干工序负荷不高，冷却工序负荷也不高，其综合能源消耗较低，属于能源节约型工艺；生产过程中不使用氨，且生产过程不产生氨等有害物质，因而环保配套设施方面仅需除尘设备即可，不需要配置氨、氮氧化物等的处理设施，属于环境友好型工艺；挤压法工艺装置产能设计较为灵活，各项配置要求不高，总体投资较小。

挤压造粒复合肥料产品特点：①均衡的营养成分，复合肥挤压造粒的制造工艺能够保证复合肥料中各种养分的比例均衡，对植物生长具有良好的促进作用。②发挥缓释效果，复合肥挤压造粒采用颗粒状的形态，营养成分释放缓慢，能够保证作物长时间得到充足的养分。③方便施肥，复合肥挤压造粒采用颗粒状的形态，不易飘散，施肥方便。④减少肥料流失，复合肥挤压造粒的制造工艺能够将肥料黏合到颗粒上，不容易被雨水冲走，减少肥料流失。

工艺要点：①所用的 HA 原料煤不必精制，但 HA 含量应≥50％，而且必须经过氨化或制成 HA-K，有条件时可先硝酸氧化，再制成 NHA-NH$_4$ 或 NHA-K，使水溶性 HA 达到 20％以上，否则明显影响肥效。②化肥最好用高浓度的，如尿素、磷酸一铵、磷酸二铵、KCl（忌氯作物用肥要用 K$_2$SO$_4$ 代替）等。为提高颗粒强度，可以适当添加（NH$_4$）$_2$SO$_4$ 和膨润土等。③如果使用过磷酸钙，要特别注意它与尿素直接接触后发生潮解和结块现象[33]，原因是过磷酸钙中的游离磷酸、磷酸一钙与尿素作用形成复盐，并且磷酸一钙中一分子的结晶水被释放出来。这种复盐的溶解度极大，反应后的液相比反应前可增加 3～4 倍，导致物料黏结，生产无法进行。因此，过磷酸钙必须事先用碳铵氨化或用钙镁磷肥处理，干燥后才能使用。过磷酸钙与 HA 原料同时氨化是一举两得的好办法，但要掌握碳铵添加量和控制总物料 pH＜7，防止氨损失和水溶磷的过度退化。④根据作物营养需求和土壤养分丰缺情况调整养分比例，制成专用型肥料，是提高 HA 复混肥综合水平和使用效果的关键技术措施。一般来说，南方酸性土壤缺钙镁，可适当添加消石灰、氧化镁、钙镁磷肥等，这些物料也可作为造粒后的调理剂使用；而北方碱性土壤用肥可添加磷石膏、糠醛渣等工业废料；盐碱地中则尽量用含硫多的肥料。微量元素要有针对性地加入（总量以 2％左右为宜）。为降低成本，尽可能使用有一定量营养元素的工业废料作微肥原料，如硼泥、钼渣、锰渣、硫铁矿渣（含铜）、白云石等，根据测土施肥数据和种植作物种类来确定。

3.2.10.3　产品分析

质量指标参考 HG/T 5933—2021《腐植酸有机无机复混肥料》，见表 3-13。腐植酸有机无机复混肥中汞、砷、镉、铅、铬的限量要求见表 3-14。

表 3-13　腐植酸有机无机复混肥料的要求

项目			指标	
			Ⅰ 型	Ⅱ 型
总养分(N+P$_2$O$_5$+K$_2$O)的质量分数①/%		≥	25	35
总腐植酸的质量分数/%		≥	15	5
可溶腐植酸的质量分数/%		≥	8	3
有机质的质量分数/%		≥	20	15
水分(H$_2$O)的质量分数②/%		≤	12	
pH			5.5～8.5	
氯离子的质量分数③/% ≤	未标"含氯"的产品		3.0	
	标"含氯(低氯)"的产品		15.0	
	标"含氯(中氯)"的产品		30.0	

项目	指标	
	Ⅰ型	Ⅱ型
粒度④(1.00~4.75mm 或 3.35~5.60mm 的质量分数)/% ≥	85	
粪大肠菌群数⑤/(个/g) ≤	60	
蛔虫卵死亡率/% ≥	98	

① 标明单一养分的含量不得低于 3.0%，而且单一养分的测定值与标明值负偏差的绝对值不应大于 1.5%。

② 水分以出厂检验数据为准。

③ 氯离子的质量分数大于 3.0%的产品，应在包装容器上标明"含氯（低氯）"或"含氯（中氯）"或"含氯（高氯）"标识"含氯（高氯）"的产品氯离子的质量分数可不做检验和判定。

④ 粉状、片状产品不做粒度要求。当用户对粒度有特殊要求时，可由供需双方协定。

⑤ 非发酵工艺生产的产品，本项目不做要求。

表 3-14 腐植酸有机无机复混肥中汞、砷、镉、铅、铬的限量要求

项目	指标
总汞(以 Hg 计)/(mg/kg) ≤	5
总砷(以 As 计)/(mg/kg) ≤	15
总镉(以 Cd 计)/(mg/kg) ≤	10
总铅(以 Pb 计)/(mg/kg) ≤	50
总铬(以 Cr 计)/(mg/kg) ≤	100

3.2.10.4 产品应用

内蒙古巴彦淖尔市临河区进行了腐植酸有机无机复合肥的试验，选择向日葵品种 SH363，探索最优的生长条件。试验采用大区试验，总面积 $1hm^2$，设计了六个处理方案，分别为 F+C、E+C、G+C、F+HA、E+HA 和 G+HA。其中，F、E 和 G 分别代表 45%复合肥 $525kg/hm^2$、磷酸二铵 $375kg/hm^2$ 和功能肥 $375kg/hm^2$，C 和 HA 则分别为 46%尿素 $375kg/hm^2$ 和矿源性液态腐植酸 $150kg/hm^2$。这些肥料以分层播种的方式施入土壤，确保良好的养分分布。播种阶段采用覆膜播种机，1 膜 2 行，大行 80cm，小行 40cm，株距 50cm，使得每 hm^2 种植了约 33000 株。此外，C 和 HA 肥料在向日葵现蕾期施入。

根据表 3-15 的数据，可以明显看出不同的施肥处理对向日葵在各生育时期的叶面积指数产生显著影响。在苗期，处理组中 F+C 和 F+HA 的向日葵叶面积指数显著高于其他处理，表明速效氮肥是影响苗期叶面积指数的最重要因素之一。而在现蕾期，各处理组之间叶面积指数的差异不显著。到了盛花期，各处理组的叶面积指数都达到最大值，其中 G+HA 处理组的叶面积指数增加至 5.49。而在成熟期，各处理组的叶面积指数开始下降，其中 F+HA 处理组下降的幅度最大，这是因为后期脱肥早衰，导致叶片黄化严重。对比腐植酸处理组（G+

HA、E＋HA 和 F＋HA）和尿素追肥处理组（G＋C、E＋C 和 F＋C），可以发现腐植酸处理组的叶面积指数均高于尿素追肥处理组。其中，G＋HA 处理组的叶面积指数最大，为 1.76，显著高于其他处理组（$P<0.05$）。这表明功能肥和腐植酸有助于提高向日葵的叶面积指数。

表 3-15　不同施肥处理对不同生育期向日葵叶面积指数的影响

试验处理	叶面积指数			
	苗期	现蕾期	盛花期	成熟期
F＋C	1.72[a]	4.11[a]	2.20[c]	0.52[c]
E＋C	1.07[b]	3.69[a]	4.36[c]	0.59[c]
G＋C	0.94[b]	3.70[a]	4.66[b]	0.83[b]
F＋HA	1.71[a]	3.87[a]	4.79[b]	0.73[b]
E＋HA	1.06[b]	3.85[a]	4.81[b]	0.88[b]
G＋HA	1.01[b]	3.93[a]	5.49[a]	1.76[a]

注：表中 a～c 代表同列数据的差异性显著（$P<0.05$）。

根据表 3-16 的数据，可以观察到不同施肥处理对向日葵单株干物质积累的影响。最终物质积累量的表现为 G＋HA＞E＋HA＞F＋HA＞G＋C＞E＋C＞F＋C，表明腐植酸与功能肥料耦合处理显著提高了向日葵的干物质积累量，而且腐植酸的功能效用显著大于尿素。具体而言，腐植酸的施用相较于尿素显著提高了向日葵发育期的干物质直线增长速率，其中 G＋HA 处理的干物质直线增长速率最大，为 14.12g/（$m^2 \cdot d$），较 F＋C 处理显著提高了 54%。此外，腐植酸与其他肥料耦合处理相比于尿素处理，推迟了生育期内干物质积累的最大速率出现时间。从直线拐点的角度看，腐植酸与其他肥料耦合处理相对于尿素处理都有不同程度的推迟，其中 G＋HA 处理的时间延长最多，为 2d。结果显示 G＋HA＞E＋HA＞F＋HA＞G＋C＞E＋C＞F＋C，这与生育期内向日葵干物质的积累速率和积累时间有直接关系。

表 3-16　不同施肥处理对向日葵单株干物质积累特性的影响

试验处理	最终干物质积累量/（g/m^2）	初值参数/（g/m^2）	直线增长速率/g（$m^2 \cdot d$）	最大速率出现时间/d	直线拐点/d	直线积累时间/d	直线增长期积累/（g/m^2）
F＋C	228.49[c]	150.10[a]	9.17[b]	56.24	52.2～72.6	20.42	187.34[c]
E＋C	258.60[b]	174.81[a]	12.40[a]	57.20	53.0～72.1	18.50	229.87[b]
G＋C	261.53[b]	143.22[a]	10.83[b]	60.28	55.9～77.9	21.97	237.94[b]
F＋HA	277.87[b]	176.00[a]	12.09[a]	59.43	55.3～76.2	20.92	252.81[b]
E＋HA	301.84[a]	160.08[a]	13.42[a]	58.23	54.1～75.0	20.87	280.07[a]
G＋HA	322.64[a]	155.53[a]	14.12[a]	57.68	53.6～74.4	20.80	293.54[a]

从表 3-17 可以看出，不同复合肥料处理对向日葵的盘径大小、单盘粒质量、百粒质量、空秕率、叶片数、产量等产生了不同的影响。在实际产量方面，各处理的表现为 G＋HA＞E＋HA＞F＋HA＞G＋C＞E＋C＞F＋C，腐植酸追肥处理相较于尿素追肥处理提高了实际产量，增幅介于 14.3％～16.4％之间，表明腐植酸对向日葵产量的提高具有积极效果。其中，G＋HA 处理的实际产量最高，为 4713.41kg/hm²，较 F＋C 处理显著提高了 29.8％（$P<0.05$）。

表 3-17 不同施肥处理对向日葵产量及产量构成因素的影响

试验处理	产量及产量构成因素					
	盘径 /cm	单盘粒质量 /g	百粒质量 /g	空秕率 /%	叶片数 /张	实际产量 /(kg/hm²)
F＋C	17.65[a]	110[b]	15.49[b]	5.15[b]	33.11[a]	3632.51[b]
E＋C	17.39[a]	119[b]	15.56[b]	5.11[b]	35.22[a]	3715.11[b]
G＋C	17.44[a]	123[b]	16.11[b]	5.12[b]	32.34[a]	4108.75[a]
F＋HA	17.34[a]	126[a]	16.23[a]	5.01[a]	34.56[a]	4152.25[a]
E＋HA	17.62[a]	129[a]	16.44[a]	4.77[a]	33.23[a]	4321.75[a]
G＋HA	17.71[a]	133[a]	17.11[a]	4.41[a]	32.67[a]	4713.41[a]

在产量构成因素方面，腐植酸处理组（G＋HA、E＋HA 和 F＋HA）的单盘粒质量和百粒质量显著高于尿素追肥处理组（G＋C、E＋C 和 F＋C），增幅分别介于 8.1％～14.5％和 4.8％～6.2％之间。其中，G＋HA 处理的单盘粒质量和百粒质量最大，较 F＋C 处理分别提高 20.9％和 10.5％，差异显著（$P<0.05$）。腐植酸的施用还降低了向日葵的空秕率，降低幅度达到 7.7％，其中 G＋HA 处理的空秕率最小，较 F＋C 处理降低幅度达到 13.9％。其他构成因素，如盘径和叶片数的差异，未达到 5％显著水平[24]。

这些结果显示：腐植酸中量、微量元素搭配使用确实能够明显提高肥料利用率，促进干物质积累，进而提高作物产量。

3.2.11 黄腐酸微量元素肥

黄腐酸微量元素肥，可依据不同作物的营养需求，添加不同的种类，发挥促根、开花、坐果等作用。微量元素相对于大量元素来说需要量虽然极少，但又是生命活动必需的营养元素，如硒、锗、钼、钛、硼等。

3.2.11.1 原理

腐植酸（HA）、黄腐酸（FA）对肥料中的中、微量元素具有增效和保护作用，对土壤中的被固定的"无效"元素有激活作用。微量元素作为植物体内多种酶的组成成分或生理调节元素，对植物生长发育、抗逆和品质都有重大影响。腐植酸黄腐酸以氢（H）置换、络合反应制成微量元素肥料。

3.2.11.2　工艺

见图 3-27。

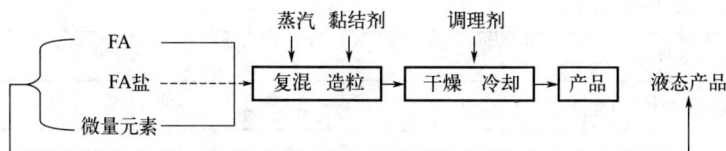

图 3-27　黄腐酸微量元素肥生产工艺流程示意图

3.2.11.3　产品分析

产品分析参考 HG/T 5938—2021，见表 3-18 和表 3-19。

表 3-18　矿物源黄腐酸微量元素肥固体产品技术要求

项目		指标
矿物源黄腐酸含量（以干基计）/%	≥	25
微量元素总量①/%	≥	6
水分②/%	≤	10.0
pH 值（1∶100 倍稀释）		5.0～9.0
氯离子含量/%	≤	3

　①微量元素总量指铜、铁、锰、锌、硼、钼 6 种元素中的一种或一种以上含量之和，单一元素含量低于 0.05% 的不计入总量。钼元素含量不应高于 1.0%（单质含钼微量元素产品除外）。
　②水分含量以生产企业出厂检验数据为准。

表 3-19　矿物源黄腐酸微量元素肥液体产品技术要求

项目		要求
矿物源黄腐酸含量/(g/L)	≥	100
微量元素总量①/(g/L)	≥	50
水不溶物含量/(g/L)	≤	60
pH 值（1∶250 倍稀释）		5.5～9.0
氯离子含量/%	≤	30

　①微量元素总量指铜、铁、锰、锌、硼、钼 6 种元素中的一种或一种以上含量之和，单一元素均低于 0.6g/L 的不计入总量。钼元素含量不应高于 10g/L（单质含钼微量元素产品除外）。

黄腐酸微量元素肥料中砷、镉、铅、铬、汞元素限量要求见表 3-20。

表 3-20 黄腐酸微量元素肥料中砷、镉、铅、铬、汞元素限量要求

项目		指标
砷(As)(以元素计)/(mg/kg)	≤	10
镉(Cd)(以元素计)/(mg/kg)	≤	10
铅(Pb)(以元素计)/(mg/kg)	≤	50
铬(Cr)(以元素计)/(mg/kg)	≤	50
汞(Hg)(以元素计)/(mg/kg)	≤	5

图 3-28 显示，广西勤德的西红柿施用黄腐酸微量元素肥料后，对人体有益的指标均上升，其中 SOD（超氧化歧化酶）提高 21.5%，POD（过氧化氢酶）提高 33.4%，蛋白质提高 21.7%，可溶性糖提高 56.7%，花青素提高 11.6%，维生素 C 含量上升 25%，总糖含量上升 36.9%，脯氨酸提高 21.8%。

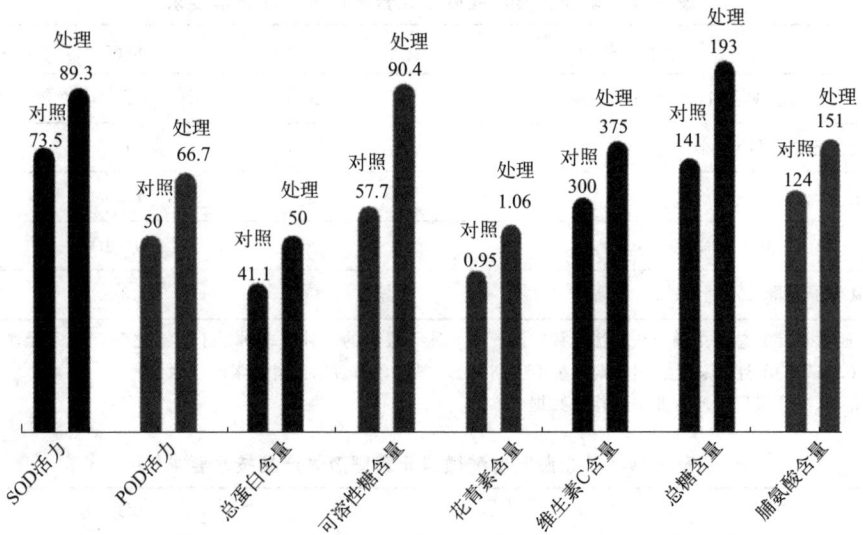

图 3-28 广西勤德施用黄腐酸微量元素肥料对西红柿果实品质指标的影响

3.2.12 腐植酸、黄腐酸中量元素肥

腐植酸（HA）、黄腐酸（FA）中量元素肥，对肥料中的中量元素对板结的土壤有架桥疏松作用，对植物生长发育、抗逆和品质都有重大影响。

3.2.12.1 原理

通过腐植酸、黄腐酸与铜、铁、锰、锌、钙等中量元素的络合反应、螯合反应制成腐植酸、黄腐酸含中量元素的肥料。

3.2.12.2 工艺

腐植酸、黄腐酸中量元素肥生产流程见图 3-29。

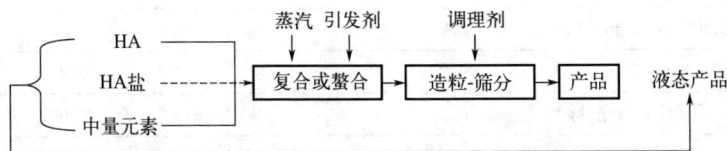

图 3-29　腐植酸、黄腐酸中量元素肥生产工艺流程示意图

3.2.12.3 产品分析

矿物源黄腐酸中量元素肥相关产品指标见表 3-21～表 3-23。

表 3-21　矿物源黄腐酸中量元素肥固体产品技术要求

项目		要求
		颗粒
矿物源黄腐酸含量(以干基计)/%	≥	25
中量元素含量①/%	≥	10
水分②/%	≤	10
pH(1∶100 倍稀释)		5.0～9.0
氯离子含量③/%	≤	3

① 中量元素含量指钙、镁、硫元素含量之和,产品中应至少包含钙或镁一种。质量分数不低于 1.0% 的中量元素应计入中量元素含量,单一中量元素均应计入中量元素含量中。钼元素含量不应高于 1.0%(单质含钼微量元素产品除外)。
② 水分含量以出厂检验数据为准。
③ 包装容器标明"含氯"时不检测本项目。

表 3-22　矿物源黄腐酸中量元素肥液体产品技术要求

项目		要求
矿物源黄腐酸含量/(g/L)	≥	100
中量元素含量①/(g/L)	≥	100
水不溶物含量/(g/L)	≤	60
pH(1∶100 倍稀释)		5.0～9.0
氯离子含量②/(g/L)	≤	30

① 中量元素含量指钙、硫、硫元素含量之和,产品中应至少包含钙或镁一种。计入的中量元素含量不应低于 40g/L。
② 包装容器标明"含氯"时不检测本项目。

表 3-23　黄腐酸中量元素肥对砷、镉、铅、铬、汞元素限量要求

项目		指标
砷（As）（以元素计）/（mg/kg）	≤	15
镉（Cd）（以元素计）/（mg/kg）	≤	10
铅（Pb）（以元素计）/（mg/kg）	≤	50
铬（Cr）（以元素计）/（mg/kg）	≤	100
汞（Hg）（以元素计）/（mg/kg）	≤	5

3.2.13　腐植酸有机肥

腐植酸有机肥，是一种以含腐植酸类物质为主，添加适量植物生长发育必需的营养物质，经过科学配制形成一种有机肥。在腐植酸有机肥中没有含菌量的技术指标，与农业农村部有机肥标准的差别主要是原料。腐植酸有机肥是低成本、高需求量的腐植酸肥料产品。

3.2.13.1　原理

泥炭、褐煤、风化煤、生物质，通过预处理活化、配制或堆肥腐熟等，制成有机肥料。

3.2.13.2　工艺

腐植酸有机肥生产工艺见图 3-30。

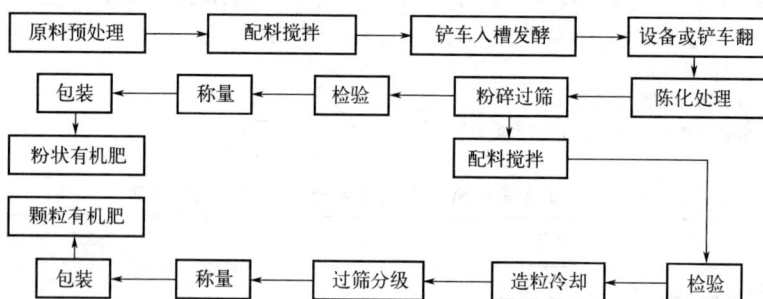

图 3-30　腐植酸有机肥生产工艺流程示意图

腐植酸原料按质量配比 50～60 份预处理后，可与碎秸秆 20～30 份、尿素 5～10 份、磷酸二铵 5～8 份、硫酸镁 3～6 份、硫酸锌 3～6 份、膨润土 3～6 份、硼砂稀土 5～10 份、硝酸溶液 5～10 份、氢氧化钠溶液 15～45 份、纯水 10～15 份混合，入槽或釜或堆肥反应，按标准检验。

3.2.13.3　产品分析

腐植酸有机肥产品质量要求见表 3-24。

表 3-24　腐植酸有机肥产品质量要求

项目		指标	
		I	II
总腐植酸的质量分数(以干基计)/%	≥	35	25
有机质含量(以干基计)/%	≥	50	55
可溶性腐植酸的质量分数(以干基计)/%	≥	5	
总养分($N+P_2O_5+K_2O$)的质量分数/%	≥	5	
pH(1∶250 倍稀释)	≤	5.5～8.5	
水分[①](H_2O)的质量分数/%	≤	30	
粒度[②](1～4.75mm)	≥	80	

① 水分含量以出厂检验数据为准。

② 粒度可由供需双方协议确定,片状产品不进行粒度测定。

　　在腐植酸有机肥基础上制成腐植酸缓释 BB 肥（涂层缓释肥），通过调节涂层物质对速效养分的涂层厚度和涂层物质的水溶性来控制养分溶出，实现溶出控制；腐植酸与 N、P、K 络合，具有"控氮、促磷、保钾"作用，实现一次性施肥满足作物整个生长期的需求。在北方干旱半干旱农作区亩产小麦 600kg、玉米 700kg、皮棉 100kg 的产量水平下，均可实现一茬作物只施一次肥，比一般复合肥利用率提高 10%，平均提高作物产量 15%，省肥 20%、省水 30%、省工 30%，每亩节本增效 200 元以上（1 亩＝666.67m²）。

　　在腐植酸有机肥基础上制成腐植酸类专用肥料，增产增收效果显著。结果表明，施用普天同乐腐植酸番茄专用底肥，黄瓜产量比对照增加 6.83%～12.53%，比施用化肥复合肥增加 4.25%～9.41%，后效作用达 5% 显著水平。经济收入比对照增加 4.01%～8.40%，比施用化肥复合肥增加 2.82%～7.08%，增收效益显著。梁智等在果树腐植酸根际肥料试验研究中证明，果树腐植酸根际肥料与化肥相比，平均产量为 23.9kg/株，单株产量显著提高，比施用化肥增产 38.2%；平均核桃仁产量为 16.5kg/株，比施用化肥增产 54.2%；蛋白质产量为 3.8kg/株，比施用化肥增加 26.7%；脂肪含量为 70.4%，比施用化肥提高 4.1%。

3.2.14　腐植酸生物有机肥

　　腐植酸生物有机肥，以风化煤、褐煤、泥炭或秸秆生物质等为原料，在生物功能菌或酶的作用下降解腐植酸大分子，增加腐植酸的生物活化性能，具有促进植物生长或防治病虫害等作用。

3.2.14.1 原理

风化煤、褐煤、泥炭或秸秆生物质等，在生物功能菌（生物酶）作用下发酵，在生防菌（生物酶）作用下制成促植物生长或防治病虫害的生物有机肥。例如，采用醋酸菌等有生物固氮作用，还可形成生物刺激素吲哚乙酸等[25]。

3.2.14.2 工艺

腐植酸有机肥、腐植酸生物有机肥的生产设备、生产场地相似，可以堆置覆膜发酵，也可以在流加型发酵罐中加速发酵。具体流程如图 3-31 所示。

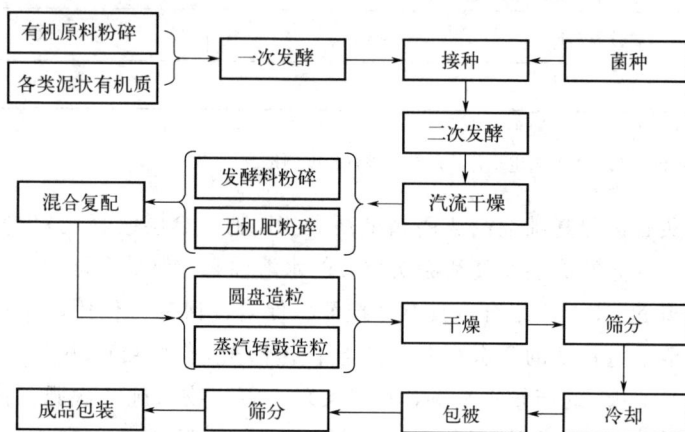

图 3-31 腐植酸生物有机肥生产工艺流程示意图

工艺要点：原料与菌种的配比；对置场地与成型发酵罐的设计；好氧曝气、温度与发酵速度的调节；按用途选择不造粒、造粒；按用途选择是否要添加无机养分元素；产品检测除了按照标准进行以外，腐植酸生物肥还可以测定含菌量是否与包装袋标识的一致。

主要设备明细：粉碎机、双螺旋锥体混合机、硬化覆膜堆场或不锈钢反应釜（发酵罐）、自动包装机、不锈钢储罐、提升机、空压机。

3.2.14.3 产品分析

腐植酸生物有机肥相关指标见表 3-25 和表 3-26。

表 3-25 腐植酸生物有机肥质量指标要求

项目		指标	
		优等品	合格品
总腐植酸的质量分数(以干基计)/%	≥	25	15
有机质的质量分数(以干基计)/%	≥	50	40
有效活菌数(CFU)/(亿/g)	≥	5	0.20
pH(1∶100 倍稀释)	≤	5.5～8.5	
水分(H₂O)的质量分数/%	≤	30	

表 3-26　腐植酸生物有机肥限量元素指标要求

项目		指标
汞(Hg)(以干基计)/(mg/kg)	≤	2
砷(As)(以干基计)/(mg/kg)	≤	15
镉(Cd)(以干基计)/(mg/kg)	≤	3
铅(Pb)(以干基计)/(mg/kg)	≤	50
铬(Cr)(以干基计)/(mg/kg)	≤	100

矿物源腐植酸类品种增多，在腐植酸钾、腐植酸钠、腐植酸钙、腐植酸铁等腐植酸盐的基础上，通过增加吸收工艺设备解决 NO_x 排放问题，重新建立硝基腐植酸生产线，同时腐植酸增加肥料种类（植物生长调节剂萘乙酸等减少使用后，除了复合肥组分增加，微量元素的螯合，芸苔素等作为特肥添加剂增多）。随着天然黄腐酸资源的缺乏，黄腐酸类产品通过褐煤和风化煤的磺化、磺甲基化等从"煤基酸"拓展用作"黄腐酸"，从工业领域水煤浆、钻井助剂扩展到农业生物刺激素、液肥应用领域。在双氧水氧化的基础上，利用生物发酵、酶解腐植酸-黄腐酸，可从生物源拓展到矿物源，从实验室扩展到田间甚至工业化生产线。

至今，作为科研用试剂，腐植酸、黄腐酸已经有 CAS 商品号；作为食药级分离精制纯度可高达 99.98%；生物合成、基因编辑优化、DNA 等检测手段已经出现在行业应用中。

3.2.15　腐植酸生物刺激素

腐植酸具有促进根系生长及其对养分的吸收、调控植物活性氧系统和细胞膜渗透性、改善植物生长环境增强植物抗逆性、调控土壤及肥料的养分形态等作用，应用前景广阔。

3.2.15.1　原理

可通过乳酸菌、酵母菌、曲霉等微生物发酵活化腐植酸含有的甾醌、吲哚衍生物、氨基酸等生物刺激素组分，也产生 γ-氨基丁酸、谷氨酸脱羧酶等生物刺激素，应用于种子、作物或土壤时，能够刺激自然过程，促进作物养分吸收，提高养分利用率，增强作物对环境胁迫的耐受性，增加作物产量和改善籽粒品质[26-29]。

3.2.15.2　工艺

腐植酸生物刺激素生产工艺流程见图 3-32。

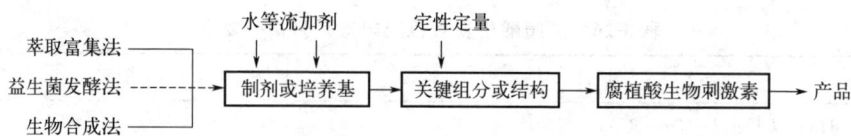

图 3-32　腐植酸生物刺激素生产工艺流程示意图

腐植酸（黄腐酸）含生物刺激素，目前还没有一种专门定义的生产工艺。按照 2022 年首个定义的 γ-氨基丁酸（GABA）生物刺激素的生产方法（QB/T 5633.7—2022），可以采用萃取法、益生菌发酵法、生物合成法生产。

3.2.15.3　产品分析

李炳言等采用海藻糖、壳聚糖、腐植酸和 γ-氨基丁酸的施用均有助于改善玉米生长状态。其中，施用腐植酸可增强土壤碱性磷酸酶和脱氢酶活性，提高土壤微生物、细菌、革兰氏阳性菌和革兰氏阴性菌生物量，促进地下部和地上部干物质积累，进而增加玉米千粒重、单穗重和产量，且较其他生物刺激素处理效果显著，腐植酸作为生物刺激素方面值得更深入的研究开发（图 3-33、图 3-34）。

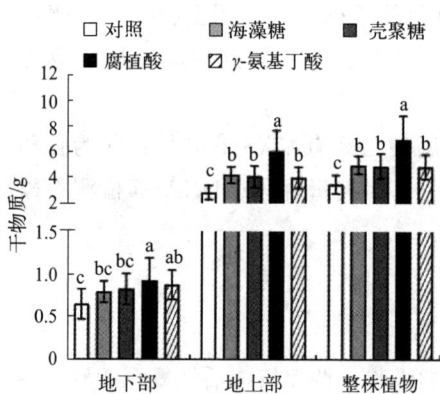

图 3-33　生物刺激素对玉米各部位干物质积累的影响

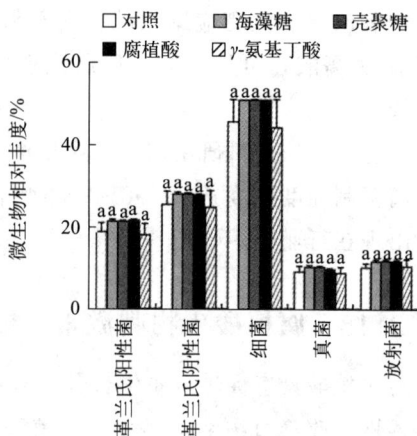

图 3-34　生物刺激素对微生物群落相对丰度的影响

生物黄腐酸钾的相关指标见表 3-27。

表 3-27　生物黄腐酸钾的主要成分、技术指标

项目		指标
生物黄腐酸含量(以干基计)/%	≥	40
全氮(N)含量(以干基计)/%	≥	3.0
全磷(P_2O_5)含量(以干基计)/%	≥	0.5
全钾(K_2O)含量(以干基计)/%	≥	11.5
氨基酸含量(以干基计)/%	≥	4

项目		指标
粗蛋白含量(以干基计)/%	≥	10
有机质含量(以干基计)/%	≥	50
水分/%	≤	8.0
pH		5.0~6.5

注：数据由中国腐植酸工业协会检测中心检测得到。

腐植酸通过调控"植物—土壤—肥料"系统促进植物生长，主要包括四个方面：①通过直接作用于植物（尤其是植物根系）而影响根系生长及其对养分的吸收。②通过调控植物活性氧系统和细胞膜渗透性、改善植物生长环境而增强植物抗逆性。③通过调控土壤及肥料的养分形态而影响植物的养分供应。④通过影响土壤微生物群落结构及土壤酶活性而影响土壤中及肥料施用后养分形态。具体方式如图 3-35 所示。

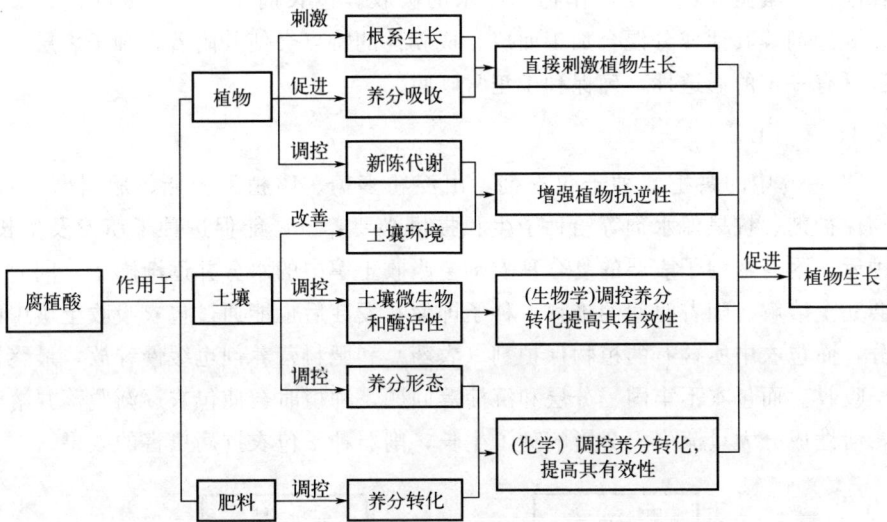

图 3-35　腐植酸促进作物生长的主要途径及作用

近年，山东农大谷端银用"纯化腐植酸对 NO_3^- 胁迫下黄瓜种子萌发及生理生化特性的影响"研究中发现，添加纯化腐植酸 PHA，黄瓜种子发芽率、主根长、侧根长、侧根数、下胚轴长度和粗度等明显增加，胚根脱氢酶活力增加，胚根的可溶性蛋白质含量、超氧化物歧化酶（SOD）、过氧化物酶（POD）、过氧化氢酶（CAT）活性均增加。张彩凤等认为腐植酸中的小分子黄腐酸以钙调蛋白和黄腐酸-SOD 配合而发挥作用。以 FA-Ca 结构，对植物细胞内超氧化物歧化酶（SOD）、过氧化氢酶（CAT）及过氧化物酶（POD）都具有明显的作用。

3.2.16 腐植酸种子包衣剂

腐植酸种子包衣剂能够使种子处理剂更好地包裹在种子表面，避免伤害种胚，延长保护幼苗时间，减少肥料、农药使用量，提高利用率。

3.2.16.1 原理

根据用途有不同的类型：①农药型包衣剂，主要成分为高效低毒低残留广谱杀虫剂和杀菌剂，使包衣种子不易滋生病菌。②肥料型包衣剂，用于改善苗自养与异养过渡期的营养状况，内含大量微量营养元素和生理活性物质。③吸水抗旱型包衣剂，可用于较干旱地区的大田直播，采用吸水树脂进行种子包衣，只要土壤中有水分存在，可在种子周围形成"小水库"，含水量为吸水树脂量的一倍，并在土壤中反复吸收水分，保证种子对水分的需求。④调节型包衣剂，在包衣剂中配入适宜的缓冲物质，可在局部区域内调节值偏高偏低问题。⑤菌肥型包衣剂，可用于土壤中微生物群落结构不合理、土壤较贫瘠的烟区，通过加入特定的菌株改善土壤微环境，促进作物对肥水的吸收。包衣剂还需要有成膜剂、渗透剂、湿润剂等其他成分混合加工而成。成膜性的特点会使其附着在种子表层，同时还具有一定的通透性，确保种子正常呼吸。

3.2.16.2 工艺

图3-36中的腐植酸种子包衣剂，由淀粉多糖、腐植酸树脂、肥料营养剂、植物保护剂、抗旱保水剂等给种子生长提供必要养分，能促进种子萌发及生长。播种后，附着在种子表层的复合种衣剂会吸收土壤中的水分并逐渐膨胀，同时又不会完全溶解。随着时间的推移，种子即使在发芽后也能通过包衣吸收土壤中的水分，而包衣中所含有的植物保护剂（农药）和肥料营养剂也缓慢释放，最终被种子吸收。而包衣不牢固、分层和沉淀等问题，种植时会使包衣逐渐脱落并溶于水，活性成分大量流失，会影响种子生长，削弱种子包衣抗病虫害的效果。

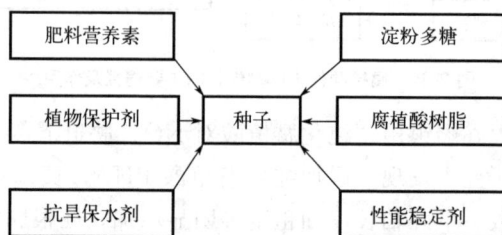

图3-36 形成腐植酸种子包衣的工艺

包衣是种子加工流程的末端工序，其作业质量是影响种子品质的关键。现有大型包衣加工设备（以小麦计，生产率5t/h以上）多为甩盘滚筒式或者甩盘-绞龙式的结构，其工艺参数主要针对水稻、小麦、玉米等种子设计，工艺参数相对成熟，在包衣作业时根据不同作物或同一作物不同品种适当调整作业参数即能满足工厂化生产要求[30]。

图 3-37 甩盘式包衣设备的包衣过程简述如下：种子由振动给料装置 1 进入料斗 18，种子下落到旋转的光滑料盘 17 上后下落形成料帘，料盘 17 与雾化甩盘 6 在甩盘电机 4 带动下旋转，药液通过计量泵 10 经药管 15 供向雾化甩盘 6，雾化甩盘 6 高速旋转使药液雾化，种子和雾化药液在种药混配室 7 初次混配，表面被不均匀地包覆上药液，完成初次包衣。初次包衣的种子外表药液包覆均匀性较差，随后种子经导料口 8 进入包衣滚筒 13，包衣滚筒 13 在滚筒电机 12 带动下旋转，种子在包衣滚筒 13 带动下相对运动摩擦，外表不均匀的药液通过相互摩擦而进一步均匀，包衣后种子经出料口 14 出料，完成整个包衣过程。

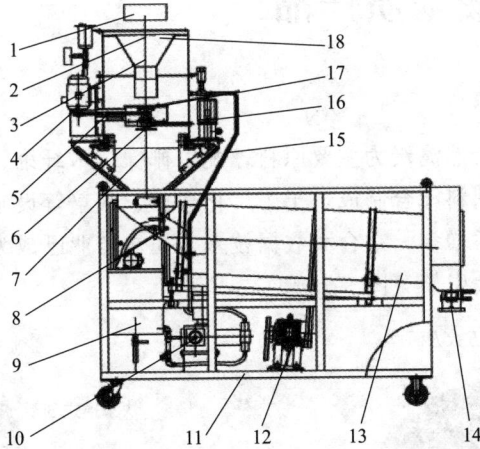

图 3-37　甩盘式包衣设备的包衣过程示意图

1—振动给料装置；2—上料位传感器；3—下料位传感器；4—甩盘电机；5—同步带；6—雾化甩盘；
7—种药混配室；8—导料口；9—药箱；10—计量泵；11—机架；12—滚筒电机；13—包衣滚筒；
14—出料口；15—药管；16—清理电机；17—料盘；18—料斗

种子包衣质量考核指标，按照《种子包衣机》（JB/T 7730—2011）进行考评。

$$J_i = \frac{Z_d}{Z_x + Z_d} \times 100 \tag{3-1}$$

式中　J_i——包衣合格率，%；

　　　Z_d——种衣剂包覆种子面积大于或等于 80% 的种子粒数，粒；

　　　Z_x——种衣剂包覆种子面积小于 80% 的种子粒数，粒。

$$P_j = \frac{G_{hp}}{G_{hz}} \times 100 - P_u \tag{3-2}$$

式中　P_u——原始物料破损率，%；

P_j——包衣破损率，%；

G_{hp}——经包衣机样品中的破损种子质量，g；

G_{hz}——经包衣机样品总质量，g。

为便于试验数据整理记录，试验前人工挑出试验样品中破损及不合格的种子，避免物料原始破损，即式（3-2）中 P_u 为 0，每次试验重复 3 次，取平均值。

验证试验结果与优化结果基本一致，并将优化后参数应用于 5BY-500-J 型甩盘滚筒式包衣设备进行生产实证，包衣合格率可达 97.05%、破损率 0.40%，实证结果表明优化参数可满足花生种子工厂化生产要求。

3.3　腐植酸基质产品

3.3.1　泥炭基质

泥炭基质，由天然泥炭为主要原料，配以椰糠、木纤维、珍珠岩、蛭石、树皮等一种或多种为辅料配合制成，于工厂化育苗、栽培等设施，农林业、耕地质量提升等用量的日益增多，结合大数据技术，泥炭产业已成为农业转型发展和大食物健康安全的强大引擎（图 3-38）。

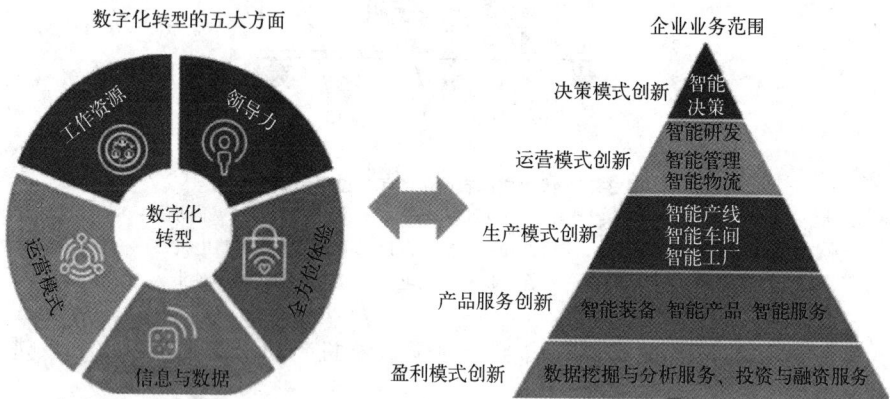

图 3-38　数字化赋能将为泥炭深加工带来翻天覆地的变革

3.3.1.1　原理

泥炭为植物遗骸，可分为藓类泥炭、草本泥炭和木本泥炭三大类型。其中藓类泥炭和草本泥炭为制备基质的主要原料。天然泥炭富含纤维、持水力强、气孔隙度高，酸性强、可溶盐含量少，重金属、病菌含量低，便于调制物理化学和生物学性质，经过机械混合制成，是可为种子萌发和植物栽培提供优异根际环境的天然土壤替代物[31]。

3.3.1.2 工艺

泥炭采样（采样点、采用量、切块采样）→散装、压缩包装→运输→检测→按用途智能化复配→基质调控→工厂化育苗、栽培等设施农业应用。

3.3.1.3 产品分析

泥炭基质的技术指标和组成分析流程分别见表 3-28 和图 3-39。

表 3-28　泥炭基质的技术指标（HG/T 6080—2022）

项目	要求	
	泥炭育苗基质	泥炭栽培基质
干容重①/(kg/L)	≤0.3	≤0.2
总孔隙度/%	≥80	≥85
气孔隙度（<−1kPa 吸力）/%	≥40	≥45
有效水孔隙度（−1～−10kPa 吸力）/%	≥5	≥10
吸水强度/[g/(h・g)]	≥1.0	≥1.4
收缩率/%	≤20	≤15
酸碱度(pH)	4.5～7.0	4.5～7.0
电导率(EC 值)/(mS/cm)	≤1.0	≤1.2
杂草种子活性/(株/升)	≤2	≤4
种苗响应指数(ISR)/%	≥80	≥70

① 泥炭基质产品采用容积计量。

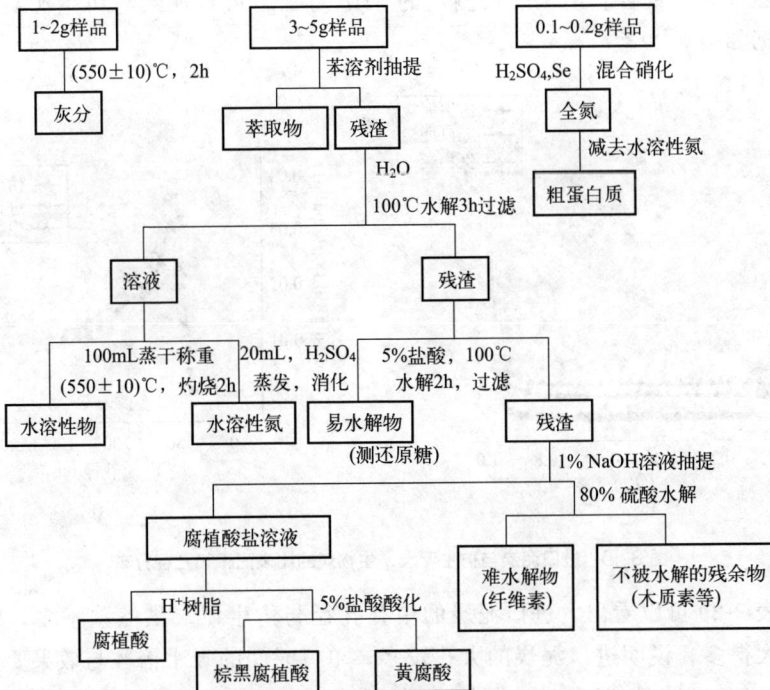

图 3-39　泥炭有机质组成分析流程

3.3.2　仿生泥炭基质

仿生泥炭基质，对标天然泥炭，由现代生物技术酶解制成，可分为仿生泥炭种苗基质、仿生泥炭栽培基质、仿生泥炭土壤调理基质三大类，是现代农林业种苗和工厂化基质栽培不可缺少的原材料，可用于蔬菜、西甜瓜、烟草、水稻、花卉、药材等作物的集中化、工厂化育苗，用于蔬菜、花卉、水果等基质栽培以及城市立体绿化和矿山生态修复等领域。

3.3.2.1　原理

将生物质秸秆洁净发酵、酶解，在物理孔隙结构、电导率（EC 值），化学组成、官能团方面接近或达到天然泥炭的质量标准，替代或部分替代泥炭基质加以应用。

3.3.2.2　工艺

以稻草秸秆、麦秸秆、玉米秸秆、桃柳树枝、番茄、草莓秸秆、茶秸秆等为原料，洁净发酵，通过腐植酸 E_4/E_6 作为腐熟度指标，并控制好 EC 值、pH 等质量参数，将仿生泥炭基质的评价指标与泥炭基质一致化，质量检测验证。

3.3.2.3　产品分析

从图 3-40 数据看，用比表面积仪 BET 测定，进口泥炭与仿生泥炭的比表面积和孔隙度几乎重合。用压汞仪测定的 MIP 方法，进口泥炭与仿生泥炭的对比测定数据如表 3-29。

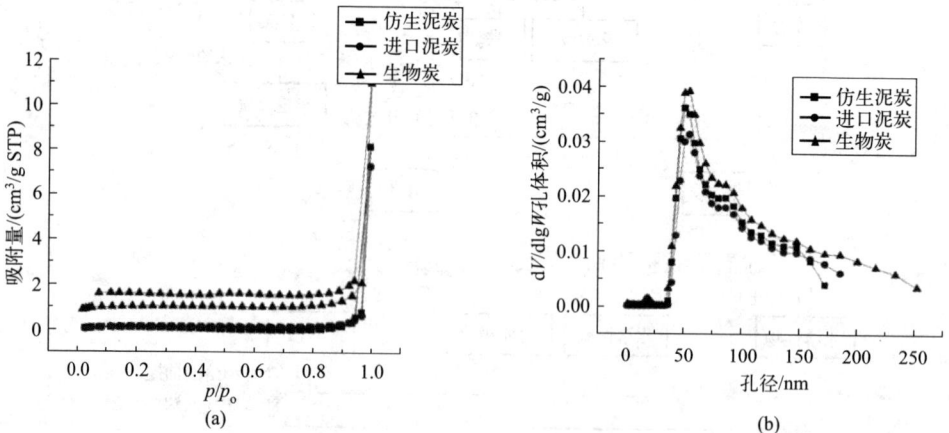

图 3-40　进口泥炭与仿生泥炭、生物炭的比表面积和孔径分布

由表 3-29 可以看出，进口泥炭的中孔孔径与仿生泥炭虽然差不多，但是平均孔径大得多，说明进口泥炭的大孔较多，单位时间的吸水倍数与效果要优于仿生泥炭多倍。以上数据分别由华东理工大学测试中心与上海高校研材信息技术测

试中心给予测定。进口泥炭为德国太阳花泥炭，仿生泥炭由上海臻衍生物科技有限公司选用茶秸秆研制生产。仿生泥炭质量指标参考泥炭基质标准（表 3-30）。

表 3-29　进口泥炭与仿生泥炭物理性能的比较

项目	进口泥炭	仿生泥炭
总孔面积/（m²/g）	2.119	16.565
中位孔径/nm	104338.17	114299.36
平均孔径/nm	5804.86	644.01
堆积密度/（g/mL）	0.2534	0.2693
表观密度/（g/mL）	1.1484	0.9556
孔隙率/%	77.9356	71.8202

表 3-30　仿生泥炭质量指标（泥炭基质标准）

项目	限值	基质（细）	基质（粗）
总孔隙度/%	≥80	86.12	85.95
气孔隙度/%	≥40	47.11	46.08
有效水孔隙度/%	≥5	10.56	10.15
吸水强度/[g/（h·g）]	≥1.0	1.46	1.53
pH	4.5~7	6.84	6.92
电导率/（mS/cm）	≤1.0	0.78	0.67
种苗响应指数/%	≥80	82.2	84.5

注：检测指标参考 HG/T 6080—2022。

在基质应用中，pH 可调，而盐度 EC 值的高低通过渗透效应直接影响光合作用，影响气孔阻力，影响作物吸水量和产量（图 3-41 和图 3-42）。

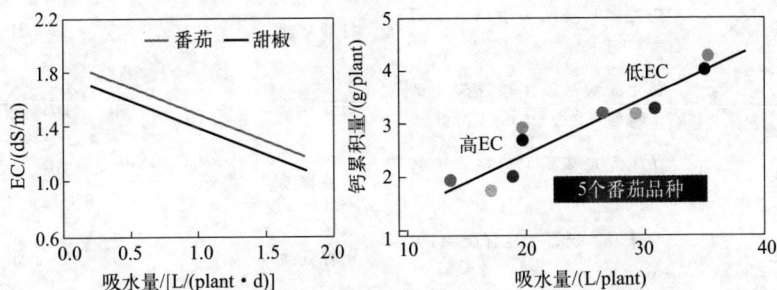

图 3-41　EC 值与作物吸水量的关系

图 3-42 显示，只有被绿叶截获的光照才能参与光合作用（同化物生产）；光合产物的一部分形成作物生物量（干物质），另一部分用于呼吸消耗，最后，干物质会分配到作物各器官，叶片干重增长，带来叶面积增长。

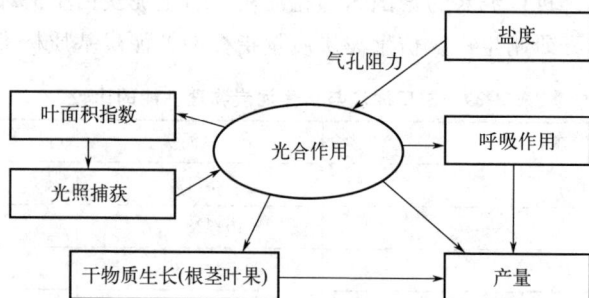

图 3-42　基质盐度（EC）对作物生长和产量形成的影响

表 3-31 为仿生泥炭育苗的栽培配方基质一览表。

表 3-31　仿生泥炭育苗的栽培配方基质一览表

品种	专用配方基质	种子或花苗预处理	播种阶段
变色绣球花	仿生泥炭基质：椰糠：蛭石＝3：1：1	晒种使水分低于 7%,60℃条件下处理 1～2 天,然后温水浸种,可防病害,促进种子吸水和发芽率	3 月
兰花	树皮：碎花生壳：碎石子：生态基质＝2：5：2：1	花苗栽培	4 月、6 月、10 月、11 月
玫瑰花	仿生泥炭基质：火山岩：蛭石＝1：1：1	种子温水 30℃,4h 催芽	3～4 月、9～10 月晴天种植
百合花	仿生泥炭基质：炭化稻壳：火山岩：蛭石＝1：2：1：1	种子温水 30℃,4h 催芽	2～3 月、8～9 月种植,15℃容易发芽
牡丹花	仿生泥炭基质：煤炭渣：树皮：发酵菌菇渣＝5：3：1：1	植株移栽	3 月,室外种植
芙蓉菊	仿生泥炭基质：珍珠岩：蛭石＝3：1：1	扦插移栽	3～5 月
金佛手	仿生泥炭基质：珍珠岩：蛭石：椰糠＝2.5：1：1：0.5	植株移栽	4 月、9 月
万寿菊	仿生泥炭基质：珍珠岩：蛭石＝2：1：2	干籽直播	3 月、4 月、8 月、9 月
大丽花	珍珠岩：蛭石：控释肥＝1：1：0.1	干籽直播	3～4 月
美人蕉	仿生泥炭基质：珍珠岩：营养土＝4：1：5	植株移栽	3～5 月
九里香	改性醋渣-生态基质	育苗或植株移栽	5～11 月
冬青	改性醋渣-生态基质	育苗或植株移栽	常年

3.3.3 生态基质

生态基质，已有中国蔬菜协会标准号 T/CVA 1—2024，有利于质量控制及可再生资源的循环利用。

3.3.3.1 原理

参照《泥炭基质》（HG/T 6080—2022）、《蔬菜育苗基质》（NY/T 2118—2012）、《绿化用有机基质》（GB/T 33891—2017）的质量指标，以酶解或洁净发酵的秸秆为主要原料制成，配以泥炭、椰糠、蛭石、珍珠岩、稻壳等一种或多种添加剂，经过机械混合，成为种子萌发和植物栽培提供优异根际环境的生态基质。

3.3.3.2 工艺

（1）基础指标

秸秆堆置覆膜发酵或酶解，粒径 2～5cm，稻麦秸秆粉碎后长度应小于10cm，用尿素调节 C/N＝20～25，水分 50%～60%。

（2）基质调制

根据基质用途、物理化学和生物性质，加以复配。

（3）设备

槽式堆置-翻料设备；隧道式堆肥及设备（原料混合设备、离心风机、轮式装载机、空气过滤器、上料机、装载机、输送带、摆动式装料机、电脑控制箱等）密闭、能升温控制，在堆置层中有温度传感器。

（4）工艺要点

秸秆基质作为一种轻型基质，其容重、密度和孔隙度应适中，但应控制复配材料珍珠岩等的比例。国内工厂化容器育苗实践表明，密度大于 $0.78g/cm^3$ 的基质透水保水性能差；而小于 $0.3g/cm^3$ 的基质，因结构过于疏松不能固定苗木，浇水时苗木出现倾斜的现象。珍珠岩的密度比水轻，在大量灌溉时会浮在水面，致使下层珍珠岩颗粒与根系脱离，造成伤根，植株也容易倒伏。经验表明，通常珍珠岩添加比例不超过 30%。

基质材料的配比要根据不同基质材料的理化性质及幼苗生物学特性，要有科学性，最佳配方的选择要通过基质栽培试验验证，以作物生长状况优劣作为重要的参考标准。

生态基质的质量指标：物理指标有粒径、容重、孔隙度、温度、气味、颜色等判断标准；化学指标有 C/N、氮化合物、有机化合物、阳离子交换量、腐植酸含量等；生物学指标有微生物菌种、数量，酶种类及活性，植物毒性指标和重金属限量等安全卫生指标[32-35]。

3.3.3.3 产品分析

生态基质技术指标见表 3-32[36]。

表 3-32 生态基质技术指标[36]

生态基质质量评价内容	技术指标		
	生态育苗基质	生态栽培基质	生态土壤调理基质
干容重/(kg/m^3)	0.10～0.30	0.10～0.20	0.10～0.65
粒径/mm	0.50～2.00	0.50～10.00	0.50～20.00
含水率/%	25.00～30.00	25.00～35.00	25.00～40.00
总孔隙度/%	60.00～75.00	50.00～75.00	40.00～80.00
pH 值	4.80～6.80	5.00～7.50	4.00～9.50
酸碱缓冲能力/(mol/kg)	50.00～90.00	60.00～100.00	50.00～120.00
电导率(EC 值)/(mS/cm)	0.30～0.60	0.50～1.50	0.50～2.00
种苗响应指数/%	75.00～90.00	75.00～90.00	75～90.00
吸水强度/$[g/(h \cdot g)]$	1.00～5.00	1.00～10.00	1.00～10.00
收缩性/%	10.00～15.00	10.00～20.00	10.00～25.00

湖南农业大学园艺学院、湖南省中亚热带优质花木繁育与利用工程技术中心、湖南农业大学风景园林与艺术设计学院,以堆腐后的中药渣与园林废弃物为自制基质,与黄壤土和泥炭土对比,容重都在 0.41～0.53g/cm³,符合栽培基质容重要求;基质持水能力在 61.9%～75.68%,符合花卉对栽培基质的理化指标的要求;pH 达到农业应用要求 (pH7.0～8.5),EC 值在植物生长安全范围 0.75～2.6mS/cm。

3.3.4 组合基质

以泥炭或仿生泥炭为原料,保持 25% 的通气孔隙和 50% 的持水孔隙,经膨化加工消毒等处理压制成组合基质(育苗钵),具有营养完整,使用方便,可提高种子发芽率、促进植物抗逆和促进植物生长等功效。

3.3.4.1 原理

腐植酸前体物木质素、纤维素类物质,在加热或有固化剂的作用下,其自身含有的羟甲基与羟甲基、羟甲基与亚氨基可进一步缩合,交联成复杂的网状体形结构,形成有压缩性的组合基质。

3.3.4.2 工艺

(1) 工艺流程

将黏结剂保持在温度 10～25℃,以防出现凝胶现象;黏结剂分装与储存;

秸秆粉碎（确定秸秆是否需要风干或烘干，再粉碎）；拌料脱水（一般水分控制在12%～15%）；模压成型（升至120℃模压）；产品修整、检查、入库。

（2）工艺要点

反应混合物的酸碱度可用10%甲酸配合调节，保持pH值8～9。

尿素与糠醛的物质的量比以1：（1.6～2）为宜。尿素可一次加入，但以分两次加入为好，这样可减少树脂中的游离醛。尿素溶解时吸热，可使温度降至5～10℃，得到的树脂浆状物不仅有些混浊而且黏度增高，因此尿素要慢慢加入。

在此期间如发现黏度骤增，出现冻胶，应立即采取措施补救。出现这种现象的原因可能有：酸度太高，pH到达4.0以下；升温太快，或温度过高，超过了100℃。补救的方法是：①使反应液降温；②加速搅拌，补充适量的糠醛水溶液稀释树脂；③加入适量的氢氧化钠水溶液，把pH调到7.0，酌情确定出料或继续加热反应。

固化剂常以氯化铵和硫酸铵为最佳。固化速率取决于固化剂的性质、用量和固化温度。用量过多，胶质变脆；用量过少，则固化时间太长。故一般室温下，树脂与固化剂的质量比以100：（0.5～1.2）为宜，加入固化剂后，应充分调匀。

3.3.4.3 产品分析

①玻璃棒蘸点树脂，略带丝状，并缩回棒上，表示已经成胶。②树脂滴到清水中呈云雾状。③取少量树脂放在两手指上不断相挨相离，在室温时，约1min内觉得有一定黏度，则表示已成胶。

改进的脲醛树脂除了可用于成型基质外，还可粘接木材、纸、竹、棉等类物质，用途广泛，是目前国内使用最广、用量最大的黏结剂产品。

图3-43是由西南大学工程学院研制的一种用于柑橘工厂化容器育苗的育苗钵装填成穴生产线，主要由装填模块、浇灌模块和冲穴模块组成，实现了育苗钵中营养土的均匀装填以及移栽穴的稳定成型。学者完成了生产线机械结构与控制系统的设计，分析了各模块主要工作过程，进行了参数优选试验。

育苗钵装填正交试验表明，装填量和装填均匀性均主要受营养土含水率和卸料高度影响。最优装填参数组合为营养土体积含水率3%、提升机速度0.25m/s、卸料高度580mm。浇灌冲穴正交试验表明，移栽穴孔径收缩率主要受浇灌总量、浸润时间和穴底停留时间影响，育苗钵塌陷高度主要受浇灌总量和冲穴柱锥尖角度影响，营养土沉降高度主要受冲穴柱锥尖角度影响，穴壁和穴底孔隙度均满足砧木苗栽培需要；最优参数组合为浇灌总量450mL（对应浇灌流量3.0L/min）、浸润时间19s、冲穴柱锥尖角度35°、冲穴速度200mm/s、穴底停留时间2s。

最优参数组合下，整机效率大于2300钵/h，且装填成穴效果好，作业过程对育苗钵保护到位，满足柑橘工厂化容器育苗的育苗钵装填与移栽穴成型在线自动化高效生产需求[37]。

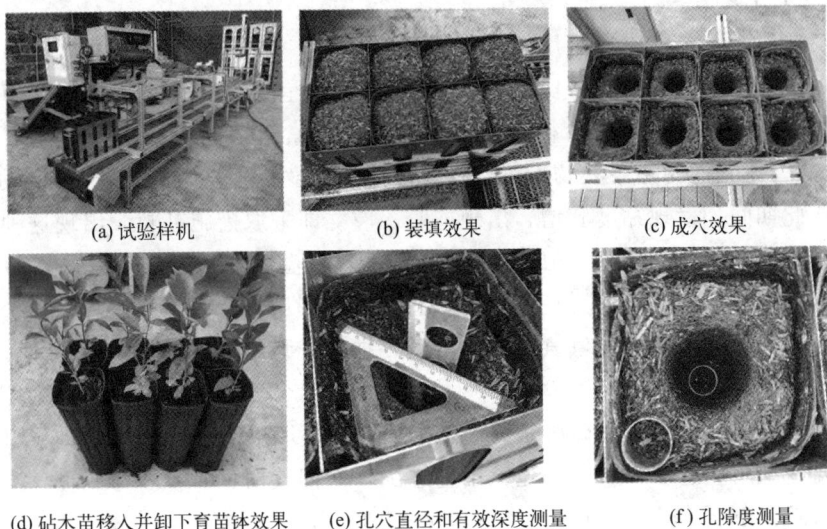

(a) 试验样机   (b) 装填效果   (c) 成穴效果

(d) 砧木苗移入并卸下育苗钵效果   (e) 孔穴直径和有效深度测量   (f) 孔隙度测量

图 3-43　柑橘育苗钵装填成穴生产线样机应用试验流程

3.3.5　成型基质

成型基质，以泥炭、仿生泥炭、聚醚等为主要原料，制成墙体绿化、桥头绿化、边坡绿化等基质，在国内已有多家生产线。立体绿化作为一种新型的绿化方式，不仅能够在有限的空间内增加绿化面积，还能有效改善城市局部小气候、维持碳氧平衡、净化空气、涵养水分、丰富物种多样性，对改善城市生态环境、提升城市形象、促进城市可持续发展具有重要的现实意义和深远的战略意义。

3.3.5.1　原理

以聚醚、异氰酸酯、泥炭、仿生泥炭、稳泡剂等原料，在催化剂作用下，合成软泡型聚氨酯。

3.3.5.2　工艺

HA-聚氨酯成型基质生产流程见图 3-44。

3.3.5.3　产品分析

成型基质密度 30.1kg/m³、拉伸强度 98.0kPa、伸长率 214%、撕裂强度 2.15N/cm、75%压缩永久变形 1.3，外观深褐色。

为了成型基质等在立体绿化中更好地应用，中国建筑节能协会已经建立了立体绿化工程的规划实施，标准号为 T/CABEE 077—2024。

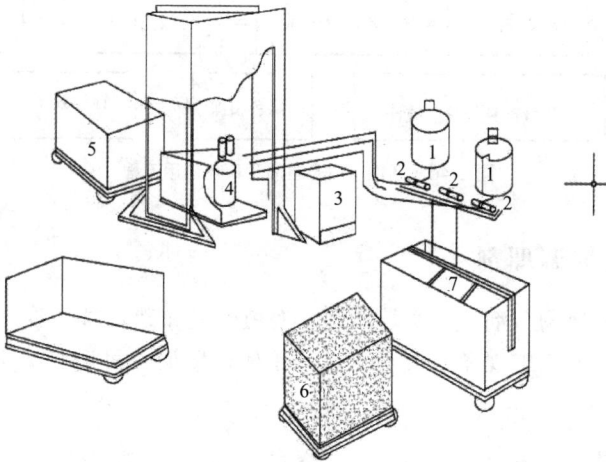

图 3-44　HA-聚氨酯成型基质生产工艺流程示意图

1—原料罐；2—计量分配输送管道；3，5—不同配方的中间混合罐；

4—压制成型设备；6—产品库；7—运输车

3.3.6　活性水液态基质

活性水液态基质，由生物质黄腐酸、氨基酸、微生物菌剂等组成，浓度低，效率高。活性水液态基质进行无土栽培，不受土壤质量的限制，以液体代替土壤，减少农药、化学的使用量。

3.3.6.1　原理

微生物菌剂，以黄腐酸、氨基酸为碳源、营养剂，分泌产生植物生长刺激素、维生素等生物活性物质，利用植物自身的免疫性能提高作物品质。

3.3.6.2　工艺

活性水液态基质工艺流程见图 3-45。

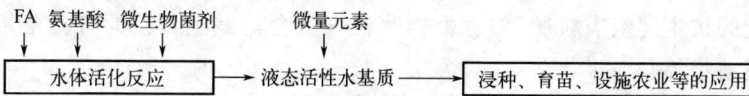

图 3-45　活性水液态基质生产工艺流程示意图

如图 3-46，黄腐酸活性水（FA）液态基质，浸种催芽具有选种、消毒，去除秕谷作用，有催芽和移栽后配有 $0.30\% \sim 0.5\%$ 的 NPK 或微量元素养分；幼苗期 pH4.5～5.0，生长期 pH6.0～7.0，从浸种、催芽、移苗到稻谷收获统计由智能化程序控制，节本增效。

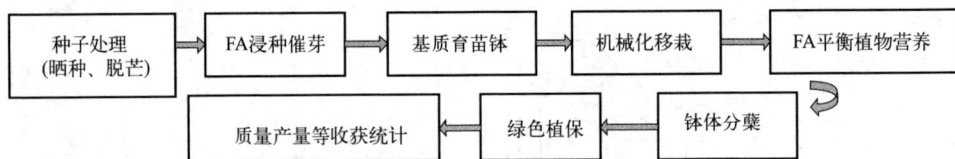

图 3-46　活性水液态基质工厂化应用流程

3.3.7　盐碱地调理剂

腐植酸盐碱地调节剂，以腐植酸钾、腐植酸钙和硝基腐植酸为主，能增加土壤团粒结构，减少毛细现象，改善土壤 pH 值，增加有机质，减少土壤含盐量，需求量极大。

3.3.7.1　原理

腐植酸含芳香羟羧酸，具有离子交换、络合能力、吸附能力。腐植酸与水、土壤金属离子反应后生成难溶的腐植酸盐。腐植酸也是一种酸碱缓冲剂、有机配位体，可以调剂土壤酸碱度，与金属离子形成络合物或螯合物。

3.3.7.2　工艺

腐植酸土壤调理剂用于盐碱地治理的步骤，如图 3-47 所示。

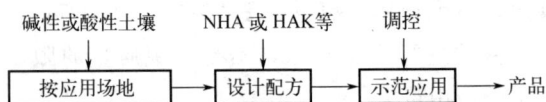

图 3-47　腐植酸盐碱地调节剂生产工艺流程示意图

① 在预治理的区域，进行盐浓度（电解质 EC 值）的测定。

② 地下水位高低和矿化度的大小对盐土形成起关键作用。根据该区域降雨量、水面蒸发量、地下水埋深等不同参数建立数学模型，可预报地下水矿化度。

③ 采用物理改良（深耕晒垄、抬高地形、微区改土等）、水利改良（开沟排水、蓄淡压盐、灌水洗盐、地下排盐等）、化学改良（盐碱土增施酸性化肥，施用较大量的仿生泥炭有机肥等）、生物改良（适合盐碱土习性的有益菌培养，种植耐盐碱植物等）。

根据不同的应用场地确定工艺配方：

① 用于喜酸性植物种植的盐碱地：1 份腐殖化过的秸秆仿生泥炭（基质），1 份堆腐的醋渣，0.5 份褐煤或风化煤，0.5 份煤矸石，配好后充分混合；加入适量过磷酸钙、硝酸铵、硝酸钾保证肥效；堆放 2 周后上盆做植物生长试验，而后进行田间应用试验。

② 用于需要高持水量的植物：2 份腐殖化过的秸秆仿生泥炭（基质）、1 份珍珠岩、0.5 份褐煤或风化煤、0.5 份煤矸石，配好后混合；加入适量过磷酸钙、

硝酸铵、硝酸钾、硫酸铁保证肥效；堆放 2 周后上盆做植物生长试验，而后进行田间应用试验。

③ 用于需要排水良好并能耐干旱的植物：1 份腐殖化过的秸秆仿生泥炭（基质）、1 份黄沙、0.5 份褐煤或风化煤、0.5 份黑龙江煤矸石，配好后混合；加入适量过磷酸钙、硫酸铁保证肥效；堆放 2 周后上盆做植物生长试验，而后进行田间应用试验。

④ 用于矿山重金属修复地：1 份腐殖化过的木耳菌糠（基质）或者有机肥或营养土、1 份堆腐的酒渣、1 份褐煤或风化煤、1 份煤矸石、1 份电厂灰渣，配好后混合；加入适量羟基磷灰石、硫酸铵、腐植酸钾保证肥效；堆放 2 周后上盆做植物生长试验，而后进行田间应用试验。

⑤ 用于病害土壤修复地的配方：1 份腐殖化过的金针菇等菌糠基质、0.001～0.005 份木霉菌或枯草芽孢菌、1 份黑龙江褐煤（含腐植酸）、1 份黑龙江煤矸石、1 份电厂灰渣、1 份电厂硫石膏，配好后混合；加入适量羟基磷灰石、硫酸铵、腐植酸钾保证肥效；堆放 2 周后上盆做植物生长试验，而后进行田间应用试验。

不同 HA 原料和复合制剂改良盐碱地效果见表 3-33。

表 3-33　不同 HA 原料和复合制剂改良盐碱地的效果对比

处理	pH	容重/(g/cm³)	总空隙度/%	田间持水量/%	饱和持水量/%	CEC/(cmol/kg)	碱化度/%	全盐量/(g/kg)	玉米增产量/%
CK	8.16	1.26	52.4	33.6	41.0	42.85	21.87	2.13	—
复合制剂	7.68	0.81	60.5	38.2	50.3	49.36	13.46	1.21	50.41
泥炭	7.93	0.89	58.3	36.7	47.8	47.65	15.33	1.65	32.98
风化煤	8.02	1.01	55.8	35.8	45.4	43.97	17.11	1.76	30.67

3.3.7.3　产品分析

腐植酸土壤调理剂相关要求见表 3-34、表 3-35。

表 3-34　腐植酸土壤调理剂的要求

指标名称		指标值	
		酸性腐植酸土壤调理剂	碱性腐植酸土壤调理剂
总腐植酸的质量分数/%	≥	5.0	
活化腐植酸的质量分数/%	≥	1.5	
水分①/%	≤	15	
粒度②(1.00～4.75mm)/%	≥	80	
有效镁的质量分数(以 Mg 计)/%		3	
有效钙的质量分数(以 Ca 计)/%	≥	12.0	15.0
有效硅的质量分数(以 SiO₂ 计)/%	≥	6.0	10.0
pH 值		5～7	9～11

① 水分含量以出厂检验数据为准。

② 粉末状产品不做粒度要求。

表 3-35 腐植酸土壤调理剂有害元素限量要求

项目		限量元素
总砷(As)(以烘干基计)/(mg/kg)	≤	15
总镉(Cd)(以烘干基计)/(mg/kg)	≤	10
总铅(Pb)(以烘干基计)/(mg/kg)	≤	50
总铬(Cr)(以烘干基计)/(mg/kg)	≤	50
总汞(Hg)(以烘干基计)/(mg/kg)	≤	5

3.3.8 腐植酸保水剂

腐植酸保水剂，由腐植酸、淀粉以及高分子聚酰胺等制成，对提高腐植酸肥料的养分缓释、控释，以及湿润、保水有较高的改观[38-40]。

3.3.8.1 原理

腐植酸保水剂，以丙烯酸和丙烯酰胺为共聚单体，以 N,N-亚甲基双丙烯酰通过聚合反应合成高吸水性树脂，可吸收超过自身质量数百倍的水量（图 3-48），不仅能确保腐植酸对养分、对水分的保持，对盐分也有一定的吸纳容量；腐植酸类复合保水剂施入土壤后，能有效地吸水保水，并在植物需水时将其所吸持的水分为植物利用。栽培基质中加入保水剂可延长山蜡树的存活期，提高植株组织中氮、钾含量水平。盐土植物施用复合保水剂植物根长和根表面增加了 3.5 倍，且有 6% 多的总根系聚集在保水剂颗粒上；其组织和细胞离子分析表明这种作用是植物排盐容量和钙离子吸收增加的结果，钙离子吸收的增加和排盐能力的增强是土壤对植物有效 Ca^{2+}/Na^+ 比例改善的结果[40]。

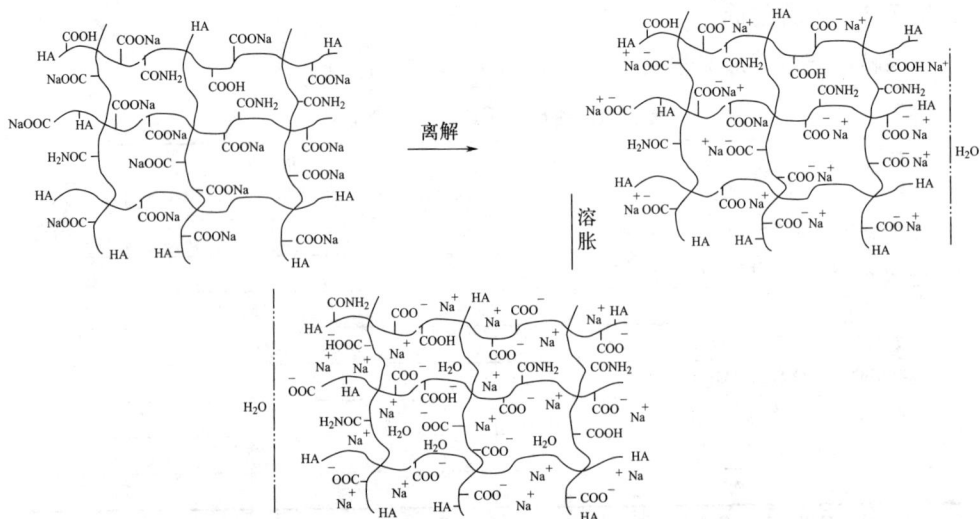

图 3-48 呈网状结构的腐植酸保水剂吸水溶胀循环应用示意

虽然天然成性的褐煤等腐植酸原料具有丰富的空隙率、表面积，但是只有形成腐植酸的网状结构，才能使它的保水性能上升到成百倍。

3.3.8.2 工艺

以黄腐酸、淀粉为原料，以丙烯酸和丙烯酰胺为共聚单体，以 N,N-亚甲基双丙烯酰为交联剂、过硫酸铵为引发剂，采用水溶液聚合法制备腐植酸复合保水剂。

在反应温度 60℃、黄腐酸-淀粉 20%、交联剂 0.04%、引发剂 0.6%、丙烯酰胺用量 20% 和中和度 80% 的条件下制备，吸水倍率最大（860g/g）。

3.3.8.3 产品分析

腐植酸复合保水剂相关分析见图 3-49、图 3-50。

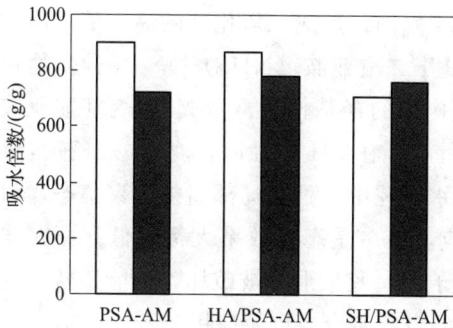

图 3-49　腐植酸复合保水剂吸水效率

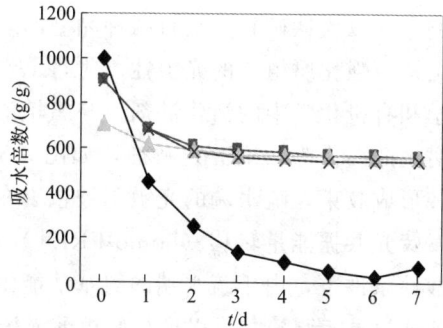

图 3-50　腐植酸复合保水剂吸水倍数

3.3.9　腐植酸光敏剂

腐植酸光敏剂，能吸收光并产生自由基或离子，从而引发或激发其他化合物发生反应的吸光物质，在农业上可作为叶绿素衍生物（CPD）光敏剂的载体，缩短生长周期，提高作物产量，在半导体工业、在医学上也有多种作用[41-42]。

3.3.9.1 原理

腐植酸中含有多酚、噻吩、氢醌等光敏剂组分，在适当波长的光照射下，可激发三重态的光敏剂（triplet-state photosensitizer）与周围的生物分子发生反应，产生活性氧、超氧自由基（$\cdot O_2^-$）、羟基自由基（$\cdot OH$）和过氧化氢（H_2O_2），以及反应产生的单线态氧（$^1O_2$），对植物生长，光动力治疗等有效果。光敏剂在治疗皮肤病、口腔疾病、骨质疏松，以及抗菌、抗病毒等方面均有应用。

腐植酸光敏剂的光催化氧化机理以半导体的能带结构解释，当光催化剂受到能量大于或等于禁带宽度的光源辐射时，价带上的电子可以被激发继而跃迁到导带，在价带上留下相应的空穴，产生光生电子-空穴对。该电子-空穴对迁移到催化剂颗粒的表面上，可以与吸附在催化剂颗粒表面的电子供体（例如 OH^- 或者 H_2O）反应，生成具有强氧化性的羟基自由基（·OH）。这种羟基自由基可以氧化多种有机物。另一方面光生电子具有强还原性，可以被表面吸附的电子捕获剂（例如 O_2 或者 H_2O）捕获生成超氧自由基以及过氧化氢等活性物质。

3.3.9.2　工艺

腐植酸光敏剂的生产方法主要有四种：直接应用法、提质利用法、复合强化法和自组装法。①直接应用法，从褐煤、风化煤等原料湿法提取腐植酸或者生产腐植酸钠加以应用。②提质利用法，将腐植酸原料中的多酚、噻吩、氢醌、二氧化钛萃取富集，既提高了其他腐植酸产品的碳比例，又富集了腐植酸光敏剂的比例。③以锐钛矿和金红石两种晶型的复合相修饰，形成二氧化钛的高光催化活性结构，强化腐植酸的光敏性。④将 N-羟基丁二酰亚胺（NHS）——一种生物化学和有机化学中的活化试剂，与腐植酸结构中的羟基作用，生成 N-烷基酰亚胺腐植酸。作为腐植酸光敏剂，如图 3-51 所示，在 pH 中性时，腐植酸酰胺自组装形成胶束，疏水端的光敏剂被包裹在疏水内腔中，处于局部高浓度聚集态，引发荧光共振能量转移（homo-FRET）效应，使单重态氧效率大幅降低；而在弱酸性条件下，由于疏水端的氨基功能团质子化，胶束形态被破坏，性能逆转。因此通过 pH 调控，可以进行腐植酸光敏剂的自组装合成以及应用。

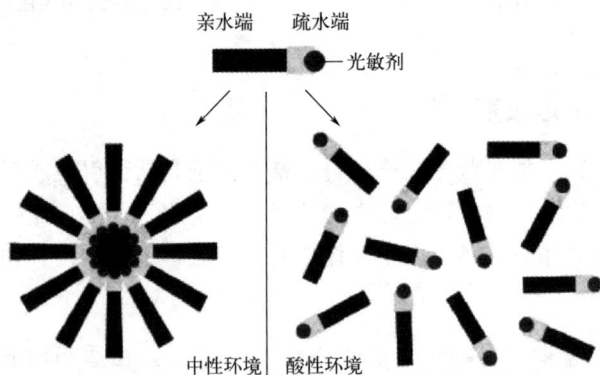

图 3-51　腐植酸光敏剂在中性和酸性条件的自组装

3.3.9.3　产品分析

GC-MS 等用于 HA 中的多酚、噻吩、醌类、叶绿素衍生物（CPD）光敏剂物质的鉴定，添加剂 N-羟基丁二酰亚胺（NHS）的定量，腐植酸含量的测定。

3.3.10 腐植酸抗寒剂

腐植酸抗寒剂，利用腐植酸中芳烃的疏水结构阻碍体相水分子加入晶格，缓解作物的低温胁迫，在冬季尤其是北方冬季需求量极大。

3.3.10.1 原理

通过腐植酸分子结构中的疏水基团扰乱围绕在寒冷冰晶周围的准液体层和冰面的相互作用，在微生物抗冻蛋白和冰晶蛋白的作用下，通过腐植酸植物生长调节因子调节抗氧化酶，提高脯氨酸含量，降低脂质过氧化，缓解水稻等品种的低温胁迫。

3.3.10.2 工艺

根据图 3-52，筛选获得含抗冻蛋白和冰晶核蛋白芽孢杆菌，两种蛋白质具有与冰晶晶格相似的特征 [图 3-52（a）]。将 A 的微生物菌分散在腐植酸氧化石墨烯上，碳原子为灰色、氧原子为红色、氢原子为白色 [图 3-52（b）]。为尺寸不同的氧化石墨烯（GOs）上纳米尺寸 20nm，按照自由能势垒进行比较 [图 3-52（c）]。通过理论计算，显示控制突变发生在 $L\Delta T \approx 200nm \cdot K$ [图 3-52（d）] 对应的临界冰核尺寸上，利用腐植酸氧化石墨烯纳米片调节临界冰核尺寸，配制腐植酸抗寒剂的应用浓度[43-44]。

3.3.11 复合抗热剂

腐植酸复合抗热剂，通过亲水性、胶体性、吸附性等强化对菌体的抗热保护，提高微生物菌肥使用的有效期，但作为新型产品，仍需要深入研究。

3.3.11.1 原理

针对枯草芽孢杆菌、胶质芽孢杆菌直投式菌剂菌体存活率低及易失活等问题，利用腐植酸钠、海藻酸、生物多糖等改性材料，通过亲水性、胶体性、吸附性等强化对菌体的抗热保护，改善直投式菌剂菌体存活率，提高货架期，提高微生物菌肥在夏季应用的有效性。

3.3.11.2 工艺

针对枯草芽孢杆菌、胶质芽孢杆菌，利用腐植酸、海藻酸，采用低温喷雾造粒干燥法，水分蒸发量以进风温度 110℃、出风温度 50℃为基准，干燥室壁和室顶采用空气夹套冷却系统以防止物料热熔挂壁，干燥室内壁采用空气回转吹扫系统以消除或减少粘壁现象，微胶囊造粒收粉系统采用除湿空气风送冷却技术以便于产品包装。

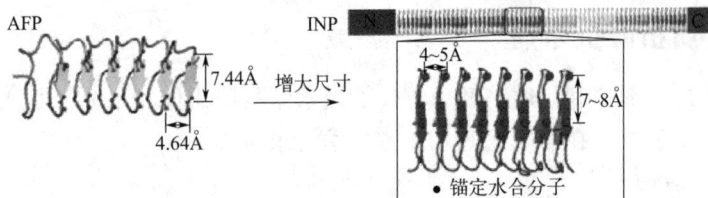

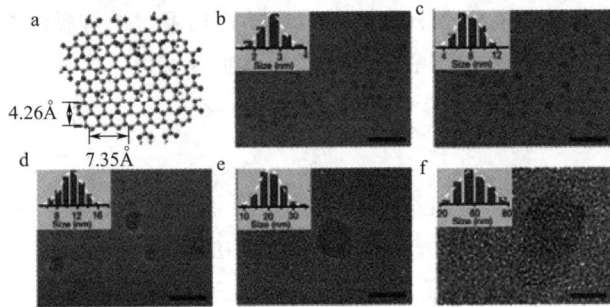

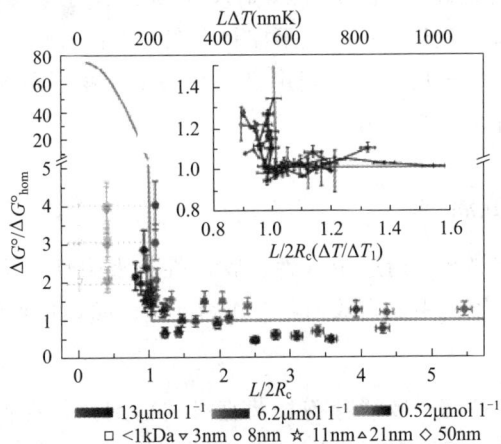

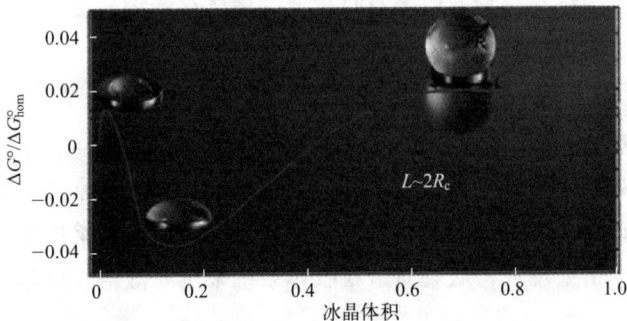

图 3-52　腐植酸抗寒剂的作用原理

工艺参数：原料复合抗热剂含固率，枯草、胶质芽孢杆菌含菌率，液体温度 50℃，见表 3-36 和表 3-37。

表 3-36　腐植酸抗热剂低温喷雾干燥设备组合

序号	项目	形式
1	空气过滤等级	粗效 G4 级＋中效 F9 级＋高效 H13 级
2	空气加热方式	蒸汽＋电加热
3	雾化方式	高速离心雾化器
4	干燥塔	并流式离心喷雾干燥塔
5	尾气除尘方式	旋风分离器＋湿法除尘器
6	产品收集	除湿风送冷却，旋风分离器收集水分要求≤5％，产品温度≤40℃,耐热性较好

表 3-37　腐植酸抗热剂低温喷干燥操作参数产能

序号	项目	数据
1	喷液量/(kg/h)	143～167
2	水分蒸发量/(kg/h)	100
3	产量/(kg/h)	43～67
4	干燥塔空气量/(kg/h)	4000
5	干燥热量(环境温度为20℃)/(kcal/h)	20×10^4
6	干燥塔空气进入温度/℃	100～110
7	干燥塔空气排出温度/℃	40～50
8	除湿风送温度/℃	25

注：1kcal＝4.18kJ。

3.3.11.3　产品

堆积密度 0.3～0.4g/mL，水分要求≤5％，产品温度≤40℃，耐热性较好[45]。

3.3.11.4　产品分析

产品采用扫描电镜法、透射电镜等进行分析，见图 3-53。

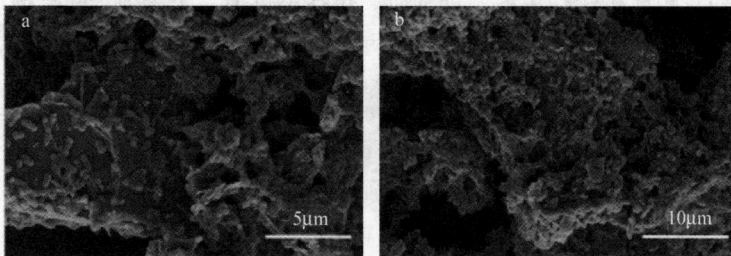

图 3-53　腐植酸抗热剂对菌剂抗热保护的扫描电镜检测

3.3.12 黄腐酸抗旱剂

黄腐酸抗旱剂，可促进植物生长，尤其能适当控制作物叶面气孔的开放度，减少蒸腾，对抗旱有重要作用，能提高抗逆能力，增产和改善品质；主要应用对象为小麦、玉米、红薯、谷子、水稻、棉花、花生、油菜、烟草、蚕桑、瓜果、蔬菜等；可与一些非碱性农药混用，并常有协同增效作用。

3.3.12.1 原理

黄腐酸抗蒸腾剂具有促进根系发育、缩小气孔开度、减少蒸腾的作用。制成黄腐酸钾能改善作物的糖代谢，增加细胞的渗透浓度，保持气孔、保卫细胞的紧张度，促进气孔开放，有利于光合作用；黄腐酸磷可提高原生质胶体的水合物，增加抗旱性；黄腐酸钙能稳定生物膜的结构，提高原生质的黏度和弹性，从热保护性能提高抗旱能力；黄腐酸的植物刺激素作用也可提高抗旱性能[46-47]。

3.3.12.2 工艺

测量不同作物的根/冠比，预测抗旱性能，田间试验验证，确定配方。根据性质和作用方式，以矿源腐植酸提取黄腐酸制成：①黄腐酸代谢型，能控制气孔开度，减少水分蒸腾损失。②黄腐酸聚乙烯醇等降解膜型，形成单分子薄膜，阻止水分散失。③黄腐酸与土壤高岭土等制成反光型，利用反光特性，制成降低叶温、减少蒸腾复合抗旱剂。

3.4 腐植酸农药产品

3.4.1 植保农药助剂

腐植酸植保农药助剂，指与农药并用，可提高农药溶解性、减少农药用量的制剂或载体，是液态或固态农药剂型不可缺少的组分。

3.4.1.1 原理

农药是对靶标生物作用的一种物质，包括杀虫剂、杀菌剂、除草剂、植物生长调节剂等。作为助剂，腐植酸通过润湿性、胶体性、抗紫外线性能等，表现出农药缓释剂、稳定剂、增效剂等作用。

3.4.1.2 工艺

腐植酸植保农药助剂的生产工艺流程见图3-54。

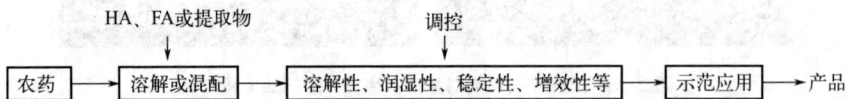

图3-54 腐植酸植保农药助剂的生产工艺流程示意图

3.4.1.3 产品分析

（1）农药增效性助剂

在 1 份抗蚜虫、螨虫、白粉病等蔬菜瓜果粮食种子的农药防治剂中，添加黄腐酸、黄腐酚类黄酮、茶皂素等天然组分 10%，用于蔬菜瓜果和花卉等蚜虫、螨虫、白粉病的喷施用稀释 300 倍，用于玉米、小麦等粮食种子浸种稀释 300～500 倍。

（2）抗紫外线粉剂

取活化培养 7d 的新鲜菌株，向培养皿中加入 10mL 无菌水洗脱孢子，在显微镜下用血球计数板计数并计算孢子含量，配制成浓度为 10^4 个/mL 的孢子悬浮液，然后将各种供试紫外保护剂按 0.3% 的比例加入孢子悬浮液中混合均匀。用移液器吸取 0.1mL 上述孢子悬浮液于无菌盖玻片上，涂抹均匀。然后，将各盖玻片置于紫外灯（功率 30W，光强 120lx）下照射 1min 后，将玻片平放在培养皿底部，皿中用湿润的滤纸保湿。将培养皿放在 25℃ 下黑暗培养，以免孢子光复活。24h 后，在显微镜下抽样计数萌发孢子数并计算出萌发率。以不加紫外保护剂的顶孢霉孢子悬浮液作照射和不照射的对照处理。结果表明，紫外保护剂效果最好的是腐植酸，其次是荧光素钠。

3.4.2 腐植酸钾分散剂

腐植酸钾（HAK）分子中含有芳环链等疏水骨架和羧基、酚羟基等亲水性基团，具有润湿性、分散性和降黏性等表面物化性能，对农药颗粒起到分散作用于农药原药，具有胶体的高黏度性质，以增稠剂、悬浮剂等形式，可防止农药凝结、提高农药的保质期。

3.4.2.1 原理

利用 HAK 的增稠性、悬浮性、渗透性等，通过机械作用将熔融的原药分散或制成胶体颗粒。HAK 在分散体系中作为聚电解质、有凝聚、胶溶、分散等作用。

3.4.2.2 工艺

腐植酸钾分散剂的生产工艺流程见图 3-55。

图 3-55　腐植酸钾分散剂的生产工艺流程示意图

腐植酸钾分散剂与 10% 阿维菌素悬浮剂混合，配方中分散剂腐酸钾质量分数为3%、润湿剂OP-10为1%、增稠剂黄原胶为0.15%、硅酸镁铝为0.5%、pH调节剂柠檬酸为0.02%、消泡剂X60为0.1%时，制成的悬浮剂细度（75μm）≥99%，冷、热贮稳定性均合格。

在阿维菌素质量分数为0.1~2.5mg/L时，该制剂对南方根结线虫（*Meloidogyne incognita*）的活性与常规阿维菌素悬浮剂相当。

3.4.2.3　产品分析

腐植酸钾分散性的理化性能：用标准硬水（GB/T 43167）将试样配成5%的悬浮液，在规定的条件下于量筒中静置一定的时间，将上部9/10的悬浮液移除，采用有效成分法测定下部1/10的有效成分质量，计算分散性。

① 向250mL量筒中加入237.5mL标准硬水，将装有标准硬水的量筒置于分析天平上，从量筒顶部上方约1cm处在15s内小心地将试样加至250mL刻度线处，记录试样加入量m。

② 悬浮液的制备。添加试样后，立即盖上塞子，以量筒中部为轴心，上下颠倒1次（将量筒倒置180°并恢复至原位，约2s）。

③ 悬浮液的处理。将量筒垂直放置在平面上，静置5min，避免振动和阳光直射。打开塞子，用吸管在10~15s内将内容物的9/10（即225mL）悬浮液移出，不要摇动或挑起量筒内的沉淀物，确保吸管的顶端总是在液面下几毫米处，接近底部时确保吸管顶端始终保持在量筒25mL刻度线以上。

④ 测定。按产品标准中有效成分测定方法测定留在量筒底部25mL悬浮液中有效成分质量。

⑤ 数据处理。

$$m_1 = \frac{m_0 w_0}{100}$$

$$w_1 = \frac{m_1 - m_2}{m_1} \times \frac{10}{9} \times 100$$

式中　m_1——量筒中有效成分质量，g；

$\quad\quad m_0$——量筒中试样质量，g；

$\quad\quad w_0$——试样中有效成分的质量分数，%；

$\quad\quad w_1$——试样中有效成分的自发分散性，%；

$\quad\quad m_2$——留在量筒底部25mL悬浮液中有效成分质量，g；

$\quad\quad$10/9——换算系数。

两次平行测定结果之差不应大于5%。

3.4.3　植保复合农药

腐植酸植物复合农药，或者通过热解得到的腐植酸农药单体组分，其工艺绿色环保，能减少农药用量，有利于农业的可持续发展。

3.4.3.1 原理

以萜类、新烟碱类、香芹酚、氯化胆碱等为农药组分，与腐植酸的羧基、酚基、盐基等作用，形成植物复合农药，如表3-38所示。其结构明确，低毒甚至无毒。

表 3-38　腐植酸与几种无毒或低毒农药复合的结构基础

序号	中文名/别名	结构式	分子式	CAS 号	用途
1	柠檬烯/单萜类		$C_{10}H_{16}$	5989-27-5	杀虫剂
2	吡虫啉/新烟碱类		$C_9H_{10}ClN_5O_2$	105827-78-9	杀虫剂
3	香芹酚/植物源类		$C_{10}H_{14}O$	499-75-2	抗菌剂
4	噻菌铜/龙克菌		$C_4H_4N_6S_4Cu$	3234-61-5	杀菌剂
5	吲哚丁酸		$C_{12}H_{13}NO_2$	133-32-4	植物生长调节剂
6	喹硫磷		$C_{12}H_{15}N_2O_3PS$	13593-03-8	杀螨剂

3.4.3.2 工艺

腐植酸植物复合农药生产工艺流程见图3-56。

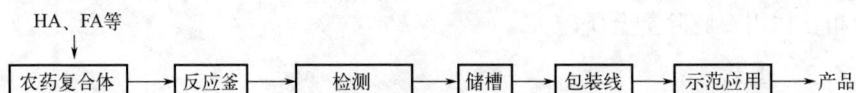

图 3-56　腐植酸植物复合农药生产工艺流程示意图

3.4.3.3 产品分析

GC-MS 等仪器分析，不仅能够分析腐植酸复合农药的关键组分，也能分析通过热解褐煤腐植酸得到的植保农药组分（图 3-57）。

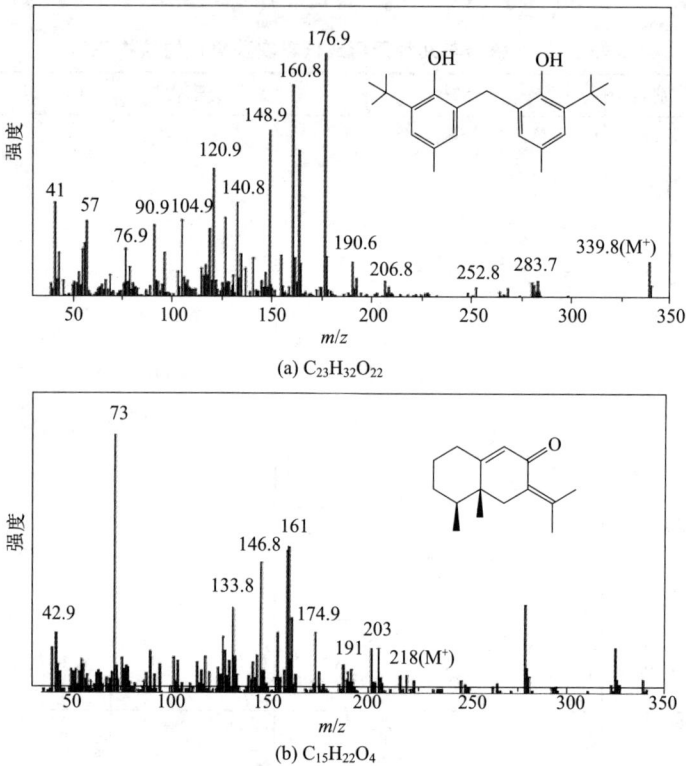

(a) $C_{23}H_{32}O_{22}$

(b) $C_{15}H_{22}O_4$

图 3-57 腐植酸植保农药的 GC-MS 分析图

3.4.4 植保微生态农药

含腐植酸的植保微生态制剂，指与细菌、真菌、生物酶等制成的微生态农药。

3.4.4.1 原理

以乳酸菌降解亚硝酸盐为例，乳酸菌（革兰氏阳性细菌）对重金属的去除作用机制如下。其细胞壁带有负电荷官能团的肽聚糖和磷酸壁聚合物，有着很强的吸收金属阳离子的趋向。腐植酸-乳酸菌的分泌代谢产物，含腐植酸、多糖和多肽，表面常带有 CO^-、HPO_4^{2-}、OH^- 等基团，能够使胞外聚合物与金属离子发生相互作用，脱除重金属。

3.4.4.2 工艺

腐植酸植物植保农药生产工艺流程见图 3-58。

HA、FA、培养基

植物乳酸菌 → 发酵罐或酶解金 → 培养基法+生物工程菌质粒法 → DNA检验等 → 示范应用 → 产品

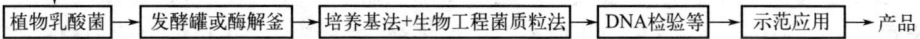

图 3-58　腐植酸植物植保农药生产工艺流程示意图

（1）微生物培养基配制

培养无法在外界环境单独存活和扩增的工程菌。表达大量的外源蛋白或者带有外源基因的质粒。

① LB 培养基（胰蛋白胨、酵母提取物等，固体 LB 培养基需再加琼脂），溶解，定容，然后在 120℃、0.1MPa 下灭菌 20～30min。

② TB 培养基（蛋白胨，酵母提取物，甘油 4mL。各组分溶解后高压灭菌。冷却到 60℃，再加 100mL 灭菌的 170mmol/L KH_2PO_4 与 0.72mol/L K_2HPO_4 的混合溶液（2.31g KH_2PO_4 和 12.54g $KHPO_4$ 溶在足量的水中，体积为 100mL。高压灭菌或用滤膜过滤除菌）。

（2）酵母菌培养

常规用途培养：挑取固体 LB 平板上 37℃培养。根据所含质粒抗性标记添加在合适的腐植酸中，250r/min、37℃培养 12～16h 后，用于菌株保存、质粒抽提、基因组抽提。

蛋白质表达培养：挑取固体 LB 平板上 37℃培养的重组菌的单克隆至 LB 液体培养基中，培养 10h 左右，作为一级种子液。按 1％接种量，将种子液接种到新鲜的 LB 液体培养基中，离心 250r/min，37℃培养至一定 OD_{600} 值（一般 0.5），加入一定浓度腐植酸液进行诱导，离心 250r/min，在一定温度下（28℃或 37℃）继续培养一定时间后，收集菌体，用于蛋白表达分析。

（3）芽孢杆菌培养

将冻存于 −20℃中含 20％甘油的种子液接种到 LB 液体培养基中，离心 220r/min，37℃培养后，用于基因组抽提。

（4）基因组抽提

按照相关操作说明进行。

3.4.4.3　产品分析

将相关的质粒或质粒组合转化到特定的酵母菌宿主细胞中，添加到有相应泥炭腐植酸的 LB 琼脂平板上，培养 16h。挑取重组菌株的单克隆于 2mL 液体 LB 培养基中，250r/min、37℃培养 12h。用 1.5mL 离心管收集种子液 500μL，加入等体积的 30％甘油，混匀后 −80℃冻存，作为摇瓶发酵的种子液和补料分批发酵的一级种子液。按 1％接种量将一级种子接种到含 LB 的摇瓶中，250r/min、37℃培养 5h 后，作为二级种子液，待接种至发酵罐中。发酵罐发酵。

按 5% 接种量，将二级种子接种到装有一定液量的发酵罐中。发酵初始温度设定为 37℃，调节转速，通气量，流加氨水控制 pH 为 7.0。待菌体浓度达到一定量后，迅速降温至 28℃，并加入十二烷等诱导培养，待基础料中葡萄糖耗尽，溶氧开始回升后，按设定的流速流加碳源。每隔一定的时间后，取样进行分析。

GC-MS 检测腐植酸关键组分，乳酸菌菌体生长检测分别根据菌体总量、菌体干重、降亚硝酸盐和降重金属的应用效果等[48-54]。

3.4.5　植保复合酶制剂

腐植酸植保复合酶制剂，是由第一代的酵母菌、放线菌、芽孢杆菌等在发酵过程中提取纤维素酶、蛋白酶、氧化还原酶等制取的产品。

3.4.5.1　原理

HA、BHA 等培养基作用于筛选的酵母菌、放线菌、芽孢杆菌等，经深层发酵产生多种专用酶。

3.4.5.2　工艺

深层发酵提取酶循环利用流程见图 3-59。深层发酵反应设备的结构见表 3-39。

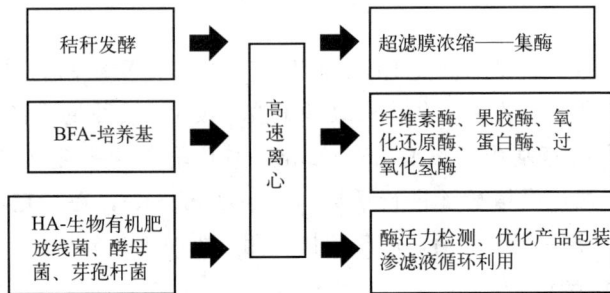

图 3-59　深层发酵提取酶循环利用流程示意图

表 3-39　深层发酵反应设备的结构数据

序号	名称	$10m^3$ 种子罐	$80m^3$ 发酵罐
1	设计压力/MPa	0.3	0.3
2	蛇管设计压力/MPa	0.48	0.6
3	设计温度/℃	150	150
4	罐体直径 Φ/mm	2000	4000
5	罐直筒长度 L/mm	3000	5500
6	径高比	1:1.50	1:1.38
7	罐体总长度 H/mm	3560	6560
8	罐体总容积/t	10	156

序号	名称	10m³ 种子罐	80m³ 发酵罐
9	上、下封头长度/mm	280＋280	530＋530
10	人孔直径 Φ/mm	500	750
11	封头板材厚度/mm	10	16
12	罐体板材厚度/mm	8	12
13	罐体总质量/kg	3668	14780
14	罐体材质	不锈钢304	不锈钢304
15	电机配置/kW	20	160
16	搅拌转数/(r/min)	165	108,116
17	冷却面积/m²	12	85
18	罐内冷却蛇形管	无	管径76mm 2组，冷却面积35m²，蛇管长4300mm、宽620mm
19	冷却外壁管	管径38mm，冷却面积12m²，导程130mm，左旋8圈×2、9圈×1	管径54mm，冷却面积50m²，导程238，左旋10圈×2、11圈×1
20	冷却外壁管单管	53mm 宽，$R=25$，间距24mm	105mm 宽，$R=50$，间距24mm，高60mm
21	搅拌轴直径 Φ/mm	80	219
22	搅拌叶形式	底层CD-6，上层平桨	底层CD-6，上层HE-3
23	搅拌叶层次，直径	3层，Φ700mm	4层，Φ1600，Φ2134mm
24	搅拌叶间距/mm	10～40	10～50

注：1m³ 种子罐为10m³ 种子罐体积的1/10，其他尺寸相应调整。

① 从腐植酸生物有机肥筛选中放线菌、酵母菌、芽孢杆菌，于含BFA的PDA培养基30℃培养，3～5d后将不同形态的单个菌落分离纯化，BFA-PDA斜面培养基上低温保存。

② 发酵液以4000r/min离心15min，上清液过超滤膜浓缩为原体积的1/6，得到的浓缩液即为放线菌、酵母菌、芽孢杆菌的发酵酶，筛选时以透明圈的直径和菌落直径的比值大小为标准。测定CMC酶活力和FPA酶活力对初筛得到的菌株进行复筛，在适宜条件下每小时由底物生产$1\mu g$葡萄糖需要的底酶量为一个酶活力单位（U）。

③ 高产纤维素酶菌株的鉴定。将分离纯化后目的菌株结合观察其菌落特征及镜检结果，初步确定菌株的种属地位。

④ 高产纤维素酶、蛋白酶、果胶酶、氧化还原酶等菌株最佳产酶条件的优化。对复筛的高产纤维素酶、芽孢杆菌菌株产酶条件的初始pH值、碳源、氮源、表面活性剂、反应温度、接种量、培养时间进行优化，并呈图循环利用。

3.4.5.3 产品分析

腐植酸联合微生物菌群及其复合酶制剂的循环应用模式见图 3-60。

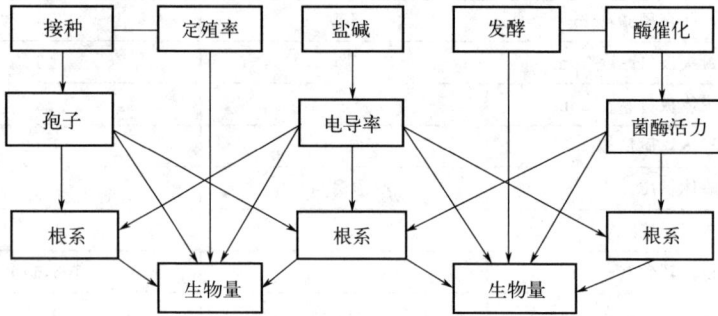

图 3-60 腐植酸联合微生物菌群及其复合酶制剂的循环应用模式[55-56]

3.4.6 解毒剂

腐植酸（HA）、黄腐酸（FA）解毒，基于改变环境中某些有机污染物的水解和降解，也基于敏感蛋白以及腐植酸（HA）、黄腐酸（FA）与微生物的协同作用。

3.4.6.1 原理

① 采用铁盐和小分子稳定剂富里酸共沉淀技术合成富里酸包覆的 Fe_3O_4 超顺磁性纳米颗粒，作用于细胞。可根据透射电子显微镜（TEM）观察，制备的纳米颗粒以约 $10nm$ 的尺寸良好地分散在水中。傅里叶变换红外光谱（FTIR）表明，黄腐酸通过两个相邻的酚羟基与 Fe_3O_4 共价键合，羧基（—COOH）被官能化到表面。核磁共振、常规的临床试验等验证对重金属的解毒作用（图 3-61）。

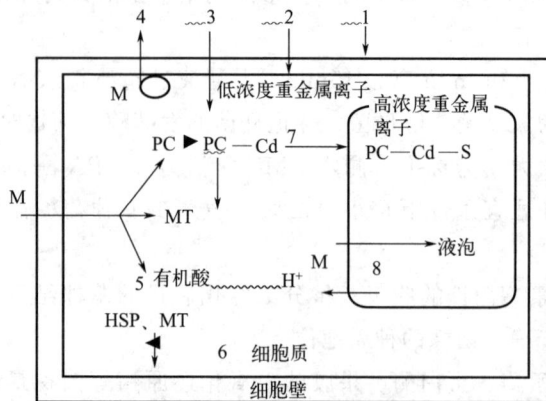

图 3-61 有 HA-FA 介入的植物细胞对重金属的解毒作用
M—重金属离子；PC—植物络合素；MT—金属硫蛋白；HSP—热激蛋白

② 通过影响氮代谢参与蛋白质转化减轻 As（Ⅴ）对植物的毒害。HA 通过介导作用减轻 As（Ⅲ）和 As（Ⅴ）对植物的毒害介导作用（也称为网格蛋白介导的内吞作用），是一种细胞通过质膜向内萌芽（内陷）吸收代谢产物、激素、蛋白质和某些病菌的过程（图 3-62）。

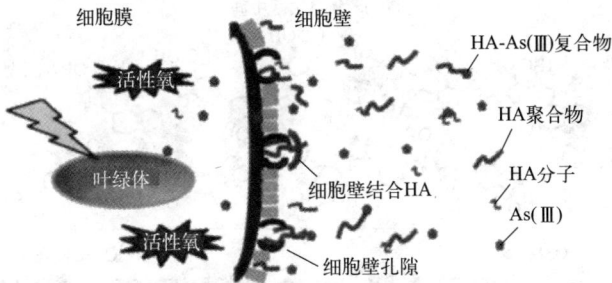

图 3-62　HA 作为解毒剂减轻植物毒害的作用机理

③ 腐植酸与变色栓菌漆酶协同能够高效氧化和去除毒素，添加 HA 抑制了 17β-雌二醇（E2）和 17α-炔雌醇（EE2）的转化，但促进了双酚 A（BPA）的去除；漆酶诱导雌激类毒素单电子氧化形成二聚体、三聚体和四聚体等低聚物，腐植酸（HA）能够与长链 BPA 自聚物快速发生共聚合反应，从而维持漆酶催化活性和稳定性；雌激素自聚物的产量随着酶促反应时间的增加呈现先升高后降低的趋势，添加 HA 有效降低了雌激素自聚物的产量；漆酶诱导雌激素-HA 发生共聚合反应，生成结构复杂的 C—C、C—O—C 或 C—N—C 共价结合产物，所形成的聚合产物显著降低了母体化合物的生物毒性（图 3-63）。

3.4.6.2　工艺

工艺包括腐植酸与微生物共沉淀包裹法、腐植酸与金属化合物共沉淀螯合法。

3.4.6.3　产品分析

运用农业信息感知和传感技术黄腐酸（FA）在 313nm 处的窄紫外线辐射和土壤 FA 研究对除草剂溴氧腈的光化学降解。结果表明，在 5、10、15、20、40、45、60、100mg/L 浓度下，对溴氧腈的光解速率随着 FA 含量的增加而降低 HA，FA 农药的降解方式和机理与农药的分子结构密切相关。一般，具有卤代烷基、酰胺、胺、氨基甲酸酯、环氧、氰基、磷酸盐、硫酸盐等官能团的农药易水解；采用高效液相色谱-质谱技术鉴定了噻虫胺的光解产物和光解机理。结果表明，其降解机理包括水解、氧化、N-脱烷基化和 S-羟基化过程。羟基自由基的电子转移反应导致 C＝S 键断裂形成—OH 和—SH。所有光解产物均通过 N-脱烷基化而失去甲基；采用高分辨质谱（超高效液相色谱联合高分辨质谱，UPLC-HRMS）鉴定了磺酸盐（TBT）和磺草酮（SCT）在水中的降解途径和

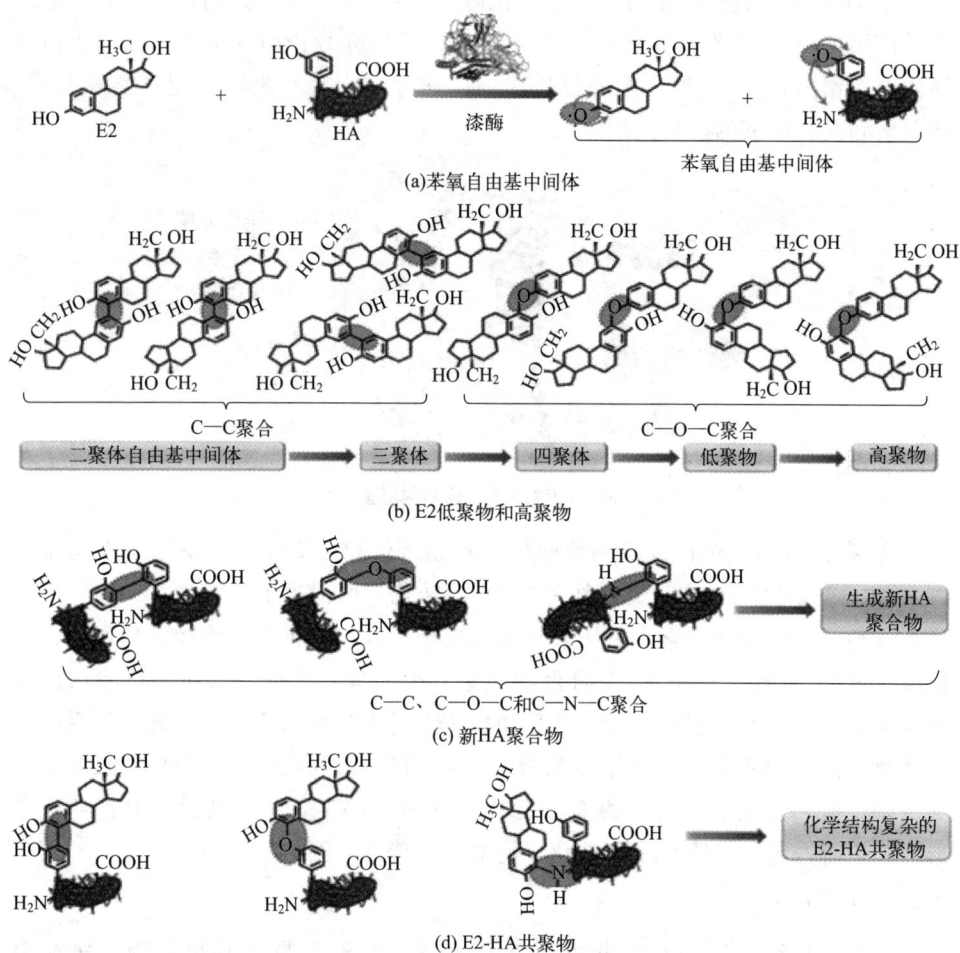

(a)苯氧自由基中间体

(b) E2低聚物和高聚物

C—C聚合　　　　　　　　　C—O—C聚合

二聚体自由基中间体　➡️　三聚体　➡️　四聚体　➡️　低聚物　➡️　高聚物

C—C、C—O—C和C—N—C聚合

(c) 新HA聚合物

生成新HA聚合物

化学结构复杂的E2-HA共聚物

(d) E2-HA共聚物

图 3-63　HA 作为解毒剂降解农药毒害的作用机理

降解机理。其降解的主要机制是反应形成的农药自由基聚合物，在光催化作用下，分步开环形成降解产物[57-58]。

3.5　腐植酸饲料产品

3.5.1　畜牧饲料

在畜牧饲料中，腐植酸钠、黄腐酸主要在提高畜牧的抗疾病、抗氧化性，提高免疫性能方面，发挥替代饲用抗生素部分作用。

3.5.1.1　原理

① 在各种酶的环境中，腐植酸钠能够活化肾上腺皮质，增强激素分泌功能，

具有抗炎症作用，且对雌性激素的分泌起到良好的促进作用。

② 应用腐植酸钠在一定程度上能实现对某些酶的直接抑制与激活，有助于减少能耗，促进能量贮存，更有效地吸收与应用葡萄糖，增加牲畜体重与脂肪。

③ 使用腐植酸钠有助于激活单核巨噬细胞系统，提高血值白细胞吞噬指数，增强有机体功能和自身免疫力，实现对免疫系统疾病的有效治疗。

④ 应用腐植酸钠有助于血小板数量的增加，更好地收缩血管，降低毛细血管的通透性，发挥止血功效。

⑤ 腐植酸钠能利用环境中的酶，促进畜牧的微循环。

⑥ 黄腐酸复合型畜牧饲料，通过抗氧化体系清除由正常代谢产生的活性氧自由基，以维持细胞的氧化和还原平衡，从而有助于预防或减缓与自由基相关的疾病。

3.5.1.2 产品分析

饲料级腐植酸钠质量要求见表 3-40。

表 3-40 饲料级腐植酸钠的质量要求 (T/CHAIA 7—2019)

项目	指标	
	一级品	二级品
水溶性腐植酸含量(重量法,以干基计)/%	≥60	≥55
水不溶物含量(以干基计)/%	≤10	≤15
水分含量(H₂O)/%	≤10	≤15
pH(1:100 倍稀释)	8~10	

由表 3-41 可知，与对照组相比，各实验组血清、肝脏和肌肉中的 SOD 活性均有提高，其中 0.4% FA 和 0.6% FA 组血清中的 SOD 活性分别提高 12.7% 和 12.3%，0.4% FA 组的肝脏和肌肉中 SOD 活性虽均为所有处理组中最高，但与对照组相比无显著性差异。SOD 作为动物体内消除自由基损伤的主要防御酶，可催化超氧阴离子自由基的歧化反应，阻断自由基的连锁反应，减少体内脂质氧化，在饲料中添加 FA 能提高血清和组织中的 SOD 等活性。

表 3-41 FA 对生长猪血清和组织中 SOD 的影响

项目	对照组	0.2% FA 组	0.4% FA 组	0.6% FA 组	0.8% FA 组
样本数/头	6	6	6	6	6
血清/(U/mL)	109.2±2.04	119.3±3.21	123.1±2.95	122.6±4.28	120.4±4.70
肝脏/(U/mg)	315.8±50.35	342.8±49.43	393.9±68.01	359.5±35.89	319.5±62.64
肌肉/(U/mg)	211.1±14.14	248.1±30.47	257.4±23.67	241.8±13.42	241.2±15.66

3.5.2 家禽饲料

BFA 腐植酸作为家禽饲料添加剂，有多糖、氨基酸等多种营养剂介入，是家禽的营养型液体饮品或膳食纤维类产品。

3.5.2.1 原理

BHA通过发酵罐的深层发酵或酶解后，形成多糖、氨基酸、BFA，再通过补加养分成为多元素的液体营养剂，可平衡家禽的生化指标和肠道菌群，促进牲畜、家禽的长肌生长，提高肉质质量。

3.5.2.2 工艺

分批发酵或流加营养素的连续生产工艺流程见图3-64。在图3-64的发酵装置中，以果渣及中药渣为主原料，经深层发酵或酶解后，在生成含多糖、氨基酸、黄腐酸、黄腐酚、维生素B等基础上，根据家禽营养的需要，通过流加其他营养素，配以生理盐水，作为家禽的液体饲料。

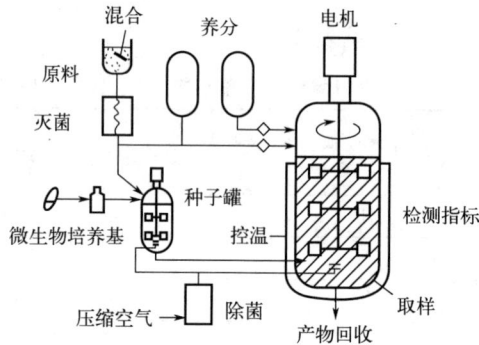

图3-64 分批发酵或流加营养素的连续生产工艺流程示意图

3.5.2.3 产品分析

黄腐酚氨基酸分析谱图如图3-65所示。

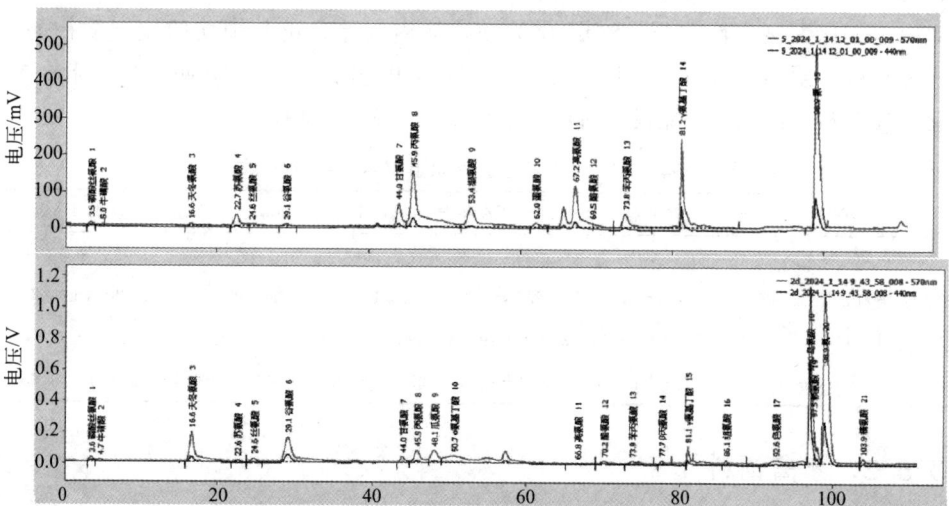

图3-65 黄腐酚氨基酸分析

3.5.3 水产饲料

腐植酸水产饲料添加剂，以 BHA、BFA，或 HANa、FANa 为主要产品。

3.5.3.1 原理

以瓜果、中药渣制城的食用黄腐酸钠，含有维生素 B、多糖、生理盐水等营养成分，共同调理鱼虾等水产，同时满足养殖水的循环利用。

3.5.3.2 工艺

生物质原料→食用 FANa→加入水产饲料养殖系统，并满足水的循环利用要求（图 3-66）。

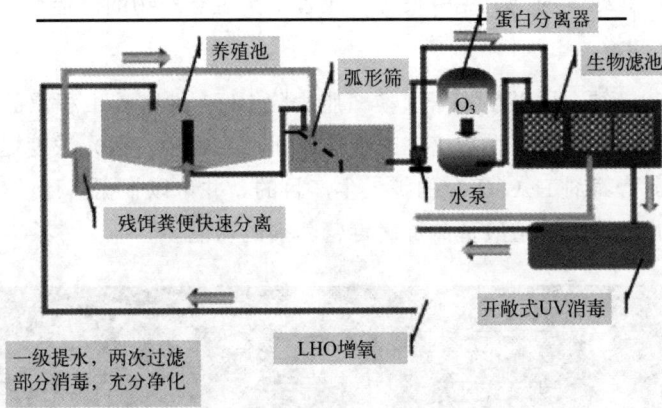

图 3-66 循环水养殖生产工艺流程示意图

3.5.3.3 产品分析

水产用黄腐酸钠的荧光光谱见图 3-67。

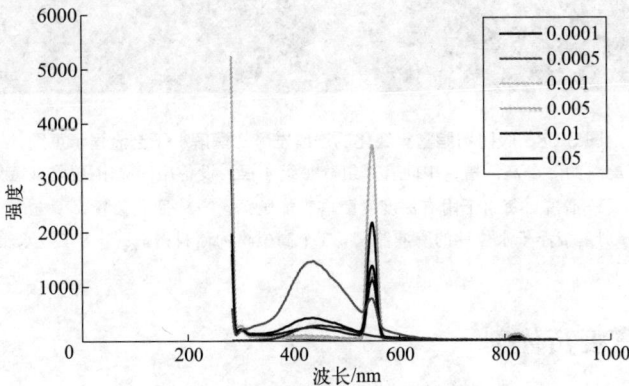

图 3-67 水产用黄腐酸钠的荧光光谱图

3.6 腐植酸兽药产品

3.6.1 畜禽抗病毒营养剂

腐植酸畜禽抗病毒营养剂，是以蓝莓秸秆、黑曲霉、米曲霉生产BHA功能腐植酸，并深层发酵生产纤维素酶、果胶酶、氧化还原蛋白酶等；可作为营养剂改善微生物与其宿主在体内相互依赖和相互制约的生存环境，提高畜禽免疫性。

3.6.1.1 原理

携带芽孢杆菌的腐植酸利用它的吸附性，兼作了固定化酶的载体，促进了抗原或抗体通过酶载体的酶联免疫反应，改善了微生态药物的渗透动力学。

3.6.1.2 工艺

如图3-68，结合弱碱阴离子交换树脂去除BHA发酵液中积累的杂质，将批量发酵（酶催化）和进料批量培养改成连续化，生物菌（酶）浓度提高了71倍，可实现抗病毒营养剂HA、FA的扩大生产目的，并可以根据具体的生物酶靶标，通过添加外源酶扩大腐植酸畜禽抗病毒营养剂的功能。

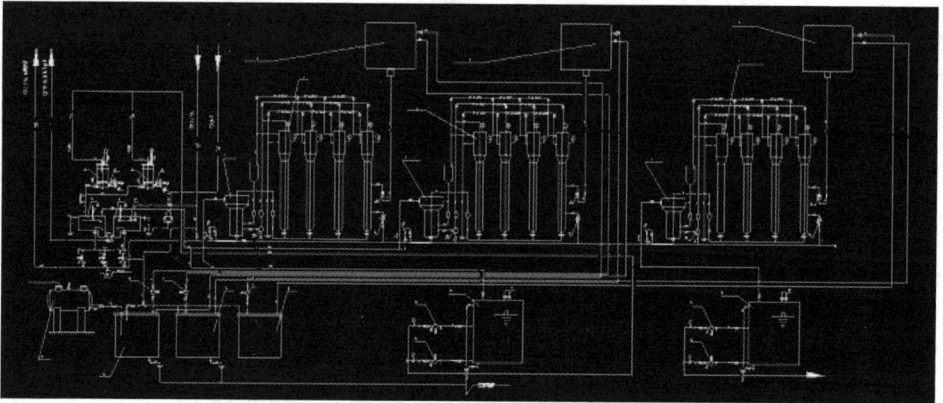

图3-68 吸附树脂富集纯化的连续发酵（酶解）工艺流程示意图
上方有配料的3个高位槽；中间有3组（每组4根）设备用于吸附-脱附（富集得到酶产品）＋清洗，每组下附有深度发酵塔、加压泵、CO_2回收装置；下方从左到右分别是带浮子水位计的酶液储槽，3个高位槽的储料槽，2个为工业水箱

3.6.2 畜禽疫苗佐剂

利用酵母细胞壁葡聚糖是天然的免疫佐剂，与腐植酸复合制成的畜禽疫苗佐剂，在动物疫病防控中会展现出广阔的应用前景。

3.6.2.1 原理

用于预防传染病的一种自动免疫制剂——疫苗，是将病原微生物，包括细菌、病毒等及其代谢产物，经过人工的减毒、灭活或者利用转基因等方法制成的。酵母细胞壁中含有 β-1,3-葡聚糖以及 β-1,6-葡聚糖，二者均是免疫应答的重要刺激剂和调节剂。当主要组织相容性复合体（MHC）分子递给 T 细胞时，会导致抗原特异性细胞被活化。此外，FA、β-葡聚糖还可以激活细胞内信号转导途径，增加细胞内水解和代谢酶的含量和活性，表现出该畜禽疫苗的良好前景（图 3-69）。

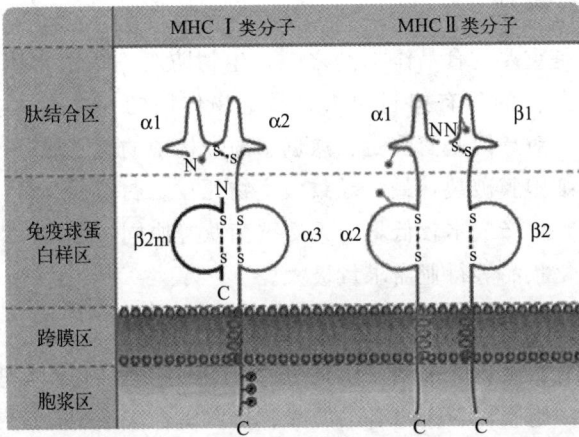

图 3-69 MHC 跨界工作对肽、FA、β-葡聚糖免疫性的联系

3.6.2.2 工艺

HA、FA 葡聚糖佐剂 酵母疫苗制备工艺流程见图 3-70。

图 3-70 HA、FA 葡聚糖佐剂-酵母疫苗制备工艺流程示意图

3.6.2.3 产品分析

① 对酵母载体疫苗激发免疫调节机制的理论研究，激活先天性免疫细胞的亚群、调节免疫微环境的分子细节等研究。

② 考察工程化的酵母在高密度发酵过程中的生物量。

③ 考察口服酵母疫苗在不同动物物种、疫苗类型效果的差异性。

④ 酵母口服疫苗和传统疫苗的协同效应。

⑤ 肠胃环境对部分口服酵母造成降解破坏，酵母口服耐受性等问题的完善

研究。

酵母疫苗在安全性、免疫方式、生产及人工成本等方面有较显著的优势，酵母细胞独特的肠道菌群扰动效应、细胞壁 β-葡聚糖的免疫佐剂效应预示着全重组酵母疫苗以及酵母表面展示疫苗直接口服免疫会逐渐被接受，并扩大影响。

3.7 腐植酸食品类产品

3.7.1 生物防腐剂

生物防腐剂是重要的食品添加剂之一，生物防腐剂指生物体通过生物培养、提取和分离技术获得的具有抑制和杀灭微生物作用的一类高效防腐剂。BHA、香草酚、阿魏酸、对烯丙基茴香醚、愈创木酚结构中的疏水成分，能使细胞膜功能紊乱，甚至使细胞膜破裂，最终导致微生物死亡。腐植酸复合生物防腐剂的优势是原料来源广，生产成本较低，与天然抗菌肽等协同，成为抑制微生物的重要原因，在食品、化妆品等行业需求量极大。

3.7.1.1 原理

生物防腐剂对微生物的抑制作用是通过影响细胞亚结构而实现的，这些亚结构包括细胞壁、细胞膜、与代谢有关的酶、蛋白质合成系统及遗传物质。生物防腐剂只要作用于其中的一个亚结构便能达到杀菌或抑菌的目的。

3.7.1.2 工艺

酶解 BHA 等制备生物防腐剂的工艺流程见图 3-71。

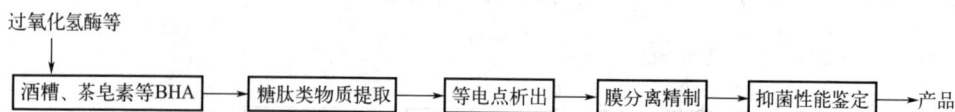

过氧化氢酶等

酒糟、茶皂素等BHA → 糖肽类物质提取 → 等电点析出 → 膜分离精制 → 抑菌性能鉴定 → 产品

图 3-71 酶解 BHA 等制备生物防腐剂的工艺流程示意图

3.7.1.3 产品检测

试验考察针对金黄色葡萄球菌、枯草芽孢杆菌、毛霉均有抑菌性，对大肠杆菌和酵母菌检测抑菌作用。

性能试验结果显示，120℃处理 20min 抑菌效果没有发生变化，说明具有较好的热稳定性；在 pH2～11 时的抑菌效果没有发生变化，说明具有较好的 pH 稳定性，能在较宽的 pH 范围内应用；胃蛋白酶和木瓜蛋白酶能够完全酶解该 BHA 抑菌物质，说明它进入人体后经新陈代谢可作为营养物质被人体吸收[59-62]。

3.7.2 爽口泡腾片

腐植酸爽口泡腾片，由黄腐酚、维生素、食品崩解剂、黏结剂、矫味剂等配制组成，具有预防感冒、抗病毒等作用。

3.7.2.1 原理

采用经临床试验的黄腐酚 10%、维生素 C 25%（主成分）、维生素 E 5%、碳酸氢钠（崩解剂）35%、羧甲基淀粉钠 10%（黏结剂）、聚维酮-K30 2%、甜橙香精 1.0%（矫味剂）、聚乙二醇 6000 1%（润滑剂）、微粉硅胶 1%、硬脂酸镁 0.5%（润滑剂）、乳糖 10%（稀释剂）配制腐植酸黄腐酚爽口泡腾片，药理明确。按此，根据配方不同，黄腐酚还可以创制咖啡-黄腐酸泡腾片、黑米-花青素泡腾片等。

3.7.2.2 工艺

腐植酸爽口泡腾片制备工艺流程见图 3-72。

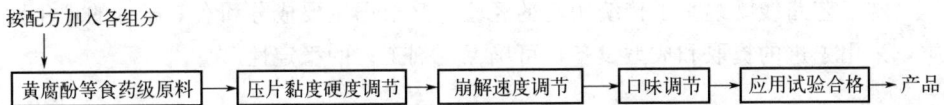

图 3-72 腐植酸爽口泡腾片制备工艺流程示意图

3.7.2.3 产品检测

① 外观无杂点，片重质量差异（±5%）等。

② 测试崩解时限。取 1 片，加 200mL 常温水，在 5min 内崩解，观察片剂是否有颗粒残留。

③ 通过 TLC 薄层色谱法鉴别组成。结果显示，在当归黄芪提取物用量 15%、柠檬酸用量 22%、碳酸氢钠用量 19%、聚乙二醇 6000 用量 5%、可溶性淀粉用量 39% 时，制剂的综合评分最佳。

崩解时限（150~300s）、重量差异、硬度、pH（2.5~6.5）等检查符合药典规定。

3.8 腐植酸医药类产品

3.8.1 鼻窍剂

腐植酸鼻窍剂，是由医药级黄腐酸及中药配方组成，具有共奏疏风清热、活血化瘀、祛湿通窍的功效。

3.8.1.1　原理

复方鼻炎胶囊由苍耳子、白芍、黄芩、野菊花、黄芪、藿香、白芷等 11 味中药组成，具有清热消炎、通窍之功效，可用于治疗慢性鼻炎、过敏性鼻炎、慢性鼻窦炎引起的喷嚏、流涕、鼻塞、头痛。

3.8.1.2　工艺

腐植酸鼻窍剂制备工艺流程见图 3-73。

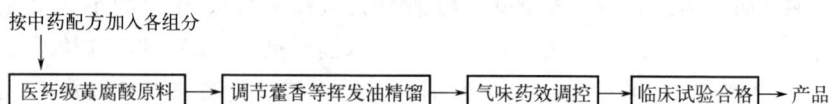

图 3-73　腐植酸鼻窍剂制备工艺流程示意图

将黄芩药材的有效成分黄芩苷、汉黄芩苷在冷水或一般温水中酶解，提取母液，浓缩收膏，将藿香、白芷中含有的挥发油采用精馏法提取，进行气味药效调节，经分级临床试验合格，可作为医院内部用药。

本工艺路线既继承了传统用药的经验，又根据主要成分和有效成分的理化性质，采用先进的提取和成型设备，可确保制剂工艺的稳定性[63]。

3.8.2　滴眼剂

腐植酸滴眼剂由黄腐酚、黄腐酸等配方组成，发挥消炎杀菌、降低眼压等作用。

3.8.2.1　原理

滴眼剂系指由原料药物与适宜辅料制成的供滴入眼内的无菌液体制剂，可分为溶液、混悬液或乳状液，通常以水作为溶剂。滴眼剂可发挥消炎杀菌、散瞳、缩瞳、降低眼压、治疗白内障、诊断以及局部麻醉等作用。其用于眼部的药物，以发挥局部作用为主，亦可发挥全身治疗作用。

（1）角膜吸收

绝大多数药物主要通过角膜途径被吸收进入眼部。亲脂性药物通过跨细胞途径进入角膜；亲水性药物则通过细胞旁途径进入角膜。肽类、黄腐酚、黄腐酸、氨基酸类药物以角膜上皮的 Na^+，K^+-ATP 酶为载体，通过主动转运的方式进入眼部。

（2）非角膜吸收

其主要有结膜吸收和虹膜吸收。结膜和虹膜上皮的细胞间隙比角膜上皮的细胞间隙大得多，有利于肽类、黄腐酚、黄腐酸、氨基酸类药物亲水性分子通过细胞旁途径吸收进入眼部。

3.8.2.2 工艺

腐植酸滴眼剂制备工艺流程见图 3-74。

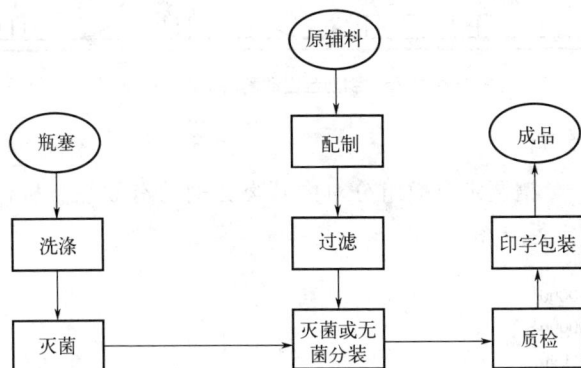

图 3-74　腐植酸滴眼剂制备工艺流程示意图

3.8.2.3　产品分析

① 滴眼剂中可加入调节渗透压、pH 值、黏度及增加原料药物溶解度和制剂稳定性的辅料，所用辅料不应降低药效或产生局部刺激。

② 滴眼剂应与泪液等渗，混悬型滴眼剂的沉降物不应结块或聚集，经振摇应易再分散，并应检查沉降体积比，通常每个容器的装量应不超过 10mL。

③ 产品标签应标明抑菌剂种类和标示量。除另有规定外，在制剂确定处方时，该处方的抑菌效力应符合抑菌效力检查法的规定。

④ 供外科手术用和急救用的滴眼剂，均不得加抑菌剂或抗氧剂或不适当的附加剂，且应采用一次性使用包装。

⑤ 包装容器应无菌、不易破裂，其透明度应不影响可见异物检查。

⑥ 除另有规定外，滴眼剂还应符合相应剂型通则项的有关规定。

⑦ 除另有规定外，滴眼剂应遮光密封贮存。

⑧ 滴眼剂在启用后最多可使用 4 周。

3.8.3　中耳炎方剂

3.8.3.1　原理

黄酮、黄腐酚（黄腐酸）、BFA 作为中药组分，具有活血化瘀、利水消肿、调和诸药、促进耳道组织恢复并减少复发功效[64-65]。

3.8.3.2　工艺

遵循"益气温阳，解毒利湿"原则，在确定配方，进行煎药、检验后，进入全自动灌装系统（图 3-75）。

图 3-75　制剂全自动灌装机示意图

3.8.3.3　产品分析

GC-MS 离子色谱测定有效组分对中耳炎方剂的有效性分析，确保中药饮片在生产过程的稳定性（图 3-76）。

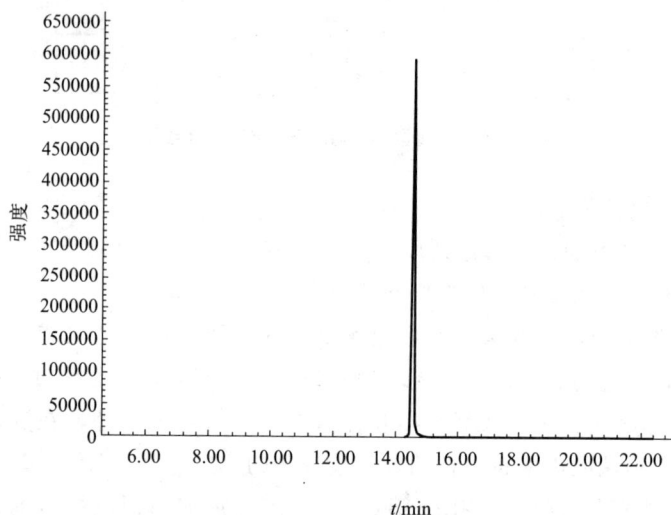

图 3-76　BFA 关键组分（丁香酚）的 GC-MS 离子色谱图

3.8.4　健胃口服液

作为健胃口服液的黄腐酸主要为一类含活性官能团的大分子芳香-脂肪族羟基羧酸物，呈黄褐色或深褐色粉末状或片状固体，无异味，水溶性＞99.0％，数均分子量 500 左右。如表 3-42 所示，产品理化性质达到了西药先导化合物的候选药物的要求，可制成如乌金口服液（国药准字：Z41020418；批准号：2010-03-18）的棕色澄清液体饮品。

表 3-42　黄腐酸片段分子、先导物与候选药物结构性质的比较

指标	片段分子	先导物	候选药物
分子量	＜300	400～500	＜500
亲脂性(lgP)	＜3	＜4	＜5
氢键给体(N—H,O—H)	＜3	＜4～5	＜5

指标	片段分子	先导物	候选药物
氢键接受体(N,O)	<3	8~9	<10
对靶标的活性(IC$_{50}$)/(mol/L)	>10^{-5}	10^{-7}~10^{-8}	10^{-9}~10^{-8}
构效关系	X 射线或 NMR 数据	建立构效关系	充分的构效关系
代谢/排泄	未分析	低清除率,低 CYP 抑制作用	充分的半衰期,较低的药-药间相互作用
毒性	无明显毒性基团	无非靶标作用	有治疗窗口

而作为健胃口服液的棕腐酸,含有萜类、甾类等,呈棕褐色或棕黑色粉末状或片状固体,无异味,醇、酮等脂溶性>99.0%。近年兰州理工大学蔡涛等以新疆优质风化煤为原料精制的样品,委托华东理工大学周霞萍进行的凝胶色谱分子量检测显示,样品实际为黄棕腐植酸,其数均分子量(M_n)780,重均分子量(M_w)1220,Z 均分子量(M_z,M_{z+1})1797~2375,而以峰顶 M_p 表示为1380(图 3-77)。

分子量对应值

名称	M_n	M_w	M_P	M_z	M_{z+1}	分散性指数	M_z/M_w	M_{z+1}/M_w
对应值	780	1220	1380	1797	2375	1.562888	1.473320	1.947131

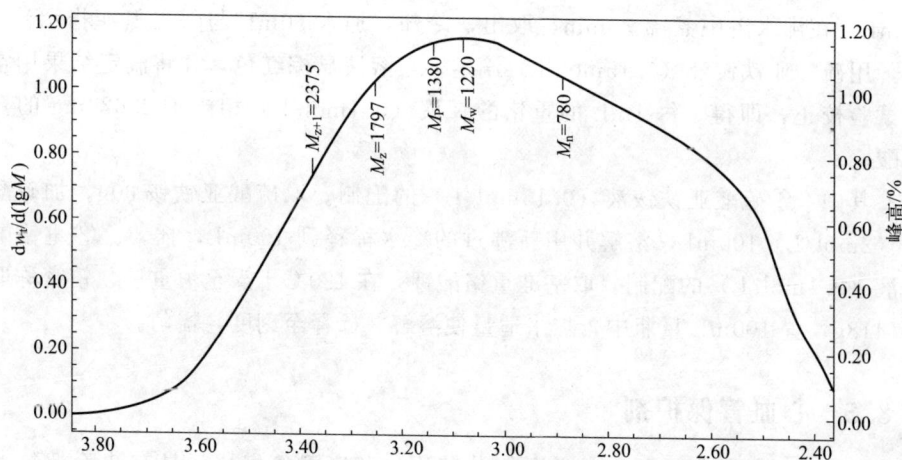

图 3-77 新疆棕腐酸的 GPC 分子量测定谱图

3.8.4.1 原理

据记载,健胃口服液有温阳散寒、健脾益胃、活血化瘀、保护胃黏膜功能的作用机制。

3.8.4.2 工艺

健胃口服液生产工艺流程见图 3-78。

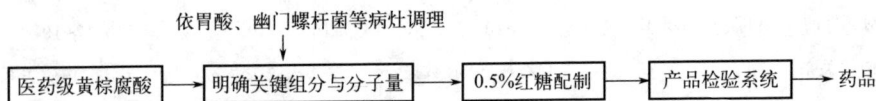

图 3-78 健胃口服液生产工艺流程示意图

3.8.4.3 产品分析

（1）测吸光度

取健胃口服液 15mL，置 100mL 容量瓶中，加碳酸氢钠液（0.05mol/L）溶解并稀释至刻度，摇匀，照分光光度法 465nm 和 665nm 的波长处测定吸收度，计算其比值，A_{465}/A_{665} 比值应在 10.0 以上。

（2）测荧光性

取健胃口服液 2 滴，加水 4mL，置紫外光灯（254nm）下观察，应显乳黄色荧光，加稀盐酸 1mL，荧光几乎消失。

（3）pH 值

pH 值在 6.0～8.0，其他应符合合剂项下有关的各项规定。

（4）测含量

精密量取健胃口服液 5mL，精密加重铬酸钾液（0.1mol/L）5mL 与硫酸 15mL，在沸水浴中煮沸 30min，取出，冷却，加水 50mL 与邻二氮菲指示液 3 滴，用硫酸亚铁铵液（0.15mol/L）滴定，至溶液显棕红色，并将滴定结果用空白试验校正，即得。每 1mL 的重铬酸钾液（0.1mol/L）相当于 3.629mg 的黄腐酸。

其中：①硫酸亚铁铵液（0.15mol/L）的配制。取硫酸亚铁铵 60g，加硫酸液（2mol/L）100mL，溶解并用新沸过的冷水稀释到 100mL，摇匀。②重铬酸钾液（0.1mol/L）的配制。取基准重铬酸钾，在 120℃ 干燥至恒重后，精密称取 29.418g，置 100mL 量瓶中，加水适量使溶解并稀释至刻度，摇匀。

3.8.5 心血管保护剂

腐植酸心血管保护剂，由主要成分黄酮、黄腐酚等组成，具有清除超氧离子、过氧亚硝基阴离子，抑制脂质过氧化，维护心血管健康的作用。

3.8.5.1 原理

抑制产生氧自由基相关的酶类，对抗 ROS，从而抵消血浆低密度脂蛋白（low density lipoprotein，LDL）氧化，改善血管内皮炎症；抑制 LOX 活性，并清除 LDL 氧化过程中的自由基；下调炎症因子 iNOS、IL-1β、IL6、IL-8、TNF-α、COX-2 活性，激活 NF-κB 信号转导通路等。黄腐酚氧化黄腐酸，对同型半胱氨酸诱导的人单核细胞 COX-2 表达的调控作用，可减弱同型半胱氨酸诱导的人单核细胞环氧合酶-2 对人体的影响，可减少患心血管疾病的风险。

3.8.5.2　工艺

腐植酸心血管保护剂制备工艺流程见图 3-79。

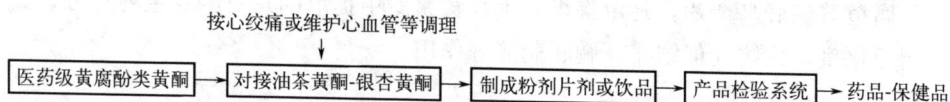

图 3-79　腐植酸心血管保护剂制备工艺流程示意图

3.8.5.3　产品分析

产品分析采用 GC-MS、薄层色谱-HPLC 等。

3.8.6　护脾类黄酮

腐植酸护脾类黄酮，由黄腐酚类黄酮、油茶多肽、维生素等组成，具有抑制血小板过度破坏、降糖护脾等作用。

3.8.6.1　原理

运用代谢组学技术研究肿节风总黄酮干预免疫性血小板减少症。主要涉及亚油酸代谢、半胱氨酸和蛋氨酸代谢、甘油磷脂代谢。肿节风总黄酮可能通过调节脾脏亚油酸代谢、半胱氨酸和蛋氨酸代谢、甘油磷脂代谢等代谢通路恢复免疫系统的正常调节能力，以抑制血小板过度破坏，发挥协同治疗的作用。

3.8.6.2　工艺

制取黄腐酚类黄酮，提纯，冷冻干燥，运用分子对接与油茶黄酮、银杏黄酮等组合，制成粉剂、片剂或饮品。

3.8.6.3　产品分析

GC-MS 分析类黄酮组分，临床应用进行疗效分析。

用鸡冠花黄酮类化合物对糖尿病动物模型（DM）小鼠脾脏及巨噬细胞吞噬功能的影响。27 只小鼠随机分为 3 组：糖尿病模型（DM）组、糖尿病＋鸡冠花黄酮化合物预防（CCF）组及对照组。腹腔单剂量注射链脲佐菌素（STZ）65mg/kg，制成糖尿病模型小鼠；对照组仅注射等量枸橼酸缓冲液。CCF 组用鸡冠花黄酮类化合物（100mg/kg）灌胃；对照组和 DM 组仅给予等量自来水灌胃。实验 10 周，分离小鼠脾脏并测脾重，计算脾重指数。做单核巨噬细胞外吞噬实验，测吞噬指数。结果表明，CCF 组与 DM 组相比，体重升高而脾重指数显著降低（$P<0.05$）；单核巨噬细胞对鸡红细胞的吞噬率及吞噬指数有所降低（$P<0.05$），且各项指标与对照组接近（$P>0.05$）。

补充鸡冠花黄酮类化合物可调节糖尿病动物巨噬细胞的吞噬作用，有利于减少巨噬细胞激活引起的免疫病理损伤，可用于糖尿病患者等的脾脏保护[66-68]。

3.8.7　疏肝乌金片

腐植酸疏肝乌金片，是由褐煤和生物黄腐酸中提取的总黄酮为主要组分，具有调经化瘀，预防气郁结滞、胸胁刺痛等作用。

3.8.7.1　原理

褐煤 FA、BFA 中总黄酮可清除体内的自由基，减轻氧化应激对肝脏的损害；降低肝脏炎症反应，减轻肝脏炎症损伤，预防慢性肝炎、脂肪肝等，并缓解抑制肝纤维化，促进肝细胞的再生，加快损伤后的肝脏修复。

3.8.7.2　工艺

确定配方及熬制：黄酮 10g、蒲黄 20g、百草霜 21g、益母草 48g、熟地黄 30g、艾叶（炭）30g、三棱 30g、延胡索 90g、香附 180g、白芍 90g、补骨脂 30g、吴茱萸 30g、川芎 90g、莪术 30g、木香 30g、当归 30g、小茴香油 0.15mL，加水熬药 2h。

3.8.7.3　产品分析

（1）外观

棕褐色片，气香，味苦。

（2）薄层色谱分析

取芍药苷对照品，在 105℃烘至斑点显色清晰，对比供试品色谱与对照品色谱相应的位置上显相同颜色的斑点，确定配方组成与质量。

（3）应用

用于气郁结滞，胸胁刺痛，产后瘀血，小腹疼痛，五心烦热，面黄肌瘦。口服，一次 4 片（每片重 0.6g），一日 2 次[69-70]。

3.8.8　抗肺癌药剂

腐植酸抗肺癌药剂，是由黄腐酸（FA）、黄腐酚类黄酮等组成。

3.8.8.1　原理

在抗肿瘤方面，黄腐酸、黄腐酚类黄酮等对肺癌、结肠癌、肾癌等多种肿瘤疾病具有抑制作用，能在细胞内抑制脱氧胸苷酸合成酶，阻止脱氧尿苷酸（dUMP）甲基化转变为脱氧胸苷酸（dTMP），从而影响 DNA 的合成。

3.8.8.2 工艺

采用大孔吸附树脂纯化 FA、黄腐酚类总黄酮。将总提取物浸膏以适量蒸馏水混悬，加入石油醚进行萃取，弃上层石油醚部分；采用 D101 大孔吸附树脂进行纯化，依次用蒸馏水、20％乙醇溶液、40％乙醇溶液、70％乙醇溶液、80％乙醇溶液、90％乙醇溶液进行洗脱，收集 70％～90％乙醇溶液的洗脱部分，浓缩、冷冻干燥得到黄腐酸（FA）、黄腐酚类总黄酮。

3.8.8.3 产品分析

FA、黄腐酚类黄酮的纯度测定参照《中华人民共和国药典》（2020 年版），并可进一步评估 FA、黄腐酚类黄酮对肺癌细胞增殖、迁移和侵袭能力的影响，为后续转录组学研究提供依据（图 3-80、图 3-81）[70]。

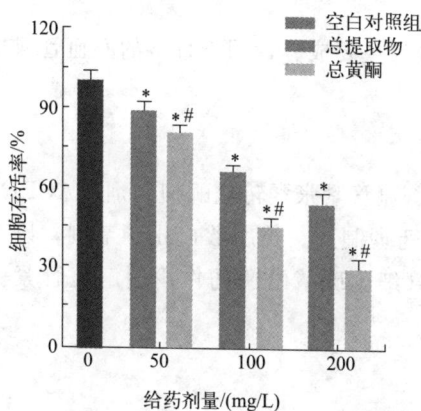

图 3-80　总黄酮对肺癌细胞活力的影响

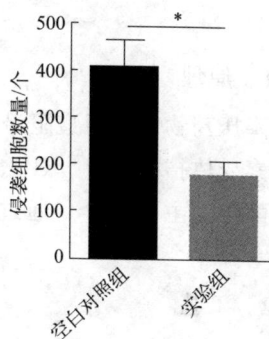

图 3-81　Transwell 侵袭实验检测肺癌细胞侵袭能

3.8.9　血脂调节剂

黄腐酸血脂调节剂，是可用来降低血液中不良的脂蛋白，提高有利的脂蛋白，有助于阻止脂质对血管壁的浸润，保持动脉壁原有斑块的稳定性，防止形成血栓的药物。

3.8.9.1 原理

FA 血脂调节剂，以黄酮类化合物为关键组分，通过调节脂质代谢和改善血脂水平降低血液中的胆固醇和甘油三酯含量，进而减少动脉粥样硬化的风险。FA 血脂调节剂通过体外血管紧张素转换酶（ACE）调节对内皮细胞的作用。

3.8.9.2 工艺

将药用级黄腐酸按每孔加细胞数 1×10^5/mL 的细胞悬液 1mL 于 37℃，5％

CO_2 温箱中，以含 10％的小牛血清的 RPMI-1640 培养液培养 24h，弃去原培养液，改无血清的 RPMI-1640 培养液并分别加入以上各组药物培养 48h，取培养液进行检测。

3.8.9.3　产品分析

取样，观察体外血管紧张素转换酶（ACE）对内皮细胞（NO）的抑制作用，依据胆固醇转化为胆汁酸是体内胆固醇代谢的重要途径，采用高效液相色谱法（HPLC法）和分光光度法，检测给药 24h 后干细胞内胆固醇和胆汁酸含量，评价黄腐酸血脂调节剂降低胆固醇作用，并通过检测血小板聚集率把关。

3.8.10　血压调节剂

黄腐酸血压调节剂，以含黄腐酚的酵母为主要成分，用于日常的心血管保护和血压控制。

3.8.10.1　原理

通常降压药物以钙通道阻滞剂（CCB）、血管紧张素转化酶抑制剂（ACEI）、血管紧张素受体拮抗剂（ARB）、利尿剂的药理制成。黄腐酸血压调节剂，以含黄腐酚的酵母为主要成分，通过抑制肾小管细胞碳酸酐酶的作用缓解血管紧张程度。

3.8.10.2　工艺

黄腐酸血压调节外用贴的制备工艺流程见图 3-82。

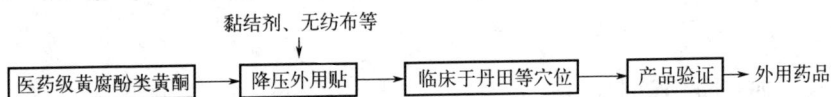

黏结剂、无纺布等
↓
医药级黄腐酚类黄酮 → 降压外用贴 → 临床于丹田等穴位 → 产品验证 → 外用药品

图 3-82　黄腐酸血压调节外用贴的制备工艺流程示意图

3.8.10.3　产品测定

① 在装有鼓泡器和温度控制的反应釜中放入蔗糖和含有黄腐酚的啤酒酵母，向正在发酵的溶液中加入乙酰乙酸乙酯，将混合物在室温搅拌过夜（24h）；次日在热溶液（40℃）中再加入乙酰乙酸乙酯，将混合物在室温搅拌过夜（24h）；第三天，用 TLC 监测反应过程（展开剂：石油醚：乙酸乙酯＝15：1）。乙酰乙酸乙酯有紫外吸收，且用对氧甲基苯甲醛试剂处理斑点呈黄色，$R_f＝0.5$。当在 TLC 监测中见到乙酰乙酸乙酯，反应结束。

② 用无水硫酸镁干燥、过滤、用旋转蒸发仪除去溶剂，得到白色的黏稠油状粗产品，减压蒸馏，收集 55～57℃的馏分，得透明的无色产物。

3.8.11 降血糖药贴

以纯度和限量元素都符合要求的医药级黄腐酸钠（FANa）组成中药制剂和药贴，无论内服外用都有较好的效果。

3.8.11.1 原理

FANa 对糖尿病周围神经病变有一定的抑制作用，其作用机制涉及代谢和血管两方面。FANa 降糖贴，通过促进机体肠胃的蠕动，帮助燃烧体内多余的脂肪和热量，达到降血糖的目的。

3.8.11.2 工艺

① FANa、硼酸、当归、白术、茯苓、丁香、天龙、郁金、野葡萄藤、路路通、蒲公英等熬制后呈汤剂服用，每日二次，每次 100mL。

② 将 FANa 汤剂渣料，辅以石蜡、羊毛脂、无纺胶布制成的棕褐色纤维状中药软贴，通过丹田穴位有自律式调节血糖的辅助治疗作用。

3.8.12 抗血脑屏障药物

黄腐酸抗血脑屏障药物，以褐煤黄酮和生物质黄腐酚类黄酮，以原儿茶酸（黄酮）、咖啡酸、异阿魏酸、紫草酸等小分子有机酸为主要成分制成。通常，当中枢神经系统受到脑缺血、缺氧、炎症、外伤、肿瘤、物理和化学性损害，血脑屏障结构遭到破坏，通透性发生异常。因此，抗血脑屏障药物也可用于阿尔茨海默病、帕金森病、脑膜炎、缺血性脑卒中等中枢神经系统疾病的预防和治疗[71-72]。

3.8.12.1 原理

血脑屏障是存在于血液和脑组织间的一道生理屏障，对于维持脑的内环境稳定具有重要作用。严格控制血与脑之间物质的交换，对血液中的物质进入脑内有一定的选择和限制。

3.8.12.2 产品分析

HPLC-MS 组分检测，分子量检测，确保组分是分子量小于 400~600 的脂溶性小分子（图 3-83 和图 3-84）。

3.8.13 抗前列腺炎剂

腐植酸抗前列腺炎药物，是以黄腐酚、大麻素、丹参、丁香、白胡椒等中药组成。

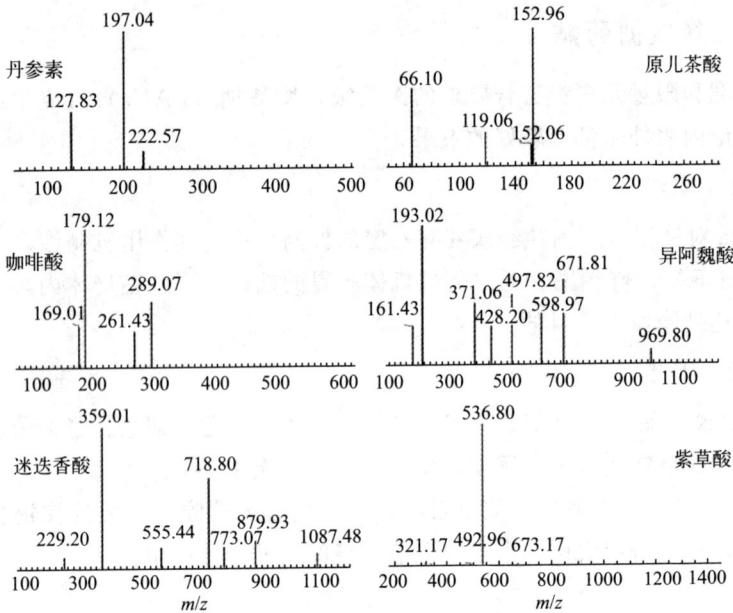

图 3-83　抗血脑屏障组分的一级质谱图

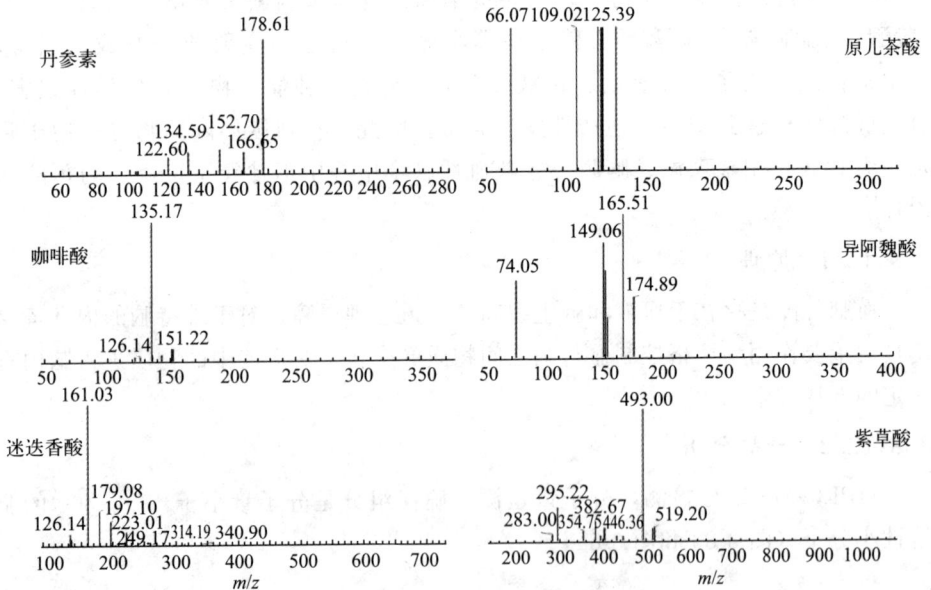

图 3-84　抗血脑屏障组分的二级质谱图

3.8.13.1　原理

慢性前列腺炎是一种泌尿系统疾病，在临床中较为常见，主要发病人群为壮年人群，具有较高的发病率。常见的慢性前列腺炎分为四种类型（Ⅰ、Ⅱ、Ⅲ、

Ⅳ)。其中Ⅲ型是临床中最为常见的类型，Ⅲ型慢性前列腺炎患者分成炎症与非炎症。非炎症类型的慢性前列腺炎患者一般认为是病原微生物感染导致的。

3.8.13.2　工艺

① 利用已被医学证明的大麻素，添加含黄腐酚的蒲公英、丹参、丁香、白胡椒等，制成中药丸、中药贴。

② 通常睡前服用黄腐酚抗前列腺炎剂 2mg，同时服用 1 次 300mg 的维生素 C 片，观察效果[73-74]。

3.8.14　抗焦虑片

黄腐酸抗焦虑片，是以发酵工业大麻种子制取的黄腐酸、黄腐酚、棕榈酸、棕榈油酸、十七烷酸、硬脂酸、油酸、亚油酸、花生酸为主要成分，可抵抗由退行性病变等慢性疾病引起的焦虑。

3.8.14.1　原理

焦虑症患者中枢异质性氨基酸神经递质 GABA 水平过低、兴奋性氨基酸神经递质 Glu 水平过高，给予抗焦虑剂有效治疗后，患者中枢 GABA 和 Glu 氨基酸神经递质水平可显著升高和降低。其药用功能主要体现在抗炎、镇痛和癫痫、退行性病变（帕金森病、阿尔茨海默病）、癌症等防治。

3.8.14.2　工艺

黄腐酸抗焦虑片的制备工艺流程见图 3-85。

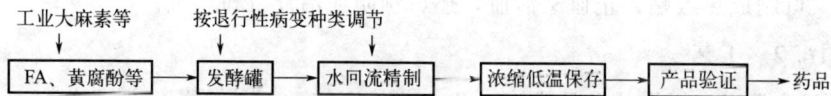

图 3-85　黄腐酸抗焦虑片的制备工艺流程示意图

发酵后，采用水回流提取黄腐酸、黄腐酚、棕榈酸、棕榈油酸、十七烷酸、硬脂酸、油酸、亚油酸、花生酸等多种脂肪酸，合并滤液，浓缩至含生药 1g/mL 的水煎液，4℃冰箱保存。

3.8.15　抗风湿药膏

腐植酸（BHA）抗风湿类药膏，由忍冬藤、首乌藤、萜类等 BHA 组成，具有疏通经络、止疼、消肿的作用。

3.8.15.1　原理

抗风湿类药膏由非甾体抗炎药（NSAIDs）、抗风湿药（如甲氨蝶呤）、糖皮质激素和生物制剂等组成。而忍冬藤、首乌藤等作为中药组分，也是用于抗风湿性关节炎的药物组分。

3.8.15.2 工艺

BHA 抗风湿类药膏的制备工艺流程见图 3-86。

```
      忍冬、首乌        HANa 硬脂酸        抗炎、抗风湿
        ↓                ↓                ↓
  ┌──────────┐    ┌────────┐    ┌──────────────┐    ┌────────┐
→ │ FA、BHA等酶解 │ → │ 固体酒精 │ → │ 关节炎病理治疗试验 │ → │ 产品验证 │ → 药膏
  └──────────┘    └────────┘    └──────────────┘    └────────┘
```

图 3-86　BHA 抗风湿类药膏的制备工艺流程示意图

① BHA 酶解原料，应筛选有药理药效的忍冬、首乌等，采用固态酶解方式。

② 采用液体酒精固化，反应温度要控制在 70℃，温度太低则药膏不能完全固化，温度过高则固化不易均匀。

③ 硬脂酸用量不足时，凝固效果不好。

3.8.16　止血活血药

腐植酸止血活血药，是以含微晶蜡泥炭、褐煤，以及中药材中 BHA 活性组分的发酵成分为原料，深度酶解制成。

3.8.16.1　原理

泥炭、褐煤和发酵药材的微晶蜡，以及甘草＋花青素等活性组分，具有收敛止血、加速活血、促进伤口愈合的作用。添加铁粉、石墨粉、腐植酸-丙烯酸保水剂，可制成热敷贴，止血又活血，还可预防或治疗红斑狼疮。

3.8.16.2　工艺

① 取泥炭、褐煤的微晶蜡，以及中药材腐植酸活性组分发酵成分，通过康宁木霉、酵母菌的培养制得脂肪酶、过氧化氢酶和纤维素酶进行酶解。过氧化氢酶和纤维素酶的总量与银杏叶（或洋葱皮）、芦荟叶（或辣椒叶），以及薄荷叶、茎和/或根的总量的质量比例为（0.02~0.60）：（94~99.8）；脂肪酶、过氧化氢酶和纤维素酶的质量比例为（0.2~5）：（0.5~5）：（0.3~1），优选（1~5）：（1~2.5）：（0.5~1）；银杏叶（或洋葱皮），芦荟叶（或辣椒叶）与薄荷叶、茎和/或根的质量比为（0.01~0.3）：（0.03~0.6）：（0.02~0.1）；作用的温度为 10~55℃，时间为 36~96h。

② 将腐植酸活性组分 0.5%~5%、微晶蜡 1%~8%制成药剂，用于直肠癌开刀的患者，可收敛伤口、加速活血、促进伤口愈合，比空白组的止血效果高出61%，比云南白药组的止血效果高出 22%。

③ 将腐植酸活性组分 0.5%~5%、微晶蜡 1%~8%、氧化锌 0.1%~10%、医用纤维素 50%~95%在 5~35℃温度条件下，混匀制成膏药；组合成热敷贴，

包含原料层、明胶层和无纺布袋，质量比为（5～15）：（0.1～1）：（0.1～5），或者（1.2～2.5）：（0.3～0.9）：（0.5～2.5）。原料层中，腐植酸活性组分：甘草：铁粉：石墨粉（质量比）＝（0.20～0.30）：（0.03～0.10）：（0.30～0.55）：（0.5～1.5），还包括花青素、保水剂。

3.8.16.3　产品分析

HA止血活血相关药品分析见表3-43和表3-44[75-80]。

表3-43　HA止血活血内服药的性能

组别	来源	药剂量/(g/kg)	收敛止血时间/s
空白(蒸馏水)	自制	0.00	22.7±2.5
去离子水重蒸	自制	0.00	12.2±1.8
云南白药	上海第一医药商店	0.03	9.8±2.0
泥炭腐植酸降解组分	内蒙古武川泥炭腐植酸	0.03	7.5±2.1

表3-44　HA止血活血外用药的性能

组别	来源	涂药面积/mm²	厚度/mm	收敛止血时间/s
空白(医用纤维素)	中国医药集团(上海)	15×10	0.01	22.7±2.5
去离子水重蒸	自制	15×10	0.01	12.2±1.8
云南白药	上海第一医药商店	15×10	0.01	9.8±2.0
泥炭腐植酸降解组分	内蒙古武川泥炭腐植酸	15×10	0.01	7.5±2.1

3.8.17　抗白血病药物

白血病是一种源于造血干细胞的恶性克隆性疾病，发病机制与生物、物理、化学、遗传和其他血液病等多因素关联。HA、FA抗白血病药剂，主要组分有黄腐酚、原儿茶素（黄酮）、黄腐酸-氧化砷分子缔合物等。

3.8.17.1　原理

黄腐酚类黄酮等通过诱导HL-60细胞凋亡，并伴随天冬氨酸特异性半胱氨酸蛋白酶的激活和DNA修复酶（PARP）的特异性蛋白断裂、急性早幼粒细胞性白血病（APL）的凝血和缩血管作用，对病变有较好的抑制作用。

3.8.17.2　工艺

腐植酸抗白血病药物的制备工艺流程见图3-87。

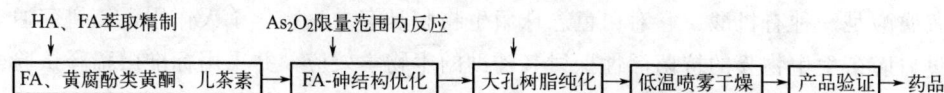

图3-87　腐植酸抗白血病药物的制备工艺流程示意图

3.8.17.3 产品分析

华理药学院以抗白血病药物在空白对照和 3.125%、6.25%、12.5%、25%、50% 的浓度条件下对 CEM/C1 细胞存活条件的影响,显示 IC_{50} 的浓度为 4.55%(图 3-88)[81-84]。

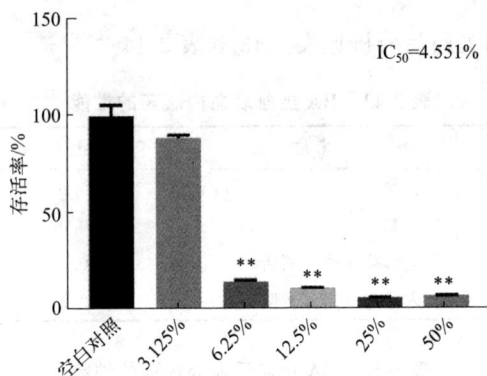

图 3-88　腐植酸黄腐酸抗白血病药效实测

3.8.18　抗溃疡口腔剂

口腔溃疡是一种常见的发生于口腔黏膜的溃疡性损伤病症,发作时疼痛剧烈,局部灼痛明显,严重者还会影响饮食与交流,对日常生活造成了极大不便。

3.8.18.1 原理

利用黄腐酸等具有抗炎、止痛、降糖、抗病毒、去腐生肌等作用,可改善患者口腔血管的微循环和营养条件而增强口腔的防病能力,使得口腔溃疡面加快修复和愈合[85-88]。

英国学者对碳水化合物衍生的黄腐酸(CHD-FA),作为一种潜在的治疗口腔生物膜感染的药理药效进行探究。实验在 24 孔板内培养多种牙周生物膜,共培养 5 天,每天更换培养基。生物膜形成后,用氯己定(CHX)处理细胞 24h,然后用 PBS 冲洗,测定代谢活性的降低。

包括牙周炎在内的多种口腔疾病都是由微生物生物膜引起的,也与抗菌性增加有关。尽管广泛使用漱口水作为辅助措施来控制这些生物膜,但由于各种副作用,不建议长期使用。应尽量采用能替代广谱抗菌药的药物。碳水化合物衍生的黄腐酸是一种有机酸,它对白色念珠菌生物膜具有微生物学杀灭作用,该研究通过口腔衍生生物膜的抗菌活性探讨其辅助的生物学效应,并采用标准微稀释试验对口服细菌进行了 CHA-FA 和氯己定(CHX)的最低抑菌浓度评价。扫描电子显微镜同时也被用于观察抗菌治疗后口腔生物膜的变化。由图 3-89 可知,相对于氯己定（CHX）介质控制，无论应用 4h 还是 24h，无论溃疡面积的大小，黄腐酸（CHD-FA）抗口腔溃疡比未治疗组有显著疗效。

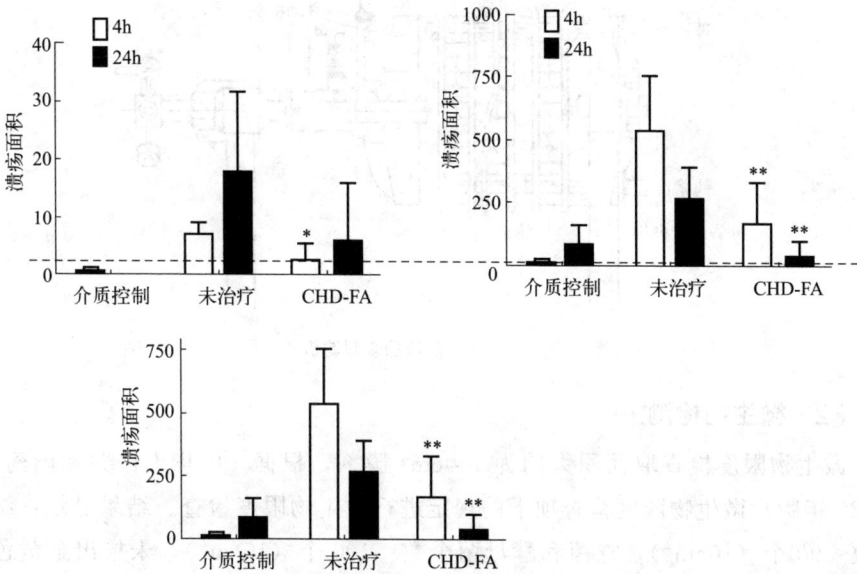

图 3-89　使用 CHD-FA 与未使用的区别

3.8.18.2　工艺

本品黄腐酸复合抗溃疡口腔剂，以医药级黄腐酸、褐煤蜡、复合益生元、后生元及其次级代谢产物，维生素 B、维生素 E、精氨酸、磷壁酸、甘油等制成（图 3-90）。

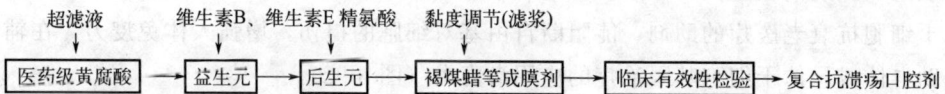

图 3-90　黄腐酸复合抗溃疡口腔剂的制备工艺流程示意图

医药级的黄腐酸 FA 药液。通过超滤机可连续化生产所需要的超滤液（超滤水）以及复合抗溃疡口腔剂所需要的滤浆，设备结构如图 3-91 所示。继而通过添加维生素 B、维生素 E、精氨酸，以及复合益生元、后生元的组分及其次级代谢产物，与成膜剂褐煤蜡或蜂蜡等，混合后溶胀 1～2h 形成均质黏稠浆，再制成复合抗溃疡口腔剂。

3.8.18.3　产品分析

（1）外观

本品为淡绿色的薄膜，质地柔韧，表面光洁平整无气泡，厚度一致，色泽均匀。

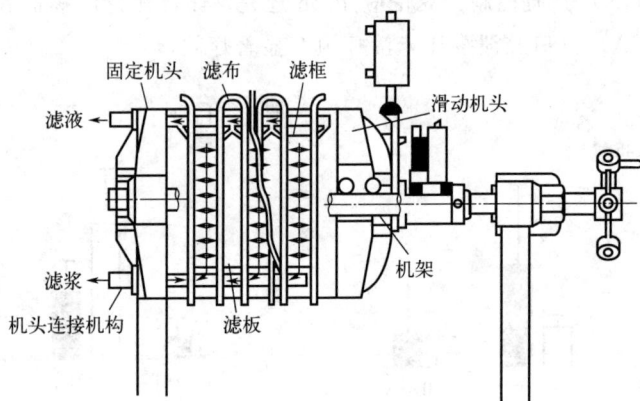

固定机头　滤布　滤框　　　滑动机头

滤液

滤浆

机头连接机构　　　滤板　　　机架

图 3-91　FA 药液药浆超滤机

（2）微生物检测

微生物限度检查取面积大约为 $100cm^2$ 膜剂，根据《中华人民共和国药典》（2020 年版）微生物限度检查项下的规定进行微生物限度检查。结果显示：细菌个数<90 个（$10cm^2$），霉菌和酵母菌个数<100 个（$10cm^2$），未检出金黄色葡萄球菌和铜绿假单胞菌，符合规定。

3.8.19　抗衰老干细胞助剂

随着年龄的增长，人体中各个组织器官的干细胞数量逐渐减少，干细胞的增殖分化能力下降，使受损的组织和器官得不到及时的修复和再生，直接导致人体衰老和疾病的发生。腐植酸抗衰老干细胞助剂，以黄腐酚类黄酮、丹参等作促进干细胞抗衰老医疗的助剂，能阻断自由基对细胞的损伤，增强人体免疫力，在辅助自体或异体干细胞基因治疗的应用潜力大（图 3-92）。

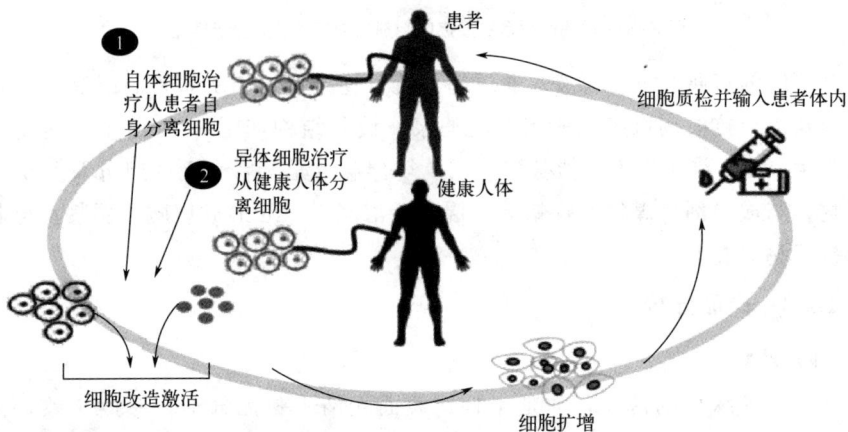

① 自体细胞治疗从患者自身分离细胞

② 异体细胞治疗从健康人体分离细胞

患者

健康人体

细胞质检并输入患者体内

细胞改造激活

细胞扩增

图 3-92　自体与异体干细胞疗法示例图

3.8.19.1　原理

干细胞是维持人体动态平衡的种子细胞。通过干细胞增殖和分化实现细胞更新，以干细胞和活性分子载体对局部组织重建提供新的治疗[89-97]。

应用人自体来源（脂肪、皮肤、骨髓等）或异体来源（脐带、胎盘等）的干细胞，经体外处理后局部注射到人体特定部位或者静脉输注到人体，通过其增殖、多向分化、组织修复和免疫调节的特性，用于改善皮肤质地，维持皮肤年轻化（局部应用）；或者改善精神状态，提高自体组织器官的修复能力，减缓衰老进程（全身应用），从而达到抗衰老目的。

干细胞助剂，制成黄酮-黄腐酚作促进干细胞抗衰老医疗的助剂，用于多功能间充质干细胞，用于组织器官损伤的修复，以黄腐酚类黄酮、丹参等作为复方饮煎剂可促进对骨髓间充质干细胞的生长。

3.8.19.2　工艺

腐植酸抗衰老干细胞助剂的制备工艺流程见图3-93。

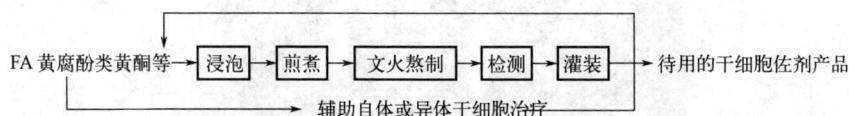

图3-93　腐植酸抗衰老干细胞助剂的制备工艺流程示意图

3.8.19.3　产品分析

采用全骨髓时差贴壁法培养分离提纯小鼠骨髓内皮祖细胞，植入有免疫缺陷的实验鼠体内，产生出人体免疫细胞；采用黄腐酚类黄酮、山药、枸杞、肉桂、丹参、炙甘草于去离子水中，按2∶10∶20∶5∶10∶5∶48浸泡30min后用大火煮开，文火熬制1h，检测，罐装，服用；验证对干细胞基因治疗的辅助作用。

3.9　腐植酸日化类产品

3.9.1　美白护肤品

黄-棕腐植酸作为美白护肤品的原料，除了精制纯度外，实质上与内含的$(FACOO)_2Ti$、植物甾醇、亚油酸、黄酮、萜类等功能成分以及生物防腐性能有关。

3.9.1.1　原理

以黄腐酸钛、甾醇、萜类、亚油酸等为功能组分，以维生素C、维生素E为营养剂，以FA-硬脂酸盐为乳化剂，属于以阴离子型乳化剂为基础的油/水乳化体系的护肤用品。护肤机理是其敷在皮肤上，水分挥发后可留下一层由黄腐酸-

硬脂酸等组成的薄膜，隔绝皮肤与空气，防止表皮水分的过量挥发而导致的干燥、开裂，且有抗自由基氧化和美白除皱祛斑等保护皮肤的作用。

3.9.1.2　工艺

黄-棕腐植酸制美白护肤药妆品的主要设备与工艺流程见图 3-94。

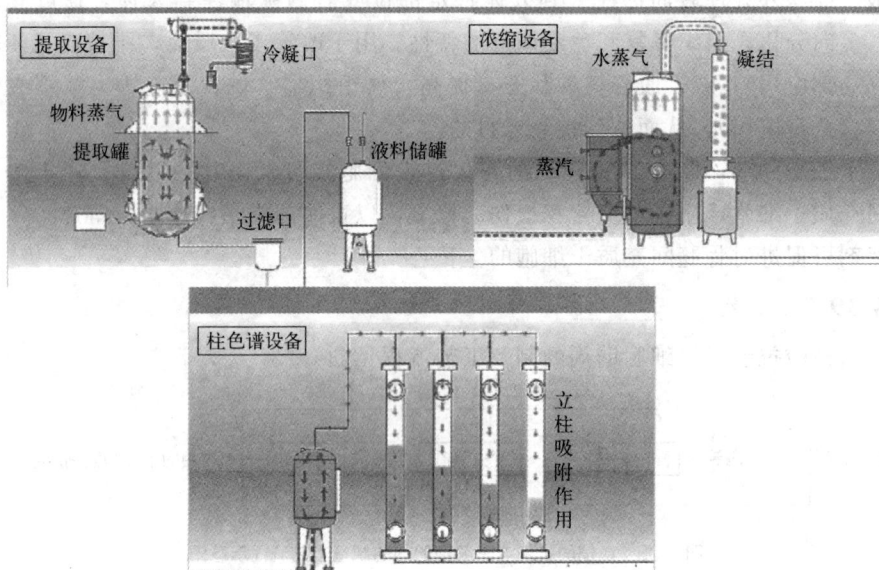

图 3-94　黄-棕腐植酸制美白护肤药妆品的主要设备与工艺流程示意图

配方组成见表 3-45。

表 3-45　黄-棕腐植酸制美白护肤药妆品的主要配方

名称	含量	名称	含量
植物甾醇	2.0%	黄腐酸钛	0.1%
萜类	3.0%	十六醇	10.0%
黄腐酸	1.0%	黄腐酚生物防腐剂	0.1%
亚油酸	3.0%	棕腐酸微晶蜡	0.4%
聚氨酯	2.0%	氢氧化钾	0.3%
单硬脂酸甘油酯	2.5%	黄腐酸钠	0.2%

工艺有以下几点。

① 将配方中的黄腐酸、硬脂酸、亚麻酸、植物甾醇、萜类、单硬脂酸甘油酯、十六醇等油相组分一起加入烧瓶中，然后加热到 80～90℃ 熔融，机械搅拌 15min。

② 再将氢氧化钾和水加到烧杯中，加热到 80℃ 以上，在搅拌下缓慢加入油相中，防静电剂和消泡剂加入化学反应，保温 30min。

③ 降温到 60℃ 时，加入黄腐酚生物防腐剂等，搅拌均匀，静置，冷却至

室温。

3.9.1.3　产品分析

① 观察颜色和气味，并记录。

② 测定乳化体类型。将雪花膏涂在表面皿上，制成厚约 1.5mm、面积 6～7cm^2 的薄膜。然后在不同部位分别撒上油液聚合、悬溶性和水溶性染料，油溶性染料扩散为 W/O 型，水溶性染料扩散则为 O/W 型。

③ 测定 pH 值。用湿润 pH 试纸测定 pH 值，并记录。

④ 稳定性试验。将试样加入试管中，高度达到 3cm 左右，封口，放入 (40±1)℃恒温箱，24h 后取出观察是否有油水分离。将试样放入冰箱中，控温在 −5℃，24h 后取出，待恢复室温后观察是否有油水分离。将试样装入 10mL 离心试管，高度 6～7cm，封口，放入 38℃恒温箱中，1h 后取出放入离心机，在 2000r/min 下离心 30min，观察是否有分层现象。

3.9.2　抗菌精油

BHA 抗菌精油，由侧柏、橙皮、橄榄、葡萄籽、生姜等剩余物发酵再提纯制成，具有抗衰、舒缓、光热稳定、温和安全等性能，可以涂抹、香熏、喷雾等方式使用。该类资源量较大，根据精制程度，先应用精油等化妆品，还可梯度利用。

3.9.2.1　原理

香樟精油含有多酚（间丁香酚、甲基丁香酚、愈创木酚）、多烯（松油烯、柠檬烯）、多醇（异樟醇、榄香醇、柠檬醛）等成分，与棕腐酸配伍，具有抗菌、抗氧化等作用。

橙皮油中含有的乙酸、己醛、柠檬烯、侧柏醇、愈创木酚等组分，与棕腐酸配伍，也具有抗菌、抗氧化和抗炎等作用。

3.9.2.2　工艺

（1）工艺流程

见图 3-95。

香樟叶等剩余物　　　　　BFA 氨基酸衍生物、烟酰胺衍生物

冷榨粉碎 → 发酵或酶解 → 生物合成修饰-微波消毒 → 精制系统 → 产品验证 → 抗菌精油

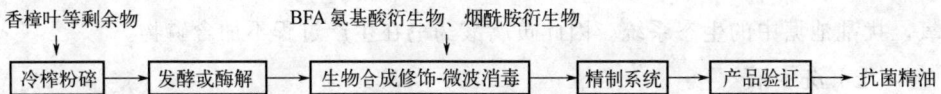

图 3-95　BHA 抗菌精油的制备工艺流程示意图

（2）工艺要点

① 原料预处理。将新鲜的香樟叶用水清洗，自然晾干，粉碎，过 50 目筛。

② 加入 3% 氯化钠溶液。在微波光波超声波萃取仪中，先进行微波处理，然后进行超声处理。微波-超声结束后，在水蒸馏提取精油装置中回流提取 4h。

③ 用乙酸乙酯对精油提取仪进行洗涤，再用适量无水硫酸钠进行干燥处理，室温减压浓缩除去乙酸乙酯，得到淡黄色的油状液体——香樟叶精油。

④ 冷磨得废料中的橙皮水相和油相，分离得精油，GC-MS 测定。

⑤ 按棕腐酸与精油的配伍比例为：0.5∶99.5。

3.9.2.3　产品分析

气相色谱条件：SE-30 弹性石英毛细管柱（30m×0.25mm×0.25μL），FID 检测器温度为 280℃，进样口温度为 280℃；色谱柱程序升温条件为初始温度 50℃，保持 2min，以 3℃/min 升至 120℃，保持 3min，再以 20℃/min 升至 260℃，保持 10min。共运行 45min，载气为高纯度氮气，进样量为 0.1μL，分流比为 50∶1。

质谱条件：EI-MS，离子源温度为 180℃，接口温度为 260℃，扫描范围（m/z）为 40～650，溶剂延迟 3min。

归一法定量分析各组分的含量，通过 NIST14 谱库检索对各组分进行定性分析，并通过数据比较 GC-MS 分析微波-超声处理法提取的精油和未处理精油的组分之间的差异、抗菌活性的差别。

3.9.3　药皂与洗手液

黄腐酸富含羧基、羟基等，属于阴离子表面活性剂，也有透皮消炎性能，可以与去污剂、起泡剂等一起制造无磷药皂与洗手液。

3.9.3.1　原理

药液作用原理见图 3-96。

（1）肥皂

肥皂是以长碳链羧酸为主结构的，由脂肪酸、黄腐酸和油在碱性条件下水解制成，该过程为皂化反应。脂肪酸、黄腐酸与碱反应制成的羧酸盐是带电荷的，比不带电荷的脂肪酸更容易溶于水。而含磷化合物是植物的营养物质。在池塘、湖泊或溪流中存在过多的磷酸盐会加速藻类的生长，从而过多消耗水中的溶解氧，扰乱池塘中的生态系统。因此黄腐酸药皂在生产过程不加含磷物。

（2）洗手液

洗手液由表面活性剂烷基直链油茶磺酸钠-黄腐酸磺酸钠，组成阴离子表面活性剂，去污力强，泡沫稳定性好。

（3）烷醇酰胺非离子表面活性剂

其具有抗硬水溶解性，脱脂力、润湿力强，并有抗静电作用。

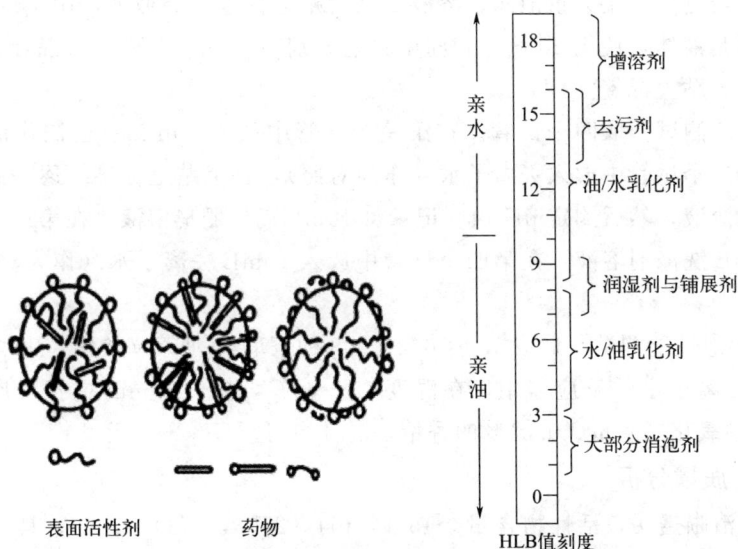

图 3-96　药液作用原理

（图中标注文字：18 增溶剂；15 去污剂；12 油/水乳化剂；9 润湿剂与铺展剂；6 水/油乳化剂；3 大部分消泡剂；0；亲水；亲油；HLB值刻度；表面活性剂；药物）

3.9.3.2　工艺

工艺流程见图 3-97。

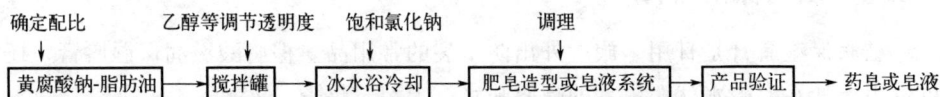

图 3-97　FA 药皂与洗手液的制备工艺流程示意图

（流程图文字：确定配比；乙醇等调节透明度；饱和氯化钠；调理；黄腐酸钠-脂肪油→搅拌罐→冰水浴冷却→肥皂造型或皂液系统→产品验证→药皂或皂液）

① 确定配比，并记录质量。通过减重法计算脂肪或油的质量。将烧瓶固定在电磁搅拌器上，装上回流冷凝管，置于油浴中。

② 向烧瓶中加入 15mL 乙醇、15mL 20％氢氧化钠和一个磁搅拌棒，开启搅拌、冷凝水和加热，回流反应直到溶液不再分层（大约 30min），得到透明的肥皂液。冷却至室温。

③ 取 50mL 饱和氯化钠溶液，倒入 400mL 烧杯中。将肥皂液倒入烧杯中，并用玻璃棒搅拌。将烧杯放入冰水浴中，直到达到水浴的温度。

④ 抽滤，收集肥皂块。用冷的去离子水冲洗肥皂。冲洗干净后，继续保持抽真空，使其进一步干燥。

⑤ 将肥皂转移到干净、干燥的烧杯中，放在通风橱里晾干，备用。

3.9.3.3　产品分析

（1）肥皂性能测试

① 分别配制两种肥皂溶液，将 1g 肥皂与 50mL 去离子水混合均匀，但尽量

不要搅拌，避免产生大量泡沫。溶液配好后贴上标签。类似地，用 1g 商用洗涤剂（如果是液体，使用 20 滴）和商用肥皂分别与 50mL 去离子水混合，并旋转混合均匀，贴上标签。

② pH 测试。取四个试管。在第一个试管中放入 10mL 自己制作的肥皂溶液，在第二个试管中放入去离子水（作为对照），逐个贴上标签。逐一用搅拌棒搅拌每种溶液，然后测定 pH 值。记录每 10mL 商用肥皂溶液。在第三个试管中放入 10mL 洗涤剂溶液，在第四个试管中放入 10mL 去离子水（作为对照），测得 pH 值。

③ 起泡性能测试，称取 1.0∶0.2∶0.8 的茶皂素-油茶磺酸钠-黄腐酸磺酸钠于 30 倍去离子水的反应器中，在温度 45～60℃，按 60r/min 搅拌反应，加入 <0.5% 过氧化氢滴量、0.01% 的香精，混合均匀。

（2）质量分析

外观清晰透明，活性物含量＞15%，pH（25℃，1%）＜9.5；具有表面活性剂的增溶作用，具有起泡与消泡性能。起泡剂为有较强的亲水性和较高的 HLB 值的表面活性剂，HLB 值为 8～16；消泡剂为亲油性较强的表面活性剂，HLB 值为 1～3。

3.9.4　滋润保湿唇膏

滋润保湿唇膏是日用、旅游外出防干裂的常用品。棕腐酸滋润保湿唇膏，还可以用于禁水、限水就医患者的嘴唇缺水、干裂、抗炎。

3.9.4.1　原理

由医药级棕腐酸、牛油果、花籽油、司盘、甘油、蜂蜡、维生素 E 和水制成微凝晶冻膏状品，涂擦在嘴唇，可深补水、韧屏障、达到滋润保湿效果。

3.9.4.2　工艺

（1）工艺流程

见图 3-98。

牛油果等滋润剂　杏仁油等防裂剂　紫草调色、精油调香　　　消毒

医药级棕腐酸 → 搅拌混匀机 → 降温凝冻机 → 空唇膏管包装机 → 系统检验 → 产品

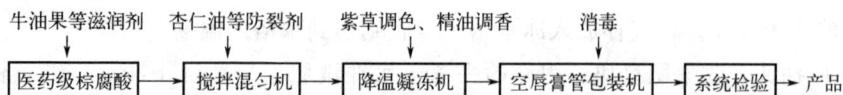

图 3-98　棕腐酸滋润保湿唇膏的制备工艺流程示意图

（2）工艺要点

唇膏管、模具等器物烘干后用 75% 乙醇消毒备用。称取的牛油果、花籽油、司盘、甘油、蜂蜡与维生素 E 搅拌均匀，为 A 剂；称取蜂蜡和甜杏仁油于烧杯中研磨均匀，置于恒温水浴中，混合均匀，为 B 剂。将 A 剂加入 B 剂，将温度

降至 60℃，加入紫草提取物浓缩液调色，滴入精油调香，加入水制成微凝晶冻膏状品，倒入已消毒的空唇膏管中，冷却即得紫红色紫草唇膏。

3.9.4.3 产品分析

① HPLC、IR、UV 的成分分析。

② 保湿润湿性能，参考 T/ZHCA 003—2018《化妆品影响经表皮水分流失测试方法》测定唇膏保湿修护性能。

③ 蜂蜡比对唇膏的成型性和滋润性起着决定作用，以牛油果、花籽油等为油（A剂），以医药级棕腐酸提取的褐煤蜡为蜂蜡（B剂）以 5∶1 的比例可得到成型性好、滋润度高的唇膏（表 3-46）。

表 3-46　滋润保湿唇膏的质量控制要求

项目		要求
感官指标	外观、色泽、香气	表面平滑无气孔；符合规定色彩；符合规定香型
理化指标	耐热	(45±1)℃保持 24h，恢复室温无变化，能正常使用
	耐寒	−5～10℃保持 24h，恢复室温后，能正常使用
微生物指标	细菌总数/(CFU/g)或(CFU/mL) 霉菌和酵母菌总数/(CFU/g)或(CFU/mL) 耐热大肠杆菌群，金黄色葡萄球菌，铜绿假单胞菌/(CFU/g)或(CFU/mL)	≤500 或 100
有害物质限量	Pb/(mg/kg)	不得检出
	Hg/(mg/kg)	不得检出
	As/(mg/kg)	不得检出
	Cd/(mg/kg)	不得检出
	Cr/(mg/kg)	不得检出

3.9.5　抗皱抗痘面膜

黄腐酸抗皱抗痘面膜，由黄腐酚、黄腐酸-氨基酸-尿囊素、甘油等制成，具有抗炎、抗皱、抗痘等性能。以抗痘为例，患者先用温水清洁皮疹，再将面膜均匀涂于皮疹上，20min 后揭去已凝固的面膜，每周使用 2～3 次。应用面膜期间不使用其他外用药物。

3.9.5.1　原理

黄腐酚、黄腐酸-氨基酸-尿囊素，溶于尿素、硫脲，也溶于甘油和乙酸，遇水会发生水解，能吸收自身质量 5～15 倍的水分，形成坚固而有弹性的胶冻。在吸水膨胀后，水处于两重状态：借吸引力而与明胶的胶体微粒结合，这水不易从胶冻中蒸发出去，因而称为水合水；存在于面膜的分子之间的自由状态的水，称为"膨胀水"。依靠分子中含羧基和氨基，具有双重化合性。在碱性溶液中，它的羧基失去氢离子而成为阴离子，移向阳极；在酸性溶液中，它的氨基获得氢离子而成为阳离子，移向阴极。当这两种状态处于平衡时，pH 值平衡，称为等电点。在酸、碱作用下分解，其会逐步分解成䏡、多缩氨基酸和氨基酸，生成有黏合力的较小分子，抗皱。

通过调节皮肤的酸碱平衡，胶体性促进愈合、抗痘，并可维持促进皮肤的正常功能。

3.9.5.2 工艺

（1）工艺流程

见图 3-99。

图 3-99　黄腐酸抗皱抗痘面膜的制备工艺流程示意图

（2）工艺要点

黄腐酚、黄腐酸-氨基酸-尿囊素、聚乙烯吡咯烷酮（PVP）、卵清蛋白、蜂王浆、胚胎提取液、香精、色素，以及溶于去离子水的尿素、甘油和乙酸，分别以面膜质量标准配制。成敷料在纤维素无纺布配制机中加入，经系统检测、自动包装后为产品。

3.9.5.3 产品分析

见表 3-47。

表 3-47　抗皱抗痘面膜的质量标准

项目	指标			
水分/%	12	15	18	20
黏度（6.67% 胶液），60℃/(mPa·s)	≥4.5	≥4.0	≥3.5	≥3.0
冻力(6.67%胶液)/g	≥200	180	150	120
透明度(5%胶液)/mm	≥150	120	80	50
pH 值(1%胶液)	5.5~7.0	5.5~7.0	6.5~7.5	6.5~7.5
水不溶物(灰分)/%	≤0.20	≤0.20	≤0.20	≤0.20
二氧化硫/%	≤0.0150	≤0.0150	≤0.0150	≤0.0150

项目	指标			
砷	0.0002	≤0.0002	0.0002	0.0002
其他重金属（以铅计）/%	≤0.00050	≤0.00050	≤0.00050	≤0.00050
外观	无肉眼可见杂质，半透明粉粒或薄片	无肉眼可见杂质，半透明粉粒或薄片	无肉眼可见杂质，半透明粉粒或薄片	无肉眼可见杂质，半透明粉粒或薄片

3.9.6 毛孔紧缩剂

黄腐酸毛孔紧缩剂，含有黄腐酚、黄腐酸、黄腐酸硒以及人体必需的多种氨基酸，是由黄原胶、氧化锌粉、甘油、β-烟酰胺单核苷酸（NMN）、壳聚糖、维生素和水调制成的敷料，可用以治疗毛孔粗糙等专门性的营养性收缩，逆转皮肤角质化，抗衰老。

3.9.6.1 原理

① 通过β-烟酰胺单核苷酸（NMN）等营养性收缩控制表面张力，并通过抗氧化、乳化以及去油等表面活性剂组分逆转皮肤角质化成分，具有减少油脂分泌、收紧毛孔和软化角质层的作用。

② 在 FA 盐中适当添加维生素等，通过运用盐的渗透、滋养、杀菌、按摩、传递、代谢等作用能清除单线态氧，属于阻断性抗氧化剂，促进组织中胶原蛋白的形成。

③ 皮肤松弛和皱纹的形成是一个复杂的生理过程，面部衰老的呈现是由从表皮至骨质逐步出现的松垂和萎缩。为提升面部松弛及皱纹的矫正和治疗效果，将 FA 与聚左旋乳酸复合，制成皮肤紧致剂，可减缓氧化应激、炎性反应、DNA 损伤、胶原结构的改变、细胞凋亡等；促使皮肤产生足够丰富的胶原和弹力纤维，赋予皮肤弹性和支撑力；保持皮肤充足的水分含量，维持皮肤的光泽度和饱满度。

3.9.6.2 工艺

制皮肤紧致眼霜原料包括黄腐酸钠、黄腐酚、黄腐酸硒、氨基酸-尿囊素、十六烷酸、聚乙烯吡咯烷酮（PVP）、丙氨酸、甘氨酸、亮氨酸、蛋氨酸、异亮氨酸、谷氨酸、精氨酸、酪氨酸、组氨酸、赖氨酸、天冬氨酸、胱氨酸、色氨酸等。

3.9.6.3 产品分析

黄腐酸毛孔紧致剂，可对皮肤松弛和皱纹矫正；测认证的聚左旋乳酸质量，且完全代谢为水和二氧化碳，无细胞毒害的性质；同时具有低炎性、高分散性，能促进成纤维细胞合成胶原及弹性纤维，有效紧致皮肤组织等治疗效果（表 3-48）[88-90]。

表 3-48　治疗前后皮肤松弛改善 VISIA 评分的比较

组别	样本量	皮肤松弛分级指数	皮肤拉伸距离/cm	VISIA 评分/%
治疗前	20	2.40± 0.60	14.80±2.44	74.10±5.22
治疗后	20	1.10 ±0.45	10.05±2.67	85.20±5.44
t		7.784	5.878	6.587
P		<0.05	<0.05	<0.05

3.9.7　防手足裂口凝胶

腐植酸防手足裂口膏，由黄棕腐酸、植物纤维蛋白、植物精油等制成。这种明胶状海绵防手足裂口膏具有收敛止血作用、能使创伤口快速凝结等性能。

3.9.7.1　原理

利用黄棕腐酸-尿囊素、植物精油、壳聚糖、橘子皮汁、蜂蜜、明胶、PVP、甘油和水调制成植物纤维蛋白-带海绵状防手足裂口膏，涂擦在手脚裂口处，可使裂口处的硬皮渐渐变软，裂口愈合。防手足裂口 FA-尿囊素制备原理见图 3-100。

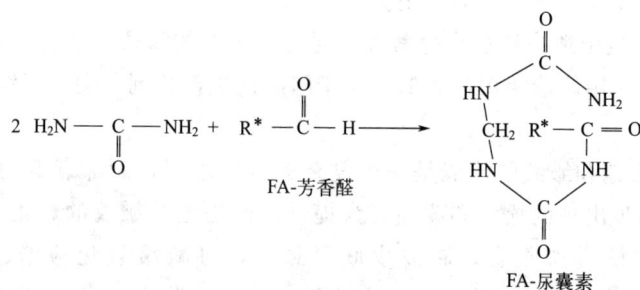

图 3-100　防手足裂口 FA-尿囊素制备原理

尿囊素有促进细胞生长、加快伤口愈合、软化角质层蛋白等生理功能。因此，黄棕腐植酸-尿囊素也具有促进角质软化、护肤防裂的功效。

3.9.7.2　工艺

① 植物纤维蛋白制备：橘子皮等粉碎，然后加入 30 倍体积冷却的 5mmol/L 磷酸盐缓冲液 [含 40mmol/LNaCl、1mmol/L 巯基乙醇和 0.1mmol/L 乙二醇双（2-氨基乙基醚）四乙酸]，在匀浆机中 10000r/min 匀浆 1min，匀浆液在 10000r/min 条件下离心 5min，沉淀用相同的溶液再溶解，冲洗离心 2 次，冲洗后的沉淀与 20 倍体积的冷却的 5mmol/L 磷酸缓冲液 [含 0.6mol/L 氯化钠和 5mmol/L 腺嘌呤核苷三磷酸（adenosine triphosphate，ATP）] 混合形成蛋白

悬浊液，通过加入 0.5mol/L 磷酸氢二钠溶液使其维持在 pH 7.0，在 4℃条件下搅拌 75min 后，将悬浊液在 10000r/min 条件下离心 20min，取上清液为纤维蛋白。

② 海绵状明胶的制备：将 55g 明胶溶于 700mL 蒸馏水中，于 60℃水浴中溶解。过滤后，加入 7mL 尿囊素，在 40℃下搅打发泡，再经浇筑、干燥制成多孔松软的成品，于 120℃干风消毒 2h 后即可使用。这种明胶海绵有收敛止血作用，能使创伤口快速凝结，易于被人体吸收。

③ 黄棕腐酸-尿囊素与植物精油、植物蛋白等复合制成膏剂，可逐渐释放出药物发挥疗效。

3.9.7.3 产品分析

产品须进行 FA 棕腐酸-尿囊素含量、植物纤维蛋白含量、绵状明胶流变性、防裂口凝胶强度及效果测定。

3.9.8 染发-防脱发促生发剂

3.9.8.1 原理

腐植酸染发-防脱发促生发剂，含黄腐酚、腐植酸-黄腐酸、首乌粉、黑芝麻、蒲公英、生姜、天麻等成分，不会造成头皮损耗和头发掉落的现象，可提高染发效率和性能。腐植酸-黄腐酸的多官能团连接着疏水性的芳香结构，通过疏水结合发挥缓释和长效作用；腐植酸-黄腐酸的多官能团也可以与硒、银、锗等微量元素结合，这些微量元素多数是营养型活性物质，可以除去头皮及头发的污垢，阻止细菌的侵染（抑菌剂），起到头皮止痒、杀菌、消毒和营养作用，胜于其他养发、生发类化妆品[91-94]。

3.9.8.2 工艺

A 剂由黄腐酚 2.00%、腐植酸-黄腐酸 3.00%、首乌粉 5.00%、黑芝麻 5.00%、蒲公英 1.00%、生姜 3.00%、天麻 1.00%组成。

B 剂由过氧化氢 18.00%、油醇 8.00%、油酸 8.00%、丙二醇 8.00%、异丙醇 8.00%、十二烷基磺酸钠 15.00%、磷酸 15.00%组成。

其中配方 A：B＝20：80，常温混合制成腐植酸染发-防脱发促生发剂后，检验合格后灌装带喷雾的瓶中；以每日间隔 8～10 小时，喷 2 次；可增加染发的吸收性，且不会造成头皮损耗和头发掉落的现象，提高染发效率和性能。

3.9.8.3 产品分析

临床性能测定：外喷头皮法，待局部喷施湿润后，按摩示范者头皮，增加头发对药物的吸收，每天 2 次；对照组采用 2%米诺地尔酊，用法如上，每次 1mL，每日 2 次。治疗 6 个月判定疗效。

3.10 腐植酸化工材料与环境类产品

3.10.1 铅酸蓄电池

3.10.1.1 原理

电池一般由正极材料、负极材料、电解质、隔膜和外壳五个部分组成，电极材料是影响电池性能的关键部分。腐植酸作为负极膨胀剂，有亲水基团和憎水基团，对蓄电池稳定充放电起着重要的作用（图3-101）。

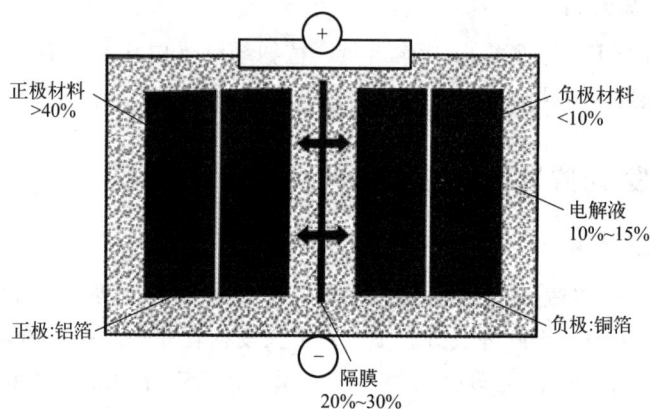

图 3-101 电池构造与工作原理

3.10.1.2 工艺

（1）工艺流程

见图 3-102。

图 3-102 HA 铅酸蓄电池用膨胀剂生产工艺流程示意图

（2）工艺要点

腐植酸铅酸蓄电池膨胀剂原料的纯净度要好，尤其是铁元素越低越好。

生产流程包括原料的准确称重、分散均匀，组合包装、清洁生产（无污染），包括废铅蓄电池资源的回收、能耗的降低等，做到循环利用[98-99]。

3.10.1.3 产品分析

铅酸蓄电池用腐植酸要求见表3-49。

表 3-49　铅酸蓄电池用腐植酸要求

项目	指标
腐植酸(HA)含量(以干基计)/%	70
水分(H_2O)/%	10.0
灰分(以干基计)/%	15.0
碱不溶物(以干基计)/%	7.0
铁(Fe)含量/%	0.10
氯(Cl)含量/%	0.10
硝酸根(NO_3^-)含量	试验合格
细度(通过 $d=0.125mm$ 筛)/%	99

　　组装后铅蓄电池生产厂家依据 GB 17167—2006、GB 24789—2022 等要求,配备、使用和管理能源、水以及其他资源的计量器具和装置。相关要求见表 3-50～表 3-52。

表 3-50　铅蓄电池通用设备能效

序号	设备类型		标准号	能效等级
1	空调及供暖系统	冷热源机组	GB 19577—2015	2 级及以上
		单元式空调机组	GB 19576—2019	3 及级以上
		多联机空调机组	GB 21454—2021	2 级及以上
2	风机、水泵等动力设备		GB 19761—2020,GB 19762—2007	2 级及以上
3	锅炉		GB 24500—2020	2 级及以上
4	电力变压器		GB 20052—2020	2 级及以上
5	配电变压器		GB 20052—2020	2 级及以上

表 3-51　铅蓄电池产品资源和能源消耗指标

一级指标	二级指标		Ⅰ级基准值	Ⅱ级基准值	Ⅲ级基准值
能源利用指标	单位产品综合耗能	起动型铅蓄电池	4.5	4.8	5.3
		动力用铅蓄电池	4.2	4.8	5.3
		工业用铅蓄电池	3.8	4.2	4.5
		组装	1.8	2.2	2.4

表 3-52　铅蓄电池产品水资源消耗指标

一级指标	二级指标		Ⅰ级基准值	Ⅱ级基准值	Ⅲ级基准值
水资源利用指标	单位产品取水量	起动型铅蓄电池	$0.08m^3/(kV \cdot A \cdot h)$	$0.10m^3/(kV \cdot A \cdot h)$	$0.12m^3/(kV \cdot A \cdot h)$
		动力用铅蓄电池	$0.09m^3/(kV \cdot A \cdot h)$	$0.10m^3/(kV \cdot A \cdot h)$	$0.11m^3/(kV \cdot A \cdot h)$
		工业用铅蓄电池	$0.13m^3/(kV \cdot A \cdot h)$	$0.15m^3/(kV \cdot A \cdot h)$	$0.17m^3/(kV \cdot A \cdot h)$
		组装	$0.02m^3/(kV \cdot A \cdot h)$	$0.022m^3/(kV \cdot A \cdot h)$	$0.025m^3/(kV \cdot A \cdot h)$

一级指标	二级指标		Ⅰ级基准值	Ⅱ级基准值	Ⅲ级基准值
水资源利用指标	单位产品废水产量	起动型铅蓄电池	0.07m³/(kV·A·h)	0.09m³/(kV·A·h)	0.11m³/(kV·A·h)
		动力用铅蓄电池	0.08m³/(kV·A·h)	0.09m³/(kV·A·h)	0.10m³/(kV·A·h)
		工业用铅蓄电池	0.11m³/(kV·A·h)	0.13m³/(kV·A·h)	0.15m³/(kV·A·h)
		组装	0.015m³/(kV·A·h)	0.02m³/(kV·A·h)	0.022m³/(kV·A·h)
	水重复利用率		85%	75%	65%

在铅蓄电池行业已经从原先的粗犷式生产转变为控制成本质量的精细化生产。作为铅蓄电池用膨胀剂的腐植酸，也需要在整个铅蓄电池行业的绿色可持续发展中，为蓄电池行业实现"双碳"目标作出贡献。

3.10.2 燃料电池

燃料电池是一种将燃料与氧化剂的化学能通过电化学反应直接转换成电能的发电装置，又称电化学发电器，它是继水力发电、热能发电和原子能发电之后的第四种发电技术。腐植酸前体物在燃料电池中用作可充电电池的黏合剂和电极以及超级电容器的电极和电解质。

3.10.2.1 原理

利用燃料电池将木质素转化产生电是更清洁环保、资源利用率更高的一种方法，利用固体氧化物电池、直接碳燃料电池、微生物燃料电池等均可实现腐植酸前体物木质素或木质素磺酸盐的转化产电；燃料电池产生的电流大小与反应物、电极和电解液三者汇聚处的反应区域的面积成比例，燃料电池通过将一次能源（燃料）转化为电子运动来发电（图 3-103～图 3-105）。

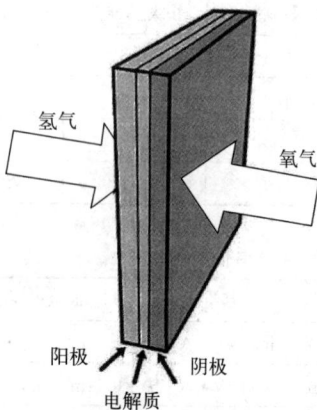

图 3-103　燃料电池结构

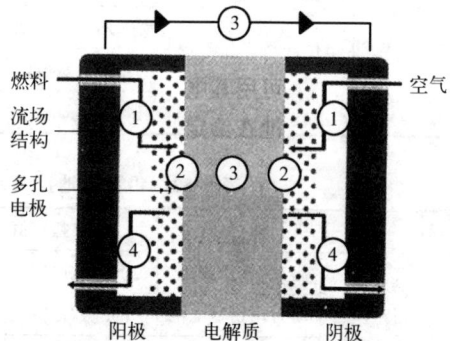

图 3-104　平面燃料电池横向截面图

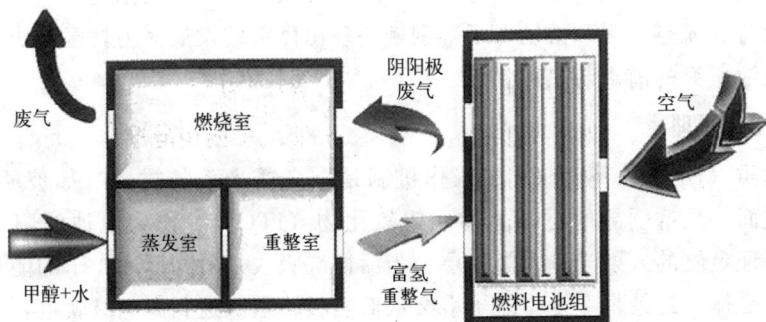

图 3-105　燃料电池流程图

3. 10. 2. 2　工艺

（1）工艺流程

见图 3-106。

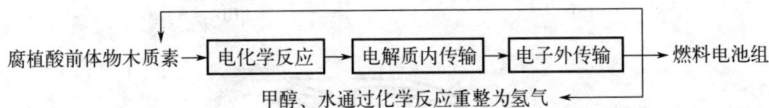

图 3-106　腐植酸前体物在燃料电池中的运作流程

（2）工艺要点

腐植酸前体物在催化层内发生电化学反应，在电解质内传输，电子在外电路传输；反应产物从燃料电池中排出；燃料电池组中，甲醇和水通过化学反应重整为氢气。

3. 10. 2. 3　产品分析

电解质与产生的电可以直接测定；氢的纯度通过在燃料电池中氧化反应前后的紫外吸收光谱、红外光谱和核磁共振氢谱可以分析，为腐植酸前体物木质素的燃料电池应用提供数据[100-103]。

氢气具有能量密度高、反应生成物只有水等优点，被认为是最具潜力的清洁能源。燃料电池作为一种发电装置，能够有效突破卡诺循环约束，达到更高能量利用效率。针对不同的燃料电池设计，考虑成本较低、性能更好的腐植酸前体物复合材料的制造工艺，还需要不断提高制造技术。

3. 10. 3　太阳能电池

生物质（BHA）太阳能电池（OSCs）具有成本低、可大规模溶液加工、轻量化和柔性等优势，OSCs 是继第一代太阳能电池（晶体硅）和第二代太阳能电池（非晶硅、铜铟镓硒、碲化镉等薄膜）之后开发的新一代太阳能电池。其在可穿戴式设备、航空航天和柔性电子等领域展现出巨大的发展潜力，已经成为当前太阳能电池研究的前沿与热点。

3.10.3.1　原理

生物质（BHA）基OSCs的工作机制是在高透光率的衬底（如玻璃）上，与衬底表面一层透明导电材料［如铟锡氧化物（ITO）］作为电池的阳极或阴极，以保证足够的入射光进入活性层。当活性层吸收入射光后，光子的能量大于给体（或受体）的禁带宽度，电子就会从低能级轨道跃迁到高能级轨道，形成束缚的电子-空穴对，即激子（图3-107）。

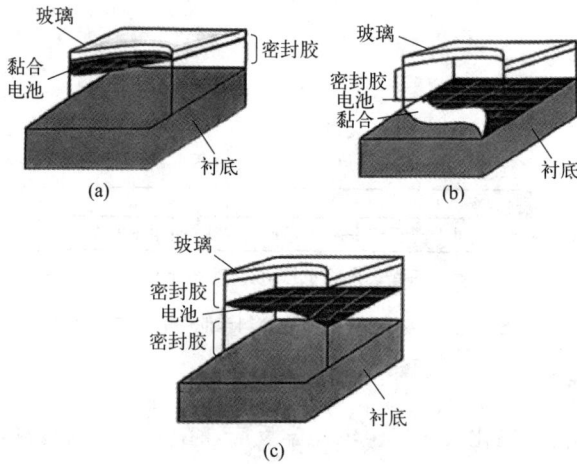

图3-107　第一、第二代太阳能电池的光伏组件示意

生物质（BHA）基材料在OSCs中的作用，除调控器件的载流子俘获外，确保太阳光高效穿过玻璃衬底和金属电极进入BHA有机活性层，是决定OSCs产生光生载流子的重要外部条件，也是当前生物质（BHA）基材料在OSCs中的作用（图3-108）。

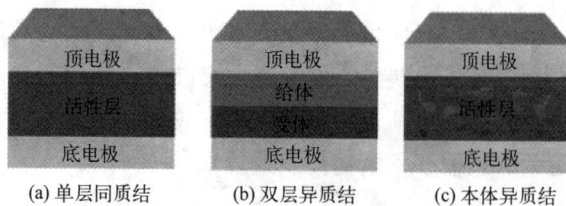

图3-108　生物质BHA电池OSCs器件结构

3.10.3.2　工艺

① BHA有机活性层和ZnO前驱溶液的配制。

② 太阳能电池的制作。

③ 制得 ZnO 电子传输层，在 ZnO 电子传输层表面旋涂活性层，然后在空蒸镀仪器中，在活性层表面先蒸镀 10nm 厚的 MoO_3 空穴传输层，最后再蒸镀 100nm 厚的 Ag，制得 PBDB-T：ITIC 体系倒置的有机太阳能电池（图 3-109）。

图 3-109　PBDB-T:ITIC 倒置太阳能电池的器件结构

3.10.3.3　产品分析

产品分析见表 3-53。

表 3-53　生物质（BHA）基 OSCs 的光伏性能

制备原料	V_{OC}/V	J_{SC}/(mA/cm^2)	FF/%	PCE/%
Glass/ITO	0.59	8.1	59	2.3
CNF/ITO	0.62	10	66	4.0
PES/Ag	0.80	7.8	63	4.0
CNC/Ag	0.80	7.3	64	3.8
Glass/ITO		7.89		3.1
CNF/Ag 纳米线		9.58		3.2
Glass/ITO				5.34
WFP/Glass/ITO				5.88
Control	0.856	25.61	70.28	15.23
CNP-20/Glass/ITO	0.858	26.48	71.17	15.99
Control	0.901	17.00	69.3	10.71
CNF/MFC(3%)/Glass/ITO	0.901	18.38	68.9	11.41
Glass/ITO/ZnO	0.935	16.57	70.85	10.92
Glass/ITO/ZnO/CMC	0.935	17.87	71.87	11.96

注：V_{OC} 为开路电压，J_{SC} 为短路电流，FF 为填充因子，PCE 为光电转化效率，Glass 为衬底玻璃，Control 为未经修饰的基础器件。

3.10.4　电极

钠的化学特性与锂相似，在地壳中的丰度是锂的 1353 倍，成本低廉，钠离子电池（SIB）被认为是锂离子电池最有希望的替代品。依据使用生物质原料

"核桃壳"成功合成的硬碳具有 257mA·h/g 的稳定可逆比容量，比石墨容量略低。由此，高纯度的矿物源腐植酸可成为"硬碳"电极原料；将高纯度的生物质腐植酸原料制成生物炭也可成为"硬碳"电极原材料[101-102]。

3.10.4.1 原理

① 以腐植酸钠（HANa）、腐植酸钾（HAK）、硝基腐植酸（HAN）分别为碳质前驱体，在 800℃ 的 N_2 氛围下碳化成不同的多孔炭为硬性负极材料，利用循环伏安法（CV）和恒流充放电法（GCD）进行电极电容性能测试。

② 利用静电纺丝和碳化工艺制备 Fe_2O_3/CNF 柔性负极材料，构筑无机金属氧化物与高聚物复合的纳米纤维结构，研究其在钠离子、腐植酸钠（HANa）电池中的电化学性能。

3.10.4.2 工艺

（1）工艺流程

见图 3-110。

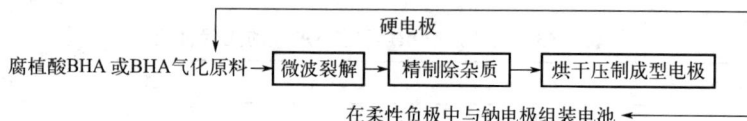

图 3-110　腐植酸 BHA 在电极及组合电池中的运作流程

（2）工艺要点

① 硬负极。粉碎后的生物质原料或腐殖化的生物质气化→微波裂解→精制除杂质→烘干压制成型电极（图 3-111）。

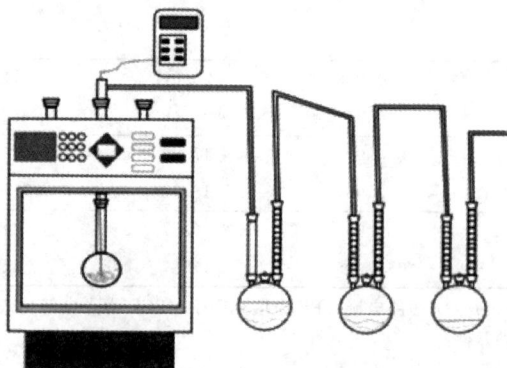

图 3-111　微波裂解精制过程示意图

② 柔性负极。Fe（CH_3COO）$_2$/PAN 纳米纤维膜的制备；Fe（CH_3COO）$_2$/PAN 纳米纤维膜的碳化；钠离子电池组装：以 Fe_2O_3/CNF 作为负极极片，钠片为对电极，沃特曼（Whatman）玻璃纤维为隔膜，$NaClO_4$ 溶解于 1：1 电解液

EC-DMC 中，在惰性气体手套箱中组装电池。

3.10.4.3 产品质量

产品质量按碳电极行业标准 YB/T 4226—2010，如表 3-54。Fe_2O_3/CNF 循环充放电循环曲线图见图 3-112。

表 3-54　碳电极性能指标

项目		公称直径/mm			
		S 级		G 级	
		780~960	1020~1400	780~960	1020~1400
电阻率/($\mu\Omega \cdot m$)	≤	50	55	40	45
体积密度/(g/cm^2)	≤	1.54	1.54	1.56	1.56
抗折强度/MPa	≤	3.5	3.0	4.0	3.5

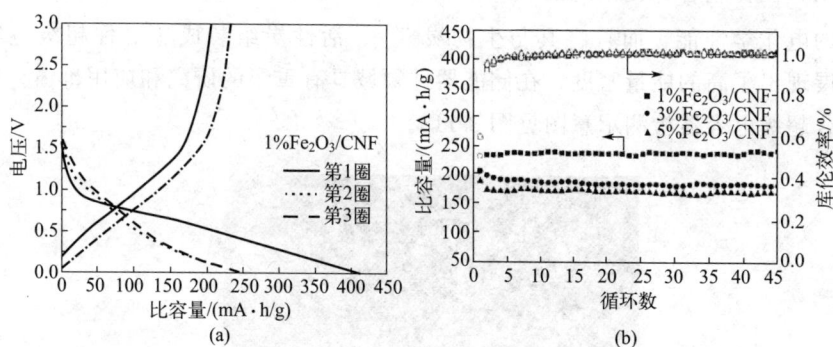

图 3-112　Fe_2O_3/CNF 循环充放电曲线图

3.10.5　超级电容器

腐植酸因其高电容、能量和功率值，被研究用于制造超级电容器的电极材料，作为电池负极的有机添加剂，能有效提高蓄电池的电容量和启动性能。如从天然水和肥沃土壤中提取的腐植酸，其比电容达到 87.15F/g，最大功率为 32680W/kg。HA 通过抑制活性物质在循环使用中的钝化、收缩和结块延长电池的使用寿命。腐植酸还能吸附在铅表面，防止致密不渗透硫酸铅层的形成，从而改善电池的低温性能和高倍率放电性能。

3.10.5.1　原理

利用腐植酸大分子上的芳香族环和脂芳族环，环上带有的羧基、羟基、醌基、甲氧基等官能团，利用有机盐中的金属离子（如 Na^+、Ba^{2+}、Mg^{2+}、K^+ 等）在碳化过程中能够与碳质基体发生一系列反应，起到造孔作用，从而提高其电容性质。

3.10.5.2 工艺

① 以腐植酸盐作为碳质前驱体，采用 KOH 化学活化的方法制备多孔活性炭。

② 选取弱活化剂 CH_3COOK 时，可以得到与电解液 KOH 离子尺寸相当的微孔分布，得到高的比电容。

③ 具有超薄缺陷 VS_2 纳米片包覆 NiS 颗粒团簇结构的复合超级电容器材料，基于协同效应的设计理念，先是通过胶体化学法合成超薄且带有缺陷的 VS_2 纳米片，之后利用简单的水热法在这种超薄缺陷纳米片间原位合成 NiS 纳米颗粒，从而得到设计预期的复合材料。

3.10.5.3 产品分析

当复合比例为 1∶7 时得到的复合材料，虽然仅相当于在 NiS 中引入 12.5% 的 VS_2，但比电容却比单纯的 NiS 增加 100% 以上，不仅这种复合材料本身具有优异的电化学性能，而且将其与生物炭[103]、活性炭组装成非对称超级电容器时，展现出了高的能量密度，在储能器件领域具有重要的研究和应用价值。腐植酸复合超级电容器检测示意图见图 3-113。

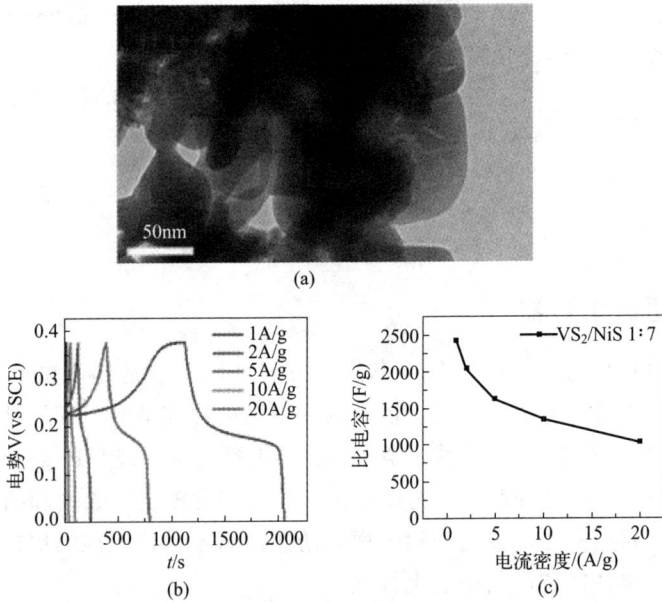

图 3-113 腐植酸复合超级电容器检测示意图

3.10.6 纳米粉体材料

利用腐植酸钠在陶瓷中的性能，作为黏结剂、分散剂，在日用陶瓷、锂电用陶瓷粉体纳米材料中也有很好的性能[104]。

3.10.6.1 原理

（1）溶胶-凝胶法

溶胶-凝胶法是热电、超导材料、超纯玻璃、陶瓷、薄膜、催化剂载体、磨料等制备方法之一。该方法的制备原理是将无机盐或金属有机醇首先经水解制成溶胶，再经进一步聚合制成凝胶，最后经干燥、煅烧制成粉体材料。溶胶-凝胶法的优点是合成的纳米粉体的化学均匀性好，纯度高。由于反应温度低，可以得到颗粒尺寸小、粒度分布窄的粉体。

（2）机械球磨法

高能球磨引起机械合金化技术是美国人本杰明（Benjamin）在制备弥散强化镍基高温合金时发明的。与传统的球磨方法相比，高能球磨最大的特点是相当大的球料比，一般为（10~20）：1，最大可达100：1以上，并且可实现真空或气氛保护。在如此大的球料比下，其混合粉体在球磨过程中受到球的碰撞、挤压，球间中心线上的粉体受到强烈的塑性变形、冷焊和破碎，从而形成洁净的"原子化"表面。这些相互接触的不同元素的新鲜表面在压力下相互冷焊在一起，形成界面有一定原子结合力的复合颗粒。因球磨的反复碰撞、挤压作用，复合颗粒界面处存在大量的空位缺陷，这非常利于原子进行扩散，从而实现成分合金化。机械高能球磨被认为是一种很有前途的纳米材料制备方法和设备，其过程简单，制备成本较低。该法可以在常温下制备纳米粉体，特别是可以制备用其他方法不能制备的高熔点纳米粉体，近年来已受到高度重视。

（3）其他方法

多重激活反应热处理制备 Ti(C,N) 系列粉体技术，机械反应球磨制备 Ti(C,N)Al_2O_3 系列复合粉体技术。

3.10.6.2 工艺

工艺流程见图 3-114。

3.10.6.3 产品分析

HANa 在纳米粉体材料中的配比验证，对陶瓷体防裂等强度的改进百分点。

3.10.7 半导体复合材料

腐植酸参与半导体复合材料制造，将在光刻胶-光致抗蚀剂、光致抗蚀膜、复合光敏剂等方面加以研究开发。

3.10.7.1 原理

半导体材料被合成并应用于光催化，其原理离不开半导体的能带结构。低能

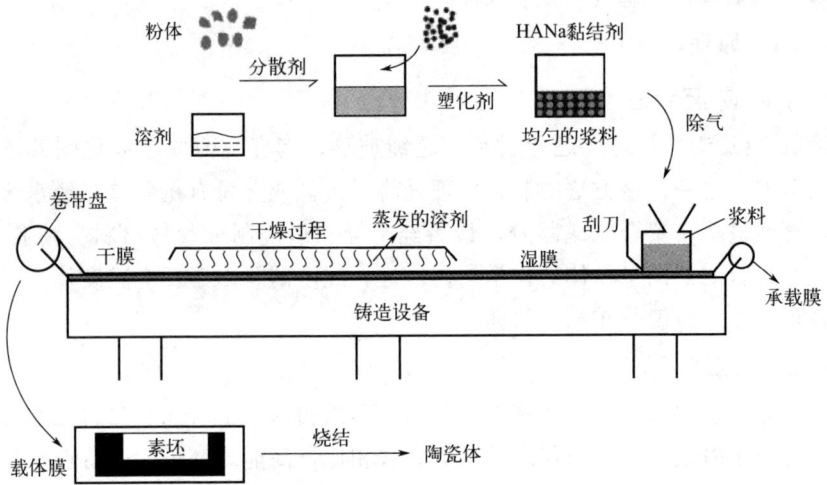

图 3-114　腐植酸钠在纳米粉体材料中的制备工艺流程示意图

的价带（VB）和高能的导带（CB）之间的带隙被称作禁带宽度（E_g），当大于 E_g 能量的光子入射到半导体表面时，被激活的光生电子（e^-）会从 VB 快速转移至 CB 上，VB 则产生相应数量的空穴（h^+），这一过程被称为光生电子-空穴分离，随后 e^- 和 h^+ 会迁移至催化剂表面，分别与体系中 O_2 和 H_2O 反应生成超氧自由基（$\cdot O^{2-}$）和羟基自由基（$\cdot OH$），这些自由基团具有很强的氧化还原能力，从而能够破坏有机物中的化学键，生成绿色无污染的 H_2O 和 CO_2 或其他小分子物质。然而在实际应用中光催化活性被很大程度限制，其主要表现为对太阳光的利用。在钙钛矿的发光二极管的绿光、红光外量子效率已超过 25% 的基础上，掺杂腐植酸硫杂茚等成分，形成 MOF 有机金属化合物结构，既具有无机半导体优异的光电性能，又具备有机半导体低成本可印刷制备的优点。

3.10.7.2　工艺

（1）工艺流程

工艺流程见图 3-115。

HA精制复合原料 → 镀膜 → 光刻 → 质量检验 → 掺杂 → 单晶生长 → 晶圆切片 → 抛光 → 切割 → 晶圆封装

图 3-115　精制 HA 参与半导体复合材料的制备工艺流程示意图

（2）工艺要点

① 按机械剥离法，经剪切、压缩、振动和劈裂等不同作用力作用下分离成较小的晶体，得到的 h-BN 纳米片层数较少且厚度均匀，但横向尺寸大、产率低，而经机械剥离后超声可进一步提高产率。

② 液相插层剥离法会破坏 h-BN 的片层结构，故相对温和且耗能低的液相插层剥离法需要选择剥离溶剂；球磨法是一种制备固-固复合材料的有效方法，它可以通过诱导分子键的机械断裂来提高产物的某些特性。通过球磨制备得到的 BN/CdS 产氢速率可达 $0.46mmol/（g \cdot h）$，证明了球磨处理的有效性。

③ 水热法是制备氧化物和低价硫化物纳米材料的常见方法。与溶剂加热法原理类似，水热金属氧化物半导体材料种类丰富，其复合材料可明显提高对太阳光的利用率。

3.10.7.3 分析

在线检测需要离子源、聚焦透镜、加速器、束流扫描仪、靶室等条件。

3.10.8 导电薄板

腐植酸（钾）基石墨烯，可制成导电薄板。采用掺杂技术使导电性能提高，可成为腐植酸类高分子金属，用于电磁屏蔽薄板，制造电极薄板、电热薄板、仪器外壳薄板。

3.10.8.1 原理

腐植酸的有机结构中有"亲电基团"（带正电的基团），如—COOH、$O=$、—OCH_3、—OH，在反应过程中能接受电子；也有"亲核基团"（带负电的基团），如 $CH_3CH_2O—$、$RO—$、$R—$、—$\overset{+}{N}R_3$，又可以在反应过程中提供电子。它作为复合型高分子材料，具有线型或面型大共轭体系，在热或光的作用下通过共轭 π 电子的活化进行导电。

3.10.8.2 工艺

（1）工艺流程

工艺流程见图 3-116。

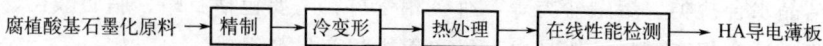

腐植酸基石墨化原料 → 精制 → 冷变形 → 热处理 → 在线性能检测 → HA导电薄板

图 3-116 石墨烯基 HA 研制导电薄板的工艺流程示意图

（2）工艺要点

① 腐植酸的石墨化处理，以腐植酸基石墨化材料等为原料，采用扫描电子显微镜（SEM）、X 射线衍射（XRD）和电化学测试系统对该材料的形貌、微晶结构和电化学性能进行表征。结果表明，片状石墨分散在腐植酸基石墨化材料周围，且被无定形碳包覆。C-C-2 复合材料作为锂离子电池的负极材料板，具有较高的比容量，在 0.1C 倍率下的首次可逆比容量为 $307.3mA \cdot h/g$，首次库仑效率为 76.3%；在 1C 和 2C 倍率下，50 个充放电循环后，可逆比容量分别为

283.3mA·h/g 和 152.2mA·h/g，容量保持率分别高达 97.9% 和 97.5%；具有良好的循环稳定性及大倍率性能，可以制成导电薄板。

② 影响导电薄板电阻率的因素有温度、杂质含量、冷变形、热处理等。温度的影响常以导电材料电阻率的温度系数表示。除接近熔点和超低温以外，在一般温度范围，电阻率随温度变化呈线性关系。高性能的导电薄板材料也是高热导率的材料，接触电位差及温差电动势在温差电控温、测温元件和仪表中的应用与腐植酸特定产品的纯度有很大的关系。

3.10.8.3 产品分析

按腐植酸特定产品，可用于导电薄板的领域，验证加工成型性、机械性能、稳定性的检测[105-106]。

3.10.9 储能相变冷却剂

腐植酸褐煤蜡作为相变材料，在高于自身相变温度的环境中可以吸收环境的热量，从而产生相变。利用相变的吸热特性，可以用于钻井泥浆调理剂，改善高温操作人员的环境温度；用在建筑外墙，可以在夏季降低室内温度、在冬季提高室内保温能力等；在服装中添加低温相变蜡材料，可以自动恒温，且无毒，可广泛应用于极寒或极热地区驻军服装、运动服装、婴幼儿产品等领域；现代农业温室中应用低温相变蜡，可实现温室自动恒温，廉价且节约能源，降低农业生产的成本。相变材料具有在相变过程中将热量以潜热的形式储存于自身或释放给环境的性能，也是节能环保的最佳绿色载体。

3.10.9.1 原理

相变材料（PCMs）是一种热化学材料，其物理特征表现为在温度不变的情况下改变物质状态并能提供潜热。相变材料在吸收热量时能够利用自身的相态变化将热量储存起来，当需要热量时再进行逆相变，将热量释放出来。无机相变材料有结晶水合盐类、熔融盐类等，有机相变材料主要包括石蜡、脂肪酸类、多元醇类等。复合相变材料一般是由有机和无机相变材料组成。

3.10.9.2 工艺

（1）工艺原理

工业级腐植酸褐煤蜡可以通过大规模的褐煤蜡产品工艺获得；也可以在提取褐煤腐植酸中，利用与尿素的络合相变，从褐煤腐植酸渣项中获得。

（2）工艺要点

在 25～50℃，以 1 份褐煤：0.05 份异丙醇：0.2 尿素：3 份 H_2O 为原料，提取腐植酸尿素后，从分离的残渣中解聚获得褐煤蜡。配制用于土壤调理剂，可以为设施农业大棚提供降温防护，降低大棚的工作热环境，减少空调使用；对露天种植同样起到防治病虫害促生长的作用[107-109]。

3.10.9.3　产品分析

《褐煤蜡测定方法》（GB/T 2559—2005）。

3.10.10　芯片传感器

腐植酸以胶体性质，以腐植酸钙作为芯片传感器原材料之一，在工业化振动筛的连续化运行和故障预警中发挥作用。

3.10.10.1　原理

腐植酸含胶体，运用调钙芯片测量振动筛在 X、Y、Z 三个方向的加速度，并将加速度数据通过 IIC 总线传输给芯片，通过串口透传技术，软件模块功能对加速度数据进行分析，经过高低通滤波与两次积分得到振动筛的振幅、频率、方向角、偏摆等数据，可以快速准确地获得振动筛的运行状态，强化工业化振动筛的连续化和故障预警[110-113]。

3.10.10.2　工艺

工艺包括以下关键点，通过振动采集装置进入指定的下位机程序、上位程序，进行工业性振动监控（图 3-117）；自动分选出金属杂质（图 3-118）；除杂后拼配的料由芯片传感器等调控（图 3-119）。

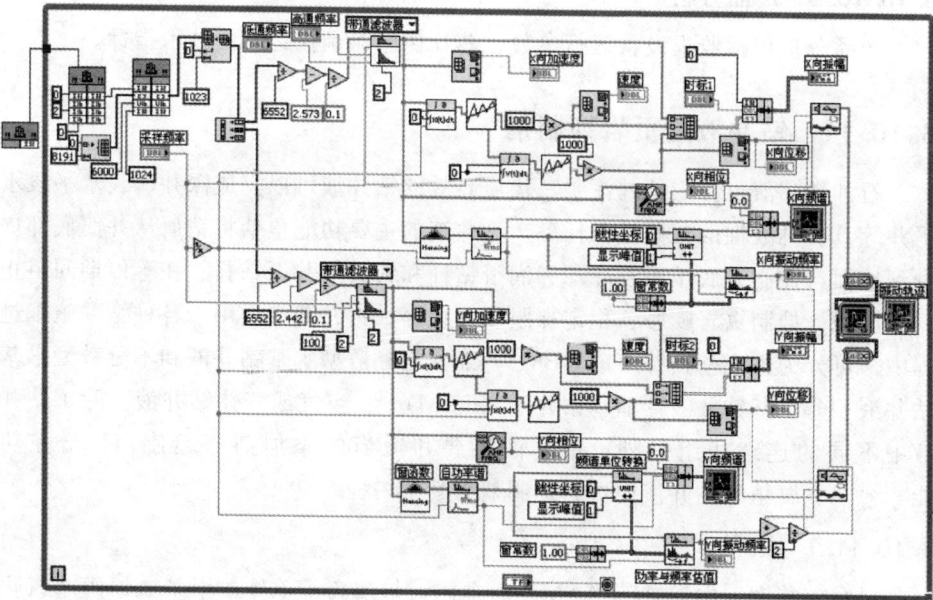

图 3-117　振动监测系统程序框图

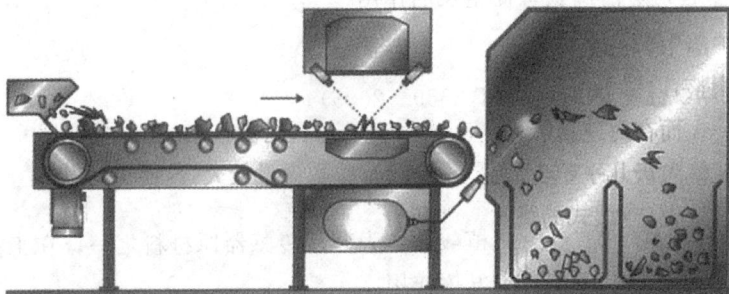

图 3-118　依据传感器的自动分选吹出金属颗粒

图 3-119　除杂后拼配的料由芯片传感器调控

3. 10. 10. 3　产品分析

产品分析包括监视设备运行参数、芯片传感器调控运行的技术指标。

3. 10. 11　钻井液用页岩抑制剂

石油钻井液也称为钻井泥浆，优质高效的钻井液可以完成深井、长水平段水平井等具有挑战性的钻井施工任务。钻井液的主要功能包括将钻屑从井筒底部提升到地面、控制井底压力、冷却和润滑钻杆和钻头等井下钻具、在等停期间阻止岩屑沉积、抑制页岩膨胀、稳定裸眼段井壁等。钻井液广泛用于各种钻井施工过程中，可分为：水基钻井液（WBM），细分为分散型水基钻井液和不分散型水基钻井液；非水基钻井液［油基钻井液（OBM）］；空气或气体钻井液。除了钻井液中不同的连续相组分外，钻井液还要和适当的添加剂一起使用，增强功能[112-120]。腐植酸钻井液用页岩抑制剂为其中一种。

3. 10. 11. 1　原理

以腐植酸钾、丙烯酰胺（AM）为主体，与阳离子单体二甲基二烯丙基氯化铵（DMDACC）及 2-甲基-2-丙烯酰氨基丙磺酸（AMPS）和丙烯酸甲酯（AA）反应生成聚合物质，具有对钻井页岩的抑制作用（图 3-120）。

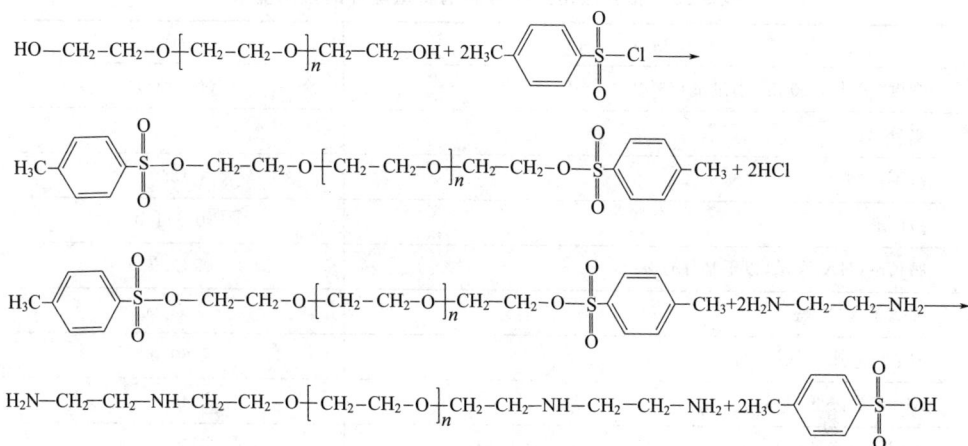

图 3-120　HA 钻井液用页岩抑制剂生成原理

3. 10. 11. 2　工艺

① 称取一定量的磺酸基单体（MSL-1）溶于水中，使用氢氧化钠溶液调节 pH 值至中性。

② 然后称取一定量的丙烯酰胺（AM）溶于水中，并与上述磺酸基单体（MSL-1）溶液进行混合。

③ 在混合溶液中缓慢加入一定量的二甲基二烯丙基氯化铵（DMAAC），混合搅拌均匀后通入氮气 20min，加热至一定温度，然后加入一定量的引发剂（过硫酸铵 0.5%），抑制剂加量均为 2.0%，防膨实验温度均为 50℃。进行反应一段时间后，即得凝胶状的粗产品，再使用无水乙醇和丙酮对其进行洗涤，烘干后粉碎即得新型页岩抑制剂产品 YZJ-108。

3. 10. 11. 3　产品分析

参照《油气田压裂酸化及注水用黏土稳定剂性能评价方法》（SY/T 5971—2016），采用离心法测定检测评价新型页岩抑制剂对泥页岩、钻屑的防膨效果。

在现场钻井液中加入不同质量分数的新型页岩抑制剂 YZJ-108 后，体系的流变性能基本维持不变，高温高压滤失量也变化不大，而随着抑制剂加量的增大，钻井液对目标区块储层段泥页岩钻屑的滚动回收率逐渐增大。

新型页岩抑制剂 YZJ-108 具有良好的耐温性能和抗盐性能，在温度为 130℃、矿化度为 90g/L 的条件下对目标区块储层段泥页岩仍具有良好的防膨性能。该抑制剂与现场钻井液体系配伍性能良好，能够应用于泥页岩储层段钻井施工过程中（表 3-55）。

表 3-55　钻井液用页岩抑制剂腐植酸钾的技术要求

项目	指标
细度(筛孔 0.90mm 通过量)/%	100%通过
水分/%	≤15.0
水不溶物/%	≤18.0
pH 值	9.0~11.0
腐植酸(HA)含量(以干基计)/%	≤45.0
钾离子含量/%	≥5.0
岩心线膨胀降低率/%	≥60.0
API 滤失降低率/%	≥45.0
表观黏度降低率/%	≥50.0

3.10.12　钻井降黏剂

腐植酸钻井降黏剂，以腐植酸酰胺为复合降黏剂主体，既可以用于高温钻井泥炭用降黏剂，也可用于原油稠油的降黏。

3.10.12.1　原理

① 腐植酸与二甲基甲酰胺、尿素、糖醛等反应制取腐植酸酰胺，既有配位络合作用，又有氢键缔合的渗透分散作用，降黏性还来自水解稳定好的腐植酸尿素络合物。

② 使用重油作为皮克林（Pickering）乳液的油相，SiO_2-PSBMA 作为重油高温乳化和室温破乳的降黏剂，通过表面张力测定验证效果。

3.10.12.2　工艺

① 按质量比 1∶5 的风化煤腐植酸，质量比为 1.0∶0.2∶0.8 的二甲基甲酰胺、尿素、糖醛，萃取反应制取腐植酸酰胺-腐植酸尿素，反应温度为 35~90℃，反应时间为 2.5~5h。

② 再与质量比为 0.2∶0.5∶0.3 的丙烯酸、油溶性聚乙二醇-聚氧乙烯醚类非离子表面活性剂复配，反应温度为 25~50℃，反应时间为 0.5~3h。

③ 降黏剂加入量为 300mg/kg 时，在 40~50℃，形成腐植酸酰胺复合降黏剂。

3.10.12.3　产品分析

宽性能的腐植酸酰胺复合降黏剂，既可以用于高温钻井泥炭用降黏剂，也可用于原油稠油的降黏。降黏剂产品分析结果见图 3-121 和图 3-122。

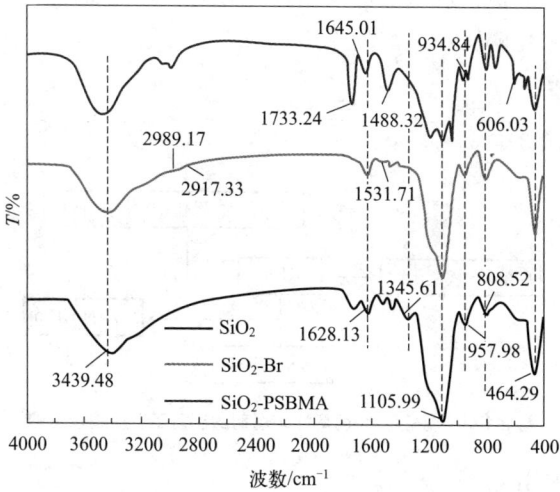

图 3-121　降黏剂的 FT-IR 光谱

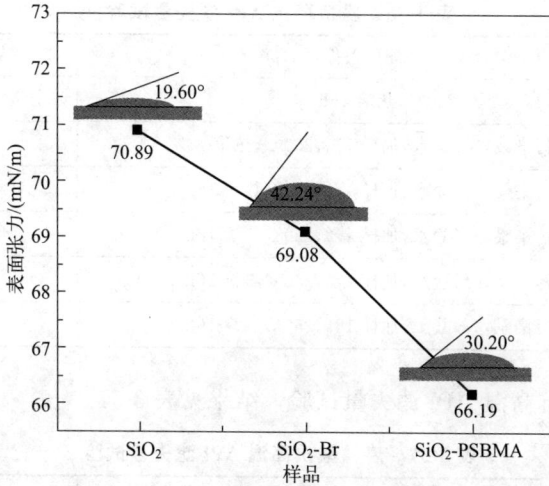

图 3-122　降黏剂偶联改进表面接枝过程

3. 10. 13　防塌剂

改制后脱荧光的腐植酸钾、腐植酸钠防塌剂，在高温下具有较好的流变性，有失水造壁性能和封堵能力。

3. 10. 13. 1　原理

在丙烯酸-腐植酸钾（PAN-KHm）中，除含有部分游离的 K^+ 以外，以 R—COOK、R—OK 在水中电离后也提供部分 K^+。在足够浓度的情况下，这些 K^+ 对水敏性地层中的黏土矿物具有封闭作用。可以将蒙脱石晶层内的 Na^+ 置换下来，使蒙脱石具有类似伊利石的晶体结构，可大大降低蒙脱石的水化膨胀，起到抑制水敏性地层水化膨胀和塌陷的作用。

3.10.13.2　工艺

工艺流程见图 3-123。

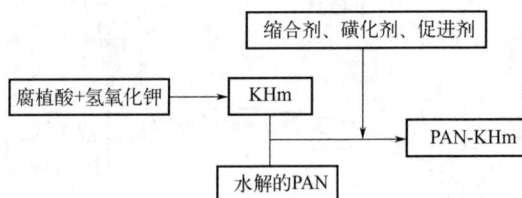

图 3-123　腐植酸钾-丙烯酸防塌剂的制备工艺流程示意图

3.10.13.3　产品分析

腐植酸抗 API 滤失量试验见表 3-56。

表 3-56　腐植酸抗 API 滤失量试验

序号	测试条件	测试结果 API 滤失量/mL
1	淡水浆,加样 1%,250℃,热滚 16h	3
2	氯化钠污染浆,1%盐水,加样 1%,250℃,热滚 16h	7
3	氯化钠污染浆,2%盐水,加样 1%,250℃热滚 16h	13.8
4	氯化钠污染浆,3%盐水,加样 1%,250℃热滚 16h	18.5
5	氯化钠污染浆,4%盐水,加样 1%,250℃热滚 16h	23.5
6	氯化钠污染浆,5%盐水,加样 1%,250℃热滚 16h	28.0

进行腐植酸抗高温 API 滤失量试验，结果见表 3-57。

表 3-57　腐植酸抗高温 API 滤失量试验

序号	测试条件	测试结果 API 滤失量/mL
1	氯化钙污染浆 2%盐水,加样 1%,300℃,16h	13.8
2	氯化钙污染浆 3%盐水,加样 1%,300℃,16h	19.5
3	氯化钙污染浆 5%盐水,加样 1%,300℃,16h	25.0

3.10.14　钻井减水剂

HA、BHA 都属于阴离子表面活性剂，可以生产钻井减水剂。

3.10.14.1　原理

腐植酸类减水剂能引起表面张力的降低，并促使水泥颗粒之间的 Zeta 电位提高，减慢胶体向晶体转化的速度，抑制凝聚，增强分散，提高整个水泥分散体系的稳定性，因而表观黏度降低，流动度增加，达到水泥混凝土减水的效果。

3.10.14.2 工艺

① 风化煤的催化氧化磺化。风化煤粉碎至 150～300 目，催化剂组分来自风化煤的矿物质组分。

② 复合型减水剂制备中风化煤腐植酸的催化氧化和磺化。将风化煤粉碎至 150～300 目，加入来自风化煤本体的矿物质组分催化剂与风化煤的质量比为 0.15：10；再加入过氧化碳酸钠：活性氧化锌：氧化亚铁的质量比为 0.02：0.01：0.03，在温度 60℃下配合反应 1.5h，经离心机液固分离后，再与硫酸钠：亚硫酸钠：硫化钠，按质量比为 0.025：0.90：0.03 制成的磺化剂，70℃反应 3h，制成风化煤腐植酸减水剂组分。

③ 复合型高效减水剂制备中秸秆生物氧化、羧酸化。反应可生成具有羧酸化合物-腐植酸磺酸盐-非离子共聚物性质的水分散剂好的水泥减水剂。

3.10.14.3 产品分析

产品检测测定采用 Zeta 电位、表面张力、流变性等方法。混凝土外加剂匀质性试验方法为 GB/T 8077—2023。

3.10.15 降滤失剂

腐植酸降滤失剂（FLHA）有良好的反乳化性能，FLHA 是氧化沥青的良好替代品，如 SPNH-多元共聚磺化腐植酸树脂等，可作为油气、深井（或超深井）泥浆降滤失剂。

3.10.15.1 原理

化学改性后的腐植酸具有一定的亲油性，可以制成防水的钻井降滤失剂。

3.10.15.2 工艺

腐植酸降滤失剂应用配方见表 3-58。

表 3-58　腐植酸降滤失剂应用配方

配方	试验条件	密度/(g/cm³)	黏度/s	塑黏/(mPa·s)	动切力/Pa	中压失水mL	3.5MPa失水/mL
井浆	61℃	1.35	34	21	7.0	4	
井浆 70％＋30％水＋2％SPNH	61℃	1.28	21.5	9	2.0	4.2	
	150℃/16h,61℃	1.26	24	11.5	3.3	4.8	7.2
井浆 70％＋30％水＋2％SPNH	61℃	1.26	21.6	9.5	1.8	3.4	
	150℃/16h,61℃	1.265	26	14	3.5	3.6	5.6

配方	试验条件	密度/ (g/cm³)	黏度/ s	塑黏/ (mPa·s)	动切力/ Pa	中压失水/ mL	3.5MPa 失水/mL
井浆	80℃↓50℃	1.30	46	37	10.5	5.5	
井浆 30%+70% 水+3% SPNH+0.5% CMC (低)＋1%NPAN+其他	80℃↓50℃ 150℃/16h,50℃	1.16 1.16	43 35	17.5 19	11.2 7.5	5.6 5.6	16*

注:1. 配方中其他包括:0.2%NaOH + 6.5%KCl+0.5%CaCl₂+0.5% SAS-1。

2. * 为高温高压失水。

3.10.15.3 产品分析

① API 滤失量的测定：高温老化搅拌后，测定在室温、0.69MPa 下，30min 的滤失量。

② HTHP 滤失量的测定：高温老化搅拌后，测定在 150℃、3.5MPa 下，30min 的滤失量。

③ 表观黏度的测定：用六速旋转黏度计，测定室温条件下油基钻井液体系的 $\phi600$，并计算 $\phi600/2$。

④ 塑性黏度的测定：用六速旋转黏度计，测定室温条件下油基钻井液体系的 $\phi600$、$\phi300$，并计算 $\phi600-\phi300$。

⑤ 破乳电压的测定：在 50℃时，用破乳电压仪测定两次破乳电压，当两次读数之差不超过 5%时取其平均值。

3.10.16 阻垢剂

水垢的热导率很小，为普通钢材的 2%～5%，水垢结于锅炉受热面上，会大大恶化传热效果，影响锅炉效率。经中国科学院专家验证：0.8～1mm 厚的碳酸钙垢层将增加 16%的能耗；水垢厚度达到 2mm，能耗上升 25%；当水垢厚度达到 3mm，能耗上升 40%。

3.10.16.1 原理

腐植酸钠与碳酸钠同时使用能减缓水垢结生速度，具有较好的防垢性能，能用于热水锅炉和换热器循环水除垢，对降低水处理费用、改进循环水硬度、延长锅炉使用寿命十分有利；与消泡剂、分散剂配合还能用于金属管道等清洗（图 3-124）。

3.10.16.2 产品分析

T/T 747 锅炉防垢剂的技术指标见表 3-59。

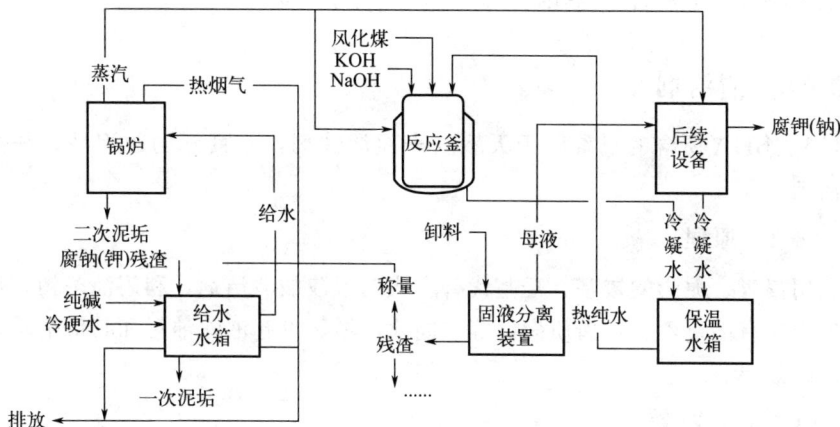

图 3-124 腐植酸钠阻垢剂运行流程示意图

表 3-59 T/T 747 锅炉防垢剂的技术指标

指标名称	水分/% (收到基)	腐植酸/% (干基)	氧化钙+氧化镁/% (干基)	水不溶物/% (干基)	1%溶液的 pH
指标	≤15	≥50	≤3	≤20	8~10
备注	一般项目	重要项目	重要项目	一般项目	一般项目

3.10.17 防锈剂

腐植酸（棕腐酸）复合防锈剂能在金属表面形成单分子吸附膜，有效地阻止金属表面生锈或腐蚀。

3.10.17.1 原理

棕腐植酸与二乙烯胺反应生成腐植酸基咪唑，可以用作工业防锈剂。咪唑及其衍生物分子中含有的五元含氮杂环以及氧、硫、季铵离子等，可以构成吸附中心，在金属表面形成单分子吸附膜，有效地阻止金属表面生锈或腐蚀。

3.10.17.2 工艺

（1）工艺流程

见图 3-125。

图 3-125 腐植酸复合防锈剂流程示意图

（2）工艺要点

将高纯度棕腐酸与二乙烯胺反应，生成腐植酸基咪唑，再根据用途配以油酸、褐煤蜡（成膜剂），硬脂酸，煤油。

3.10.18　清洁剂

HA、BHA所含的皂素属于天然的表面活性剂，有良好的起泡性，是优良的清洁剂。

3.10.18.1　原理

利用褐煤、泥炭的羧基、羟基代替合成的聚羧酸清洁剂，利用油茶粕生物质腐植酸中含有的皂素、蛋白质多糖等协同除污垢，可起泡除油污和其他杂质，达到清洁的效果。

3.10.18.2　工艺

（1）水提法

原料→粉碎→热水浸提→澄清（除渣）→加氧化钙沉淀→过滤→浓缩→精制→复合清洁剂。

（2）水-醇萃取法

原料→粉碎→热水浸提→澄清（除渣）→加入硫酸铝沉淀→加乙醇转萃提取→活性炭脱色→浓缩（乙醇溶剂回收）→复合清洁剂。

腐植酸复合清洗剂生产工艺流程见图3-126。

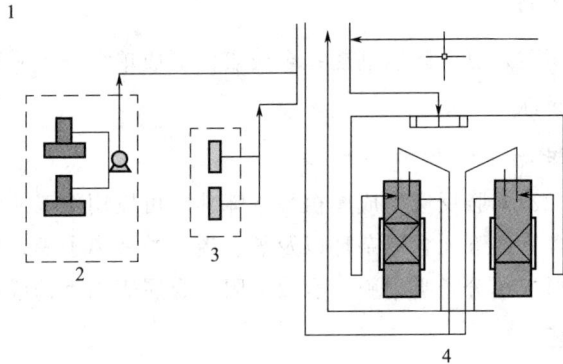

图3-126　腐植酸复合清洗剂生产工艺流程示意图

1~2—浸提系统；3—除渣系统；4—精制系统

3.10.19　除臭剂

腐植酸除臭剂具有物理吸附、生物化学配位置换、微生物酶解等作用，可因地制宜选择生产和循环利用方式。

3.10.19.1 原理

① 泥炭垫、生物质秸秆垫，通过硝化菌、蛋白酶等的氧化还原作用，通过吸附剂的表面积孔隙和面积吸附除臭，保持养殖场等除臭。

② 利用基质纤维滤材离子交换 Fe-EDTA 配合物催化氧化制单质硫去除空气中硫化氢（除臭）[121-122]。

3.10.19.2 工艺

① 在饲养场将泥炭垫、生物质秸秆垫用于饲养场，用后部分通过发酵除臭后回用，部分畜牧粪便制成有机肥料。密闭吸附除臭平衡奶牛场运行示意图见图 3-127。

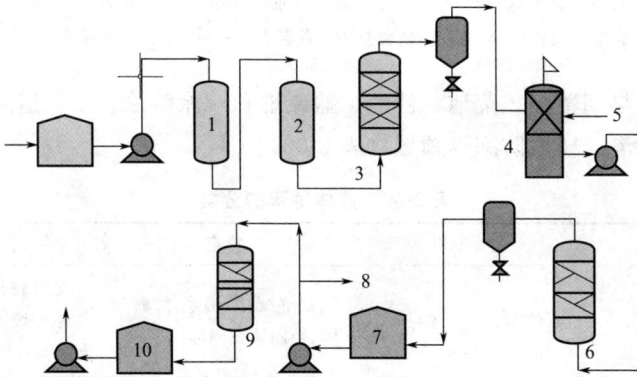

图 3-127 密闭吸附除臭平衡奶牛场运行示意图

1～3—通过吸附剂的孔隙和表面积进行场地的密闭吸附除臭；4～5—鼓风除碳；
6～10—气液固分离，就地生产部分有机肥，除臭后系统平衡运行

② 在图 3-128 中，铁氧化脱硫技术是利用铁离子将硫化氢直接氧化成单质硫，同时回收硫黄的工艺。空气中的 H_2S 通过有 Fe(Ⅲ)-EDTA 络合物催化剂的填料塔催化氧化制单质硫去除空气中硫化氢，并在三价铁络合物的作用下将硫化氢转化为单质硫。反应中形成的二价铁被大气中的氧气不断氧化成三价铁，进行循环反应。

3.10.20 造纸/纤维素膜/生物塑料

腐植酸可以利用造纸纤维素、可降解塑料、生物塑料生产复合材料，作为纸膜或生物降解膜在地膜、包装膜、水果套袋上应用，促进可持续发展的产业[123-124]。

3.10.20.1 可降解液体地膜

腐植酸可降解液态黑色地膜，广泛用于常规种植业，尤其适合干旱、寒冷、

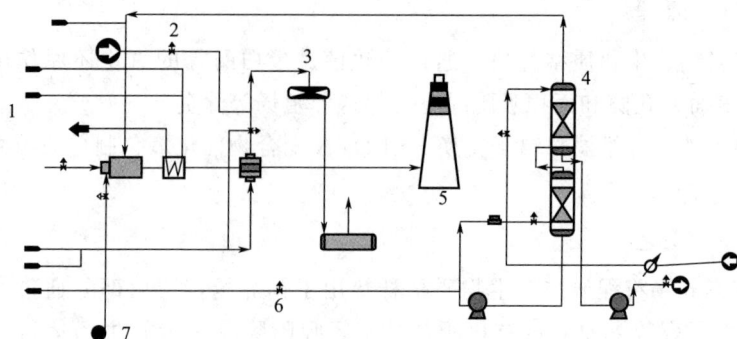

图 3-128　利用铁离子将硫化氢氧化成单质硫除臭的工艺

1—酸性 H_2S 进入管线；2～3，5—空气再生铁催化剂系统；4—碱性 Fe（Ⅲ）-EDTA
络合吸收 H_2S 成单质硫；6—硫磺（单质硫）去回收装置；7—除臭后空气释放或与酸性 H_2S 作用

丘陵地区作物早期覆盖，荒地、沙地、盐碱地和滩涂整治，工程道路护坡、固沙
造林、渠道防渗、树木防冻等领域（表 3-60）。

表 3-60　液体地膜的分类

类别	主要原料	特点	存在问题
石油沥青类	石油沥青	黑色或黑褐色黏稠液体、半固体或固体	成膜较厚且成膜较慢，会对土壤造成污染，降低土壤渗水性
化学高分子材料类	聚乙烯醇（PVA）、聚乙二醇、聚丙烯酰胺（PAM）等	分子量大，黏结力强，能有效附着于土壤表面，不易破碎	原料价格高，不易推广；PAM 降解中间产物有毒性
天然高分子材料类	淀粉、纤维素、海藻、木质素、壳聚糖、明胶等	无毒，透气性良好，成本低且来源广泛	力学性能较差，降解过快
有机-无机复合材料类	硅酸盐、腐植酸等	有机-无机材料在性能上互补，复合后优于原材料	工艺复杂，制备过程中颗粒容易团聚

（1）原理

采用含有蛋白质（—NH—CO—）、硫醚键（—S—S—）、脒键（—N＝C—）、
酯键、氢键的褐煤、海藻废液、造纸黑液，以及糖蜜、酿酒、淀粉等工业废液为
原料，经化学改性后，在交联作用下将腐植酸、木质素、纤维素等缩聚成高分
子，再与硅肥、微量元素、农药、除草剂及各种添加剂混合，制成一种多功能可
降解液态黑色地膜。

（2）工艺

见图 3-129。

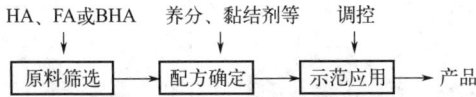

图 3-129　腐植酸可降解地膜生产工艺流程示意图

3.10.20.2　可降解分子开关调控膜

以纤维类废弃物、黄腐酸硒、黄腐酸锌、硫化镉等腐植酸组分作为量子点纤维纳米材料，形成表面效应、介电限域效应、量子隧穿效应，形成分子开关，调控可降解的生物塑料 PLC、PBAT 更多更有效的应用（图 3-130）[48-51]。

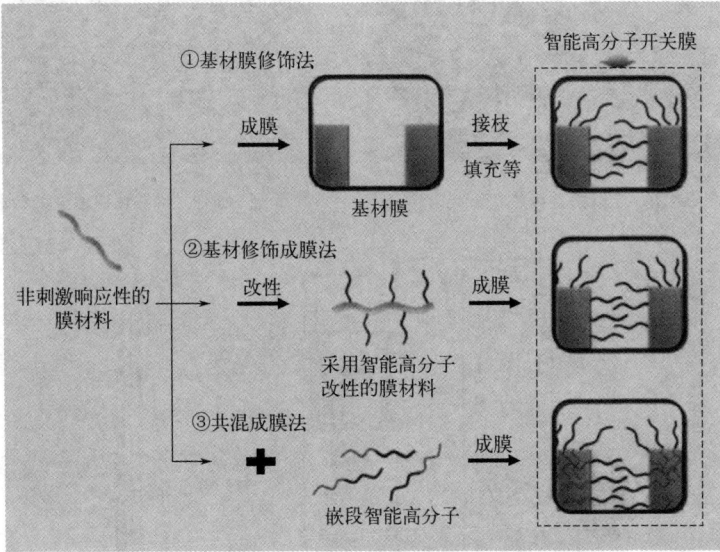

图 3-130　智能高分子开关膜工艺示意

依据全降解膜的性质，通过调节可降解、非降解膜的膜头参数改造设备，或者设计建立全套生产设备（图 3-131～图 3-133）。

3.10.21　絮凝-浮选剂

腐植酸絮凝-浮选剂主要原料为 HANa。

3.10.21.1　原理

腐植酸钠是一种高分子聚电解质，直链型结构分子较长，对多种多价金属离子具有络合作用。因此，在含有两种或两种以上组分的稳定悬浮液中加入后，生物腐植酸分子可选择性地吸附在某一组分的矿粒之上，通过"桥联"作用形成絮凝物沉降，而另一些组分则仍处于分散状态，从而使两种或两种以上组分达到分离的目的；而与生物腐植酸复配时，形成的絮凝体在重力的作用下沉降，迅速网捕和卷扫水中的胶体颗粒，强化沉淀分离。

图 3-131　全降解地膜生产现场

图 3-132　机械化铺设全降解地膜

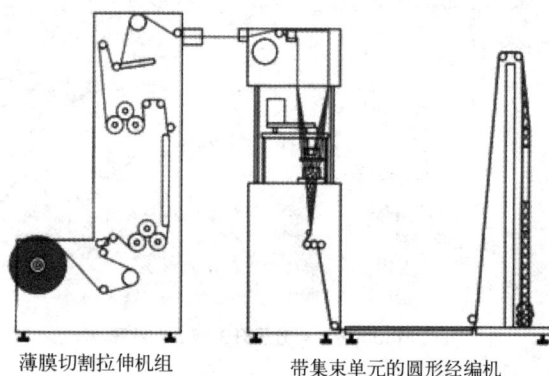

薄膜切割拉伸机组　　　　　带集束单元的圆形经编机

图 3-133　全降解薄膜的包装设备

3.10.21.2　工艺

① 以 pH 中性的腐植酸钠复配生物腐植酸钠盐，按选矿浮选要求、原水杂质浓度稀释使用腐植酸复方絮凝剂。

② 改变 pH 值，絮凝-浮选剂能脱附-循环利用（图 3-134）。

3.10.21.3　产品分析

产品分析包括 ICP-MS 检测金属离子去除率，检验腐植酸复方絮凝剂循环利用的效果[116-118]。

3.10.22　陶瓷添加剂

腐植酸，主要是腐植酸钠，作为陶瓷添加剂，具有增强、稀释、吸附等多方

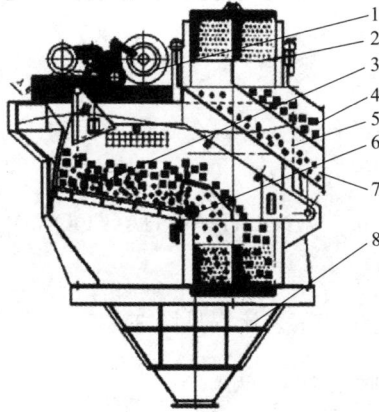

图 3-134　动态跳汰机结构示意图

1,2—HANa 絮凝-浮选剂通过泵进入跳汰床；3,4—BHA 吸附的低密度的金属离子被絮凝沉降；
5,6—高密度的 BHA 物料处于分散状态；7—分离出循环的 HANa 液；8—脱附后的少量金属离子杂质被排出

面的功能，它在陶瓷领域中应用主要集中在减水、偶联、复配等方面。

3.10.22.1　原理

腐植酸具有胶体的性质，当在陶瓷黏土悬浮液中加入腐植酸钠后，腐植酸中部分—COO—首先被吸附于正电性的高岭土晶体边缘上或与边缘上的多价阳离子结合，而腐植酸的另一部分—COO—朝向溶液，这就使黏土电荷反转，负电性增强，与溶液中 Na$^+$ 构成扩散双电层，使黏土网状结构破坏，有效地增加胶体稳定性，降低黏度，使其颗粒充分分散，黏粒外围的吸附水化膜（牢固结合水）增厚，而多余的自由水被释放出来。这样，黏土颗粒间的距离近了，但像涂了一层润滑油一样，自由移动能力强，塑性、流动度也增强，而多余的自由水被排除（在陶瓷造浆时可不加或少加）。腐植酸的内表面，以及吸附性、交换、络合或者螯合作用，使腐植酸的钠盐对陶瓷的强度、光泽等性能起着增强作用，并对陶瓷泥浆有良好的解胶性能。

3.10.22.2　工艺

HANa 原料与陶瓷在微波炉中预加工，以一定辐射强度加热数分钟，取出冷却至室温，在冰水浴中用 NaOH 中和至 pH 为 7~8，产物经真空干燥，粉碎，过 80 目筛，得陶瓷添加剂，并经球磨—喷粉—成型—干燥—喷釉—喷墨印花—干燥—喷柔光釉—干燥—烧成—磨边—分级—检测—打包入库陶瓷产品。

3.10.23　离子交换树脂

腐植酸树脂为一种新型弱酸性阳离子交换树脂，将腐植酸和丙烯酸等高分子化合物按一定比例混溶，用钙盐进行胶凝反应，并在低温下缩合干燥而成。该树

脂具有吸附容量大，抗钙、镁离子干扰的能力强，净化效果好，使用寿命长的特点。

3.10.23.1　原理

HA 的离子交换反应一般用一价碱金属与 HA 的—COOH 和—OH$_{ph}$ 的反应来表示：

$$HA(COOH)_m(OH)_n + (m+n)NaOH \longrightarrow HA(COONa)_m(ONa)_n + (m+n)H_2O$$

3.10.23.2　工艺

腐植酸离子交换树脂生产工艺流程见图 3-135。

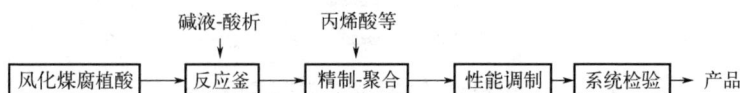

图 3-135　腐植酸离子交换树脂生产工艺流程示意图

使用风化煤腐植酸为主要原料，添加某种有机高分子化合物，经用物理化学方法处理后制成一种适宜处理重金属废水的腐植酸树脂。

3.10.23.3　产品分析

该树脂具有吸附容量大，净化效果好，使用周期长，抗钙、镁离子干扰和调节废水 pH 值等优点。腐植酸树脂的主要理化性能类似弱酸型阳离子交换树脂（表 3-61），其主要官能团为羧基和酚羟基，吸附金属离子的主要反应有离子交换、络合（或螯合）及表面吸附等。

制备的腐植酸树脂的吸汞效果明显高于常规的树脂，具体表现在腐植酸树脂抗钙、镁离子的干扰能力强，使用周期长，净化效果好。经处理后的废水汞含量为 0.01~0.03mL/g，稳定地低于国家允许的排放标准（0.05mL/g）。

表 3-61　腐植酸树脂的理化性质

物理性质						化学性质			
水分 /%	允许温度 /℃	孔隙度 /%	膨胀率 /%	视密度 /(g/mL)	真密度 /(g/mL)	总酸基 /(meq/g)	羧基 /(meq/g)	酚羟基 /(meq/g)	工作交换容量 /(meq/g)
10~15	<60	50~55	100~110	0.65~0.70	1.35~1.40	8.3	4.4	3.9	3~4

3.10.24　复合水凝胶

FA 复合水凝胶是以水为分散介质，网络交联结构的水溶性聚合物。FA 复合水凝胶将一部分疏水性基团和亲水性残基引入交联聚合物中，亲水性残基与水分子结合时连接网络中的水分子，而疏水性残基则随水膨胀。水凝胶具有良好的防污性能和低摩擦性能，可用于防污涂层领域；FA 复合水凝胶由于其高分子骨架可负载一些功能基团，成为刺激响应型水凝胶，在不同环境下可用作控释开关等，用于金属防腐，对金属的防护效果良好且保护时间长[125-126]；对光、热、磁、酸碱及一些化学物质敏感，当受到特定的刺激后会做出相应的响应，因此也可用于药物控释领域、腐蚀防护领域。

3.10.24.1　黄腐酸钠导电水凝胶

（1）原理

以黄腐酸盐析处理制备具有双网络结构的聚乙烯醇（PVA）水凝胶，可制导电水凝胶；在 FA-PVA 水凝胶中添加纤维素纳米纤维（CNF）后进行冷冻-解冻处理，制备所得 FA-PVA-CNF 水凝胶的电导率会显著提升。

（2）工艺

1 份聚乙烯醇固体颗粒，按 10 份水稀释，在 90℃下恒温溶解 6h，待 PVA 完全溶解后加入 0.2 份黄原胶（XG），充分搅拌 1h，待 XG 完全溶解后将其倒入模具中，用保鲜膜密封，并放置于 −20℃环境下冷冻处理 12h 得到预水凝胶。解冻后，将制备的预水凝胶分别经不同的拉伸比预拉伸后，浸泡在质量分数为 20％的黄腐酸钠溶液中盐析处理 12h 后取出，即可获得 PVA 和 XG 分子链呈现同一方向规整分布的离子导电水凝胶（图 3-136）。

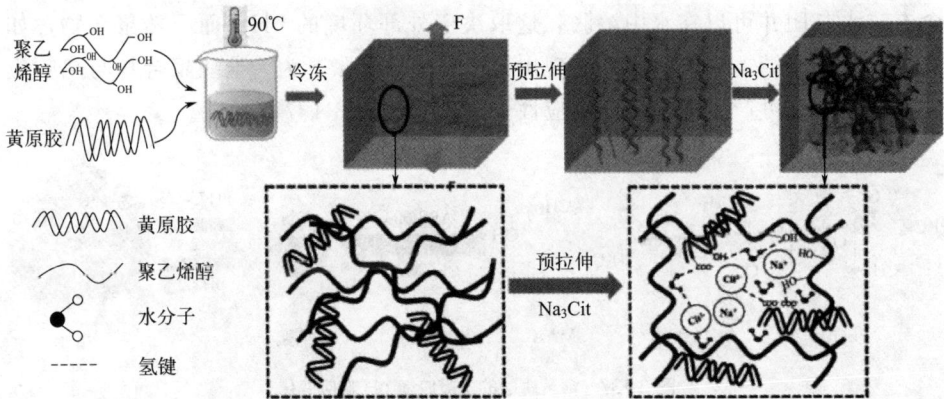

图 3-136　黄腐酸钠导电水凝胶制备工艺流程示意图

（3）产品分析

导电水凝胶可以用于穿戴式织物、抗冻地膜，产品需要进行化学结构表征、微观形貌表征、元素含量表征、机械性能测试、保水性测试、电学性能测试。

3.10.24.2　黄腐酸响应性水凝胶

通过控制刺激响应性高分子水凝胶所处的环境条件，凝胶在受到某种外界物理或化学条件的刺激时会膨胀、收缩、降解或由凝胶转化为溶胶，且定时、定量、定位地释放。

水凝胶聚合物响应于 pH、离子强度或温度的变化，而在其溶胀行为、溶胶-凝胶转变、网络结构、渗透性或机械强度方面显示出显著变化，在生物材料、组织工程、记忆元件开关、传感器、药物释放、分离膜等方面应用。

（1）温度响应性水凝胶

温度响应性水凝胶是由具有较低临界溶液温度（LCST）的聚合物溶液形成的。该临界溶液随着温度升高到 LCST 以上而收缩，从而显示出与温度的非线性关系，这被称为逆温度依赖性。温度响应性聚合物水凝胶的特征是单体中存在疏水性基团（如甲基、乙基和丙基）和亲水性基团（如酰胺基和羧基）。亲水性基团在低温下通过氢键与水结合，促使水凝胶膨胀而呈现溶液状态，在温度上升接近人体温度时氢键会减少，水凝胶收缩，呈现为凝胶状态。温度响应性聚合物水凝胶在低温溶液状态时可混入目标药物，当温度升高转变为凝胶状态时可封装目标药物到体系中，达到装载药物的目的，具有很强的可操作性。

（2） pH 响应性水凝胶

水凝胶制备中使用的 pH 敏感聚合物为聚丙烯酸（PAA）、聚丙烯酰胺（PAAm）、聚甲基丙烯酸（PMAA）、聚甲基丙烯酸二乙氨基乙酯（PDEAE-MA）和聚甲基丙烯酸二甲氨基乙酯（PDMAEMA）及其共聚物。这些聚合物含有疏水基团并可以在水中溶胀，这取决于外部环境的 pH。而天然聚合物，如黄腐酸、壳聚糖、明胶等，则表现出 pH 响应的溶胀行为，这些聚合物与热响应性材料的组合可产生双重刺激响应性聚合凝胶（图 3-137）。

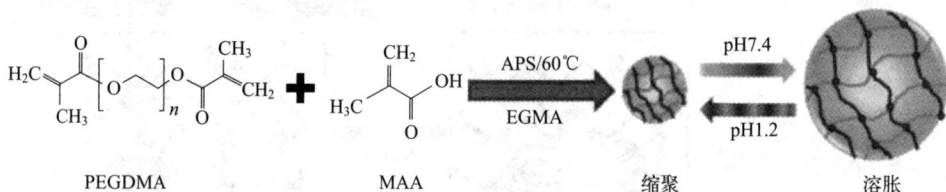

图 3-137　含黄腐酸的水凝胶随 pH 响应变化

（3）光响应性水凝胶

光响应性水凝胶受到光照辐射会发生体积变化和弯曲变形，是在高分子链上含有光敏功能团的黄腐酸偶氮化合物，化学接枝到单体分子链上或者单体共聚加入到水凝胶网络。当光响应性水凝胶受到特定波长的光辐照时，光敏官能团吸收能量，产生光异构化或光解离变化。光异构化会导致基团构象和偶极矩改变，光解离会产生离子，致使水凝胶网络内外出现离子浓度差，渗透压发生变化，从而水凝胶溶胀或收缩。其在微观层面上为交联点的构建或消失，三维网络的收缩或扩张，宏观层面上为凝胶的交联或降解，从而导致水凝胶材料性能的明显改变。

另外，将具有光热转换效应的组分复合加入温敏性水凝胶体系中，吸收辐照能量转换为热量，使聚合物部分的温度上升，从而产生特定的刺激响应。光按波长可分为可见光与紫外线、红外线、X射线等不可见光，其中作为刺激响应光源的大多数是紫外线、可见光和红外线。其中近红外光（780～2526nm）作为远程刺激信号对智能水凝胶进行非接触性操控，具有安全清洁无污染、方便快捷易于控制、穿透能力强且无破坏性的优势。

3.10.25 聚氨酯复合涂料

腐植酸聚氨酯复合涂料，可广泛用于建筑、汽车、船舶、电子、纤维的黏结等行业。

3.10.25.1 原理

聚氨酯材料中的异氰酸酯、多元醇与HA、FA等发生反应，形成交联结构，从而使材料合成并获得一定的强度和柔性度。

3.10.25.2 工艺

聚氨酯合成工艺流程见图3-138。

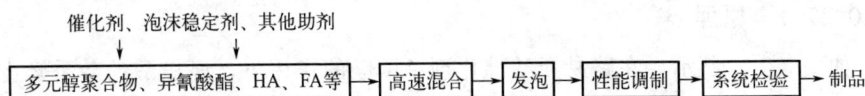

催化剂、泡沫稳定剂、其他助剂

多元醇聚合物、异氰酸酯、HA、FA等 → 高速混合 → 发泡 → 性能调制 → 系统检验 → 制品

图3-138 聚氨酯合成工艺流程示意图

3.10.26 封端剂

封端剂是指使用有被保护的官能基如缩醛基的烷氧基甲硅烷基化合物作为封端剂来封端阴离子聚合物，生产官能化的聚合物。如在缩聚反应中，形成的聚合物两端通常都存在活性功能团，在适宜的功能团存在时，聚合物分子链端仍能继续参与反应，使链增长。为消除端基的活性，可以加入单官能团化合物，使端基官能团消失，称为封端作用，这些单官能团化合物习惯上称为端基封闭剂，即封端剂[119-123]。

3.10.26.1 原理

腐植酸复合封端剂，通常是指在聚合物合成过程中，为了控制聚合物的分子量、分子结构或改善其性能，而加入的一种能够与聚合物链端活性官能团反应，从而终止或减缓链增长的化合物。腐植酸复合封端剂用于封端HA、FA分子中的羟基、羧基等活性官能团，以防止其在后续反应中与其他物质发生不必要的交联或聚合，从而实现腐植酸复合物的高值化利用。

3.10.26.2　工艺

腐植酸复合封端剂合成工艺流程见图 3-139。

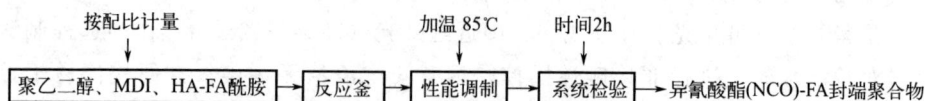

图 3-139　腐植酸复合封端剂合成工艺流程示意图

需要注意的是，HA、FA 作为一种复杂的天然高分子物质，其化学结构和反应活性因来源、提取方法等因素而异。因此，需要根据具体的改性目标来有效地控制与待反应物的反应活性和结构组成。

3.10.27　树脂聚合材料

腐植酸树脂聚合材料，通过合理的配方设计和生产工艺控制，可以达到较高的强度水平，满足各种应用需求。腐植酸树脂聚合材料生产过程环保，不会产生污染，同时腐植酸树脂本身可降解，对环境友好，具有独特的性能特点，在多个领域得到了广泛应用。

3.10.27.1　原理

如图 3-140 所示，在路易斯酸催化剂 $AlCl_3$ 的作用下，腐植酸的芳香环上引入了酰基，该类中间产物可以进一步用于增塑剂、合成树脂生产。

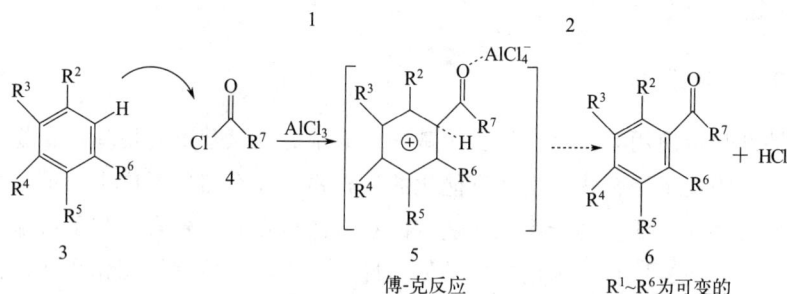

图 3-140　腐植酸芳香环的 C-酰化示意图

与酰化不同，腐植酸的烷基化反应不但可以在羟基上进行，也能在羧基、羰基上进行（图 3-141）。研究较多的烷基化反应是甲基化，常用的甲基化试剂有甲醇-盐酸、重氮甲烷、碳酸二甲酯-氢氧化钠等。所用的试剂不同，甲基化反应的种类也不同，如用甲醇-盐酸时腐植酸侧链上的羰基、羧基都能被甲基化，用重氮甲烷时羧基、酚羟基、醇羟基被甲基化。因此，采用烷基化中的甲基化方式也能推断出不同原腐植酸所含的羟基数和羟基类别，并用于腐植酸的改性研究，如用于腐植酸钻井泥浆液、油墨和油漆改性剂的制备（图 3-141）。

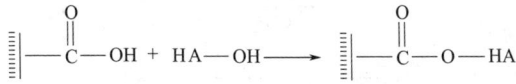

图 3-141　保水剂（高吸水树脂）制备中表面羧基与 HA 表面羟基的酰化反应

3.10.27.2　工艺

① 原料准备。以酰化、烷基化后的腐植酸为原料，同时准备其他含有羧基的有机物，如丙烯酸、丙烯酰胺等，以及交联剂、引发剂等辅助原料。

② 反应合成。将腐植酸与丙烯酸、丙烯酰胺等在一定温度和压力下进行酯化反应或接枝共聚反应。反应过程中，通过控制反应条件（如温度、压力、反应时间等）和原料配比，可以获得具有不同性能的腐植酸聚合树脂。

3.10.27.3　产品分析

按农业领域腐植酸树脂具有优异的吸水保水性能为主要检测指标；环保领域腐植酸树脂以吸附除水中的有机物和重金属离子或者防止垃圾填埋场臭气扩散的效率为检测指标；建材领域以在水泥等制品中加入腐植酸树脂提高的强度和耐久性为检测指标；包装材料领域以使用腐植酸树脂制作的包装材料无毒无害、环保健康且可降解性好为评价检测指标。

3.10.28　褐煤分级萃取油品

褐煤分级萃取油品，通过逐级萃取解析褐煤腐植酸的结构组成，有利于更好地利用褐煤及褐煤腐植酸级分。

3.10.28.1　原理

褐煤中的小分子化合物主要通过氢键、范德瓦耳斯力、弱络合键等与大分子骨架结构相互作用。常温萃取可以破坏这些相互作用，但不破坏褐煤的大分子结构。通过不同溶剂对煤萃取后的各级可溶物和最终萃余残渣，可以更好地利用褐煤腐植酸的各个级分及小分子化合物。

3.10.28.2　工艺

采用二硫化碳、甲醇、丙酮和二硫化碳/丙酮（等体积混合溶剂）对淖毛湖褐煤（NL）进行逐级超声萃取（图 3-142），得到各级萃取物（E1～E4）和最终萃余物（ER）。采用 GC-MS 对各级萃取物 E1～E4 中的化合物组成和结构进行分析，发现 E1 中主要为烷烃、芳烃、醇类化合物和酯类化合物；E2 中以烷烃、醇类化合物和酯类化合物为主；醇类化合物、酚类化合物以及酯类化合物是 E3 中的主要物质，且酯类化合物主要为邻苯二甲酸二酯类化合物；受到 CS_2 和丙酮这两种溶剂协同作用的影响，E4 中的烯烃类化合物的相对含量也比较高。

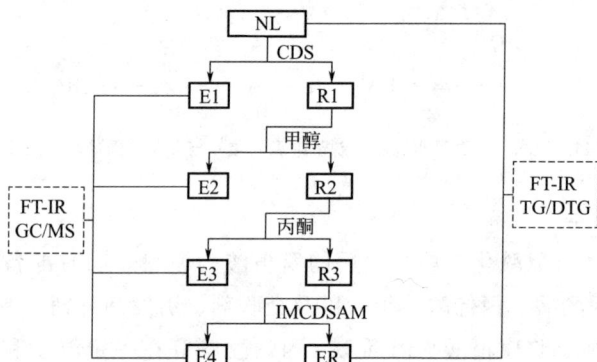

图 3-142　新疆淖毛湖褐煤逐级萃取流程

3. 10. 28. 3　产品分析

采用 FT-IR 对 NL、E1～E4 和 ER 中所含官能团进行表征分析，结果发现，超声萃取过程只是将淖毛湖褐煤大分子骨架中游离的小分子化合物以及与大分子骨架以弱共价键相连的小分子萃取出来，并未破坏煤样的大分子骨架结构。此外，NL 和 ER 红外数据的分峰拟合结果显示，经过超声萃取后，ER 中红外吸收峰的种类并未增加，只是峰的强度发生了改变。通过 NL 和 ER 的 TG-DTG 曲线可知，超声萃取后，NL 的失重量由 47.09% 增加至 51.04%，最大失重速率峰由 450℃ 提前至 430℃。NL 和 ER 基于 Coast-Redfern 模型的热解动力学分析结果表明，经过超声萃取后，ER 在快速热解阶段的活化能比 NL 更低，热解过程更容易进行。

通过各级萃取物的总离子流色谱图（GC/MS）（图 3-143），可以发现，E1 中的化合物共有 89 种，以烷烃、芳烃、醇类化合物和酯类化合物为主，其中包含 24 种烷烃、2 种烯烃、30 种芳烃、3 种醇类化合物、3 种酚类化合物、3 种醚类化合物、1 种醛类化合物、5 种酮类化合物、8 种酯类化合物、8 种羧酸类化合物、1 种酸酐、1 种硫单质。

E2 中由 GC/MS 检测出来的化合物共有 57 种，主要为烷烃、醇类化合物和酯类化合物，且其中醇类化合物的含量最高，占 E2 中化合物总量的 72.44%。

E3 中的化合物共有 52 种，其中醇类化合物、酚类化合物以及酯类化合物含量较高（相对丰度分别为 45.03%、13.52% 和 32.77%）。

E4 中共有 76 种化合物被 GC-MS 检测出来，其中烷烃、烯烃、芳烃、醇类化合物、酚类化合物以及酯类化合物的含量都比较高。

3. 10. 29　生物质热解气化

生物质（生物腐植酸原料）热解气化是快速解决农林固体废弃物，生产新能源的有效性技术之一，能解决焚烧温度高，原料杂质带来的二噁英污染问题。

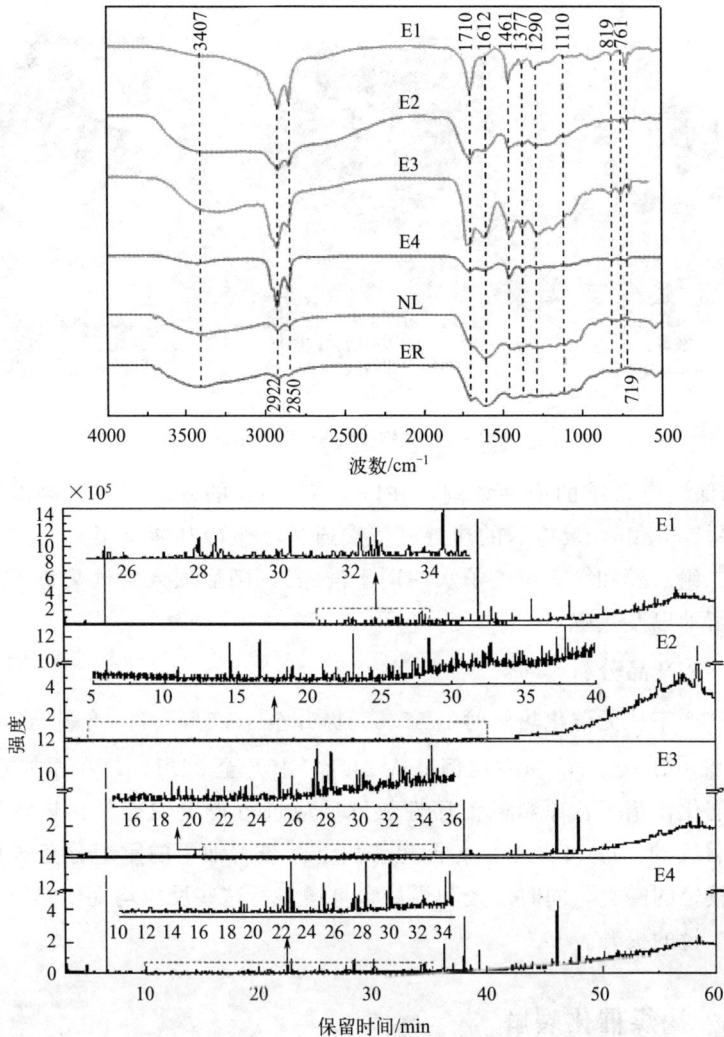

图 3-143 E1~E4 的总离子流色谱图[127]

3.10.29.1 原理

利用农林废弃残留物的生物质（生物腐植酸原料），在缺氧条件下热解气化成一氧化碳、氢气和甲烷等燃气，分离出氢，经净化和降温处理后送入燃气发电机组发电。其制氢也被称为"垃圾制氢"，产出的氢气也被称为"翠氢"或"超级绿氢"（图 3-144）。

3.10.29.2 工艺

在热解气化炉中，用粉碎机原料粉碎至粒径为 0.15～1mm，先在热解气化炉的预处理段于 105℃下恒温干燥后，进入热解气化炉的正式段前用氮气吹扫

01	02	03
多样性 →	可持续性 →	低碳排放 →
生物质原料来源广泛，包括秸秆、木屑、木片、树枝等。	应选择可再生且生长周期短的生物质原料，以确保长期稳定的供应。	优先选择生长过程中吸收大量二氧化碳的生物质，降低制氢过程中的碳排放。

图 3-144　生物质热解过程示意图

5min 以确保反应系统的惰性氛围，并以 20℃/min 的升温速率升高温度，达到800℃后保持 30min，反应后的热解气依次通过 3 组冷却瓶（第一组空瓶收集冷凝液，第二组乙醇和第三组离子水均用于洗涤），随后通入集气袋称重，并收集燃气、热解油以及热解炭。

3.10.29.3　产品分析

热解气产率从无催化热解时的 27.8% 提升至 46.5%，H_2 产量从 53.7mL/g 上升至 142.0mL/g，H_2 所占比例也从 24.2% 上升至 32.1%；在添加 CaO 为主催化剂的催化作用下，原料的无序性热解反应进行得更加充分，热解炭产率降低；在负载镍的 10%Ni/CaO-sg 催化作用下，热解油中的重组分芳香烃类化合物裂解成较轻的酚类，同时烷烃和烯烃含量增多，这些反应均促使热解气产率增加及氢气产量的提升。

3.10.30　褐煤催化裂解

褐煤、褐煤腐植酸催化裂解得到的萜类、甾类、黄酮等化合物与生物酶解或者溶剂萃取得到的结果几乎一致，是褐煤腐植酸中存在的宝贵资源。

3.10.30.1　原理

热解是褐煤转化利用的核心技术，通过挥发分催化加氢裂解将焦油转化为高品质油分，借助 GC×GC-TOFMS 单段、两段热解所得产物中分别鉴定出的 349 种和 469 种含氧化合物包含了种类繁多的生物标记物，其中有香草植物提取物中的长链脂肪含氧化合物（如亚麻酸、芥酸和 2-己基癸-1-醇）、萜类（如雪松烯醇、石竹烯氧化物和青蒿素）和芳香化合物（如香草醛、肉桂酸和黄酮类）。此外，还检测出纤维素降解化合物（如左旋葡萄糖酮、糠醛）和木质素降解化合物（愈创木酚）；500℃ 和 600℃ 两段热解焦油中的脂环含氧化合物占比更高，在

700℃和800℃两段热解焦油中含氧化合物主要为化学稳定性较高的苯酚、萘酚和苯并呋喃类化合物。

与热裂解相比，两种催化剂通过浸渍法制备Mo-HZSM-5催化剂，能够促进焦油分解生成气体和水分，所得焦油中含氧化合物大幅降低，芳烃大幅增加。

3.10.30.2 工艺

工艺包括单段热裂解，两段热裂解，Mo-HZSM-5、Ni-HZSM-5、NiMo-HZSM-5和CoMo-HZSM-四种催化剂加压条件下褐煤催化加氢热解。

在5MPa氢压和350℃裂解温度下，褐煤挥发分在不同催化剂上加氢裂解，且催化加氢裂解焦油中基本没有含氧和含氮化合物；焦油中芳香烃占比为85.2%，且仍含有一定比例的酚类和苯并呋喃类化合物。进一步考察Ni-HZSM-5和NiMo-HZSM-5在不同裂解温度下的加氢裂解行为，发现焦油中脂肪烃占比在320~350℃区间呈最大值；当温度提高到380℃时，脂肪烃化合物比例急剧下降，而芳香烃比例大幅上升。

3.10.31 生物炭

含腐植酸的生物炭原料广泛，包括植物废弃物、农业废弃物以及城市固体废物等。生物炭因其独特的物理化学性质，在农业、环保、能源等领域具有广泛的应用前景。

3.10.31.1 原理

低温热解温度的升高有助于生物炭芳香度的提高，从而提高其稳性。当热解温度较低时（<300℃），形成无定形和乱层微晶结构；当热解温度升高，有序的石墨层结构开始形成，且此结构更加稳定。农业用生物炭，经过300℃左右碳化就可以了。

3.10.31.2 工艺

（1）工艺流程

根据原料中挥发性物质含量不同、目标生物炭的孔隙结构和密度以及用途确定升温速度、碳化时间，经产品检验、包装、出品。褐煤500℃裂解油中发现香豆素、黄酮等芳香氧化物工艺流程见图3-145。

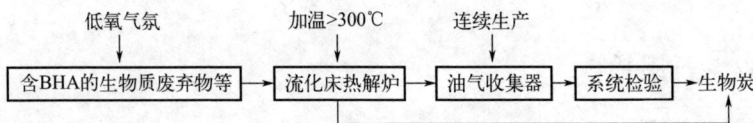

图3-145 褐煤500℃裂解油中发现香豆素、黄酮等芳香氧化物工艺流程示意图

（2）工艺要点

① 原料切碎、控制粒径，可提高热解效率。

② 热解设备是生物炭生产的核心，可选择固定床反应设备、旋转筒反应设备、流化床反应设备等，能够控制温度、气氛和反应时间等，实现生物质的热解。

③ 热解过程通常在缺氧或低氧环境下进行，温度范围一般在 $300\sim600℃$。具体的热解条件（如温度、压力、时间等）需根据原料种类和目标产品特性进行调整。

④ 热解过程中，生物质会分解产生焦油、气体和生物炭。焦油和气体可用作能源或进一步加工利用，而生物炭则是主要的产品。

⑤ 产物生物炭需通过振动筛、离心机、气流分离器等设备进行筛分和分离，以去除杂质和细颗粒，提高生物炭的品质。

3.10.31.3　产品分析

生物炭热值、作为吸附材料的孔径分析、活化后含腐植酸的含量等。BET 测定低温碳化生物炭的孔径分布见图 3-146。

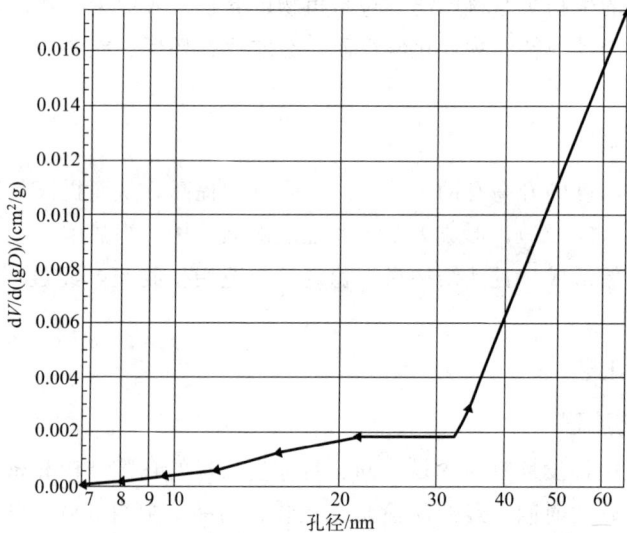

图 3-146　BET 测定低温碳化生物炭的孔径分布

3.10.32　石墨烯

3.10.32.1　原理

腐植酸预碳化制成石墨碳，再制成氧化石墨烯（GO），GO 与 HA 可形成分子结构的夹心型复合物，HA 插入 GO 表面形成手性并有序组装的 GO-HA 纳米结构，表现出良好的可逆性，形成石墨烯材料的高度稳定性。

3.10.32.2 工艺

腐植酸生产石墨烯的过程示意图见图 3-147。从褐煤、风化煤中提取获得腐植酸（HA），将氧化石墨烯的悬浮液用蒸馏水稀释并超声处理。按照不同质量比量取 HA 溶液并与超声处理过的氧化石墨烯悬浮液混合，继续超声处理 1h。将超声后的混合溶液转入反应器中，加一定量水合肼作还原剂，持续搅拌，在95℃下反应 24h。冷却后混合液过微孔膜抽滤，80℃烘干，得到石墨烯产品。

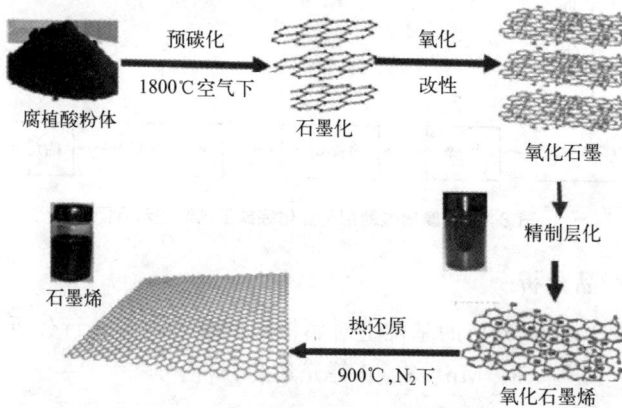

图 3-147　腐植酸生产石墨烯的过程示意图

3.10.32.3 产品分析

利用 X 射线衍射仪表征石墨烯材料的晶体结构；利用拉曼光谱仪，以激发波长为 532nm 表征石墨烯材料的结构；利用扫描电镜表征石墨烯复合材料的形貌和微观结构。

3.10.33 无焦化炼铁

3.10.33.1 原理

传统高炉冶炼的工艺是将原料矿粉与焦粉按比例混合，经焙烧形成块状或团球。这些烧结块通过机械或人工破碎、筛选达到高炉入炉标准颗粒，随后与块状或粉状燃料一同投入高炉，经高温燃烧和还原反应，将氧化铁逐步还原为单质铁。无焦化（原位还原）冶炼工艺是一种将冶炼所需的燃料与原料充分混合，通过"腐植酸助熔黏合剂"的作用，经高压成型制作成"含炭铁粉球"的方法，球体可直接投入高炉冶炼，免去烧结过程。这一工艺针对传统高炉冶炼的弊端研发，显著的优势在于节能减排与环保。在高温下，腐植酸助熔黏合剂有效地保证了"含炭铁粉球"的高温强度，使得以炭直接还原氧化铁成为主要反应，实现了燃料与原料的直接还原，也称为"原位还原"。

3.10.33.2　工艺

生产前确定腐植酸助熔黏合剂配方添加量占 3%～5%，稳定含炭铁粉球的强度和热稳定性，确保冷强度达到 120～180kg/球以上、热强度在 120kg/球以上，并满足低温还原指数要求，实现 1300～1500℃ 高温下快速还原和渣铁分离。腐植酸助剂无焦化炼铁工艺流程见图 3-148。

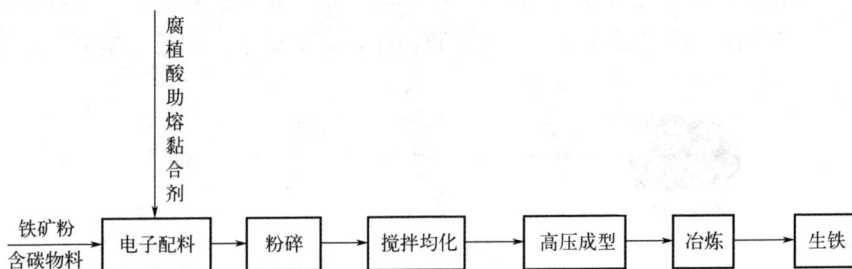

图 3-148　腐植酸助剂无焦化炼铁工艺流程示意图

3.10.33.3　产品分析

在铁矿粉原料质量分析的基础上对腐植酸助融黏结剂进行分析，最终对生铁质量进行含 C 量，含 Si、Mn、S、P 等元素的分析。

3.10.34　针状焦

利用精制的棕腐酸沥青、生物质沥青作为针状焦的原料，梯度利用，不影响 HA、BHA 的其他利用。制得的针状焦产品具有含碳量高、粉化率低、抗压强度高等优点。

3.10.34.1　原理

溶剂预处理后的棕腐酸、生物质混合沥青，进入延迟焦化系统，催化裂化以 γ-Al_2O_3 为载体，钼（Mo）、钯（Pd）为催化剂的外层载体，催化净化的镍（Ni）、硅在载体里层，在 $C_8H_{20}O_4Si\gamma$-Al_2O_3 的作用下催化缩合，进行羟基化、羧基化、烷基化反应，在溶剂油的减黏、分馏等作用下成为针状焦软沥青窄馏分的同时，分出燃气、轻油、重油后，进入煅烧炉制成针状焦[128]。

3.10.34.2　工艺

针状焦制备工艺流程及产品链见图 3-149。棕腐酸沥青、生物质沥青的延迟焦化工艺流程见图 3-150。

3.10.34.3　产品分析

采用扫描电子显微镜（SEM）对配方试验样品进行分析表征，见图 3-151 和图 3-152。

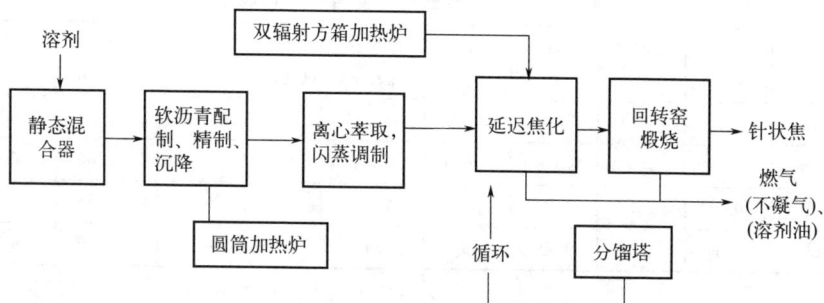

图 3-149 针状焦制备工艺流程及产品链示意图

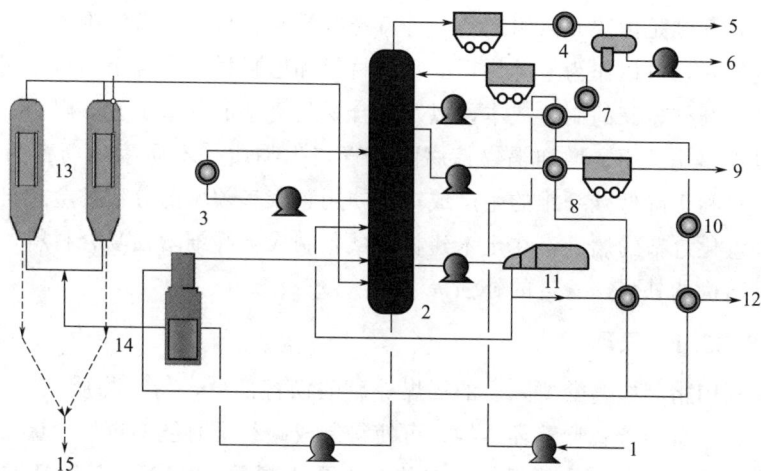

图 3-150 棕腐酸沥青、生物质沥青的延迟焦化工艺流程示意图

1—循环溶剂油；2—分馏塔；3—原料沥青；4—冷却水；5—气体；6—轻油；7—软化水；
8—重油；9—蒸汽；10—中段回流；11—锅炉用水；12—馏出油；13—焦炭塔；
14—加热炉；15—进一步加工针状焦的棕腐酸-生物质沥青延迟焦

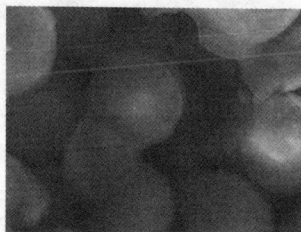

图 3-151 各相同性的中间相小球 SEM 图

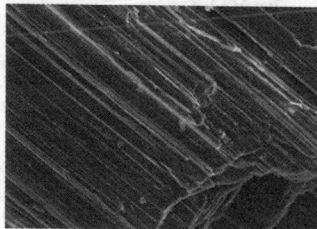

图 3-152 煅后针状焦 SEM 图

调节原生煤沥青与生物质沥青的性能，调制针状焦原料的 QI 值，针状焦可以研制生产超高功率电极或锂电池材料（表 3-62）。

表 3-62　针状焦主要质量指标一览表

项目	灰分/%	挥发分/%	硫/%	氮/%	真密度/(g/cm³)	热膨胀系数(CTE)/10⁻⁶℃⁻¹	长宽比/(cm/cm)	电阻率/(μΩ·m)
日本标准	<0.3	<0.3	≤0.30	≤0.5	≥2.17	≤1.15	≥1.65	600
山西宏特	<0.3	<0.5	≤0.40	≤0.4	≥2.13	≤1.13	≥1.65	600
本中试	0.1	<0.5	0.21	0	2.10	≤1.13	≥1.65	375
本中试	0.1	0.3	0.28	0	2.14	≤1.13	≥1.65	418

3.10.35　碳纤维

碳纤维是由碳元素组成的一种特殊纤维复合材料。碳纤维质软，热力学和电学性能好，可以作为一种优良的吸波材料和增强材料在各个领域应用。然而，受限于碳纤维较高的制造成本，以及复合材料复杂的制造工艺，限制了碳纤维的大批量规模化应用。增加褐煤棕腐酸沥青与生物质（木质素）沥青为碳纤维的原料，有利于降低碳纤维的生产成本，如用于汽车领域部分代替金属材料，实现汽车轻量化，节约燃油；在土木建材领域，制成碳纤维增强复合材料，形成建筑及桥梁结构的补强、管道的补强等[128]。

3.10.35.1　原理

利用精制棕腐酸要除去的褐煤棕腐酸沥青部分，与生物质（木质素）沥青，都含有大量的芳香型苯环结构，可使得制成碳纤维时能够更好地保持原有的丝状结构，获得更大的拉伸强度。与传统的聚丙烯腈（PAN）基碳纤维相比，在原料、成本、环保乃至性能方面都具备一定的优势。

3.10.35.2　工艺

生产工艺流程见图 3-153。

3.10.36　催化剂

以提取纯化的黄腐酸在溶液中与金属盐溶液发生络合作用，形成稳定的金属-黄腐酸配合物催化剂前驱体，经热处理，在高温下发生分解和重结晶，制成纳米级的钴铁氧体催化剂。黄腐酸纳米钴铁氧体催化剂也是高级氧化剂，能扩展至光催化剂。

3.10.36.1　原理

黄腐酸分子中的活性基团与钴铁氧体纳米粒子表面发生作用，有效稳定纳米粒子的表面电荷，防止粒子团聚，提高纳米钴铁氧体的分散性。黄腐酸可以通过化学键合的方式提高纳米材料的热稳定性和化学稳定性，黄腐酸中的活性基团如

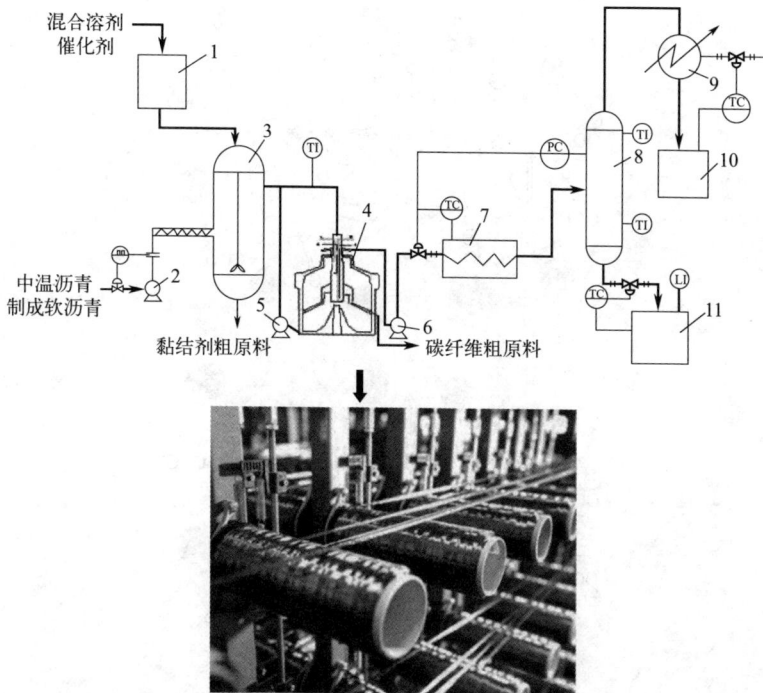

图 3-153 棕腐酸沥青、生物质沥青生产碳纤维工艺流程示意图

1—混合溶剂催化剂入口箱；2—中温沥青制成软沥青进入用泵；3—中间相沥青反应釜；
4—碳纤维碳化反应；5～6—碳纤维粗原料泵；7—换热器；8—油分精馏塔；9—热传感器；
10,11—碳纤维油接收釜-石墨化炉

羟基、羧基等参与催化反应，可以提高纳米钴铁氧体的催化活性（图 3-154）。

3.10.36.2 工艺

① 原料溶解。准备钴盐和铁盐的硝酸盐溶液，通常以 Fe/Co＝2 的摩尔比溶解在蒸馏水中。

② 湿化学沉淀。准备氢氧化钠溶液（1mol/L），将硝酸盐溶液和氢氧化钠溶液混合于黄腐酸中共沉淀。

③ 沉淀物处理与过滤。沉淀物用蒸馏水冲洗沉淀物数次，以除去 NO_3^- 和 Na^+ 离子。过滤，分离出沉淀物和溶液。

④ 干燥。在 100℃下过夜干燥沉淀物。

⑤煅烧与晶格形成。在 700℃下煅烧 4h 来靶向氧化物的晶格形成。

3.10.36.3 产品分析

催化剂的质量和性能，可利用 X 射线衍射（XRD）、透射电子显微镜（TEM）等检测技术对催化剂的晶体结构、形貌和粒径进行表征。

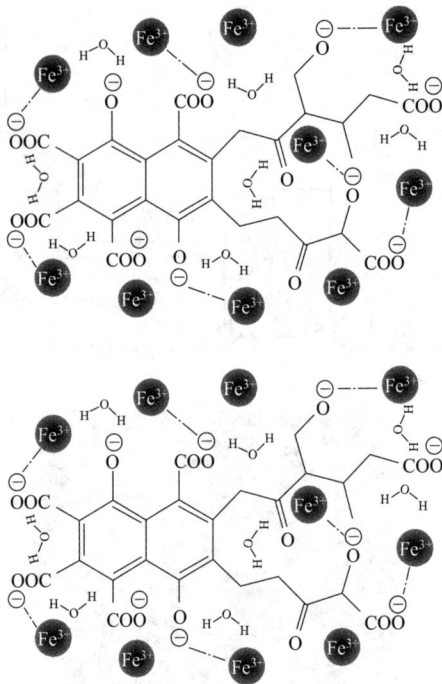

图 3-154 黄腐酸纳米钴铁氧体催化剂的反应结构[129-130]

3.10.37 腐植酸活性炭吸附材料

腐植酸活性炭吸附材料,以富含腐植酸的泥炭、褐煤、风化煤等制成中间产物腐植酸钾为碳源,炭化活化法制备具有不同孔结构特征的活性炭材料。随着环保意识的提高和科技的进步,腐植酸活性炭的应用前景将更加广阔[131-133]。

3.10.37.1 原理

以腐植酸钾为碳源,采用三种活化剂(CH_3COOK、KOH、$CaCO_3$)炭化活化法制备具有不同孔结构特征的活性炭材料,对于炭化后的产物具有一定的吸附能力,但其比表面积和孔隙结构尚不足以满足高效吸附的要求。再根据混凝学理论,以 PACl 为黏合剂,而腐植酸通过 PACl 的桥连作用有机地结合到活性炭PAC 表面,提供具有较强作用能力的有机官能团,从而增强吸附剂对有机污染物的处理效能。同时,PACl 通过与腐植酸的桥连作用与 PAC 形成更牢固的共价键结合方式,优化腐植酸活性炭吸附材料。

3.10.37.2 工艺

(1) 工艺流程

腐植酸活性炭吸附材料制备工艺流程见图 3-155。

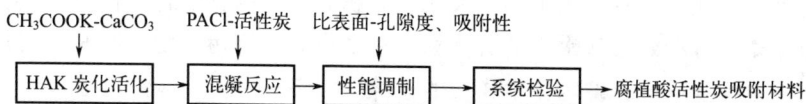

图 3-155　腐植酸活性炭吸附材料制备工艺流程示意图

（2）工艺要点

以腐植酸钾为碳源进行炭化活化。物理活化通常使用气体（如二氧化碳、水蒸气）在高温下与炭化物反应，形成新的孔隙结构；化学活化则使用化学试剂（如 CH_3COOK、$CaCO_3$、K_3PO_4 等）在较低温度下进行反应，同样达到增加孔隙结构的目的。

在碱炭比逐渐增大的条件下，活化反应越来越充分，原料中的碳元素开始不断消耗，形成的孔隙也越来越多。

后处理去除残留的化学试剂和杂质，并通过干燥处理达到稳定的物理状态。经过后处理的腐植酸活性炭吸附剂即可作为成品使用。根据需要，可加工成不同形状（如颗粒状、粉状等），以满足不同应用领域的需求。

3.10.37.3　产品分析

碘吸附值、亚甲基蓝吸附值、油污深度回用效果见图 3-156。不同活化剂所制 HA 活性炭的孔结构参数见表 3-63。

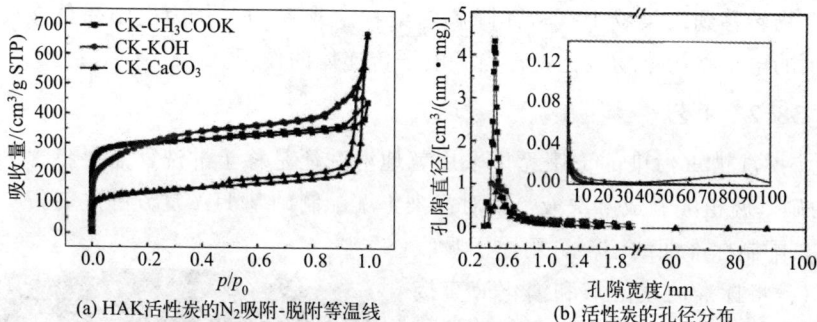

(a) HAK活性炭的N_2吸附-脱附等温线

(b) 活性炭的孔径分布

图 3-156　HA 活性炭吸附材料的性能

表 3-63　不同活化剂所制 HA 活性炭的孔结构参数

样品	S_{BET} /(m²/g)	V_t /(cm³/g)	V_{mic} /(cm³/g)	V_{mes} /(cm³/g)	V_{moc} /(cm³/g)	V_{mic}/V_t /%
CK-CH₃COOK	1160	0.597	0.464	0.097	0.036	77.7
CK-KOH	1086	0.853	0.447	0.278	0.128	52.4
CK-CaCO₃	511	0.864	0.210	0.118	0.536	24.3

注：V_t 为孔隙总容积；V_{mic} 为微孔体积；V_{mes} 为中孔体积；V_{moc} 为大孔体积；$V_{mes}=V_t-V_{mic}-V_{moc}$。

腐植酸活性炭具有高吸附性、大比表面积和良好的化学稳定性等特点。其吸附性能优异，可有效去除水中的有机物、重金属离子等污染物；同时，其化学稳定性强，能够抵抗酸、碱等化学物质的侵蚀。

腐植酸活性炭在废水处理、空气净化等多个领域具有广泛的应用前景。在废水处理中，它可去除废水中的有机物、色度、异味等；在空气净化方面，它对空气中的有害气体、细菌等具有良好的吸附性能，可用于含油污泥水的吸附处理。

3.10.38　腐植酸复方淋洗剂

腐植酸复方淋洗剂，在 pH5.0～8.0 可使土壤重金属大幅迁移，在 pH≤5.0 的条件下从土壤中溶解转移到溶液中；与相同 pH 值的 HNO_3 相比，是一种非常有前景的重金属污染土壤修复淋洗剂。

3.10.38.1　原理

腐植酸复方淋洗剂按固化法、施用改良法、淋洗法、电化学等方法进行。利用腐植酸的弱酸性，羧基和酚羟基可以解离给出质子，提供电子对；利用 HA 的亲水-疏水两性，含有的 C—H 基团和芳香结构等疏水基团，与含有的羧基、羟基等亲水基团，通过物理吸附、共价键和氢键以及络螯合等方式与污染物结合，降低污染物在土壤中的生物有效性；腐植酸还具有氧化还原作用，三维荧光光谱图显示小分子量腐植酸中主要的氧化还原荧光团为醌类荧光团。HA 从还原态化合物转移到污染物上，从而降解污染物。或者 HA 作为电子受体接受污染物提供的电子将污染物氧化，充当了电子传递体的作用。

3.10.38.2　工艺

① 淋洗被重污染的土壤无论采用就地淋洗还是移土淋洗，需要将含 HA 和 FA 的硝基腐植酸制成淋洗液，针对污染土壤配制硝基 HA 复方淋洗剂。

② 配制标准曲线溶液，用原子吸收检测仪，将标准曲线溶液和消化液直接喷入空气-乙炔火焰中，测定吸收值。

③ 确定洗脱率与 pH 的关系；确定洗脱率与摩尔比的关系；确定洗脱率与时间的关系。

④ 金属离子被硝基 HA 复方淋洗液吸附后，通过改变 pH 值等脱附重金属离子，利用分子筛式的平板过滤机滤出杂质，使硝基 HA 复方淋洗液循环利用（图 3-157）。

图 3-157　分子筛式的平板过滤机

3.10.38.3 产品分析

以对含氯有机物的吸附去除1,2-二氯乙烷（1,2-DCA）为例，在土壤表层比单一有机酸淋洗剂效果好；在 FA 和 HA 混合物中 1,2-DCA 的吸附量略低于单一有机酸，这取决于 FA 和 HA 与土壤颗粒/胶体的结合。碱性条件降低了 1,2-DCA 在土壤上的吸附，而酸性条件增强了 1,2-DCA 在土壤中的吸附，产品分析显示 pH 酸性比碱性吸附效果好。

3.10.39 吸收 NO_x 转化品

腐植酸吸收 NO_x 转化品，适用于将各大硝酸厂排出的含 NO_x 较高（$\geqslant 7348mg/m^3$）的尾气通过脱 SO_2 设备同步进行 NO_x 的脱除与转化[131-132]。

3.10.39.1 原理

利用含腐植酸20%改性的泥炭吸附 NO_x 尾气，利用腐植酸钠溶液吸收 SO_2 和 NO_x 烟道气。腐植酸钠液相脱硫的机理主要是酸碱中和的原理，液相中的腐植酸钠电离产生腐植酸根，主要含羧基根（COO^-）和羟基根（OH^-），向气液界面传递。

3.10.39.2 工艺

常温常压下，在吸附塔直径为 80mm 的固定床，空速为 $0.7m^3/h$，接触时间在 5s 左右，进气 NO_x 浓度在 $3674mg/m^3$ 左右。实验结果显示未经处理的泥炭吸附 NO_x 的效率在 40%左右；NO_2 较 NO 更容易被泥炭吸附；但是添加碳酸氢铵、尿素及磷矿粉预处理后，对 NO_x 尾气净化效果有所改善，脱除效率由单用泥炭的 30%～40%分别提高到 60%～70%。

3.10.39.3 产品分析

在鼓泡反应器上深入进行了腐植酸钠溶液吸收 SO_2 和 NO_x 机理的动力学研究，并对脱硫脱硝后的副产品做了处理分析，其副产品经处理后作为肥料使用。试验结果显示，SO_2 的吸收率在 98%以上，NO_2 的吸收率在 95%以上。

3.10.40 CO_2 吸收剂

腐植酸 CO_2 吸收剂，HA 与 HA 盐 [RCOONa 或（RCOO）$_2$Ca 等]构成酸碱缓冲体系，在吸收 CO_2 过程中羧酸盐基团 [—COONa 或—（COO）$_2$Ca 等]能提供 H^+ 质子结合位点，因而可促进 CO_2 吸收。

3.10.40.1 原理

以磷石膏为原料，研究醋酸钠体系下氨水强化磷石膏浸出液矿化 CO_2 联产

高纯 $CaCO_3$ 的反应，低温常压条件下 1t 磷石膏可以矿化吸收 208kg 的 CO_2，同时联产 472kg 纯度为 99.63％的球形碳酸钙，并通过提高反应温度和延长反应时间，使亚稳态的球霰石向热力学更稳定的文石和方解石转化，实现酸洗塔醋酸钠的循环利用与回收。通过腐植酸钾的添加，产生有机无机复合肥副产物，做到生产过程的零排放。

3.10.40.2 工艺

（1）工艺流程

磷石膏循环生产 CO_2 吸收剂的工艺流程见图 3-158。

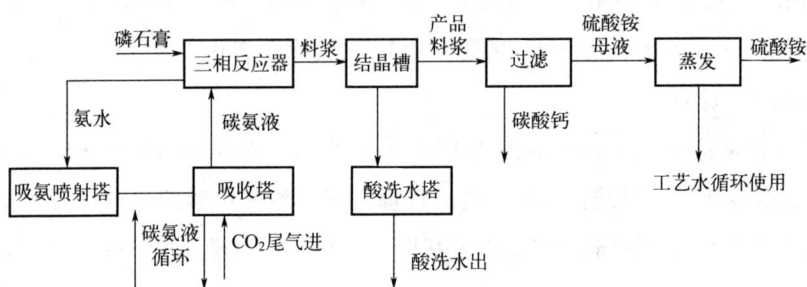

图 3-158　磷石膏循环生产 CO_2 吸收剂的工艺流程示意图

（2）工艺要点

磷石膏：醋酸钠浓度 5：1，液固比 4：1，在反应温度 50℃、反应时间 30min 下反应。优化条件下所得钙离子的浸出率＞90％，浸出渣的化学成分为 CaO14.96％、 SO_3 2.99％、 SiO_2 33.82％、 P_2O_5 14.01％、 Al_2O_3 10.28％、 Fe_2O_3 4.84％、SrO2.13％、烧失量 13.2％、其他组分 3.77％。

吸收塔浸出液的氨水添加量 3％，CO_2 流速 80mL/min，反应温度 30℃，反应时间 60min。优化条件下，1t 磷石膏吸收 208kg 的 CO_2，并联产 472kg 纯度为 99.63％的球形碳酸钙。

$CaCO_3$ 产物的基本性能符合标准 HG/T 2226—2019 中的指标要求。通过对碳酸化滤液的利用可实现助剂的循环利用与回收。

在矿化过程中，通过调控工艺条件可实现产物颗粒尺寸的调节，通过调节反应温度和反应时间可实现产物晶型的调控。

3.10.40.3 产品分析

CO_2 吸收剂采用 GC-MS 分析，高纯 $CaCO_3$ 采用 X 射线衍射分析仪分析。有机无机复合肥按 GB/T 18877—2020 进行。

3. 10. 41　CO₂ 电解产 CO

3. 10. 41. 1　原理

利用生物质燃料乙醇废弃物厌氧发酵产沼渣（生物腐植酸）、沼气产的 CO_2 电解还原产 CO，并可制绿色甲醇。可以采用不饱和配位钴单原子（Co-CNTs-MW）催化剂的合成法。该催化剂应用于膜电极器件具有出色的 CO_2 电解产 CO 性能，在 $200mA/cm^2$ 电流密度下法拉第效率为 95.4%，且器件整体的能量效率达到 54.1%。将膜电极放大至 $100cm^2$，该催化剂在 10A 的工业级电流下 CO 选择性为 86.8%，并且在升温速率 2.5℃/min 的 CO_2 流速下实现了 40.4% 的 CO_2 单程转化率。

3. 10. 41. 2　工艺

CO_2 电解产 CO 前序工艺流程见图 3-159。

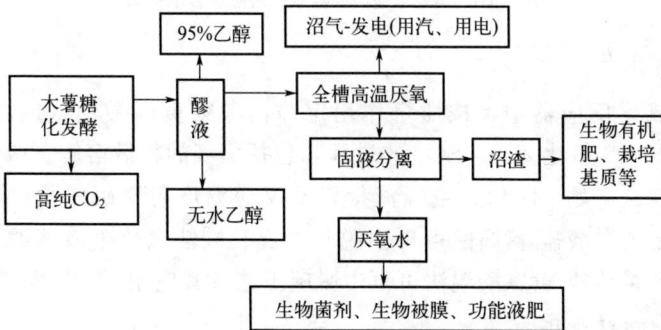

图 3-159　CO_2 电解产 CO 前序工艺流程示意图

CO_2 电解还原 CO 以及制绿色甲醇的工艺流程见图 3-160。

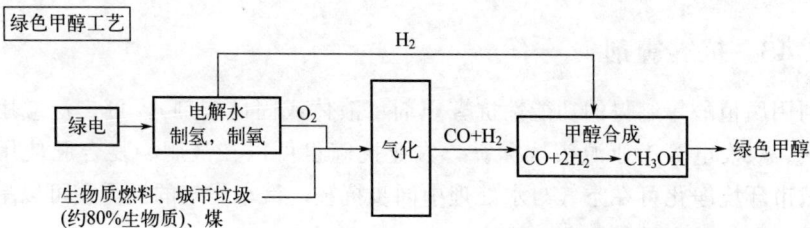

图 3-160　CO_2 电解还原 CO 以及制绿色甲醇的工艺流程示意图 [133-135]

3. 10. 41. 3　产品分析

原位衰减全反射红外光谱和密度泛函理论计算证明原子级分散的不饱和配位 Co-N 位点不仅有利于 CO_2 吸附，而且促进了关键中间体 *COOH 生成，从而加速了 CO_2 向 CO 的定向转化过程。

3.10.42 烟气脱硫剂

3.10.42.1 原理

黄腐酸亚硫酸盐氧化脱硫装置示意图见图 3-161。

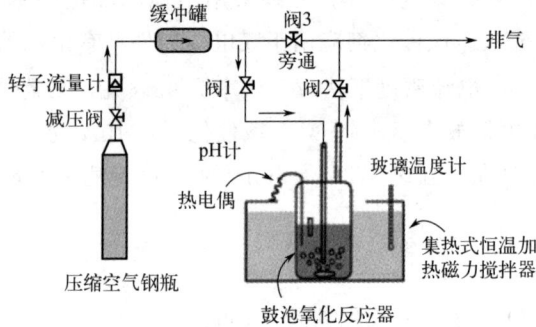

图 3-161 黄腐酸亚硫酸盐氧化脱硫装置示意图

3.10.42.2 工艺

在鼓泡氧化反应器中，按质量作用定律，考察黄腐酸钠（FANa）-黄腐酸（FA）把 Na_2SO_3 氧化为 Na_2SO_4 的过程，包括氧气的扩散溶解、吸收液中亚硫酸盐初始浓度、初始 pH 值、空气流量以及反应温度对亚硫酸盐氧化速率的影响，以期确定黄腐酸盐-黄腐酸可再生脱硫中亚硫酸盐氧化生成硫酸盐的动力学规律，稳定黄腐酸盐-黄腐酸湿法可再生脱硫工艺及其应用。

3.10.42.3 产品分析

产品分析包括黄腐酸脱硫液的 pH 值，亚硫酸盐、硫酸盐的浓度，脱硫率，FANa/FA 脱硫富液的再生浓度，循环脱硫的持续效率。

3.10.43 抗雾霾剂

利用腐植酸等制得的功能性抗雾霾剂（液体或固体制剂），可广泛应用于燃煤供热、煤发电等工业源头抗雾霾，农业抗霾也可以在液肥、复合肥使用中运用，城市环境净化可在空气与水处理中同步抗霾，汽车尾气的抗雾霾可以呈小型成套设备在行驶中进行[136-142]。

3.10.43.1 原理

腐植酸含有羧基（—COOH）、酚羟基（—OH）、醌基（＝O）、甲氧基（—OCH$_3$）等官能团，具有胶体性质、表面吸附性质等，可以与形成雾霾的氮氧化物（NO$_x$）、硫氧化物（SO$_x$）、氨（NH$_3$）易挥发有机组分构成的气溶胶以及 PM2.5 的二次颗粒物（NH$_4$）$_2$SO$_4$、NH$_4$NO$_3$ 等作用。

3.10.43.2 工艺

在腐植酸抗雾霾液体功能制剂研发应用的基础上，以腐植酸固体功能制剂与活性炭纤维复合（HA-ACF）；以黄腐酸-尿素-活性炭纤维[FA-(NH$_2$)CO-ACF]连续化抗雾霾；腐植酸固体功能制剂-植物墙基质膜复合（HA-植物墙-基质膜）。比表面积、孔径、吸附容量等是这3种产品模式共同的技术评价指标。

图3-162中，循环水先进入双级RO预处理单元，即经过多介质过滤器和活性炭过滤器有效去除吸附在水中的有机物、浊度、色度等。然后进入双级RO阶段，其原理是以压力差为推动力，对膜一侧的料液施加压力，当压力超过它的渗透压时，溶剂会逆着自然渗透的方向做反方向渗透，从而把溶液中的溶剂分离出来。该阶段可去除水中99%以上的悬浮物、气溶胶，98%以上的溶解盐，以及大部分微生物和各类有机物（total organism carbon，TOC）。经过两次的RO过滤，可以得到纯净的可循环利用的水。随后进入EDI单元，其原理是电渗析和离子交换技术的结合，可对水连续进行深度脱盐。最后进入精处理阶段，经由紫外杀菌器、抛光混床和精密过滤器进一步提升水质，达到超纯水的水质要求。运行时将超纯水和精制的FA抽取到反应釜内进行搅拌溶解，继而进行行驶中尾气的抗雾霾。

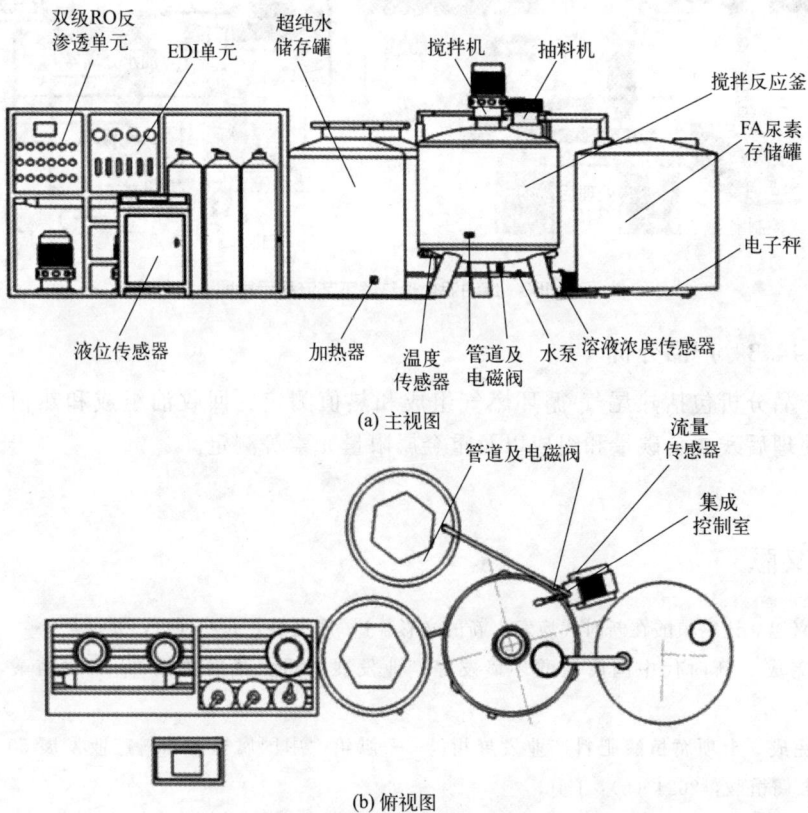

(a) 主视图

(b) 俯视图

图3-162　汽车尾气在小型成套设备中的抗霾工作流程

3.10.44 废油泥处理剂

腐植酸废油泥处理剂，采用腐植酸等作包埋剂、凝胶剂，可以进行原地修复污染油泥的目的或者通过热解综合处理。

3.10.44.1 原理

石油废油泥含芳烃和多环芳烃等有机污染物，还含有大量溶解性无机盐物质，如 Cl^-、SO_4^{2-}、Na^+ 和 Ca^{2+} 等。通过对通过微生物筛选、驯化、诱变和固定化等手段，采用固定化微生物技术，利用化学或物理手段将游离的微生物或酶定位于限定的空间区域并使其保持活性和可反复使用的技术[137-139]。

3.10.44.2 工艺

废油泥处理热解工艺流程见图 3-163。

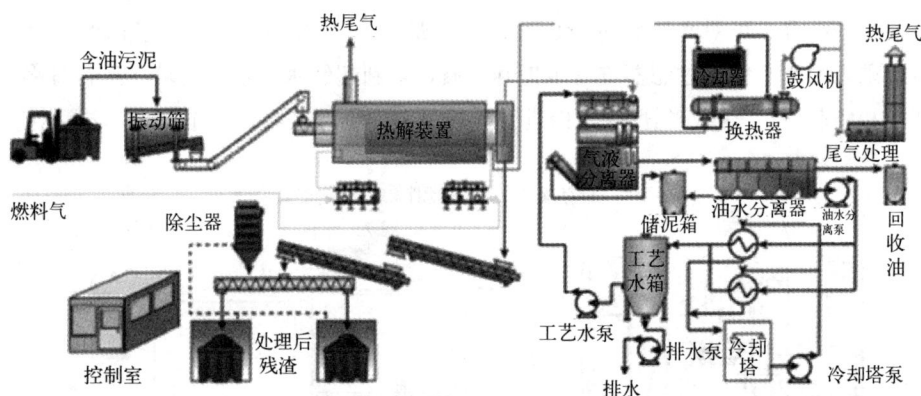

图 3-163 废油泥处理热解工艺流程示意图

3.10.44.3 产品分析

产品分析包括热尾气-循环燃气组成和热值测定、回收油组成和热值测定、热解处理后残渣含碳量和组成以及重金属限量元素等测定。

参考文献

[1] 刘兴旭. 让腐植酸在新时代焕发出新的光彩 [J]. 腐植酸，2023 (1)：3.

[2] 曾宪成. 新时代中国腐植酸环境友好产业发展的重大战略抉择 [J]. 腐植酸，2021 (6)：2.

[3] 曾宪成. 十项腐植酸肥料产业发展指针——献给"中国腐植酸肥料产业发展 50 周年" [J]. 腐植酸，2024 (5)：1-16.

[4] 李双. 腐植酸：为开启生物刺激素第 5 次农业生产资料变革大门举旗标 [J]. 腐植酸，

2021 (1): 7-13.

[5] 史清文，顾玉诚. 天然药物化学史话 [M]. 北京：科学出版社，2019.

[6] Volikov A, Mareev N, Konstantinov A, et al. Directed synthesis of humic and fulvic derivatives with enhanced antioxidant properties [J]. Agronomy, 2021, 11 (10): 2047.

[7] Badun G A, Chernysheva M G, Zhernov Y V, et al. A use of tritium-labeled peat fulvic acids and polyphenolic derivatives for designing pharmacokinetic experiments on mice [J]. Biomedicines, 2021, 19 (12): 1787.

[8] Li H J, Dong D M, Zhang L W, et al. Effect of fulvic acid concentration levels on the cleavage of piperazinyl and defluorination of ciprofloxacin photodegradation in ice [J]. Environmental Pollution, 2022, 307: 119499.

[9] 徐万幸，张永振，刘文静，等. 黄腐酸分级及结构研究 [J]. 应用化工，2019 (91): 161-163, 168.

[10] Thora L, Christian E, Thomas M, et al. Modification of the chemically induced inflammation assay reveals the Janus face of a phenol rich fulvic acid [J]. Scientific Reports, 2022, 12 (1): 1-8.

[11] 郭书利. 关于矿物源（煤基）黄腐酸标准化的几个问题 [J]. 腐植酸，2023 (1): 80-81.

[12] 袁申富，原照然，尚睿航，等. H_2O_2＋KOH 氧解云南褐煤提取黄腐酸实验研究 [J]. 云南大学学报，2024，46 (4): 735～742.

[13] 周霞萍，沈天瑞，刘建文，等. 黄腐酚类黄酮的连续化酶解富集修饰及纯化利用方法. CN117004657A [P]. 2023.08.11.

[14] 王峥涛，俞桂新. 中药化学对照品波谱图集 [M]. 福州：福建科学技术出版社，2016.

[15] 闫子鹏，李定忠，申永刚，等. 褐煤提取褐煤蜡连续生产成套设备. CN200820230690X [P]. 2009.9.9.

[16] MT/T 239—2006 中华人民共和国煤炭行业标准 褐煤蜡技术条件 [S]. 北京：煤炭工业出版社，2007.

[17] 谭光深，高珊，张丽娅，等. 云南褐煤蜡的提取条件研究及分析 [J]. 煤化工，2020，48 (5): 1-5.

[18] 张粆，向诚. 褐煤蜡 [M]. 北京：冶金工业出版社，2018.

[19] Sayed T E, Ahmed E S S. Elicitation promoability with gamma irradiation, chitosan and yeast to perform sustainable and inclusive development for marjoram under organic agriculture [J]. Sustainability, 2022, 14: 9608.

[20] Wang H H, Qin Y, Li B C, et al. Biological modification of montan resin from lignite by *Bacillus benzoevorans* [J]. Applied Biochemistry & Biotechnology, 2019, 188 (4): 965-976.

[21] 秦方序，田丽凤，王知恩，等. 基于网络药理学与分子对接技术探讨雷公藤治疗结肠癌的作用机制 [J]. 中国现代药物应用，2023，17 (24): 141-146.

[22] 陈媛媛，赖美红，负小芸，等. 毛冬青三萜 C-28 位氧化修饰相关 $CYP450$ 基因的发掘和功能鉴定 [J]. 中国药科大学学报，2019，50 (4): 459-467.

[23] 熊亮斌，宋璐，赵云秋，等. 甾体化合物绿色生物制造：从生物转化到微生物从头合成

[J]. 合成生物学, 2021, 2 (6): 942-963.

[24] 刘斯琪, 王如峰. 左金丸组分中药配伍组分制备工艺研究 [J]. 中草药, 2022, 53 (19): 6001-6011.

[25] 郭振军, 冯梦喜, 孙彬, 等. 关于《腐植酸复合肥料》《农业用腐植酸钾》《腐植酸钠》《腐植酸铵肥料分析方法》等 4 项标准有关问题的建议 [J]. 腐植酸, 2022 (1): 24-26.

[26] 韩立新, 曾宪成. 腐植酸与大、中、微量元素的集合效应 [J]. 腐植酸, 2009 (1): 45-46.

[27] 许敬亮, 熊文龙, 李晓芳, 等. 一种含有油茶壳木质素添加剂的水系锌离子电解液及水系锌离子电池. CN117423911A [P]. 2024.01.19.

[28] 刘新, 郑加贤, 郑宇国, 等. 水系锌电池正极表界面调控 [J]. 中国科学: 化学, 2023, 53 (8): 1510~1526.

[29] María Teresa Cieschi, Juan José Lucena. 钙质条件下施用风化煤腐植酸铁肥对大豆根系铁和腐植酸的积累 [J]. 袁晓娜, 译. 腐植酸, 2020 (1): 94 [译自: Journal of Agricultural and Food Chemistry, 2018, 66 (51): 13386-13396]

[30] 关祥瑞. 一种利用氨碱碱渣制备腐植酸钙镁螯合液的方法和设备. CN115594862B [P]. 2024.05.28.

[31] 曹书苗, 薛泉宏, 邢胜利. 施用有机无机养分对生防放线菌数量的影响 [J]. 西北农林科技大学学报, 2010, 38 (10): 210-215, 209.

[32] 张水勤, 袁亮, 林治安, 等. 腐植酸促进植物生长的机理研究进展 [J]. 植物营养与肥料学报, 2017, 23 (4): 1065-1076.

[33] 马梦谦, 樊海丹, 李红娜, 等. 含腐植酸水溶肥对空心菜生长及土壤养分性状的影响 [J]. 环境工程技术学报, 2024, 14 (5): 1444-1450.

[34] 李双, 成绍鑫, 曾宪成. 含腐植酸水溶肥料产业发展成果 [J]. 腐植酸, 2018 (5): 1-8.

[35] 李英翔, 吴长莹, 念吉红. 腐植酸有机-无机复混肥料生产技术开发 [J]. 磷肥与复肥, 2017, 32 (9): 24-25.

[36] 郝水源, 李林虎, 苏晓东, 等. 腐植酸耦合性对河套灌区盐碱地向日葵生长及光合特性的影响 [J]. 腐植酸, 2020 (1): 92.

[37] 顾旭鹏, 张迪, 周省委, 等. 根际肥配方施用策略对不同采收期北柴胡产量及质量的影响 [J]. 时珍国医国药, 2023, 34 (12): 3022-3027.

[38] 高亮. 腐植酸生物有机肥在大棚黄瓜上的应用效果研究 [J]. 腐植酸, 2021 (6): 27-31.

[39] 李炳言, 宋大利, 王秀斌, 等. 不同生物刺激素对玉米生长及土壤微生物群落结构的影响 [J]. 植物营养与肥料学报, 2023, 29 (11): 2172-2180.

[40] 王建楠, 谢焕雄, 胡志超, 等. 甩盘滚筒式花生种子机械化包衣工艺参数优化 [J]. 农业工程学报, 2017, 33 (7): 4.

[41] 孟宪民, 刘兴土. 泥炭工程学 [M]. 北京: 化学工业出版社, 2019.

[42] Wang Z H, Yao Y Y, Yang Y C. Fulvic acid-like substance-Ca (Ⅱ) complexes improved the utilization of calcium in rice: Chelating and absorption mechanism [J]. Ecotoxicology and Environmental Safety, 2022, 237: 113502.

[43] Roy S, Bisht P S, Pandey P C, et al. Assessment of age of seedling and weed management

practices on rice yield under system of rice intensification proceedings of the National Academy of Sciences, India Section B [J]. Biological Sciences, 2016, 83 (3): 559-565.

[44] 徐杰, 沈天瑞, 周霞萍, 等. 含腐植酸的仿生泥炭基质评价与应用研究进展 [J]. 腐植酸, 2023 (3): 9-14.

[45] T/CVA 1—2024 中国蔬菜协会团体标准 生态基质.

[46] 何林, 蒋杰, 李家操, 等. 柑橘育苗钵装填成穴生产线的设计与试验 [J]. 西南大学学报, 2023, 45 (5): 108-121.

[47] 初江. 水稻钵体育苗机械移栽技术 [M]. 哈尔滨: 黑龙江科学技术出版社, 2018.

[48] 周霞萍. 腐植酸新技术及应用 [M]. 北京: 化学工业出版社, 2015.

[49] Zhao H M, Li K, Liu P Y, et al. 天然腐植酸光热剂 [J]. 李永健, 张枚, 译. 腐植酸, 2022 (6): 53-61.

[50] 滕俊, 王洪武. 天然产物及其衍生物来源光敏剂的研究进展 [J]. 中草药, 2023, 54 (7): 2274-2283.

[51] 骆司航, 赵春常. 两性聚合物光敏剂的合成及性能 [J]. 影像科学与光化学, 2016, 34 (5): 426-434.

[52] Mo Z W, Ashraf U, Pan S G, et al. Ogenous application of plant growth regulators induce chilling tolerance in direct seeded super and non-super rice seedlings through modulations in morpho-physiological attributes [J]. Cereal Research Communications, 2016, 44 (3): 524-534.

[53] 郑夏, 刘建亭, 刘樟, 等. 仿生控冰材料用于细胞及组织的冷冻保存 [J]. Acta Chim Sinica, 2021, 79: 729-741.

[54] Wang Y B, Wang C Y, Wang Z, et al. Laboratory studies on the development of a conidial formulation of *Esteya vermicola* [J]. Biocontrol Science and Technology, 2012, 22 (11): 1362-1372.

[55] 潘帏瑞. 植物生理学 [M]. 4 版. 北京: 高等教育出版社, 2005.

[56] 郝雨, 杨顺义, 沈慧敏, 等. 顶孢霉 Ahyl 菌株微粉剂的配方筛选 [J]. 植物保护, 2016, 42 (2): 89-94.

[57] Li H L, Zhang D X, Yu J, et al. Formulation of abamectin 100 SC by fulvic acid potassium as dispersant [J]. Chinese Journal of Pesticide Science / Nongyaoxue Xuebao, 2021, 23 (4): 803-811.

[58] Dev R, Nampoothiri K M, Sukumaran R K, et al. Lipase of *Pseudomonas guariconesis* as an additive in laundry detergents and transesterification biocatalysts [J]. Journal of Basic Microbiology, 2020, 60 (2): 112-125.

[59] Piasecka W, Juraszek M, Magdalena D, et al. Humic acid and biochar as specific sorbents of pesticides [J]. Journal of Soils & Sediments: Protection, Risk Assessment, & Remediation, 2018, 18 (8): 2692-2702.

[60] 曾宪成. 用科学发展观正确认识腐植酸类环保农药 [J]. 腐植酸, 2007 (5): 1-5, 38.

[61] Zhao X Y, Zhu D, Tan J, et al. Cooperative action of fulvic acid and *Bacillus paralicheniformis* ferment in regulating soil microbiota and improving soil fertility and plant resistance

to bacterial wilt disease [J]. Microbiology Spectrum, 2023, 11 (2): 7922.

[62] 朱英莲，杨庆利，郁东兴. 新型乳酸菌的益生特性及应用 [M]. 北京：化学工业出版社，2022.

[63] Madrid B, Zhang H, Carol A, et al. Acids have the potential to enhance deterioration of select plastic soil-biodegradable mulches in a mediterranean climate [J]. Agriculture, 2022：12865.

[64] Gatselou V A, Giokas D L, Vlessidis A G, et al. Determination of dissolved organic matter based on UV-light induced reduction of ionic silver to metallic nanoparticles by humic and fulvic acids [J]. Analytica Chimica Acta, 2014, 812: 121-128.

[65] Bakratsas G, Polydera A, Nilson O, et al. Mycoprotein production by submerged fermentation of the edible mushroom *Pleurotus ostreatus* in a batch stirred tank bioreactor using agro-industrial hydrolysate [J]. Foods, 2023：12122295.

[66] 万岫腾，白瑜，李林，等. 腐植酸在减轻砷对植物毒害方面的作用机理研究 [J]. 腐植酸，2021 (1)：14-19.

[67] T/ZZB 0405—2018 浙江制造团体标准 复配食品添加剂 叶黄素微粒.

[68] 中国法制出版社. 中华人民共和国动物防疫法 [J]. 中国兽医杂志，2009, 044 (1)：87-92.

[69] Yang C, Ha J H, Chong J S, et al. Food effects of humic acid and blueberry leaf powder supplementation in feeds on the productivity, blood and meat quality of finishing pigs [J]. Food Sci Anim Resour, 2019, 39 (2)：276-285.

[70] 贾士儒. 生物防腐剂 [M]. 北京：中国轻工业出版社，2009.

[71] 国家药典委员会. 中华人民共和国药典 (2020 年版) [M]. 北京：中国医药科技出版社，2020.

[72] 李琳，王文红. 自拟中药方剂联合布地奈德对老年分泌性中耳炎的疗效及安全性研究 [J]. CJCM 中医临床研究，2019, 11 (23)：125-127.

[73] 梁祖文. 自拟中药方剂联合曲安奈德治疗分泌性中耳炎 70 例的临床有效性观察 [J]. 内蒙古中医药，2017 (3)：91-92.

[74] 卢震，尚广彬，卢晓南，等. 基于脾脏代谢组学研究肿节风总黄酮治疗免疫性血小板减少症的作用机制 [J]. 北京中医药大学学报，2024, 47 (2)：214-222.

[75] Xiao G S, Liu S, Yan X, et al. Effects of fulvic acid addition on laying performance, biochemical indices, and gut microbiota of aged hens [J]. Frontiers in Veterinary Science, 2022, 9: 953564.

[76] Kuzmenkova A V, Denisyuk E A, Ginoyan R V, et al. Influence of fulvic acid in feed additives on protein change and dairy productivity of cows [J]. Vestnik Voronežskogo Gosudarstvennogo Universiteta Inženernyh Tehnologij, 2021, 83 (2): 121-125.

[77] Sobhy M A Sallam, Mahmoud A M Ibrahim, Ali M Allam, et al. Elazab Feeding Damascus goats humic or fulvic acid alone or in combination: in vitro and in vivo investigations on impacts on feed intake, ruminal fermentation parameters, and apparent nutrients digestibility [J]. Tropical Animal Health and Production, 2023, 55 (4): 265.

[78] 罗悦，雒洪伟，姜星，等．基于转录组学探讨白花蛇舌草总黄酮抗肺癌 A549 细胞生长机制 [J]．药学研究，2023，42 (11)：857-864.

[79] 梁爽．黄酮类化合物保肝作用机理的研究进展 [J]．中山大学研究生学刊，2009，30 (4)：21-27.

[80] 向刚．抗抑郁药联合 α 受体阻滞剂治疗慢性前列腺炎的临床效果观察 [J]．医药前沿，2019，9 (20)：134.

[81] 何丹，范雪娇，杨鸣鸣，等．洋葱总黄酮透过血脑屏障抑制脑胶质瘤的作用研究 [J]．中药药理与临床，2011，27 (3)：85-87.

[82] 韩秀娟，顾俊菲，等．基于体外血脑屏障模型的丹酚酸组分活性成分的筛选分析 [J]．中草药，2016，47 (20)：3639-3646.

[83] 冯雅婧，王艳超．伏诺拉生、伊托必利片联合抗焦虑抑郁药物治疗难治性胃食管反流病的效果 [J]．临床医学，2022，42 (12)：97-100.

[84] Solleh R, Daniel J D, Natasy K H, et al. Extractive fermentation as a novel strategy for high cell mass production of hetero-fermentative probiotic strain *Limosilactobacillus reuteri* [J]. Fermentation，2022，8：527.

[85] 中华人民共和国卫生部药典委员会．中药成方制剂．中华人民共和国卫生部药品标准，1998：387.

[86] 乔晨晨．耳贴加中药治疗胃脘痛临床观察 [J]．医学美学美容，2020，29 (21)：125.

[87] 陈崇莲，戴伟锋，秦谊，等．黄腐酸对乙醇所致胃溃疡小鼠胃蛋白活力的影响 [J]．腐植酸，2022 (5)：23-55.

[88] 周霞萍，张坤，朱天南，等．黄腐酸离体在体实验药理研究新进展 [J]．腐植酸，2019 (6)：3-9.

[89] Sun K, Ding Z, Jia X Y, et al. Extracellular Disintegration of Viral Proteins as an Innovative Strategy for Developing Broad-Spectrum Antivirals Against Coronavirus [J]. CCS Chem，2024，6：487-496.

[90] 曾宪成，周霞萍，韩立新，等．一种腐植酸活性组分，其制备方法、应用以及含其的药物组合物．CN 102242152A [P]．2011.11.16.

[91] 张莉，覃春捷．急性髓系白血病靶向治疗研究进展 [J]．吉林医学，2024，45 (3)：714-717.

[92] 刘西岭，郭俊芳，程楠，等．微波-超声协同提取香樟叶精油及抗菌活性研究 [J]．安徽科技学院学报，2023，37 (6)：70-76.

[93] 张群琳，李贵节，程玉娇，等．冷磨橙皮油生产工艺中离心废水与精油的挥发性物质差异分析 [J]．食品与发酵工业，2019，45：23.

[94] 王士睿，辛鹏飞，张彩凤，等．黄腐酸对口腔表皮样癌 KB 细胞的抗肿瘤效应及光热作用 [J]．山西医科大学学报，2023，54 (6)：741-746.

[95] 美合日阿依·艾散，唐华明．聚左旋乳酸在皮肤紧致的应用及研究进展 [J]．医学美学美容，2023，32 (17)：195-198.

[96] 彭苗，王雪梅，燕奥林，等．抗皱紧致眼霜的研制及其性能研究 [J]．日用化学品科学，2015，38 (7)：21-24，33.

[97] 周霞萍. 腐植酸（黄腐酸）养发/生发剂 [J]. 腐植酸，2022（3）：40.

[98] 罗响文，李易，黄吟秋. 一种具有黑发功能的染发剂制备方法. CN115212788A [P]. 2022.10.21.

[99] 张葆鑫，王兴国，郝廷. 雪莲花醇提液联合中医煎剂对骨髓间充质干细胞增殖活性的作用 [J]. 中医药理论，2018（11）：188，190.

[100] 谭小武，俞晓凡，姜慧娇，等. 黄腐酚对内皮祖细胞增殖、迁移、成管及凋亡的影响及机制 [J]. 中国组织工程研究，2021，25（31）：4988-4994.

[101] 闻瑾. 有机分子电子器件的模拟. 华东理工大学化学与分子工程学院邀请报告，2019.

[102] 鱼澎，包戈，余小军，等. 铅蓄电池绿色工厂设计 [J]. 蓄电池，2024，61（1）：1-6，50.

[103] 杜艺飞，蒲悦，张力平，等. 木质素在直接生物质燃料电池中产电性能研究 [J]. 林产化学与工业，2022，42（3）：75-82.

[104] Xie J M，Zhuang R，Du Y X，et al. Advances in sulfur-doped carbon materials for use as anodes in sodium-ion batteries [J]. New Carbon Materials，2023，22：60630-60639.

[105] Pothaya S，Poochai C，Tammanoon N，et al. Bamboo-derived hard carbon/carbon nanotube composites as anode material for long-life sodium-ion batteries with high charge/discharge capacities. [J]. Rare Metals，2024，43：124-137.

[106] Liu L L，Solin N，Inganäs O，et al. Carbon-humic acid/graphite electrodes formed by mechanochemistry [J]. Materials（Basel，Switzerland）Materials，2019，12（24）：4032.

[107] 高铭悦，李水泉，张建雨，等. 尿素脱蜡制备低熔点相变蜡的工艺研究 [J]. 石油炼制与化工，2020，51（11）：22-26.

[108] 刘红敏，卞家港，江盼，等. 相变材料在数据中心绿色冷却中的研究进展 [J]. 应用化工，2023，52（2）：585-587，594.

[109] 曹世海，韩冰，于海阔，等. 相变蜡应用技术研究进展 [J]. 南京工程学院学报，2022，20（3）：50-53.

[110] 王超，姜晶，牛夷，王刚. 一本书读懂芯片制程设备 [M]. 北京：机械工业出版社，2023.

[111] Zhao，P Y，Zhang J，Li Q，et al. W. Electrochemical performance of fulvic acid-based electrospun hard carbon nanofibers as promising anodes for sodium-ion batteries [J]. Journal of Power Sources，2016，334：170-178.

[112] 李红岩，王鹏涛，郭世炎，等. 水基钻井液用新型页岩抑制剂的制备及性能研究 [J]. 当代化工，2021，50（2）：418-421.

[113] Bai X D，Zhang X Y，Koutsos V，et al. Preparation and evaluation of amine terminated polyether shale inhibitor for water-based drilling fluid [J]. SN Applied Sciences，2018，1（1）：94.

[114] Murtaza M，Ahmad H M，Kamal S. Evaluation of clay hydration and swelling inhibition using quaternary ammonium dicationic surfactant with phenyl linker [J]. Molecules（Basel，Switzerland），2020，25（18）：4333.

[115] Feder J. Low-Toxicity Polymer Fluid Developed for Environmentally Sensitive Offshore

Drilling [J]. Journal of Petroleum Technology, 2019, 71 (11): 59-60.

[116] 张彩凤, 张露萍, 左玉. 一种腐植酸无荧光处理的方法及其在防塌剂制备中的应用. CN104479142B [P]. 2016.09.21.

[117] 周霞萍、徐光勇、王玉诺, 等. 石油钻井泥浆装置. CN/N 222267127U [P]. 2024-12-31.

[118] Wang T Y, Wang C H, Ma H, et al. Preparation of temperature-sensitive SiO_2-PSBMA for reducing the viscosity of heavy oil [J]. Energy & Fuels, 2023, 37 (3): 1896-1906.

[119] Yang S K, Zhuo, K L, Sun D, et al. Preparation of graphene by exfoliating graphite in aqueous fulvic acid solution and its application in corrosion protection of aluminum [J]. Journal of Colloid & Interface Science, 2019, 543: 263-272.

[120] 谢锐, 刘壮, 巨晓洁, 等. 智能高分子开关膜的制备方法研究进展 [J]. 中国工程科学, 2014, 16 (14): 94-101.

[121] Qin J L, Zhu H L, Lun N, et al. $Li_2ZnTi_3O_8$/C anode with high initial Coulombic efficiency, long cyclic life and outstanding rate properties enabled by fulvic acid [J]. Carbon, 2020, 16 (3): 297-307.

[122] 郭建强, 曹正, 符浩, 等. 基于预拉伸工艺的高强韧和耐磨离子导电水凝胶制备及其性能分析 [J]. 浙江理工大学学报, 2023, 49 (4): 483-492.

[123] Wasag H. Removal of hydrogen sulphide from air by means of fibrous ion exchangers [J]. International Journal of Environmental, Chemical, Ecological, Geological and Geophysical Engineering, 2012, 6 (4): 219-223.

[124] 赵云鹏, 吴法鹏, 仇乐乐, 等. 昭通褐煤催化热溶解聚及其可溶物组成和结构特征 [J]. 洁净煤技术, 2024, 30 (1): 10-21.

[125] Mao F, Fan H J, Wang J. Biogenic oxygenates in lignite pyrolysis tars and their thermal cracking revealed by two-dimensional gas [J]. Journal of Analytical and Applied Pyrolysis, 2019, 39. 213-219.

[126] 常琦敏, 李颖, 白利忠. 腐植酸/石墨烯复合材料的制备及其电化学性能 [J]. 功能材料, 2019, 50 (5): 5204-5208.

[127] 朱玉婷, 赵晓琳, 解玲丽, 等. 腐植酸钾一步炭化活化制备孔径可调的活性炭 [J]. 人工晶体学报, 2018, 47 (5): 934-939.

[128] 王邓军, 王艳莉, 詹亮, 等. 锂离子电池负极材料用针状焦的石墨化机理及其储锂行为 [C] //中国金属学会炭素材料会议, 2016.

[129] Nagababu P, Taraka P Y, Kularkar A, et al. Manifestation of Cu-MOF-templated TiO_2 nanocomposite for synergistic photoreduction of CO_2 to methanol production [J]. Emergent Materials, 2021, 4 (2): 501-503.

[130] Xie L, Yang H, Wu X Z, et al. Ti-mof -based biosafety materials for efficient and long-life disinfection via synergistic photodynamic and photothermal effects [J]. Biosafety and Health, 2022, 14 (2): 135-146.

[131] 梁友善, 张冠华, 陆威. 两种双金属 MOF-74 吸附分离 CO_2/CH_4 的分子模拟 [J]. 广州化学, 2023, 48 (3): 12-19.

[132] 胡国新，孙志国. 腐植酸钠溶液吸收烟气中 SO_2 和 NO_x 并副产复合肥的研究 [J]. 硫酸工业，2018 (2)：34-37，42.

[133] 王杰，周霞萍，王丽娜，等. 腐植酸抗雾霾功能制剂研究初探 [J]. 腐植酸，2016 (3)：8-11，37.

[134] Borggaard O K，Holm P E，et al. View correspondence cleaning heavy metal contaminated soil with soluble humic substances instead of synthetic polycarboxylic acids [J]. Acta Agriculturae Scandinavica Section B：Soil and Plant Science，2022，6 (6)：577-581.

[135] Maalige R，Sweedal A，Matheus M，et al. Introducing deep eutectic solvents as flux boosting and surface cleaning agents for thin film composite polyamide membranes [J]. Green Chemistry，2020，22 (8)：2381-2387.

[136] Evgenios K，Christos C. Model-based dynamic optimization of the fermentative production of polyhydroxyalkanoates（PHAs）in fed-batch and sequence of continuously operating bioreactors [J]. Biochemical Engineering Journal，2020，162：107702.

[137] Huang X H，Liang Y，Yun J Y，et al. Influence of organic matters on the adsorption-desorption of 1,2-dichloroethane on soil in water and model saturated aquifer [J]. RSC Advances，2024，14 (5)：3033-3043.

[138] Qian G，Xu L，Li N，et al. Enhanced arsenic migration in tailings soil with the addition of humic acid，fulvic acid and thiol-modified humic acid [J]. Chemosphere，2022，286 (2)：131784.

根据前述的 100 多种腐植酸产品技术，在原有工业、农业产品基础上对传统产业改造提升，进一步发展成套智能化设备集成的产品，发展细胞工程创制产品，发展环境生态循环利用产品，发展新质生产力[1]。

4.1 在传统产品上优化设备体系

4.1.1 黄腐酸喷雾干燥系统增加富氧燃料系统

黄腐酸喷雾干燥系统增加富氧燃烧系统，通过增加氧气浓度加速燃烧反应，使燃料燃烧更加充分。与传统燃烧方式相比，富氧燃烧可以减少氮氧化物的排放，有助于减少空气污染和酸雨的形成；能通过富集二氧化碳减少燃烧过程中二氧化碳的排放，节能效果显著。

4.1.1.1 原理

通常空气中含有 20.95% 的氧和 78.1% 的氮及少量的惰性气体等，真正参与燃烧的氧只占空气总量的 1/5 左右，而占空气总量约 4/5 的氮和其他惰性气体非但不助燃，反而将随着燃烧的进行带走大量的热能。人们把含氧量大于 20.95% 的空气叫作富氧空气，以富氧空气甚至纯氧参与燃烧反应的技术称为富氧燃烧技术（OEC）。与传统燃烧方式相比，富氧燃烧可以降低燃料燃点，同时需要的助燃气体量较少，可减少热量损失，提高单位时间内的燃烧强度和燃料的燃烧效率，增强炉内的辐射传热，节约能源[2-4]。

4.1.1.2 工艺

如图 4-1 所示，在黄腐酸喷雾干燥系统增加富氧燃烧系统中：

① 通过空气分离器增加氧的比例，提高生物质燃料的热能，主要是在燃料进入锅炉时对锅炉的富氧助燃进行节能改造。在对锅炉核心燃烧区的燃烧工况进行系统分析基础上，有选择性地将锅炉助燃的一次风、二次风替代，以适量的富氧进行助燃，促使炉内局部火焰温度升高，使炉膛热能得以有效利用。同时将高速离心雾化器的转速调节在 12000～18000r/min。

② 在热风分配器的蜗型配风管，调整热空气旋转角度和进入干燥塔顶及进入雾化盘周围热空气流量之配比，同时调控热空气流场半径尽量缩短，降低塔壁温度。

③ 对富氧燃烧过程中的干燥塔，保持较大的直径和较小的锥体锥角，缩短干燥时间，同时富集 CO_2。

④ 降低燃烧后的排气量和粉尘量。

⑤ 降低空气过剩系数，从而达到节能降耗，使锅炉能量达 3%～25%。

⑥ 在碳的燃烧化学反应中，1mol 的碳与氧反应生成 1mol 的二氧化碳放出 393.3kJ/mol 的热能（二氧化碳标准生成焓），相对于断裂氧的化学键的约 250kJ/mol（氧分子的键能约 498.39kJ/mol），可直接参与燃烧化学反应的氧原子所需的能量占到二氧化碳标准生成焓的约 63%。该能量来自放热反应产生的热能，也即该过程需要"内耗"掉将近 63% 的热能，显然，通过燃气再循环富集输送出 CO_2，可减少燃烧过程中二氧化碳的排放且节能。

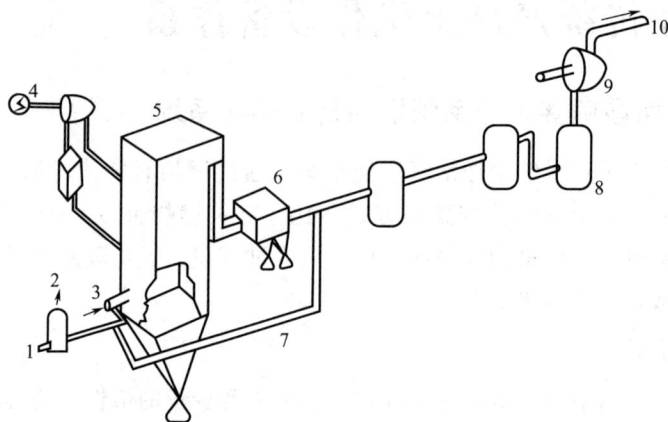

图 4-1　富氧燃烧喷雾干燥黄腐酸的改进设备示意图
1—空气分离器；2—氮气；3—燃料（生物质）；4—汽轮机；5—锅炉；6—除尘器；
7—燃气再循环；8—冷凝器；9—压缩机；10—输送出 CO_2

4.1.1.3　分析

① 空气过剩系数：23% 富氧空气约可提升 20% 的热传导，当富氧浓度达到 27% 时，对比普通空气（含氧浓度 21%），每千克燃料减少㶲损失 746kJ，相当于节约 5.5% 的燃料。

② 黄腐酸产品质量，参照《黄腐酸钾》（HG/T 5334—2018）。

4.1.1.4　应用

富氧燃烧技术具有良好的经济性。与传统的空气燃烧技术相比，采用富氧燃烧技术可降低燃烧炉排烟量及热损失，降低运行成本和降低设备投资。富氧燃烧技术具有较好的环保性。与传统的空气燃烧技术相比，采用富氧燃烧技术可有效降低有害气体的排放量，同时提高烟气中 CO_2 的体积分数，为高效捕集 CO_2 提供了良好的基础。另外，富氧燃烧技术和烟气再循环技术相结合，可节省能源，避免产生局部高温，提高产品质量，具有良好的环保效益。

4.1.2 烟气脱硫脱硝制硫酸、硝酸、腐植酸 CO_2 利用系统

SO_x、NO_x 也是宝贵的化工资源，可以用来制备硫酸、硫磺、硝酸等化工原料。

另外，借助 PE 膜、PP 膜、陶瓷膜，腐植酸钠、腐植酸钾吸收循环利用 CO_2，并能提高烟气脱硫脱硝率，从工艺与成本都值得持续性的研究开发。

4.1.2.1 原理

① 除了酸压缩的 SO_x、NO_x、CO_2 物理吸收外，添加腐植酸醇胺类复合离子液体，使 SO_x、NO_x、CO_2 得到更好的资源化利用。

② 除了酸压缩的 SO_x、NO_x、CO_2 加压物理吸收外，利用腐植酸、腐植酸铵、腐植酸钠、腐植酸钾对 SO_2、NO_x、CO_2 的多重吸附原理，优化压缩烟气脱硫脱硝制硫酸、硝酸、CO_2 的系统，可以生产磺酸基硝酸基腐植酸等产品。

4.1.2.2 工艺

如图 4-2 所示，含有 SO_x、NO_x 的烟气首先经过酸压缩单元，在 2 台配备中间冷却器的压缩机或多级压缩机中完成；为了最大限度地减少水含量，每个中间冷却器都有 1 个冷凝水收集器，用于在进入下一级压缩机之前排出水滴。在加压、含水和含氧的条件下，SO_x 和 NO_x 转化为硫酸和硝酸。剩余气流经过冷却和脱水后，烟气压缩至 3MPa 并送至提纯子系统。提纯系统通常包括两级闪蒸工艺。气流首先进入一级闪蒸塔，闪蒸温度为 $-35℃$。部分不可凝组分在一级闪蒸塔顶端分离后进入冷箱进行冷量循环利用，剩余气流进入二级闪蒸塔进一步分离不可凝组分，闪蒸温度为 $-55℃$，也可吸收回收 CO_2。

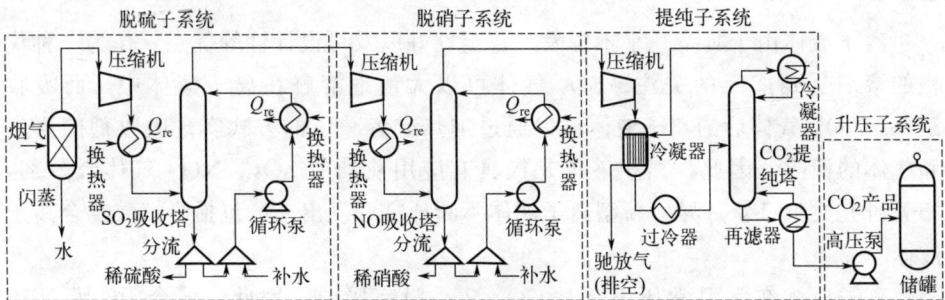

图 4-2　压缩烟气脱硫脱硝制硫酸、硝酸系统

在图 4-3 中，烟气净化工艺的下部有腐植酸类吸收剂，当压缩机将烟气压力升高至 1.5MPa，然后进入第 1 个填充吸附塔，底部的冷凝物被冷却并再循环至塔顶，以允许足够的停留时间使水蒸气和气流充分接触发生酸压缩反应。然后，

来自塔顶部的烟气流压缩至 3MPa，并进入第 2 个填充吸附塔，该塔也设有冷凝水再循环和补充水。离开 3MPa 塔顶部的物流进入变温吸附装置，该装置可以放有腐植酸复合离子液体或者腐植酸铵、腐植酸钠、腐植酸钾等复合吸附剂，形成磺酸基硝酸基腐植酸等产品，而 CO_2 进入工艺的低温部分，并储存。

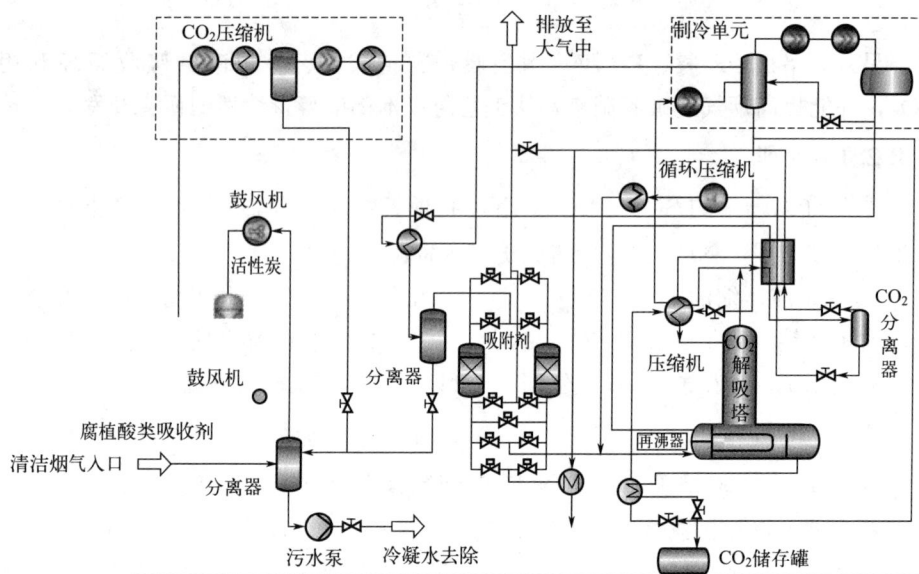

图 4-3　压缩烟气脱硫脱硝制硫酸、硝酸、腐植酸 CO_2 利用系统

4.1.2.3　分析

回收的硫酸、硝酸、CO_2 质量分析，磺酸基硝酸基腐植酸分析，参照相应标准；对系统进行离子液体回收率分析。

4.1.2.4　应用

离子液体由于具备几乎不挥发、稳定性好以及可设计性等优点，作为一种优良的溶剂受到广泛的关注。SO_2 气体可以大量地溶解在离子液体中，而吸收 SO_2、NO_x 气体后的离子液体可以通过加热或者减压的方式实现吸收剂的再生和气体的回收。因此，离子液体是极具有应用前景的 SO_2、NO_x 气体吸收剂，相关研究文献日新月异，新型离子液体不断地被开发出来，包括腐植酸复合离子液体。

离子液体在常温常压下，对 CO_2 几乎没有吸收。因此，结合 PE 膜、PP 膜、陶瓷膜，吸收 CO_2，或者采用加压物理吸收，仍是值得深入研究和开发的。

4.1.3　腐植酸前体物木质纤维素制备化学品

腐植酸前体物木质纤维素，相对腐植酸的组成结构规律性较强，资源更丰富，也是生物腐植酸（BHA）的原料。持续研究木质纤维素，从理论和实践上，对推动现代腐植酸产业都是十分有利的。

4.1.3.1 原理

高效转化来源丰富且可再生的腐植酸前体物木质纤维素制备化学品，其理想途径是将其主要成分纤维素、半纤维素和木质素在温和条件下选择性催化转化为平台化学品，如在均相酸催化剂（如无机酸、杂多酸等）中耦合水解与加氢或氧化反应。木质素是由含甲氧基等取代基的苯丙烷单元通过一系列化学键连接而成的复杂大分子，其芳香单元间包括 β-O-4，α-O-4 和 4-O-5 等三种主要连接方式，选择性切断这些 C—O 键可获得高附加值的芳香化合物。水解和氢解是两类普遍用以活化木质素及其模型化合物 C—O 键的反应。酸和碱均可催化木质素及其模型化合物水解，但是通常需要苛刻条件获取高转化率。近期研究显示，通过对木质素 α-C—OH 预氧化，再以 HCOOH/HCOONa 实施水解反应，可以成功实现温和条件下有机溶剂提取木质素及其模型化合物的高效转化，获得芳烃化合物。在部分多相催化剂体系中，除 C—O 键活化断裂外，还伴随芳环深度加氢反应，产生较多环己烷衍生物。因此，设计合成具备氢解功能同时抑制过度加氢功能的催化剂是获得芳烃化合物的关键。腐植酸前体物木质纤维素中 C—O 键是选择性活化和高效转化制化学品的关键基团[5-7]（图 4-4）。

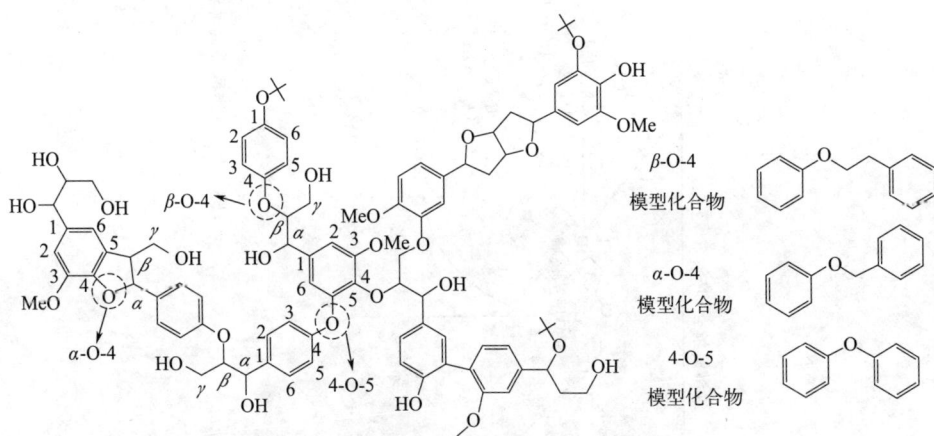

图 4-4　不同 C—O 键的腐植酸前体物木质素及模型化合物

纤维素（葡萄糖）生成乙酰丙酸制 CMSs 的过程见图 4-5。

4.1.3.2 工艺

腐植酸前体物木质素，分离出纤维素（葡萄糖）、半纤维素（木糖），在酸催化下生成醋酸、乙酰丙酸后形成羟甲基糠醛和乙酰丙酸制 CMSs 的工艺，如图4-6 所示。

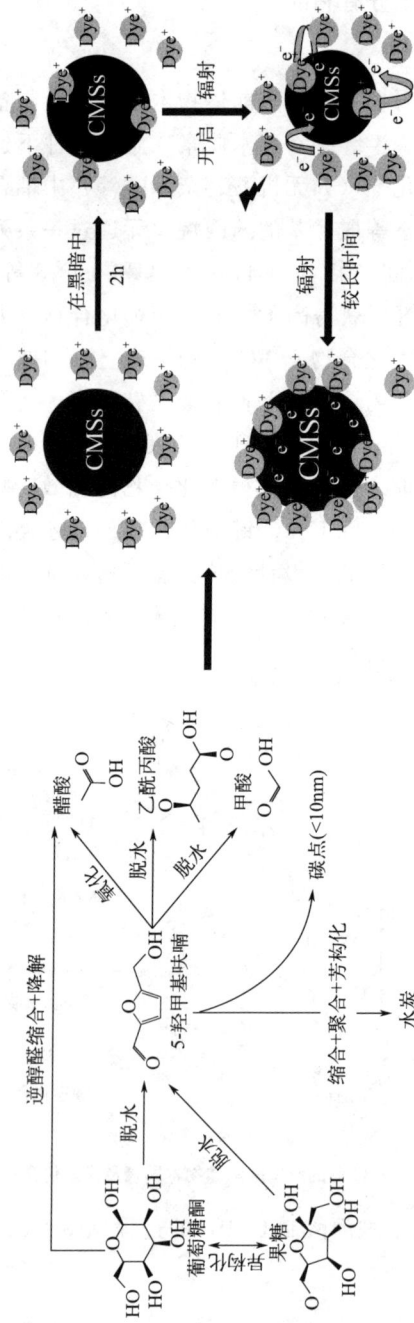

图 4-5 纤维素（葡萄糖）生成乙酰丙酸制 CMSs 的过程

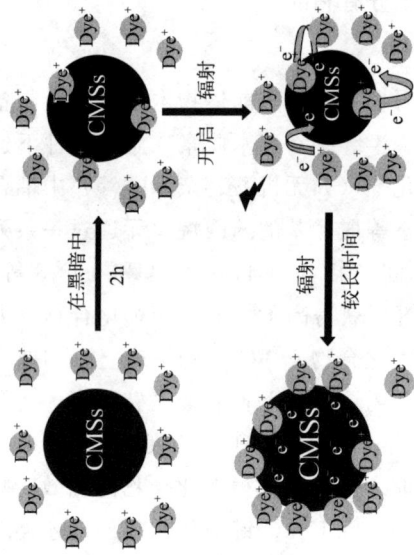

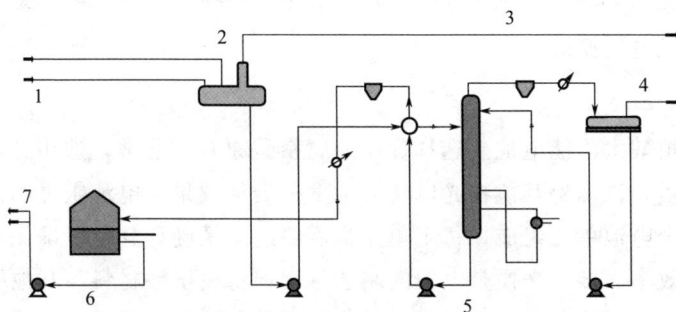

图 4-6　纤维素（葡萄糖）转化为糠醛、乙酰丙酸的工艺[6-7]
1—纤维素葡萄糖原料进入反应器；2—酸催化剂进入；3—分离出出半纤维素木糖；
4,5—循环利用 CO_2 尾气；6,7—糠醛、乙酰丙酸分离后制 CMSs

4.1.3.3　分析

在可控的水热条件下，在温和的温度下，由纤维素（葡萄糖）、木糖制备了糠醛、乙酰丙酸，分离后，可合成各种直径的单分散碳微球（CMS）。合成的 CMSs 主要通过 X 射线衍射、扫描电子显微镜、傅里叶变换红外光谱和拉曼光谱仪进行表征。

4.1.3.4　应用

CMSs 的吸附能力分别通过在紫外线和/或可见光照射下测量溶液中甲基橙（MO）、罗丹明 B（RhB）和亚甲蓝（MB）的相对浓度来评估。在黑暗中吸附饱和后，通过紫外线和/或可见光照射，观察到 RhB 和 MB 的浓度显著降低，恢复了 CMSs 的吸附能力。随着染料浓度的降低，染料的相对去除率增加。而且，CMSs 的直径影响辐照增强的吸附，较小的 CMSs 改善增强。所研究的 CMS 的吸附容量估计为 12.08mg/g，在黑暗中照射后分别为 24.28mg/g 和在黑暗中从 6.83mg/g 到照射后 21.47mg/g。吸附动力学遵循弗兰德里希（Freundlich）等温线的准一级动力学。

4.1.4　高纯腐植酸的太阳能电池组

腐植酸材料作为一种新兴的电池组核心组件，正在改变传统太阳能电池的制造与应用流程。

4.1.4.1　原理

在太阳能电池组制备 TiO_2 浆料过程中，加入高纯腐植酸、聚乙烯吡咯烷酮（PVP）、十六烷基三甲基氯化铵（CTAC）、乙酰丙酮、聚乙二醇（PEG20000），经机械搅拌得到 TiO_2 浆料，采用旋涂法在基底上制备多孔 TiO_2 薄膜阳极，组装成染料敏化太阳电池，可提高 TiO_2 光阳极染料吸附量和染料敏化太阳电池（DSSC）的光电转换效率[8-11]。

4.1.4.2　工艺

制作腐植酸太阳能电池要选择优质的腐植酸原料。通常，选用经过特殊处理的植物腐殖质，以确保其能在光电转换中发挥最佳效果。电池组件的设计，电池组通常由多个电池单元组成，每个单元都需要经过精确计算，以确保整体的电力输出和转换效率。接下来便是电池的制造过程。将腐植酸材料与其他电子元件在高温、高压环境下进行混合和成型，形成电极和电解质，确保电池电性能。电池组组装后，要严格测试电池单元的每个连接点的稳固和密封性。

4.1.4.3　分析

每组腐植酸太阳能电池在出厂前都要经过严格的质量检测和性能测试。检测内容包括电压、电流、抗压能力等参数，确保每一块电池组都能承受实际环境因素的考验。同时，性能测试也将评估电池在不同光照条件下的电能转换效率。经过多道工序的腐植酸太阳能电池组终于可以添加到各种应用场景中。

采用紫外-可见分光光度计、太阳光模拟器及 2400 型数字源表测试其紫外-可见光吸收光谱以及光电转换效率。

4.1.4.4　应用

TiO_2 的价带电子受到激发，跃过禁带迁移至导带，从而产生导带处的光生电子（e^-）和价带处的空穴（h^+），光生电子-空穴与吸附在 TiO_2 颗粒表面的 OH^-、O_2 等发生反应，生成羟基自由基（·OH）、超氧负离子（·O_2^-）等活性氧自由基。这些活性氧自由基具有很强的氧化性，而高纯腐植酸表面的羟基自由基（·OH）、超氧负离子（·O_2^-）等活性氧自由基与 TiO_2 可起到增效作用，能与聚乙烯吡咯烷酮（PVP）、十六烷基三甲基氯化铵（CTAC）、乙酰丙酮、聚乙二醇（PEG20000）组装成染料敏化太阳电池应用。

4.1.5　黄腐酸盐水制氢系统

黄腐酸在水电解制氢系统中，可以增强电解液的导电性，从而提高制氢效率。

4.1.5.1　原理

黄腐酸盐水制氢系统，通过碱性电解槽（ALK），利用碱性溶液（如 FAK 或 FANa）作为电解质，通过电解水将氢离子和氧离子分离，在输入电力和催化剂的作用下，水分子在阳极被分解为氧气、H^+ 以及电子 e^-，H^+ 和水分子结合成水合离子 H_3O^+，在电场作用下穿过薄膜到达阴极，与此同时电子通过外部电路离开电解槽传输到阴极，水合离子 H_3O^+ 与电子 e^- 在阴极与溶液界面处发生还原反应生成氢气（图 4-7）。

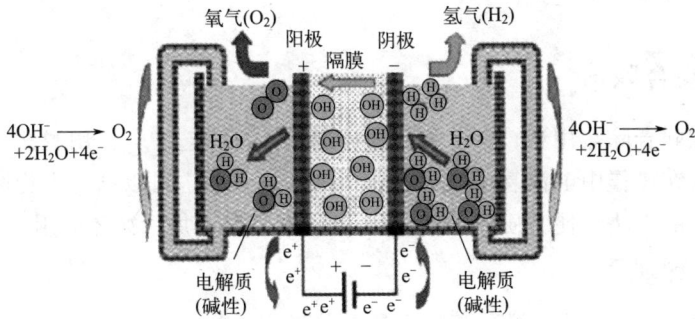

图 4-7　黄腐酸盐水制氢电解系统

4.1.5.2　工艺

含黄腐酸盐的循环水进入碱性电解槽，利用碱性溶液（如 FAK 或 FANa）作为电解质，通过电解水将氢离子和氧离子分离；并通过水除盐制氢，比纯水制氢的耗电低，成本低。

4.1.5.3　分析

ALK 法可以与煤电、核电配合使用，利用稳定的电力供应保持持续制氢优势，技术成熟稳定、电极板中不含有贵金属成本较低、耐腐蚀材料选择多样。该法目前约 60% 的电能能够转化为化学能、氢气纯度不高，产生的氧气和氢气中会含有一定量的盐分，需要进行后续处理，可以通过优化电解过程和提高电解电压等方法进行改善，气体纯度则可以通过改进电解槽结构和采用新型材料等方法进行提高（图 4-8）。

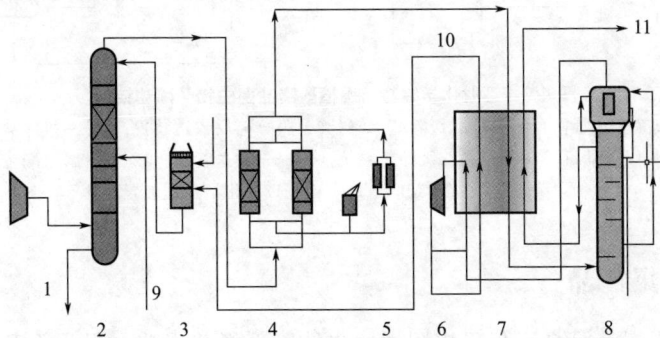

图 4-8　盐水（废水）制氢与燃煤固废后处理结合流程示意图
1—压缩机；2—空冷塔；3—水冷塔；4—纯化器；5—加热炉；6—膨胀机；
7—换热器；8—可充氮气的精馏塔；9—循环水；10—通过换热器调节水
冷塔温度的管道；11—精馏塔馏出组分进一步利用

在工业系统利用黄腐酸盐水还可与化工、炼油、食品加工等废水（盐水）、固体废弃物、气体废弃物联合处理，使资源循环利用，适用大规模工业制氢，尤其是在电力成本较低的地区。

4.1.6 联合除盐

腐植酸联合除盐用途较广，如用于硅制造蚀刻工艺中，使用脱盐水避免电气短路，防止在操作中电池衰减；对农业中的污染基质也可以结合生物菌除盐和膜分离反渗透的方法，使基质降低盐分（EC）值，而水加以循环应用。

4.1.6.1 原理

以腐植酸生物菌水解酶、氧化还原酶等进行除盐，也结合化学反应、膜分离反渗透装置，使固体产品净化、水循环应用。

4.1.6.2 工艺

如图 4-9 所示，待除盐水→经过腐植酸嗜盐菌生物除盐→一级除盐罐→二级高效除盐罐（包括化学除盐）→（超滤装置→缓冲罐→增压泵）→中间水箱→中间水泵→反渗透装置。

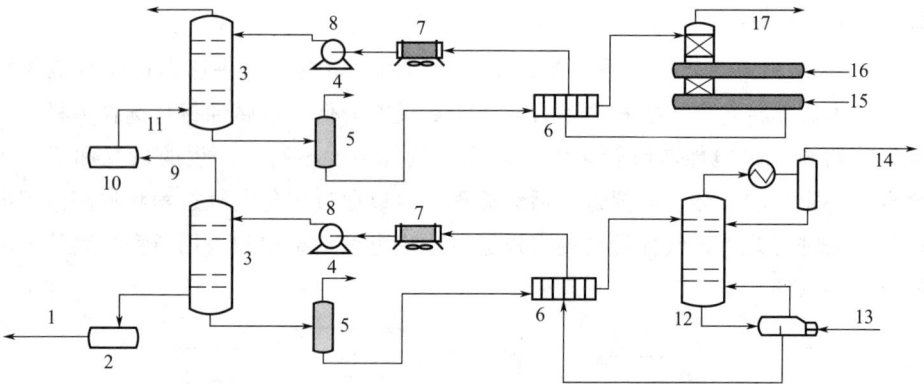

图 4-9　工业化学除盐与腐植酸嗜盐菌生物菌除盐结合
1—二级除盐水管网；2,10—二级除盐水罐；3—膜分离反渗透装置；4—一级除盐出口；
5—一级除盐罐；6~8—去二级除盐系统；9,11—输送管道；12,13—腐植酸生物
菌除盐；14—CO_2出口；15~17—化学除盐装置

4.1.7 阻爆产品

腐植酸阻爆产品，不仅可以阻爆，也能降低黑肺，减少职业危害，在煤硅粉尘（0.11L/m^3）含腐植酸的煤 0.057L/m^3 或更高的浓度都十分有效。

4.1.7.1 原理

微胞囊材料是一种对爆炸性碳氢化合物气体分子具有包裹、茧覆作用的高分

子材料，具有 pH 中性、可降解、溶于水、绿色无毒等特点。利用微胞囊技术对气体分子的化学包裹，对燃烧四要素中热量、燃料、自由基进行抑制，减少燃烧和爆炸危险，实现熄焰阻爆。微胞囊材料熄焰阻爆灭火包括：降低水的表面张力；链式分子结构亲水性和疏水性；湮灭自由基，切断链式反应。

4.1.7.2 工艺

以产品磺化腐植酸接枝可降解 PBAT 等制成微胞囊材料，装药结构示意图如图 4-10 所示。

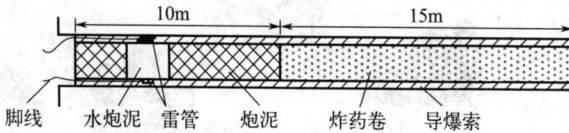

图 4-10 装药结构示意图

4.1.7.3 分析

产品分析包括灭火实验、抑爆实验、包裹实验。

4.1.7.4 应用

产品磺化腐植酸接枝可降解 PBAT 等制成微胞囊材料，通过实验室复配筛选。

4.1.8 黄腐酚后生元产品

后生元产品是指对宿主健康有益的无生命微生物和/或其成分的制剂。这些微生物和成分可以是灭活的微生物细胞、细胞成分、代谢产物等。后生元的作用机制包括调节肠道菌群、改善腹泻、减少过敏等，是通过微生物的代谢活动分泌的物质或死亡溶解后释放的可溶性因子来实现的。黄腐酚后生元产品结合了黄腐酚的多种生物活性功能和后生元的潜在健康益处，具有抗氧化、抗炎、抗菌等特性，在健康产业中具有重要的应用价值。

4.1.8.1 原理

如图 4-11 所示，以 BHA 蔬果，酵母乳酸菌及其代谢产物生物酶等生化合成后生元。

4.1.8.2 工艺

① 酵母菌乳酸及其代谢产物培养基的筛选，发酵、产酶方案的确定。

② 生物合成以异源合成为主，通过构建多种萜类化合物的重组微生物工程菌，利用微生物发酵代谢、酶解等方式，发挥萜类中的青蒿酸、紫杉二烯、人参皂苷、胡萝卜素等，以及非核糖体多肽类、芪类/黄酮类和生物碱类等的作用，

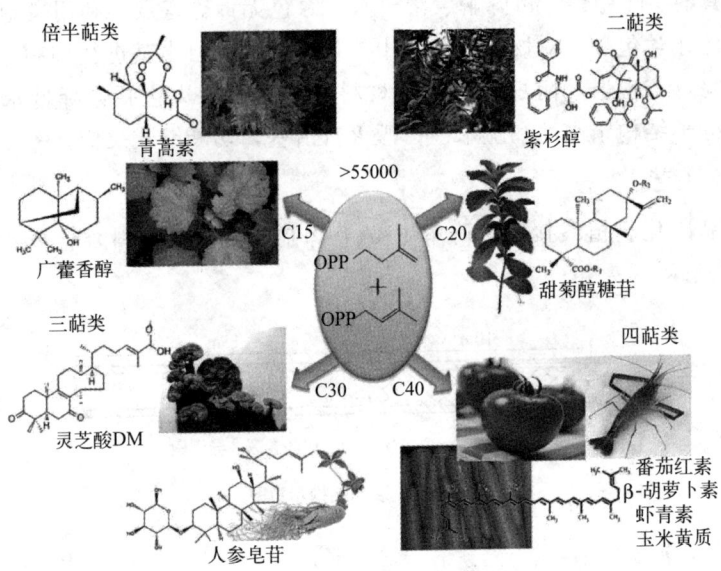

图 4-11 蔬果萜类化合物的后生元组分

成为黄腐酚后生元的重要组分，包括微生物细胞壁等在最后成品中的份额和作用。

4.1.8.3 分析

检测 DNA 法，对黄腐酚后生元产品的营养功能、抗氧化、免疫性能进行分析。

4.1.8.4 应用

后生元具有抗炎、免疫调节、抗氧化、抗肿瘤、抗菌等多种生物活性，且与益生菌相比，后生元具有更好的安全性、稳定性、吸收性、代谢性等优势，是功能性食品或临床药物的更优候选者。

4.1.9 金属有机框架（MOF）产品

金属有机框架（MOF）产品因其独特的结构特性和广泛的应用潜力，在全球市场上展现出强劲的增长势头。持续研发提高 MOF 材料的稳定性和功能性，以及更为经济高效的合成方法，可在未来的科技和工业领域发挥更大的作用。

4.1.9.1 原理

金属有机框架（MOF）是由金属离子或金属簇与有机配体通过配位键等作用自组装形成的连续、有序的配位聚合物（coordination polymers，CPs），也常被称为多孔配位聚合物（porous coordination polymers，PCPs），其结构通常具备金属中心、有机配体和孔道结构三要素。可变的金属中心可作为催化反应的催化位点。图 4-12 是腐植酸金属有机框架材料及其模拟酶的示意图[12]。

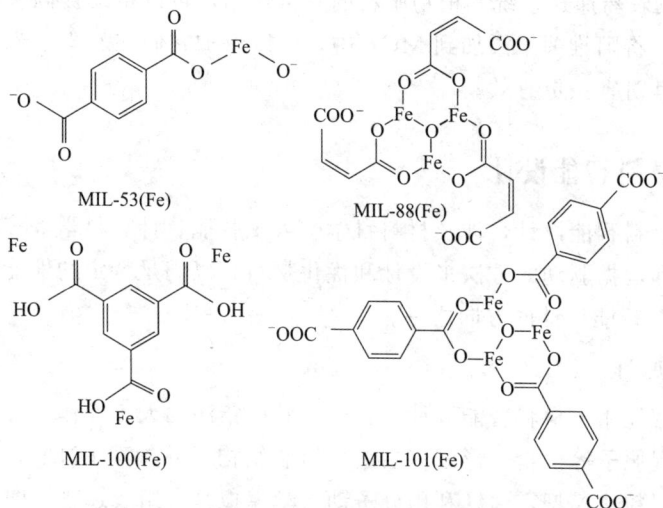

图 4-12 腐植酸铁基金属有机框架的结构示意式

HA-金属有机框架具有比表面积大、结构多样和表面易修饰等特点，在气体吸附、光电催化、催化剂负载、药物释放等领域能应用。

4.1.9.2 工艺

① 原料选择。选择合适的金属盐作为金属源，如铜盐、锌盐等。有机配体通常是多元配体，如含 HA（FA）的多元羧酸、苯二甲酸、三嗪衍生物等，能够与金属离子形成稳定的配位键。

② 合成方法。MOF 的合成方法多样，包括溶剂热法、微波辅助合成、电化学合成等。溶剂热法是最常用的方法之一。溶剂热法是将金属源和有机配体溶解在适当的溶剂中（如水、醇或其混合溶剂），然后在密封的反应器中加热至一定温度，保持一定时间，使金属源和有机配体反应。微波辅助合成是利用微波加热技术加速化学反应，可以在较短的时间内合成 MOF。电化学合成是通过电化学方法合成 MOF，可以实现对合成过程的精确控制。

③ 活化。真空干燥或高温烘烤，去除 MOF 孔道中的溶剂分子等而活化。

4.1.9.3 分析

通过 X 射线单晶衍射、粉末 X 射线衍射（PXRD）、扫描电子显微镜（SEM）、透射电子显微镜（TEM）等技术对 MOF 的结构进行表征。

4.1.9.4 应用

根据 MOF 的应用目的，利用相应的气体吸附性能、催化性能、电化学性能等。例如，MOF 材料具有良好的稳定性，在酸性条件下不会坍塌或分解，具有高的气体吸附量，可以延长在常温常压条件下的保存时间；金属有机框架（MOF）兼具农药递送系统和植物肥料的双重作用，可以帮助提高害虫杀灭化合物的有效性，将阿维菌素添加到 MOF 中，可以保护它们在暴露于光下时不容易降解，并使其对害虫更有效。

4.1.10 材料智能设计

腐植酸材料智能设计，涉及材料科学、人工智能、计算科学等多个方面。利用智能算法和数据驱动的方法来设计和优化材料，以满足特定的性能需求，是今后的 HA 材料智能设计的方向之一。

4.1.10.1 原理

将人工智能用于材料智能设计，替代实验试错法的人工操作，将纳米粒子作为一种可编程原子等价物，形成多层次自组装结构，并构建 DNA 非均匀功能化纳米粒子的粗粒化模型，演绎利用分子动力学模拟其自组装过程（图 4-13）。

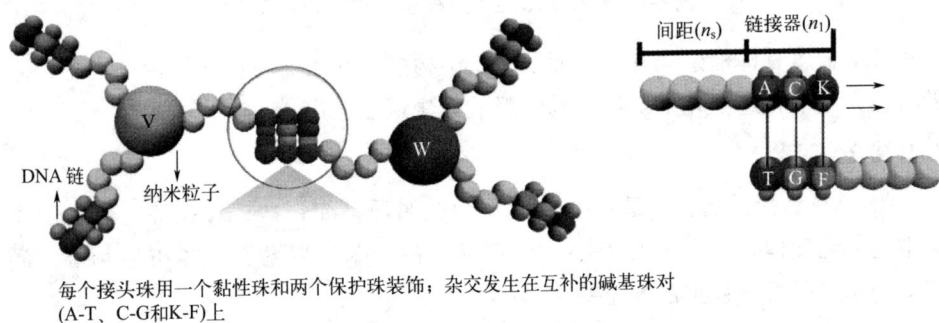

每个接头珠用一个黏性珠和两个保护珠装饰；杂交发生在互补的碱基珠对（A-T、C-G和K-F)上

图 4-13　DNA 非均匀功能化纳米粒子的粗粒化模型与互补 DNA 链的黏性端杂化

4.1.10.2 工艺

图 4-14 显示了不同化学计量比之下纳米粒子通过互补 DNA 序列杂化形成的自组装超结构。当 $f=1.0$ 时，在互补 DNA 序列杂化的引导下，纳米粒子自组装形成三维网络状超结构。需要说明的是，此网络状超结构在各个方向上是贯穿的，为逾渗网络。随着 f 的增大，过量的 DNA 序列参与杂化的可能性减小，网络状超结构变稀疏（$f=1.7$），进而转变为支化超结构（$f=3.0$）。当 $f=5.7$ 时，数量较少的 W 型纳米粒子完全被 V 型纳米粒子包围，只能够形成离散分布的小聚集体；大部分 V 型纳米粒子仍处于游离态。由此可见，通过改变体系的化学计量比，DNA 链非均匀功能化纳米粒子从三维网络状超结构转变为支化超结构，甚至是离散分布的小聚集体。

4.1.10.3 应用

在进行材料智能设计时，首先需要做好材料选用分析工作，明确不同类型材

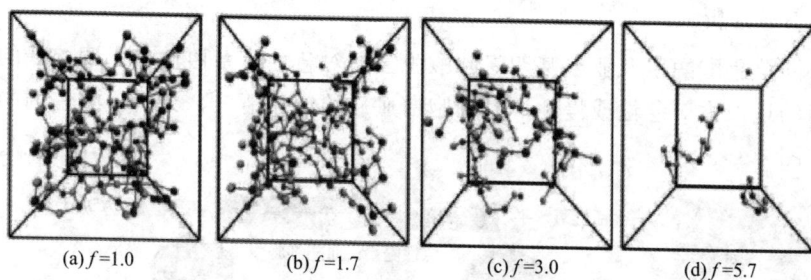

|(a) *f*=1.0|(b) *f*=1.7|(c) *f*=3.0|(d) *f*=5.7|

图 4-14　化学计量比 f 对自组装超结构的影响
图中只显示通过互补 DNA 序列杂化形成的最大纳米粒子超结构，
红线表示由互补 DNA 序列杂化形成的纳米粒子间连接

料的性能特点，充分考虑智能设计产品最终设计出来的效果；安全是材料智能设计中选料选用首先应当考虑的问题，确定材料所要求的工艺性能与零部件制造的加工工艺路线；考虑材料选用的环境性因素；选用可降解的腐植酸复合纳米材料；归纳于以数据驱动，更快、更准、更省地获得"成分-结构-工艺-性能"间相互关联特点的机器学习，成为继"实验"、"理论"、"计算"后材料科学研究的"第四范式"中的核心要素。

4.2　细胞工厂创制产品

4.2.1　疫苗佐剂产品

疫苗佐剂产品，具有增强疫苗免疫效果的潜力。如 FA-茶多酚具有抗流感病毒的活性，可利用 FA-茶多酚的抗流感病毒作用，将 FA-茶多酚用于抗流感疫苗佐剂。

4.2.1.1　原理

黄腐酚（黄腐酸）等参与氧化还原代谢类重要的生化反应，它能协同驱动能量和物质代谢与细胞的氧化还原状态，对细胞存活、增殖、分化等至关重要。

4.2.1.2　工艺

FA、黄腐酚、茶多酚佐剂产品生产工艺流程见图 4-15。

FA、黄腐酚、茶多酚等 → 萃取、精制 → 液体或干粉 → 检测 → 佐剂产品
辅助治疗

图 4-15　FA、黄腐酚、茶多酚佐剂产品生产工艺流程示意图

4.2.1.3 分析

协同苹果酸酶以及亚甲基四氢叶酸脱氢酶对急性髓系白血病、调控低的活性氧和高的还原力对急性或慢性淋巴细胞白血病的治疗情况，分析检测佐剂的有效性，见图4-16。

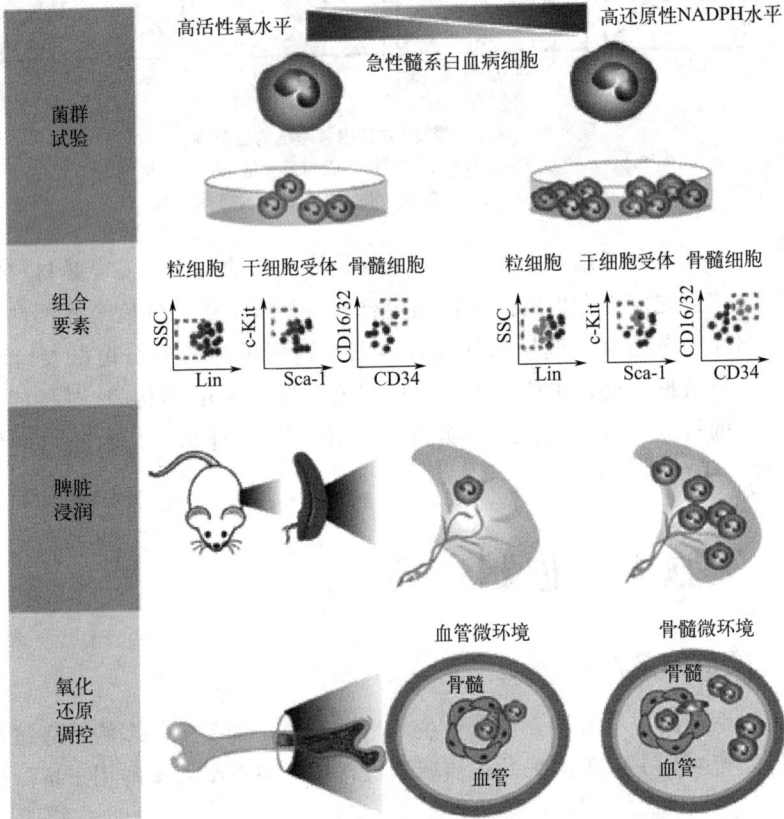

图 4-16 低的活性氧和高的还原力对急性白血病的发生发展

白血病细胞显示出能量和物质代谢的异质性，在许多情况下是通过丙酮酸、脂肪酸、谷氨酰胺、黄腐酚（黄腐酸）和支链氨基酸提供燃料。在急性髓系和淋巴细胞白血病中，抑制线粒体呼吸可解除对化疗药物如阿糖胞苷的抵抗，其中丙酮酸脱氢酶等是潜在的治疗靶标[13-15]。

4.2.1.4 应用

黄腐酚抵抗高的糖酵解活性，也抵制白血病的发生发展。对于脂肪酸代谢，无论分解还是合成途径，都驱动白血病的发生。此外，氨基酸和异柠檬酸代谢异常通过改变核苷酸与脂肪酸合成、表观遗传修饰等机制可发挥促进白血病发生的作用。在白血病中，抑制葡萄糖氧化通常会代偿性地增加脂肪酸氧化，反之亦然。在葡萄糖/丙酮酸和脂肪酸之间选择底物，不仅决定了能量生产的效率，而且还决定了活性氧的水平（图 4-17）。

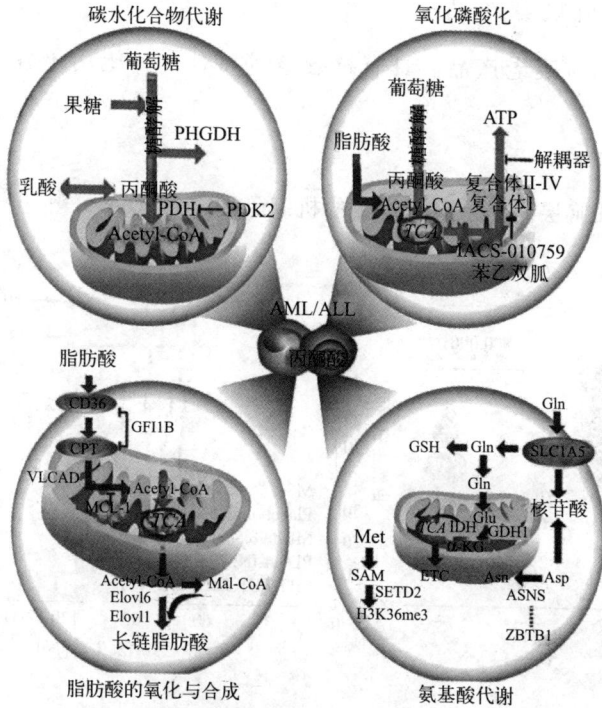

图 4-17　细胞代谢重编程驱动白血病发生发展

发展高质量的代谢物探针、集成代谢和免疫标志物精准识别白血病功能性细胞亚群、解析代谢促进白血病复发和药物抵抗的机制以及克服代谢可塑性，实现临床转化治疗（图 4-18）。

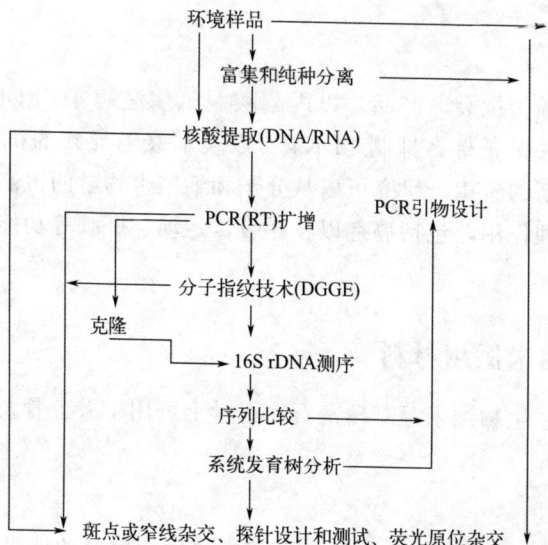

图 4-18　以 16S rRNA/rDNA 为基础的微生物分子生态技术

4.2.2 萜烯抗衰老产品

黄腐酸萜烯抗衰老产品，具有抗衰老等特性，有望用于各种保健和治疗应用。

4.2.2.1 原理

从分子和细胞层面揭示衰老发生的机制见图4-19。

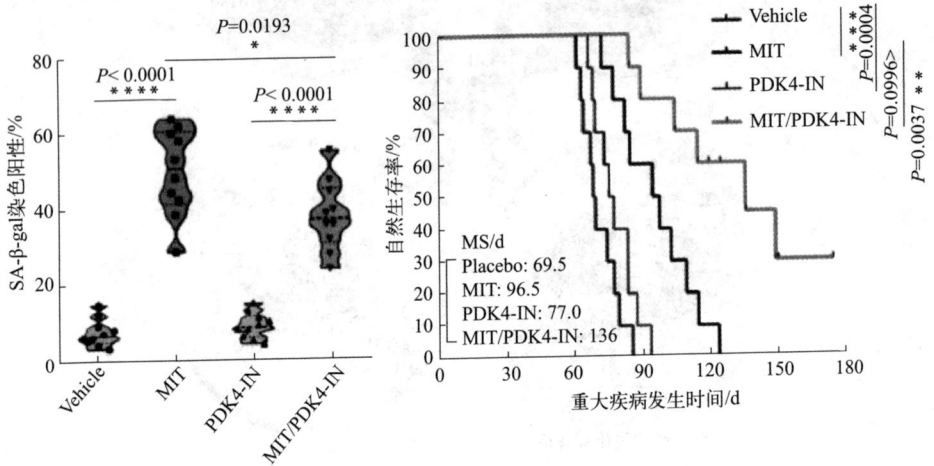

图4-19 抑制PDK4延缓细胞衰老和增龄的关系

4.2.2.2 分析

组织学分析表明，PDK4抑制剂给药能阻断肿瘤微环境的细胞衰老进程，意义见图4-20。

4.2.2.3 应用

以黄腐酸萜烯为抗衰老产品，以丙酮酸脱氢酶激酶4（PDK4）作为衰老细胞代谢重编程的关键靶标，抑制PDK4可以缓解衰老导致的机体功能障碍，为延缓衰老带来了新的希望。研究可以从分子和细胞生物学的机制角度阐明代谢重编程与增龄性病理作用，包括癌症以及呼吸、运动、肝脏等功能下降之间的深刻关联。

4.2.3 生物纳米医用材料

羟基磷灰石，生物纳米羟基磷灰石在医学上可用于人工骨及用于骨质疏松等治疗[13-15]。

4.2.3.1 原理

在羟基磷灰石（hydroxyapatite，HAP）材料结构及功能设计中引入生物构

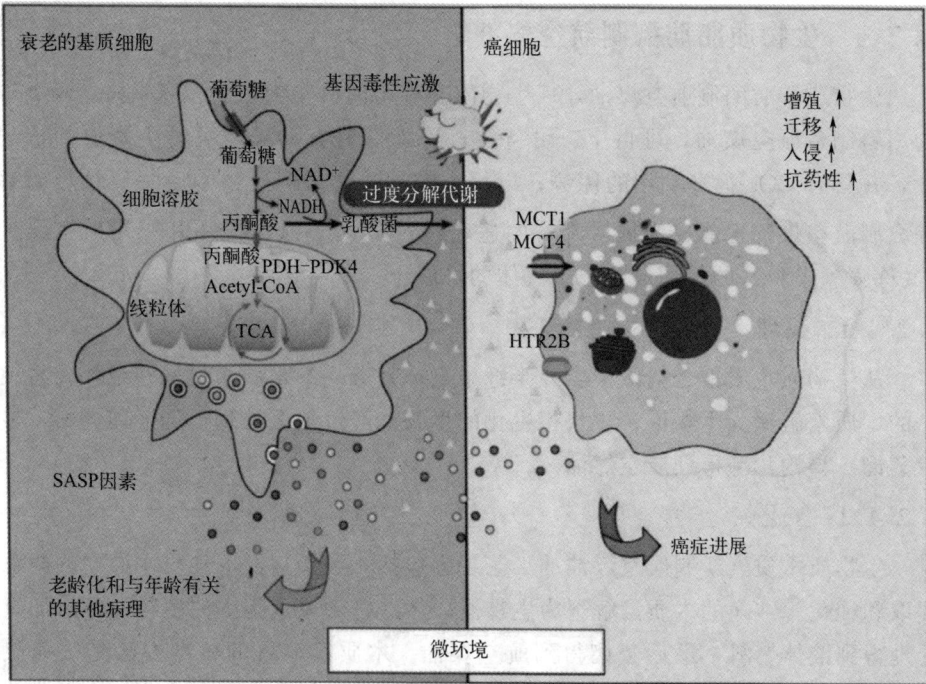

图 4-20 衰老进程代谢重编程对于癌症等增龄性疾病的意义

架-活体细胞，也就是利用生物要素和功能去构成所希望的材料，即利用生物技术赋予"无生命"的材料以"生命"功能。这种新型材料包含有活体细胞、组成细胞的物质以及细胞产物和模拟细胞生物合成的人工合成物质，帮助人体自身组织和器官的再生与重建。现在生物体的骨骼、牙齿、筋、腿等都发现有纳米微粒形成具有纳米结构的材料。纳米微粒的尺寸一般比生物体内的白细胞、红细胞小得多，这就为生物学研究提供了一个新的研究途径，即利用纳米微粒进行细胞分离、细胞染色及利用纳米微粒制成特殊药物或新型抗体进行局部定向治疗等。

4.2.3.2 分析

羟基磷灰石（生物纳米羟基磷灰石）的线性分子式 $\left[Ca_5(OH)(PO_4)_3\right]_x$，分子量 502.31，对其进行紫外检测，以及计算机及色谱工作站装置上的分析检验。

4.2.3.3 应用

羟基磷灰石是人体和动物骨骼的主要无机成分。它能与机体组织在界面上实现化学键性结合，其在体内有一定的溶解度，能释放对机体无害的离子，能参与体内代谢，对骨质增生有刺激或诱导作用，能促进缺损组织的修复，显示出生物活性。

4.2.4　生物质脂肪酶制航空煤油

生物质脂肪酶制航空煤油，以生物质非食用油料作物亚麻、麻疯树、藻类等为原料制备航空煤油，可再生、可持续，可降低对石油等不可再生资源的依赖性，并具有 CO_2 循环利用的优势；以褐煤蜡、生物质甚至精制后餐厨垃圾酶解提取制航空煤油也能成为提质降本的途径[16-17]，可以减少民用和军用航空煤油（又称喷气燃料）的使用量、温室气体的排放。

4.2.4.1　原理

从生物质木质素分离纤维素与半纤维素，将分离的木质素提取并纯化，将纯净的木质素解聚为生物油，再将衍生化的生物油经过加氢处理得到液体燃料，最后蒸馏、异构化等得到航空煤油。

4.2.4.2　工艺

生物质木质素经制航空煤油的工艺过程包括 4 个步骤：生物质木质素的酶解提取和纯化，纯净的木质素解聚为生物油，然后将木质素衍生的生物油经过加氢处理得到液体燃料，最后蒸馏得到航空煤油。木质素解聚的典型方法是快速热解、水解和氢解。在快速热解中，木质素聚合物在无氧条件下加热分解为酚醛单体和二聚体；水解包括水热液化、超临界有机溶剂分解和离子液体溶剂分解；氢解是在临氢条件下将木质素解聚成 $C_6 \sim C_{11}$ 酚类化合物的过程。相对于热解法，氢解具有产物选择性高、焦炭含量低的优点。解聚得到的生物油再经过加氢脱氧、异构化和裂化得到液体燃料，最后经蒸馏得到生物喷气燃料（图 4-21）。

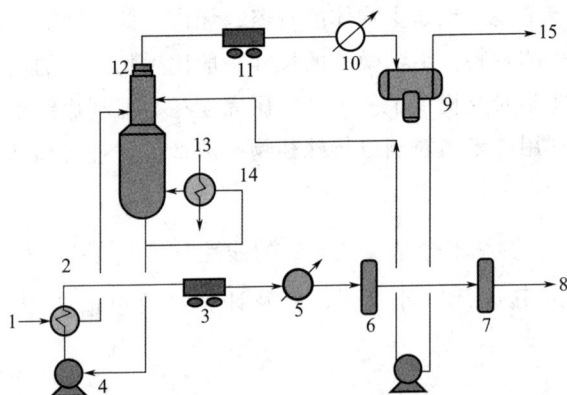

图 4-21　生物质脂肪酶制航空煤油工艺流程示意图

1—生物质酶解低分油；2—换热器；3—精制航煤空冷器；4—精制航煤泵；5—精制航煤水冷器；
6—精制航煤过滤器；7—精制航煤脱水器；8—航煤；9—分馏塔顶回流；10—分馏塔顶水冷器；
11—分馏塔顶空冷器；12—分馏塔；13—生物质油；14—分流塔底重沸器；15—塔顶气

4.2.4.3 分析

按照民用和军用航空煤油为标准，通过 GC-MS 油品组成（环烷烃、芳香烃）、辛烷值（RON≥93），进行硫含量、密度、冰点、闪点等指标分析。

4.2.4.4 应用

航空煤油（Jet fuel），别名无臭煤油，主要由不同馏分的烃类化合物组成，是根据飞机发动机的性能和飞机的安全特别研制的航空燃料。航空煤油由不同馏分的烷烃、芳香烃和烯烃类的碳氢化合物组成。将分离的木质素提取并纯化，通过纯净的木质素解聚为生物油，再将衍生化的生物油经过加氢处理得到液体燃料，最后蒸馏、异构化等得到航空煤油。该航空煤油具有密度适宜、热值高、燃烧性能好、清洁度高、硫含量少、对机件腐蚀小的特点，能够迅速、稳定、完全燃烧，可满足寒冷地区和高空飞行对油品流动性的要求。

4.2.5 腐植酸 CO_2 微生物产品循环利用系统

腐植酸 CO_2 微生物产品循环利用系统，可以直接酶解生产丁二酸，也可以反应循环制氨基酸，更可以通过分批发酵或连续发酵高效利用 CO_2 气体，甚至生产绿色甲酸、甲醇等（图 4-22）。

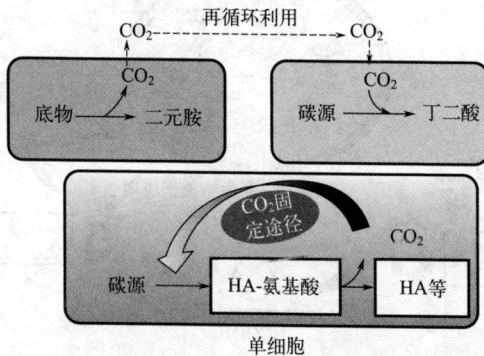

图 4-22 HA 碳源生产氨基酸、丁二酸循环利用 CO_2 示意图

4.2.5.1 原理

①腐植酸 CO_2 通过微生物细胞的新陈代谢，与其宿主在体内相互依赖和相互制约的生存环境而被循环利用。②在工业设备中，通过补料、分批发酵，被循环利用（图 4-23）。③也通过复合甲酸工艺腐植酸 CO_2 被循环利用（图 4-24）。

4.2.5.2 产品分析

产品分析包括 CO_2 纯度、乙酰细菌的生成菌数、腐植酸 CO_2 微生物产品利用的有效性。

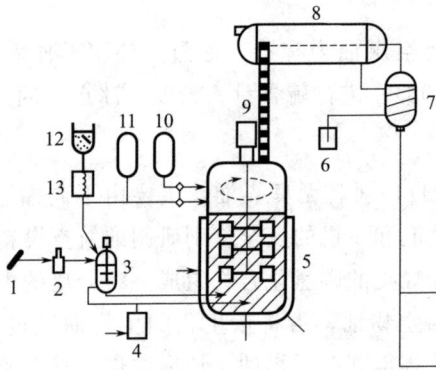

图 4-23　分批发酵或连续发酵生产工艺流程示意图

1,2—进料口；3—反应器；4—中间缓冲罐；5—多功能一体反应器；6~8—冷凝器；
9—电机；10—进添加剂口；11—进溶剂口；12—混合原料进口；13—微波反应器

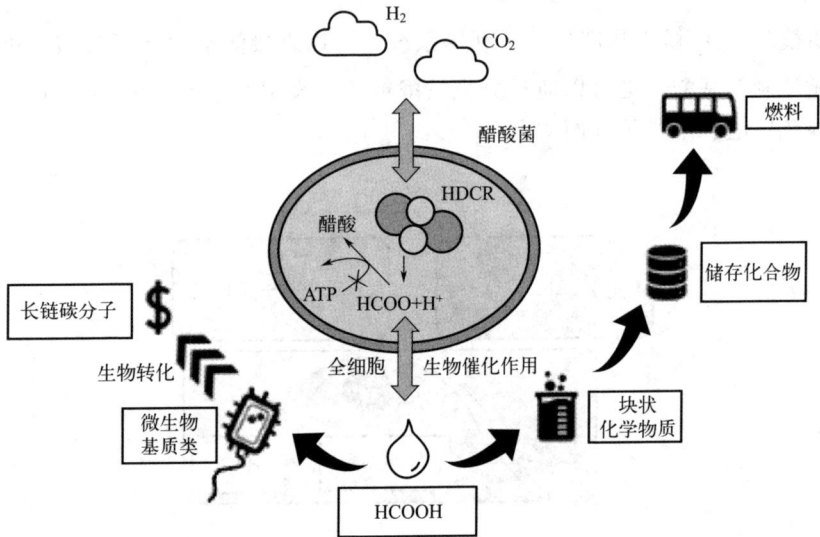

图 4-24　腐植酸复合甲酸工艺流程示意图

4.2.5.3　应用

　　土壤微生物是土壤生态系统的重要组成部分，相较于植物和动物，土壤微生物群落数量、结构和多样性易受到环境因素影响，被认为是衡量土壤环境质量与生态功能的重要指标。微生物的网络结构需要依靠一些十分活跃的物种进行信息交换或者产生中间代谢产物以维持庞大而复杂的模块结构，较多的模块枢纽可以提高微生物群落的交换效率，较多的连接器可以提高群落的稳定性。腐植酸淋洗后土壤微生物网络结构的模块枢纽和连接器增加，表明淋洗后土壤微生物将会更高效地进行物质传输和利用，同时抵御环境扰动的能力也更强，显示腐植酸 CO_2 微生物产品循环利用系统也可以搬到土壤中试行[18-19]。

4.3 环境生态技术产品

腐植酸用于土壤改良、肥料填料/包膜、病虫害防治、土壤污染修复等方面都有大量的研发工作和成功案例。

4.3.1 大气环境循环利用产品

HA 大气环境循环利用产品，是采用生物固氮等方式，在农田肥料、饲养场等都能应用。

4.3.1.1 原理

在腐植酸农林牧产品的基础上，建立区域氮素流动模型，分析氮素养分在区域间的流动情况，通过构建"饲料摄入-代谢物收集-储存-处理-农林施用"的链条定量分析不同系统中的氮流动和损失状况；通过 NH_3 等浓度测定获得排放通量数据，采用生物固氮等方式加以循环利用（图 4-25）。

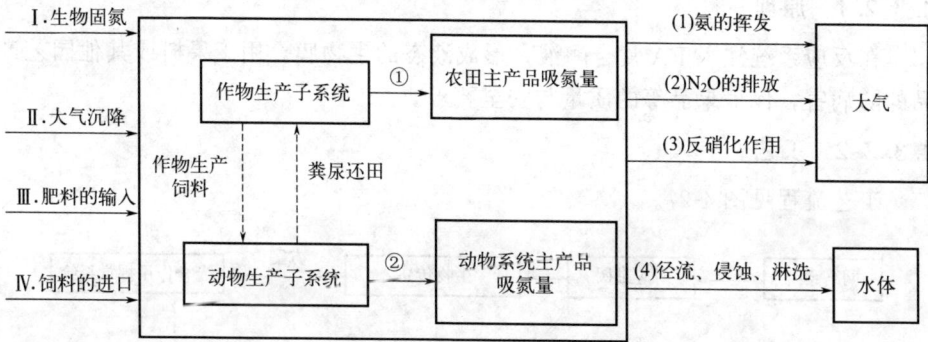

图 4-25 HA 生物固氮工艺流程示意图

4.3.1.2 工艺

设计食物链养分流动模型（NUFER 模型），模拟国家和区域尺度氮、磷养分在农牧系统和食物链系统的流动，得出养分利用率及环境排放量。

4.3.1.3 分析

产品采用 GC-MS 分析 N_2、NO_2、NH_3。

4.3.1.4 应用

腐植酸渣等低浓度尾气 CO_2 利用见图 4-26。

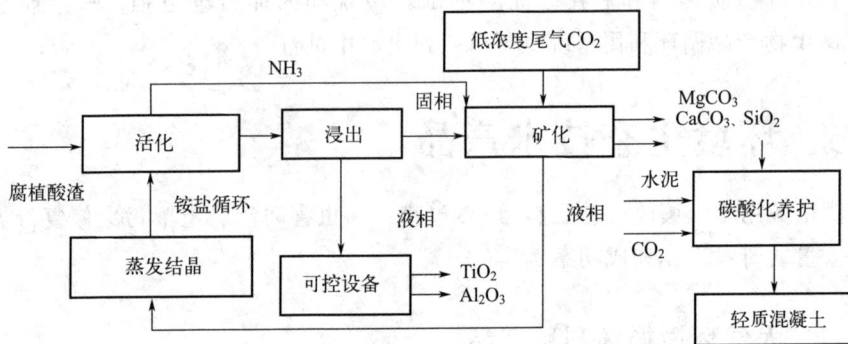

图 4-26 腐植酸渣等低浓度尾气 CO_2 利用示意图

4.3.2 生物膜水循环处理产品

生物膜水循环处理产品为多细胞膜及细胞内膜系统的统称，指附着于有生命或无生命物体表面被细菌胞外大分子包裹的有组织的细菌群体。生物膜细菌对抗生素和宿主免疫防御机制的抗性很强。近些年利用生物膜水循环处理产品的用途不断增加。

4.3.2.1 原理

在反应系统注入 FA 复合酶液，形成液态的生物膜，用于果树或其他园艺产品的防病害，保证果品等的质量与安全要求。

4.3.2.2 工艺

工艺流程见图 4-27。

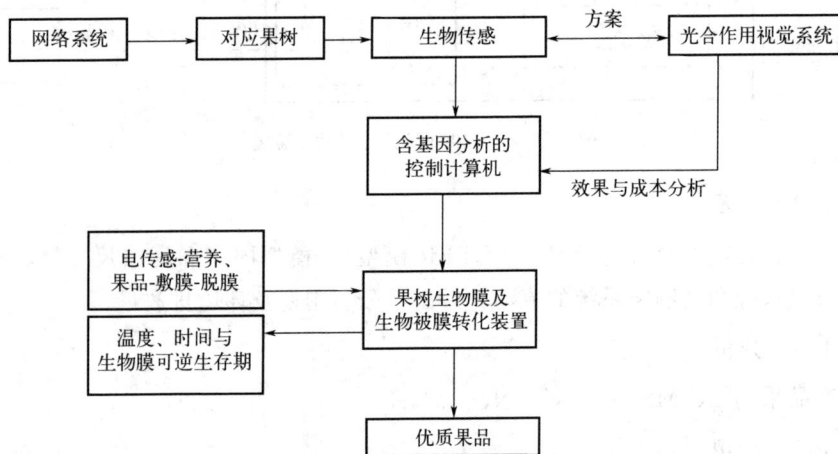

图 4-27 生物膜及生物被膜转化装置的可逆控制系统流程图

4.3.2.3　分析

分析包括 FA 复合生物膜的质量、用后生物被膜逆转生物膜的效率、水资源等节能效率。

4.3.2.4　应用

在光照条件下，矿化生物被膜可以实现重要辅酶 NADH 的再生。通过异亮氨酸脱氢酶（LDH）的加入，可以利用光能将三甲基丙酮酸还原，选择性地生成 L-异亮氨酸，使工程大肠杆菌具备矿化和固定二氧化碳的能力。

4.3.3　核素重金属的循环利用产品

将腐植酸制成吸附剂处理重金属镉、铬、砷、铅、汞，包括核素的基础上，利用机器人来执行棘手的重金属核素治理是一方向。重金属毒害人体和植物的基本要素见图 4-28。

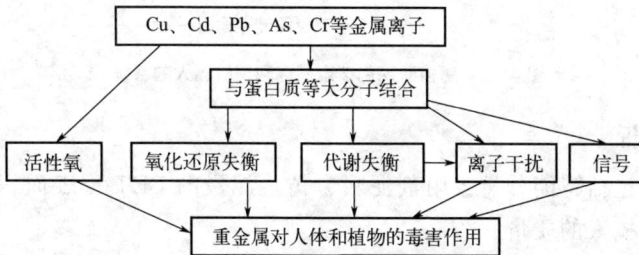

图 4-28　重金属毒害人体和植物的基本要素

4.3.3.1　原理

利用腐植酸吸附重金属以及放射性核素的性能，研究设计一种高效治理核素的智能系统，利用机器人转运富集，避免对人体和植物的毒害，将重金属核素资源化循环利用。

4.3.3.2　工艺

一种腐植酸钝化核素循环利用机器人的系统（图 4-29），通过网络接口（1）应急排查信息汇总（2）进行核素分类（3），通过 ICP-MS 检测系统（4）确定实施对确定核素或重金属的典型处理，在计算机控制系统（5）指令下，回转伺服控制器（6）进行与手腕伺服器（7）、大臂伺服器（8）的协同操作，通过加入事先经 BET 比表面积、孔径测定的泥炭、仿生泥炭腐植酸添加剂，确定吸附容量，来钝化悬浮、溶解的核素或重金属钝化，并通过调节温度 5~35℃、腐植酸浓度 0.001~0.01mol/L、pH 值 3~9 的改变执行相变，使钝化的重金属镉脱附回收，经过仿真触觉＋视觉＋ICP-MS 检测（9）等各工序，完成的核素重金属资源的储存送冶炼厂，用于特种电池元素[20-22]。

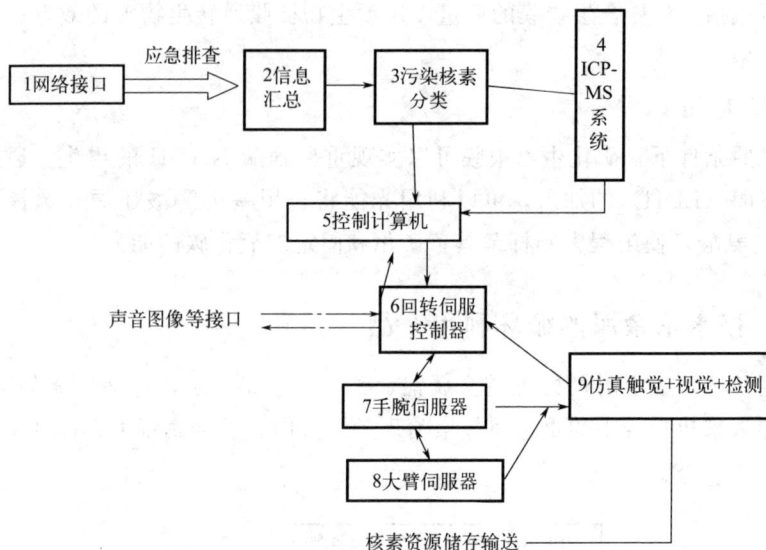

图 4-29　腐植酸钝化核素循环利用机器人的系统

4.3.3.3　分析

产品分析包括智能分析吸附剂泥炭、仿生泥炭的 BET 比表面积、吸附容量回收的重金属核素的质量。

参考文献

[1] 腐植酸编辑部. 农业农村部将加大力度重点扶持腐植酸绿色低碳产业发展.《对第十三届全国人大第四次会议第 7492 号建议的答复》（农办议〔2021〕411 号）. 腐植酸，2021（5）：89.

[2] Deng W H，Zhang Xi，Xue L Q，et al. Selective activation of the C—O bonds in lignocellulosic biomass for the efficient production of chemicals [J]. Chinese Journal of Catalysis，2015，36：1440-1460.

[3] 杨烨，史雅玫，安华良，等. 酸性离子液体催化乙酰丙酸自缩合制备生物燃料前体 [J]. 精细石油化工，2020，37（4）：30-36.

[4] 饶娜，吴元旦，石金明，等. 富氧燃烧烟气压缩纯化一体化脱硫脱硝：机制与工业进展 [J]. 能源研究与管理，2023，15（4）：66-75.

[5] Shrikanta S，Pedram F. 袁晓娜，译. 木质素衍生腐植酸制备与应用最新进展 [J]. 腐植酸，2024（2）：9-23.

[6] Hu Y X，Zhao W I，Wang L Q，et al. Machine-learning-assisted design of highly tough thermosetting polymers [J]. ACS Appl Mater Interfaces，2022，1021（1）：14290.

[7] 崔洪友等. LiCl$_3$H$_2$O/甲基异丁基甲酮两相体系中 NbOPO$_4$/HZSM-5 催化纤维素高效转化制备乙酰丙酸 [J]. Green Chemistry, 2020, 22 (13): 4240-4251.

[8] Fabian M S, Florian O, Volker M. Acetogenic conversion of H$_2$ and CO$_2$ into formic acid and vice versa in a fed-batch-operated stirred-tank bioreactor [J]. ACS Sustainable Chemistry & Engineerin 2021, 19 (9): 6810-6820.

[9] Bobb J A, Ibrahim A A, El-Shall M S. Laser synthesis of carbonaceous TiO$_2$ from metal-organic frameworks: Optimum support for Pd nanoparticles for C-C cross-coupling reactions [J]. ACS Applied Nano Materials, 2018, 1 (9): 4852-4862.

[10] Gao Y H, Liang Y, Zhou Z Y. Show more chemical and engineering news group. Pesticides protected by MOF container metal-organic framework deploys avermectins against citrus mites and boosts plant growth [J]. C&EN, 2023, 101 (7): 5-27.

[11] 杨武奇, 沈子贤. 浆料组成对纳米 TiO$_2$ 染料敏化太阳能电池性能的影响 [J]. 浙江化工, 2023, 54 (5): 6-11.

[12] Chen Q C, Bao Z T, Wan W J, et al. 光照射对水热碳微球吸附染料的影响 [J]. Journal of Molecular Structure, 2021.

[13] Kang F Y, Su Y J, Huang X Z, et al. Microstructure and bactericidal properties of Cu-MOF, Zr-MOF and Fe-MOF [J]. Journal of Central South University, 2023, 30 (10): 3237-3247.

[14] Zhang Z, Chen C Q, Li X, et al. Regulation of leukemogenesis via redox metabolism [J]. Trends in Cell Biology, 2024, 34 (11): 928-941.

[15] Wang A, Zou Y, Zhao Y, et al. Comprehensive multiscale analysis of lactate metabolic dynamics in vitro and in vivo using highly responsive biosensors [J]. Nature Protocols, 2024, 19 (5): 1311-1347.

[16] 翟岩亮, 路香港, 张健, 等. 生物质基航空煤油生产工艺的研究现状 [J]. 化工科技, 2022, 30 (1): 80-84.

[17] 成晓辉, 吴薇, 范文州, 等. MOF-5 改性碳纤维及成型复合材料的性能研究 [J]. 轻纺工业与技术, 2024 (1): 24-28.

[18] 李晓琳, 郑毅. 云南省农牧生产系统氮素流动时空变化特征与环境效应 [J]. 中国农业科学, 2018, 51 (3): 481-492.

[19] 方明智, 唐思琪, 孙煜璨, 等. 腐植酸淋洗对重金属污染土壤微生物群落结构影响研究 [J]. 农业环境科学学报, 2023, 42 (5): 1061-1070.

[20] Chen H P, Shan Y P, Xu C L. Multifunctional γ-cyclodextrin-based metal-organic frameworks as avermectins carriers for controlled release and enhanced acaricidal activity [J]. ACS Agric Sci Technol, 2023, 10: 1021.

[21] Fernando G B. AI accelerates MOF synthesis [J]. C&EN Global Enterprise, 2023, 101 (28): 72023.

[22] 沈天瑞, 周霞萍, 孙雷. 重金属循环利用装置. CN202420590523.5 [P]. 2024.11.12.

第5章
现代腐植酸设备技术

随着科学与工程技术的不断发展，在现代化腐植酸企业的建设中，在产品技术路线确定后，需要根据实际生产需要优化选择或设计自动化/智能化程度高的生产设备，明确设备的运行性能和能耗损耗，能通过调控、维护和预维护确保设备良好的运行状态，并提升综合性价比，形成科学合理的工艺与设备匹配的选择机制，全面保障自动化/智能化设备的性能达标。

一般企业选择自动化/智能化生产设备时，要确保设备材质满足工艺需求，运行能耗较低，自动化和数字化程度高，并有生产设备故障监管和故障处理流程；降低能耗、促进设备产能的提升；减少设备的磨损，提升设备利用率，减少设备闲置和停机时长；平衡设备生产线运行，促进整体企业车间的生产效能[1]。

腐植酸产品的生产设备涉及流体输送设备，如风机、压缩机和各种泵；原料加工涉及破碎机、离心分离机、过滤机、滚筒干燥机等设备；也涉及静止的机械，如容器、槽、罐、釜等，它们承载着各类反应的进行。由不同设备配置到生产线后运行时，需要有确保正常生产的自动化调控技术和维护技术。

5.1 腐植酸生产设备自动化运行与维护

腐植酸生产设备的自动化运行与维护，包括设备预测性维护以及智能数据处理技术。实际上，腐植酸系列生产线流程长，操作岗位多，各工序的难易程度相差较大。为确保装置运行稳定、控制方便、减少人工和节省投资，根据生产特点和岗位，采用分布式控制和管理（DCS），由可编程逻辑控制器（PLC）控制单台机器以及与其他自动化设备、传感器等协同工作，实现各种自动化控制任务。在 DCS 系统中，比例积分微分控制（PID）调节也是一种基本的自动控制策略。PID 控制器根据反馈信号和设定值之间的差异来计算控制信号，以实现对被控对象的控制。其基本原理是根据比例、积分和微分三个部分的计算调整输出信号以接近设定值，从而实现对被控对象的精确控制（图 5-1）。

5.1.1 腐植酸生产设备自动化运行

比较腐植酸产品加工都需要的雷蒙磨制粉和锤片式破碎机制粉设备，同样的料仓处理量（15m³），选用雷蒙磨成套设备包括 15 件，选用锤片式破碎机制粉

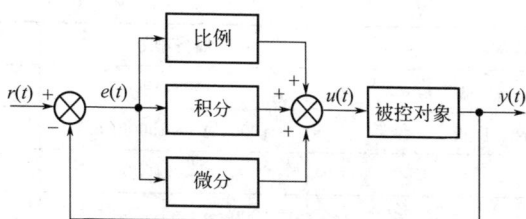

图 5-1　腐植酸设备的 PID 调控

设备也包括 15 件，即使设备价格相同，采用 PID 控制仪表，雷蒙磨的运行总功率需要 432kW，锤片式破碎机的运行总功率为 319kW，运行成本有差异，综合性价比也受到影响。两种设备见表 5-1 和表 5-2。

表 5-1　雷蒙磨制粉主要设备表

序号	设备名称	规格型号	运行功率/kW	数量
1	带变频调速的加料皮带进料仓	5000×2000×1000(宽)	7.5	1
2	人字形凸槽进料皮带机	1000(宽)×8000(长)	7.5	1
3	泥石分离机	4000×1000	40	1
4	撕碎机	1400×1000	70	1
5	脉冲除尘器	24 管	4	1
6	倾角底部碎料收集皮带	1000(宽)×15000(长)	11	1
7	带皮变频调速的加料仓	5000×2000×800(宽)	4	1
8	雷蒙磨	178	250	1
9	无轴螺旋	400(直径)×5000(高)	11	2
10	斗式提升机	30000(长)	11	1
11	立式散装水泥储罐	3000(直径)×10000(高)		2
12	吨袋包装机		5	1
13	双工位自动包装机	50kg	5	1
14	空气压缩机		11	1
15	配电及自动控制系统		5	1
16	合计		432	17

表 5-2　锤片式破碎机制粉主要设备表

序号	设备名称	规格型号	运行功率/kW	数量
1	带变频调速的加料皮带进料仓	5000×2000×800(宽)	7.5	1
2	人字凸形槽进料皮带机	1000(宽)×8000(长)	11	1
3	泥石分离机	4000×1000	55	1

序号	设备名称	规格型号	运行功率/kW	数量
4	撕碎机	1400×1000	40	1
5	倾角底部碎料收集皮带	1000(宽)×15000(长)	7.5	1
6	锤片式破碎机	1400×1000	132	1
7	出料皮带	1000(宽)×12000(长)	7.5	1
8	滚筒式筛分机	2200×5000(高)	7.5	1
9	出料皮带	800(宽)×1000(长)	4.5	1
10	脉冲除尘器	32管	8.5	1
11	吨袋包装机		5	1
12	双工位自动包装机		5	1
13	配电及自动控制系统		5	1
14	空气压缩机		18.5	1
15	合计		314.5	14

对照表 5-3，在黄腐酸的生产设备，对输送泵、滚筒干燥机，规定采用 304 不锈钢；搅拌槽、沉降槽、上料机、成品仓为根据产量制定的非标设备，设计的反应釜是压力反应釜，带有空气氧化或气爆氧化降解部分腐植酸为黄腐酸的功能。如果将压力下的氧化降解进化为预处理后的生物酶解，该黄腐酸生产线的设备就会减少，自动化运行的设备工序也会减少。

表 5-3　黄腐酸主要设备表

序号	设备名称	规格型号	数量	功率/kW
1	地下混料搅拌槽	4000(直径)×3000(高),10m³	1	
2	液下泥浆泵	$Q=50m^3/h, H=100m$	2	37
3	脉冲除尘器	24管	1	4
4	立式夹套搅拌压力反应釜	$T_内=150℃, P=3kg/cm^2$	6	26
5	分汽缸		1	
6	不锈钢泥浆泵	$Q=50m^3/h, H=100m$	2	22
7	深锥沉降槽	15m³	2	
8	不锈钢泥浆泵	$Q=20m^3/h, H=50m$	2	6
9	不锈钢卧螺进料泵	$Q=20m^3/h, H=50m$	2	6
10	卧螺离心机	WL540	2	110
11	卧螺离心机	WL450	2	66
12	中间储液槽	20m³	2	
13	不锈钢化工泵	$Q=20m^3/h, H=50m$	2	3
14	切片式滚筒干燥机	1500(直径)×4000(高)	20	90

序号	设备名称	规格型号	数量	功率/kW
15	脉冲除尘器	48管	1	11
16	成品收集皮带机	1000(宽)×60000(长)	1	4.5
17	自动电除铁器		1	3
18	成品密封式筛分机		1	4.5
19	成品粉碎机		1	11
20	脉冲除尘器	24管	1	4
21	螺旋管式上料机	300(直径)×10000(高)	1	5
22	成品仓	3000(直径)×5000(高)	1	
23	双工位粉体自动包装机		4	5
24	脉冲除尘器	24管	1	3
25	小包装自动包装机	5kg,1kg	4	2.5
26	空气压缩机		1	18.5
27	配电及自动控制系统		1	5
28	合计		65	447

依照表 5-4 的主要设备，在黄腐酸的生产调控中，需要在 DCS 分布式控制和管理下由 PLC 进行端口分配，并由 PID 精确控制 FA 精制水泵设备的运行。

表 5-4　PLC 端口分配

端口	地址号	控制设备	技术参数
模拟量输入	AIW16～AIW18	液位传感器	量程 0～5m,精度 ±0.25%
		温度传感器	量程 −25～85℃,精度 ±0.2%
模拟量输出	AQW16	变频器	恒力矩型,0～70Hz
数字量输出	Q0.1～Q1.2	进水电磁阀 1	常闭型,电源 24V
		进水电磁阀 2	常闭型,电源 24V
		出水电磁阀 1	常闭型,电源 24V
		出水电磁阀 2	常闭型,电源 24V
		水泵继电器	电源 24V
		搅拌机继电器	电源 24V
		抽料机继电器	电源 24V
		加热器继电器	电源 24V
		超纯水制备机继电器	电源 24V
RS-485 接口	VD600～VD608	涡轮流量计	量程 1～10m³/h,精度 ±0.05%
		称重传感器	量程 0～3t,精度 ±0.05%
		浓度传感器	精度 ±0.1%

图 5-2 为腐植酸钾、腐植酸钠、腐植酸铵三大基础产品的设备布置图。工艺包含干法和湿法。其中不经过固液分离，直接干燥的为干法；经过固液分离，再精制除渣的为湿法。生产腐植酸钾、腐植酸钠、腐植酸铵的工艺设备主要是带搅拌的反应器、离心机或斜板沉降器、蒸发器、滚筒干燥机等。

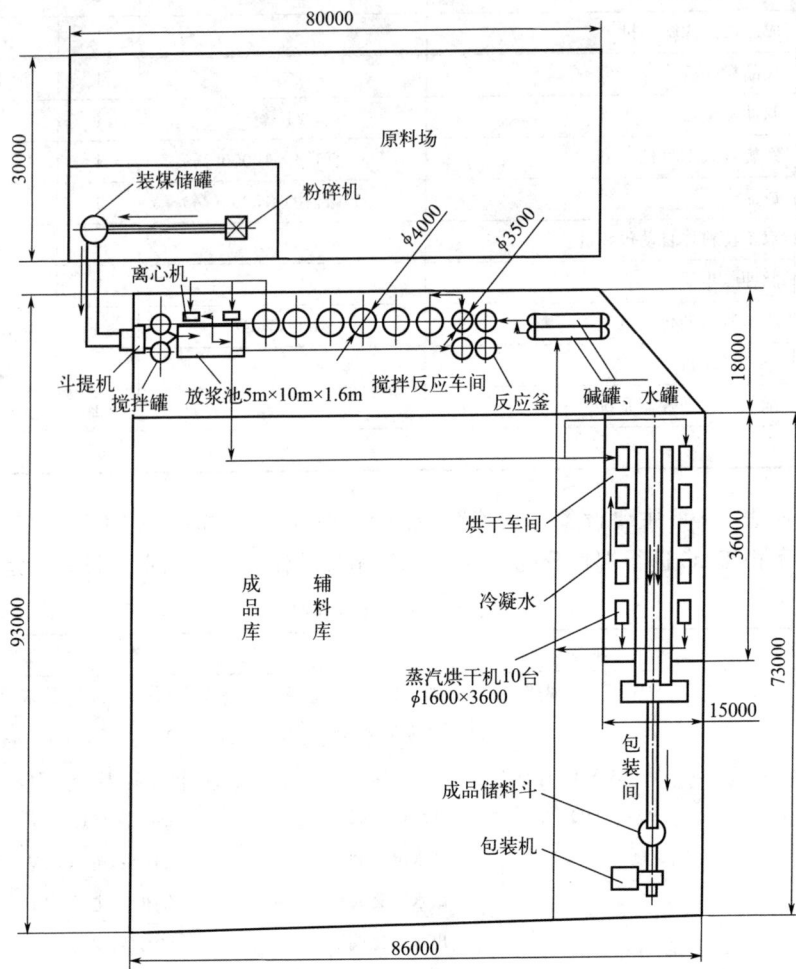

图 5-2　腐植酸钾、腐植酸钠、腐植酸铵等生产设备布置图

① 按干法、半干法或湿法进行原料粉碎、物料配比。腐植酸原料的酸性和碱的加量主要取决于羧基（—COOH）的多少，一般风化煤较高，褐煤次之，泥炭最低。对高钙、镁 HA 原料来说，用 K_2CO_3 代替 KOH，用 Na_2CO_3 代替 NaOH，用碳化氨水或碳酸氢铵（碳铵）代替氨水，相应加量要多些。因此，在生产之前必须测定原料煤 HA 类型，并对工艺物料配比进行实际计量。

② 产品干燥温度 130～160℃，但喷雾干燥为气流快速干燥，在进口空气<200℃、出口<110℃情况下是很安全的。

③ 以生产农用腐植酸钾、钠、铵盐为目的的工艺设备，反应器用不锈钢或者碳钢材质，配上合适的搅拌和加热措施。物料的固液分离，选卧螺离心机和碟式分离机，可以减少产品的水不溶物。干燥设备选用传统的滚筒式干燥或者喷雾干燥。

④ 干法快速反应制取腐植酸钾、钠的工艺，节省能耗和生产成本，简化了操作，但干法生产工艺设备要求较高，包括加热介质、高速搅拌、碱液喷淋与均匀分散以及设备的防腐蚀等。

⑤ 中间产品与最终产品的调控。腐植酸钾、腐植酸钠也是生产腐植酸锌 (Zn)、铁 (Fe)、钙 (Ca)、镁 (Mg)、铜 (Cu) 等多价金属盐的中间步骤。制取腐植酸多价金属盐原则上必须先制成腐植酸钠溶液，再加入相应的无机盐，通过复分解反应将腐植酸的多价盐沉淀出来。因此，反应等主要设备是相同的。其可以作为腐植酸中量元素肥料或某些微量元素的成分，组合成复合肥或者土壤调理剂。

5.1.2 腐植酸生产设备的规范化维护

腐植酸生产设备的维护，包括清洁、润滑、检查和更换破损或失效的零件等。合理的使用，可充分发挥设备效率，减少设备磨损，延长使用寿命。对于设备集中、拥有量多、品种复杂的大型工程项目，设备的使用管理应设有专门管理人员，有健全的设备管理台账，详细记录设备的编号、名称、型号、规格、原值、性能、购置日期、使用情况、维护保养情况等。随着施工的进行，及时检查设备的完好率和利用率，减少故障停机率，及时定购配件，以便更好地维护故障设备。易损件应有一定的储备，但不造成积压。做好各类原始记录的收集整理工作。设备完成项目施工返回时，由设备管理部门组织相关人员对所返回的设备进行检查验收。

完好率＝设备完好台日数/设备总台日数×100%

利用率＝全年设备实际工作时间/全年设备制度工作时间×100%

故障停机率＝设备故障停机时间/（设备实际开动时间＋设备故障停机时间）×100%

如图 5-3 所示，关键设备维护时刻分为两大类情况进行考虑。情况 1，当系统监测到某关键设备发生功能故障报警，必须立刻对该设备进行维修，则最终维护时刻即为当前时刻，其对应的维护所需时间由实际维护情况决定。情况 2，当系统监测到某关键设备产生警告提示信息或存在一定的劣化趋势，但设备仍能继续运行，即该设备存在潜在故障，但可以延迟维护。关键设备延迟维护的最佳时刻 T_g 是通过时间延迟理论分析设备劣化趋势，计算其随时间变化的可靠度，并结合生产计划最小化维护成本获得的。基于最终延迟维护时刻的设备可靠度，可以预测获得维护所需时间 t_k。若表示该关键设备的延迟维护最佳时刻不在生产线下一个维护周期内，需要在延迟维护最佳时刻到达时即刻对设备进行维护；若表示延迟维护的最佳时刻在生产线下一个维护周期内，可以在生产线周期性维护时对该设备进行处理[2]。

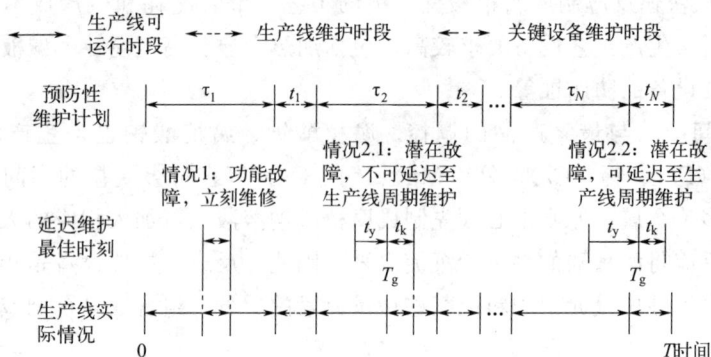

图 5-3　预维护策略实施效果图[2]

5.2　腐植酸生产过程的人工智能调控与优化

人工智能（artificial intelligence，AI）可对腐植酸生产过程的调控与优化，通过与机器人、自动化设备和智能传感器等技术的融合，可实现生产制造过程中的智能控制和自动化，提高生产效率，改善生产设备的智能化和柔性化，使其能够更好地适应各种生产需求。利用 AI 技术，企业可以实现对生产设备的远程运维和监控。例如，无人值守远程运维系统能够在千里之外对现场设备进行监视和记录，自动分析生产数据，并实时优化和调控生产过程，提高生产效率，改善工作环境，并减少人为错误和事故；AI 技术通过智能优化与控制能源使用，帮助制造企业降低能耗和减少排放，并依据生产计划与实时需求灵活调整能源分配，确保生产流程的连贯与稳定，同时有效规避能源浪费；在有 AI 协助的腐植酸生产线，必有智能传感器、智能电气装备、电力设备和电力系统的自愈等设施；AI 技术可提高生产设备的数据分析与瓶颈识别，通过实时监控传感器和设备运行数据能够精准识别生产过程中的瓶颈，有助于优化生产流程，提高效率。

5.2.1　腐植酸生产设备的人工智能调控

以控制雷蒙磨粉碎褐煤或风化煤的始端生产设备为例，AI 技术调控需要有设计的电路图、监测系统和反馈机制，确保系统具备过载保护、短路保护等安全措施，以防止设备损坏等。

如图 5-4，相对于雷蒙磨工作环境，PLC 技术可进行自动空气成分检测；利用 PLC 技术构建监测系统，安装数据模块、报警模块、粉尘传感器等；以模块化采用硬件模块化的手段，促进 PLC 模块化发展；结合实际控制需求，对 PLC 进行模块化设计，使其具有模块化特征，强化控制效果；构建模块化控制系统，连接信息化平台及自动化生产线，实现无人化操作；以集成化利用专用的集成电路芯片，提升 PLC 系统的集成度，促进系统软硬件高效运行。

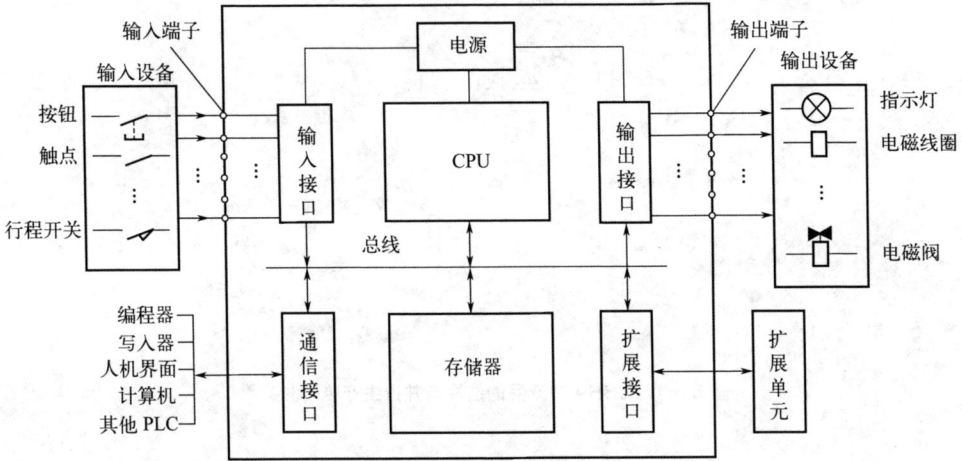

图 5-4　PLC 控制系统组成[3]

5.2.2　腐植酸生产过程的人工智能优化

人工智能 AI 技术对腐植酸生产过程的优化，通过在生产线各个环节安装传感器，可以实时捕捉各机器的运行状态、生产速度、物料消耗等数据。经过 AI 系统的精确分析，生产中的瓶颈与问题得以及时识别。例如，在腐植酸农药原料的生产中，在抽提脱灰、液固分离中，AI 技术可通过分析数据，通过平台的快速检测方法，及时发布检测数据，稳定生产线的产品质量。

人工智能在腐植酸产品等制造业的应用可分为上游基础层、中游系统层和下游应用层。其中，基础层包括基础设施和智能工业设备等工业软硬件，系统层包括工业生产控制系统和工业互联网平台，应用层是腐植酸技术在细分领域内的应用。

根据图 5-5 生物农药的主要用途、化学成分、提取工艺、生防目标，按图 5-6 多产品项目网络工序排列，挖掘各单一环节产生的数据信息，进而赋能整体的预测、生产、管理、决策，实现精细化管理，助力企业创制新产品，且降本增效。BHA 生产工艺及产品主要用途分别验证见图 5-7。

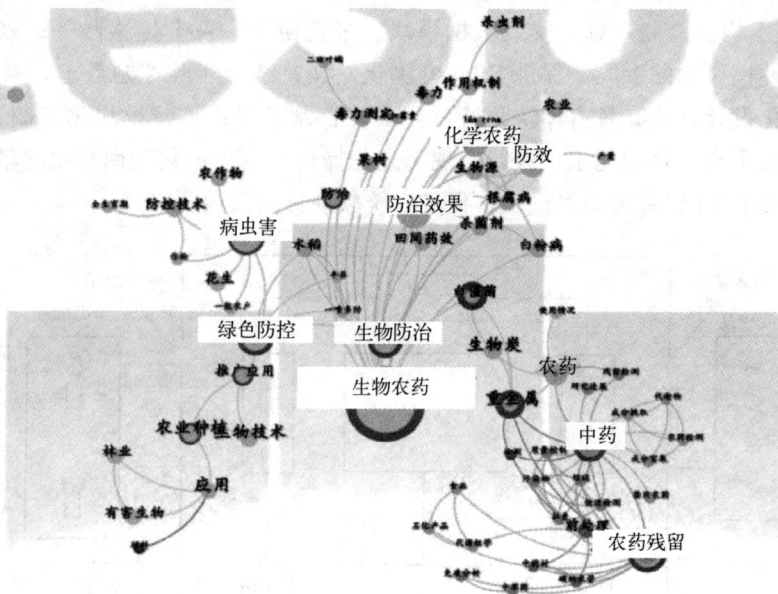

图 5-5　HA/BHA 多产品的选择与并行生产 AI 调控[5]

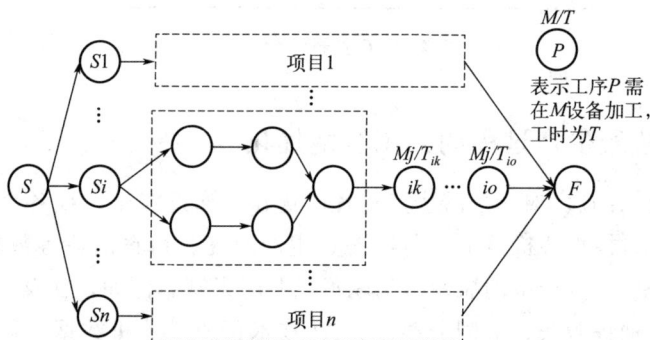

图 5-6　腐植酸多产品项目网络图[4]

其中，算法、算力的不断提升以及数据的持续积累，可以使人工智能 AI 技术逐渐从理论走向工业领域的应用实践，切入越来越多的工业应用场景。数据是腐植酸等制造业的基础生产资料，算力提高了海量数据的处理能力和效率，算法从处理过的数据资料中发现规律并提供智能决策支持。具体而言，以机器学习、深度学习等数据科学和知识图谱、专家系统等知识工程为代表的两大类算法技术和以机器视觉、自然语言处理为代表的应用技术均不断取得突破。例如，深度学习特征提取和泛化推广能力推动机器视觉技术准确度和速度双提升的同时提升视觉处理器能力，借助机器视觉，机器人可实现三维感知，并与人类进行智能互动。工信部数据显示，经过智能化改造，制造业研发周期缩短约 20.7%、生产

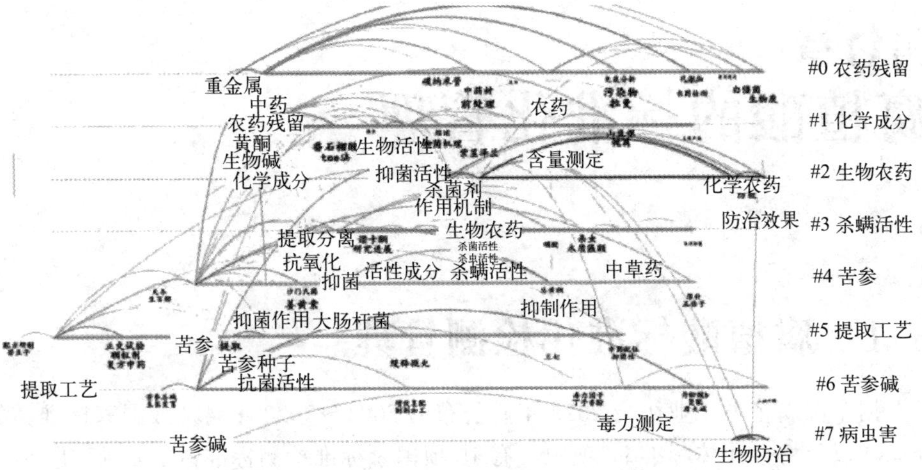

图 5-7　BHA 生产工艺及产品主要用途分别验证示意图[5]

效率提升约 34.8%、不良品率降低约 27.4%、碳排放减少约 21.2%；同时在人工智能的赋能下，腐植酸等制造业正在从以产品为中心向以用户为中心转变，满足消费者个性化需求将成为腐植酸等制造业的新服务。例如，AI 技术将生产线优化与订单情况、库存状况、设备性能等智能生成高效的生产计划与排程，AI 智能化技术在腐植酸生产过程优化中前景远大，与其他制造业一样，在不断的创新开发和完善中[6-8]。

参考文献

[1] 邢喜东．PLC 自动化控制技术在工业生产中的应用［J］．自动化与控制，2024（3）：189-191

[2] 沈南燕，武星，李静，等．自动化生产线中关键设备的预维护策略研究［J］．机械工程学报，2020，56（21）：231-240.

[3] 朱子靖．工业自动化仪表与自动化控制技术的应用研究［J］．冶金与材料，2022，42（4）：116-118.

[4] 余阿东．复杂产品人工智能生产调度研究［J］．机械设计与制造，2024（7）：26-30.

[5] 吴定莲，朱浩，卢欢欢，等．基于人工智能和中药配伍思想的中药绿色农药开发策略与系统构建［J］．中国中药杂志，2024，49（10）：2828-2840.

[6] 陆茵，韦忠红，邹伟，等．人工智能生物学：未来中医药现代化研究重要战略资源和竞争热点［J］．南京中医药大学学报，2021，37（3）：331.

[7] 袁治理，叶文武，侯毅平，等．我国绿色农药研究现状及发展建议［J］．中国科学：生命科学，2023，53（11）：1643.

[8] Ajilav C，Victoria A，Nour N，et al. Species-specific microRNA discovery and target prediction in the soybean cyst nematode［J］. Sci Rep，2023，13（1）：17657.

第6章
腐植酸的标准化管理

6.1 腐植酸标准化检测管理

据中国腐植酸工业协会2023年底公布的2001～2023年腐植酸国家标准、部颁标准以及协会团体标准93项中，有10项国家标准检测标准占了6项，43项行业标准测定标准占了9项，22项团体标准检测标准占了3项，18项地方标准检测标准占了9项，具体如表6-1所示，对比可以了解哪些检测是必要的、哪些检测标准国标与行标或者团体地方标准的差异[1-6]。

表 6-1　腐植酸标准化检测一览表

标准名称	标准编号
煤中腐植酸产率测定方法	GB/T 11957—2001
农业用腐殖酸钾	GB/T 33804—2017
矿物源总腐殖酸含量的测定	GB/T 34766—2017
矿物源游离腐殖酸含量的测定	GB/T 35106—2017
矿物源腐殖酸肥料中可溶性腐殖酸含量的测定	GB/T 35107—2017
钻井液用腐植酸类处理剂中腐植酸含量的测定	SY/T 5814—2008
水溶肥料　腐植酸含量的测定	NY/T 1971—2010
含腐植酸水溶肥料	NY 1106—2010
肥料中黄腐酸的测定　容量滴定法	NY/T 3162—2017
腐植酸铵肥料分析方法	HG/T 3276—2019
餐厨废弃物生产肥料中生物腐植酸含量测定方法	HG/T 5603—2019
腐植酸碳系数测定方法	HG/T 5936—2021
腐植酸与黄腐酸含量的快速测定方法	HG/T 5937—2021
腐植酸肥料中氯离子含量的测定　自动电位滴定法	HG/T 5938—2021
腐植酸碳系数测定方法	T/CHAIA 6—2019
矿物源腐植酸测定方法	T/CHAIA 9—2020

标准名称	标准编号
腐植酸有机水溶肥料（微量元素型）	T/ZQBJXH 021—2022
有机肥料中腐植酸含量的测定	DB21/T 1322—2004
肥料中腐植酸含量的测定重铬酸钾氧化法	DB51/T 842—2008
含矿源腐植酸有机肥料中腐植酸的测定方法	DB61/T 1024—2016
腐植酸含量快速检测技术规程	DB21/T 3239—2020

6.2　腐植酸标准化产品管理

腐植酸标准化产品管理见表 6-2。

表 6-2　腐植酸标准化产品一览表

标准名称	标准编号
农业用腐殖酸钾	GB/T 33804—2017
腐殖酸类肥料　分类	GB/T 35111—2017
农业用腐殖酸和黄腐酸原料制品　分类	GB/T 35112—2017
黄腐酸原料及肥料　术语	GB/T 38072—2019
腐植酸原料及肥料　术语	GB/T 38073—2019
饲料添加剂用腐植酸钠技术条件	MT/T 745—1997
煤系腐植酸复混肥料技术条件	MT/T 746—1997
锅炉防垢剂用腐植酸钠技术条件	MT/T 747—1997
铅酸蓄电池用腐植酸	HG/T 3589—2023
含腐植酸水溶肥料	NY 1106—2010
煤基腐植酸技术条件	MT/T 1159—2011
含腐植酸尿素	HG/T 5045—2016
腐植酸复合肥料	HG/T 5046—2016
钻井液用页岩抑制剂　腐植酸钾（KAHm）	SY/T 5668—2016
腐植酸钠	HG/T 3278—2018
含螯合微量元素复混肥料（复合肥料）	HG/T 5331—2018
腐植酸生物有机肥	HG/T 5332—2018
腐植酸微量元素肥料	HG/T 5333—2018

标准名称	标准编号
黄腐酸钾	HG/T 5334—2018
含腐植酸磷酸一铵、磷酸二铵	HG/T 5514—2019
矿物源腐植酸有机肥料	HG/T 5602—2019
硝基腐植酸	HG/T 5604—2019
腐植酸土壤调理剂	HG/T 5782—2020
饲料原料 腐植酸钠	NY/T 4120—2022
肥料增效剂 腐植酸	HG/T 5931—2021
腐植酸有机无机复混肥料	HG/T 5933—2021
黄腐酸中量元素肥料	HG/T 5934—2021
黄腐酸微量元素肥料	HG/T 5935—2021
腐植酸中量元素肥料	HG/T 6079—2022
泥炭基质	HG/T 6080—2022
硝基腐植酸钙	HG/T 6081—2022
生物质腐植酸有机肥料	HG/T 6082—2022
腐植酸钠(外文版)	HG/T 3278—2018(EN)
黄腐酸钾(外文版)	HG/T 5334—2018(EN)
硝基腐植酸(外文版)	HG/T 5604—2019(EN)
铅酸蓄电池用腐植酸	HG/T 3589—2023
腐植酸肥料行业绿色工厂评价要求	HG/T 6192—2023
腐植酸标准化良好行为规范	T/CHAIA 1—2018
腐植酸有机-无机复合肥料	T/CHAIA 2—2018
腐植酸复合肥料	T/CHAIA 3—2018
矿物源腐植酸钾	T/CHAIA 4—2018
腐植酸有机肥料	T/CHAIA 5—2018
饲料级 腐植酸钠	T/CHAIA 7—2018
腐植酸钾复合肥料	T/CHAIA 8—2020
腐植酸水溶硅钾肥	T/CHAIA 10—2020
腐植酸钠水质改良剂	T/ZJABHPA 0007—2018
腐植酸肥料绿色工厂评价导则	T/CPCIF 0105—2021

标准名称	标准编号
绿色设计产品评价技术规范　矿物源腐植酸肥料	T/CPCIF 0124—2021
腐植酸有机水溶肥料（微量元素型）	T/ZQBJXH 021—2022
含腐植酸水溶肥料　固体大量元素型	T/ZZB 2627—2022
含矿物源黄腐酸钾大量元素水溶肥料	T/CPFIA 0002—2022
含矿物源黄腐酸钾磷酸一铵	T/CPFIA 0003—2022
腐植酸缓释生态肥	T/HEBQIA 108—2022
绿色设计产品评价技术规范　腐植酸有机肥	T/CIET 150—2023
腐植酸残渣制备重金属钝化材料及其应用　技术规程	T/CSER 008—2023
煤制腐植酸肥料生产技术规范	T/HMSAQS 002—2023
黄腐酸大樱桃	T/DWNC 001—2023
黄腐酸水溶肥料	DB21/T 2493—2015
活化腐植酸在水稻育苗上的施用技术规程	DB37/T 3828—2019
设施番茄腐植酸肥料施用技术规程	DB21/T 3350—2020
燕麦避旱抗旱种植技术规程　第 2 部分　喷施腐植酸水溶肥抗旱技术	DB15/T 2096.2—2021
河套灌区盐碱地脱硫石膏与腐植酸配施改良土壤技术规程	DB15/T 2790—2022
冬小麦减氮配施腐植酸增效技术规程	DB41/T 2509—2023
玉米腐植酸控释掺混肥施用技术规程	DB4110/T 63—2023

表 6-2 的腐植酸产品标准，包括原料分类、生产技术规范、施用技术规程。虽然中国腐植酸工业协会在 2018 年 12 月提出了《腐植酸标准化良好行为规范》（T/CHAIA 1—2018）的标准，但在应用中还应该有限定和不断完善部分。例如，因为天然黄腐酸的短缺，在运用磺甲基化腐植酸（黄腐酸）用于农业水溶肥的产品时，应该增加游离甲醛的限定含量。

从工业和信息化部发布的《化肥产品追溯系统要求》等行业标准中，与腐植酸肥料有关的共计 9 项，内容包括化肥产品追溯、腐植酸中量元素肥料、生物有机肥料、土壤调理剂等，分别为《化肥产品追溯系统要求》（HG/T 6022—2022）、《腐植酸中量元素肥料》（HG/T 6079—2022）、《生物质腐植酸有机肥料》（HG/T 6082—2022）、《硝基腐植酸钙》（HG/T 6081—2022）、《绿色设计产品评价技术规范　尿素》（HG/T 6025—2022）、《绿色设计产品评价技术规范　有机类肥料》（HG/T 6026—2022）和《化肥企业节能诊断技术规范》（HG/T 6028—2022），均在 2023 年 4 月 1 日起开始实施。而涉及《精细化工企业节能诊断技术规范》（HG/T 6032—2022），实际包括农药及中间体、颜料、医药及中间体、信息技术用化学品、高纯物质、助剂、表面活性剂等化学品生产的精细化工企业开展节能诊断活动，也是标准化的管理内容。

6.3 腐植酸标准与绿色工厂设计评价

腐植酸标准与绿色设计产品评价技术规范选汇见表 6-3。

表 6-3　腐植酸标准与绿色设计产品评价技术规范选汇

标准名称		标准编号
生态设计产品评价通则		GB/T 32161—2015
生态设计产品标识		GB/T 32162—2015
绿色设计产品评价技术规范	水性建筑涂料	HG/T 5682—2020
绿色设计产品评价技术规范	喷滴灌肥料	T/CPCIF 0030—2020
绿色设计产品评价技术规范	液体分散染料	T/CPCIF 0040—2020
绿色设计产品评价技术规范	轮胎模具	T/CPCIF 0076—2020
		T/CRIA 22010—2020
绿色设计产品评价技术规范	氨基酸	T/CBFIA 04002—2019
绿色设计产品评价技术规范	甘蔗糖制品	T/CNLIC 0007—2019
绿色设计产品评价技术规范	甜菜糖制品	T/CNLIC 0008—2019
绿色设计产品评价技术规范	包装用纸和纸板	T/CNLIC 0010—2019
绿色设计产品评价技术规范	家居用水性聚氨酯合成革	T/CNLIC 0017—2021
绿色设计产品评价技术规范	革用聚氨酯树脂	T/CNLIC 0018—2021
绿色设计产品评价技术规范	酵母制品	T/CLIC 0025—2021
		T/CBFIA 01002—2021
绿色设计产品评价技术规范	手动牙刷	T/CNLIC 0061—2022
绿色设计产品评价技术规范	真空杯	T/CPF 0014—2021
绿色设计产品评价技术规范	折叠纸盒	T/CPF 0014—2021
绿色设计产品评价技术规范	瓦楞纸板和瓦楞纸箱	T/CPF 0022—2021
绿色设计产品评价技术规范	无溶剂不干胶标签	T/CPF 0025—2021

6.3.1 腐植酸肥料绿色工厂设计评价

腐植酸肥料绿色设计产品评价流程见图 6-1。

依据 GB/T 24040、GB/T 24044 和 GB/T 32161 给出的生命周期评价方法学

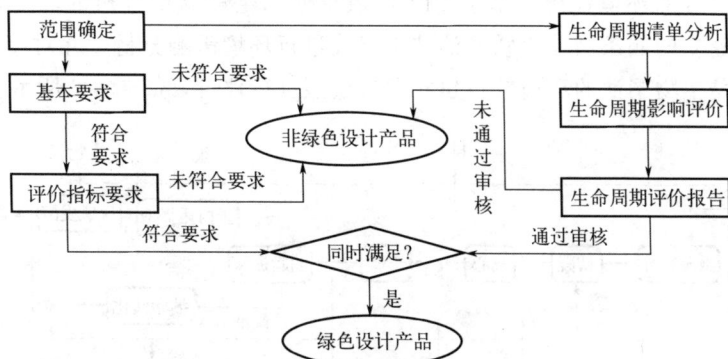

图 6-1　腐植酸肥料绿色设计产品评价流程

框架、总体要求编制绿色设计产品的生命周期评价报告，应提供报告信息、申请者信息、评估对象信息、采用的标准等基本信息，并包括报告编号、编制人员、审核人员、发布日期等；申请者信息包括公司名称、统一社会信用代码、地址、联系人、联系方式等；评估对象信息应包括产品名称、产品货号等；要附上评价采用的标准编号及名称。

　　生命周期评价应详细描述评估的对象、功能单位和产品主要功能，提供产品的材料构成及主要技术参数表，绘制并说明产品的系统边界，披露所使用的软件工具；要进行生命周期清单分析，报告应提供考虑的生命周期阶段，说明每个阶段所考虑的清单因子及收集到的现场数据或背景数据，涉及数据分配的情况应说明分配方法和结果。生命周期影响评价报告应提供产品生命周期各阶段的不同影响类型的特征化值，并对不同影响类型在生命周期的分布情况进行比较分析；要对绿色设计提出改进建议，在分析指标的符合性评价结果以及生命周期评价结果的基础上提出产品绿色设计改进的具体方案。最后得出评价报告的主要结论，应说明产品生命周期评价结果并提出改进建议。附件应包括产品样图或分解图、产品零部件（如有）及材料清单、产品工艺表（包括零件或工艺名称、工艺过程等）、各单元过程的数据收集表（如涉及数据分配的情况，说明分配方法和结果）。

　　例如，对于水处理集成微藻生物柴油、肥料等生命周期系统的环境影响评价，基于 CML 模型，选取全球变暖（GWP）、酸化（AP）、富营养化（EP）、臭氧层耗竭（ODP）、光化学烟雾（POCP）和人体毒性（HTP）这六种主要的环境类型，通过对各类环境影响的特征化、标准化和归一化对微藻生物柴油生命周期系统进行环境影响评价。微藻生物柴油技术路线的环境影响主要取决于工艺能源（微藻生物柴油生产所需电能和蒸汽能）和辅助物质（甲醇、氮肥和磷肥腐植酸复合肥）的消耗数量，这需要对微藻生物柴油技术路线进行清单分析，通过敏感性分析中的参数及阈值得出废水培养微藻去 NPK 营养的技术路线，替代常规水处理过程的环境评价。基于 CLCD 数据库和生命周期分析的环境影响评价模型，对建立的四条微藻生物柴油技术路线进行环境影响分析，并对废水培养微藻生产微藻生物柴油的环境效益建立评价模型进行评价，如图 6-2 所示。

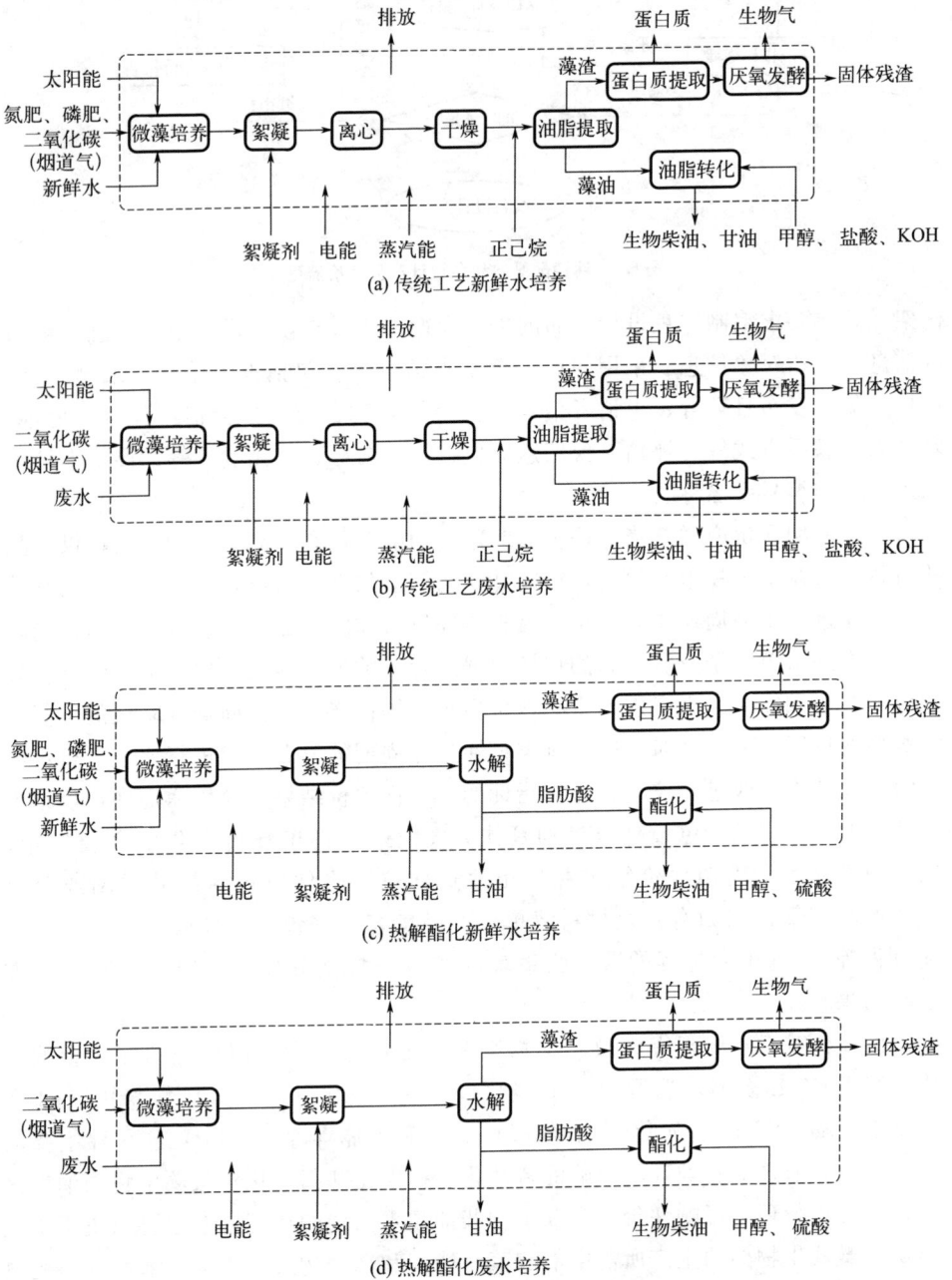

(a) 传统工艺新鲜水培养

(b) 传统工艺废水培养

(c) 热解酯化新鲜水培养

(d) 热解酯化废水培养

图 6-2 微藻利用的生命周期循环利用图 [7-8]

6.3.2 腐植酸农药绿色工厂设计评价

固体制剂是农药制剂类型中的一大类，它是由农药原药、固体填料以及适宜的助剂组成的固体类农药。按照 FAO/WHO 标准中的分类，固体制剂分为可直接使用的固体制剂、可分散的固体制剂以及可溶的固体制剂，如粉剂、颗粒剂、水分散粒剂、可溶粉剂等。

液体制剂是由农药原药、表面活性剂及适宜的助剂和溶剂加工而成的液体类农药。按照 FAO/WHO 标准中的分类，液体制剂可分为单相液剂、分散液剂、乳剂、悬浮剂及多性质液剂。

微生物农药是由微生物或其代谢产物对有害生物进行防治的一类制剂，它较化学农药具有选择性强、无污染、不易产生抗药性、生产原料广泛等优点。这些微生物农药包括细菌、真菌、病毒或其代谢物，例如苏云金杆菌、井冈霉素、白僵菌等，（微）生物农药也有固体制剂与液体制剂的区分。

按照全生命周期的理念，在产品设计开发阶段系统考虑原材料选用、生产、销售、使用、回收、处理等各个环节对资源环境造成的影响，力求产品在全生命周期中最大限度降低资源消耗、尽可能少用或不用含有有毒有害物质的原材料，减少污染物产生和排放，从而实现环境保护的活动。

生态设计产品是符合生态设计理念和评价要求的产品，评价流程同腐植酸肥料，但要求提供农药制剂产品生命周期系统边界图（图 6-3），并要求企业评价产品，应获得农药生产许可和农药登记。

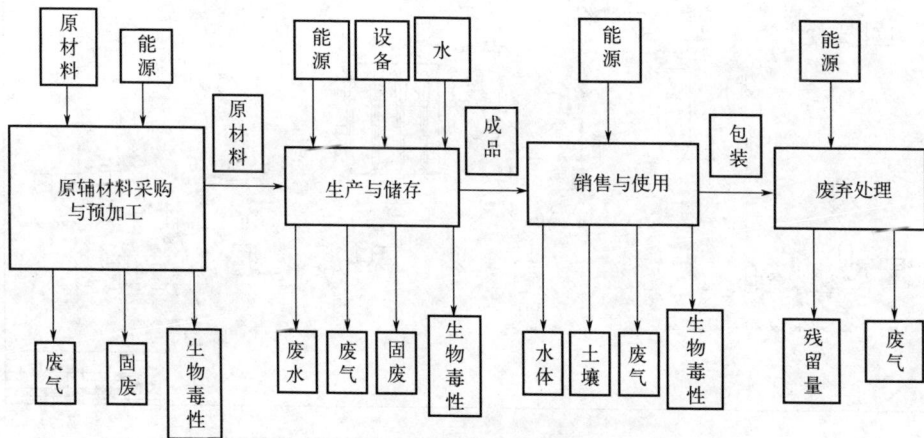

图 6-3 农药制剂产品生命周期系统边界图

图 6-4 为数字化赋能农业项目的全生命周期管理评价。

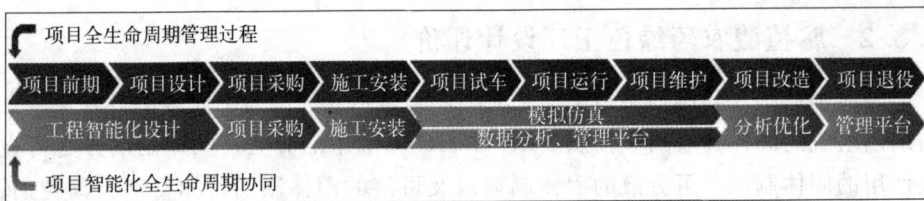

图 6-4 数字化赋能农业项目的全生命周期管理评价

6.3.3 腐植酸材料绿色工厂设计评价

腐植酸材料绿色工厂设计评价是一个综合性的过程，有多方面的考量，包括环保性、生产效率、可持续性、安全性等多个维度。以腐植酸半导体封装胶绿色材料工厂设计为例，要考虑生产线布局是否合理，能否实现高效、连续的生产流程；能源利用方面是否采用节能设备和技术以及实现资源的循环利用；安全性方面是否配备了必要的安全设施，如紧急停机按钮、安全疏散人员通道等；风险评估与应对方面是否制定了相应的应急响应计划以应对突发事件；工作环境方面是否良好，如通风条件、噪声控制、照明质量等是否满足员工健康需求；创新与可持续发展方面是否重视技术研发和创新能力的提升，开发出更加环保、高效的封装胶产品和生产工艺（图 6-5）。

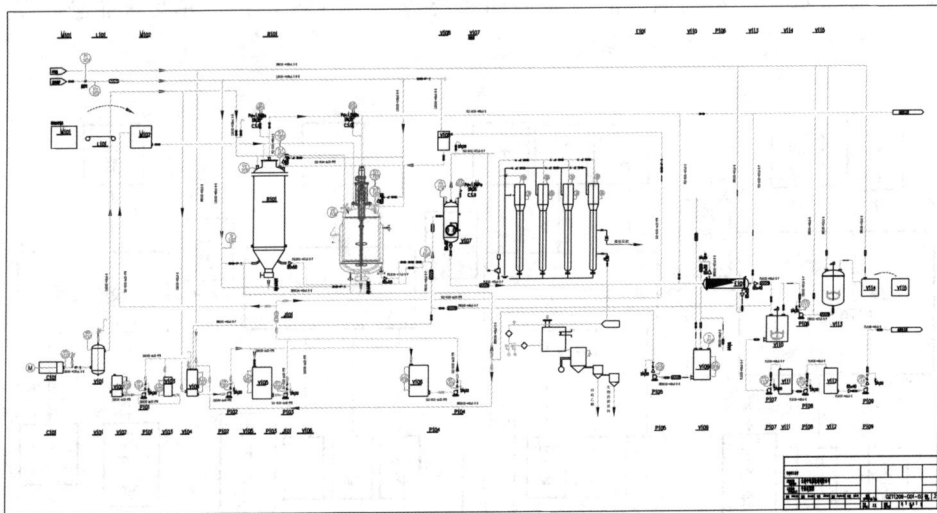

图 6-5 含腐植酸的半导体封装胶绿色材料工艺流程示意图

6.3.4 腐植酸化妆品绿色工厂设计评价

当腐植酸、黄腐酸与益生菌共存时，腐植酸黄腐酸因具有疏水亲水基团，可以改善单一水基化妆品和单一油基化妆品的问题。因此，腐植酸（黄腐酸）化妆品绿色工厂的设计，要采用ISO22716：2007。

6.3.5 腐植酸饲料绿色工厂设计评价

腐植酸饲料绿色工厂设计，得益于腐植酸钠作为饲料添加剂的较广泛研究应用，也得益于腐植酸钠饲料添加剂已由中国腐植酸工业协会修订建立了团体标准，并已列入国家饲料添加剂手册。在《饲料药物添加剂使用规范》中积极开发益生菌作为抗生素的替代物的政策下，开发多种含益生菌的腐植酸饲料并注重低碳环保效益，是创制腐植酸饲料绿色工厂设计的基本点。

联合国粮食及农组织（FAO）的报告指出，全球畜牧业的温室气体排放占14.5%，有39%是动物排放的气体。甲烷（CH_4）是一种半衰期较长的温室气体，其增温潜力是二氧化碳（CO_2）的28倍。其中反刍动物的CH_4年平均排放量占大气中CH_4总量的15%。从营养上来说，由反刍动物瘤胃发酵产生的CH_4使饲料能量损失2%～15%。与此同时，随着我国反刍动物养殖数量的不断扩大，玉米、大豆等饲料原料的进口量也在显著增加；蛋白质饲料资源的稀缺和饲粮蛋白质利用效率较低已成为限制我国反刍动物养殖可持续和高质量发展的重要因素之一。反刍动物养殖业的发展需要设计可持续发展的绿色工厂。而饲用酶制剂能够提高动物的生产性能、对营养物质的消化率，降低瘤胃发酵过程和粪便管理过程中的甲烷和氧化亚氮排放量，减轻对环境的污染。因此，新型腐植酸用于反刍动物的饲料绿色工厂设计，应该具有在线甲烷收集器和检测仪器（图6-6）。

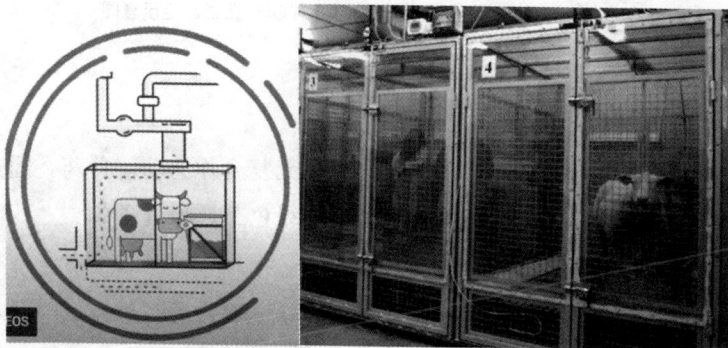

图6-6 欧洲带有甲烷回收装置的奶牛场示意图

如图6-7所示，欧洲学者使用不同方法来测量不同环境条件下个体奶牛的甲烷排放量。其方法包括呼吸室、六氟化硫（SF_6）示踪技术、挤奶或喂养期间的呼吸采样、GreenFeed系统和激光甲烷检测器。呼吸室被认为是"黄金标准"，可用于遗传评估，但不适合大规模测量甲烷排放测定。不过所有方法都显示出与呼吸室的高度相关性。

鉴于直接测量个体动物排放的甲烷（CH_4）既困难又昂贵，基于 CH_4 代理的预测是一种可行的选择。大多数预测模型基于多元线性回归（MLR），以及商业农场通常不可用的预测变量，例如干物质摄入量（DMI）和饮食成分。将使用机器学习（ML）算法从跨国异构数据集中预测 CH_4 排放，目的是比较 ML 集成算法随机森林（RF）和 MLR 模型在预测奶牛代理 CH_4 排放方面的性能，并评估估算缺失数据点对预测准确性的影响数据和方法。现已有 10 个国家提供了来自 20 个畜群的 CH_4 排放和 CH_4 替代数据。综合数据集包含来自 3483 头奶牛的43519 条记录，预测准确性测量为观察和预测 CH_4、均方根误差（RMSE）和平均归一化折现累积增益（NDCG）之间的相关性。结果表明，如果结合最先进的插补技术和用于预测建模的高级 ML 算法，奶牛场的常规测量变量可用于开发全球稳健的 CH_4 预测模型。在此基础上，腐植酸等饲料绿色工厂设计集养殖和碳汇为一体，集腐植酸微生态制剂对反刍动物甲烷减排符合国家和地方的产业化重点以及联合国粮食及农业组织的绿色可持续和高质量发展政策[9-12]。

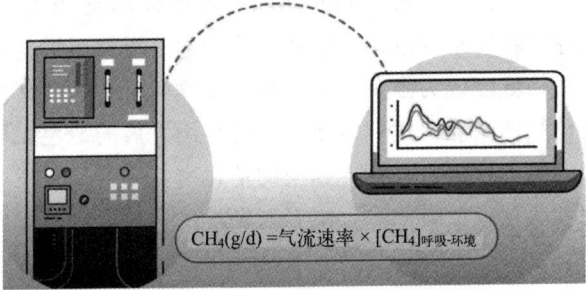

$$CH_4(g/d) = 气流速率 \times [CH_4]_{呼吸-环境}$$

图 6-7　欧洲带有甲烷回收装置的奶牛 CH_4 在线测定示意图

6.3.6　腐植酸兽药绿色工厂设计评价

腐植酸、黄腐酚、黄腐酸与益生元、后生元复合作为功能兽药，通过强化牲畜家禽的营养，体现了减少疾病的腐植酸兽药绿色工厂设计理念[11-12]。

（1）优质鸡的生态节能养殖

育雏鸡，除了防病治病外，还要有配套的绿色孵化场、机械化喂料，还要包括场所绿色产品对环境的零排放，见图 6-8～图 6-11。

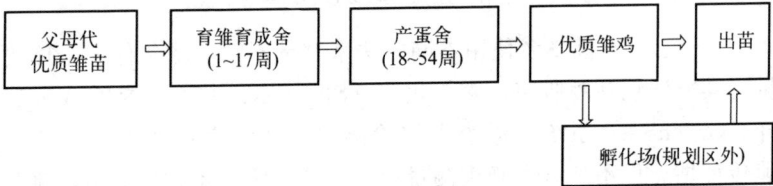

图 6-8　腐植酸兽药工厂防病治病养殖场应用周期

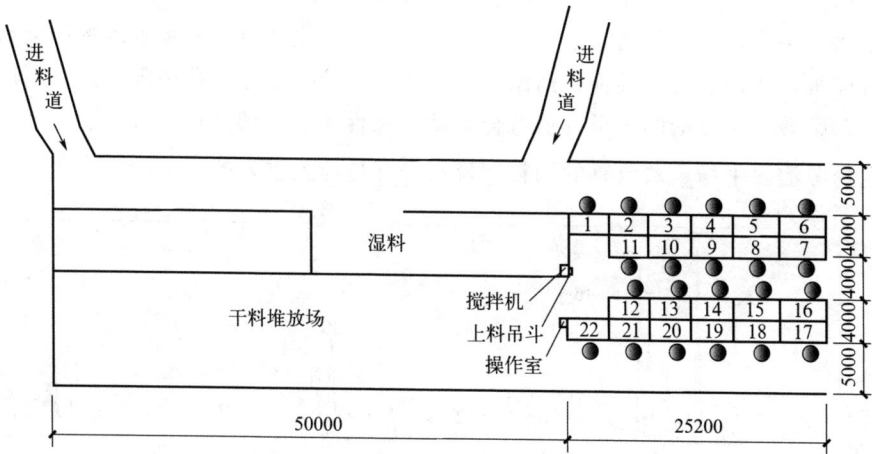

平面布置示意图1:100

图 6-9 无抗生素的兽药鸡粪排泄物发酵塔平面设计示意图

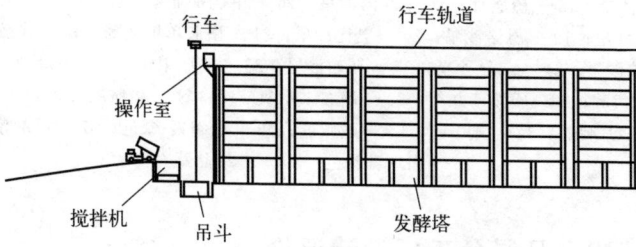

搅拌上料工作原理1:100

图 6-10 无抗生素的 HA-益生元后生元兽药搅拌设备工作图

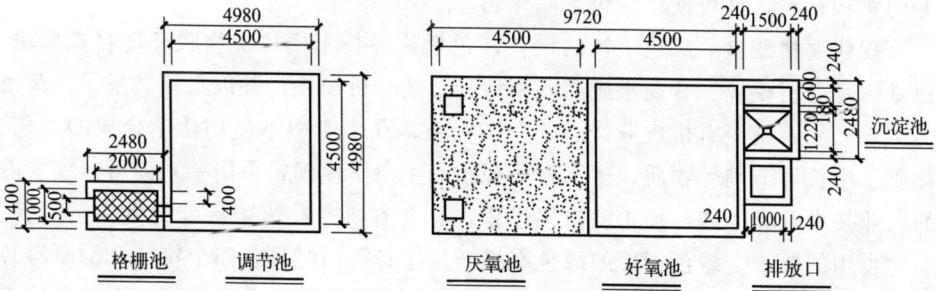

图 6-11 无抗生素的 HA-益生元后生元兽药生产水处理平面设计结构

（2）质量内控方面

腐植酸兽药绿色工厂设计，规定了进出口动物源性食品中药物残留量的液相色谱-质谱/质谱的检测方法以及比较其他兽药的残留量检测。

由图 6-12 对 39 种兽药混合标准液的总离子流色谱图分析可以看出，如果兽药不含抗菌素、磺胺类药，谱图是检测不出来的。生产企业质量管理部门应认真履行职责，比较现有的其他兽药添加剂，除了对砷、重金属严格限量外，对腐植酸、黄腐酸、黄腐酚的含量要求符合对动物毒性实验测试 LD_{50} 的指标，这对开发生物源治疯牛病、禽流感的饲料、兽药等都是至关重要的[13-19]。

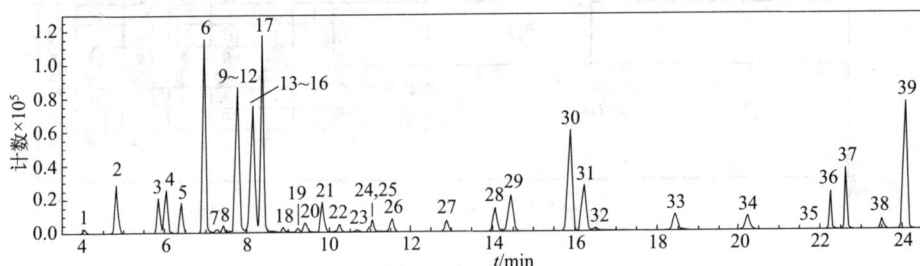

图 6-12　39 种兽药混合标准液的总离子流色谱图

1— 磺胺乙酰胺；2— 磺胺嘧啶；3— 磺胺噻唑；4— 磺胺吡啶；5— 磺胺甲嗪；6— 甲氧苄啶；
7— 博氟沙星；8— 依诺沙星；9— 磺胺嘧啶；10—氟罗沙星；11—诺氟沙星；12—氧氟沙星；
13—培氟沙星；14—硫胺计；15—环丙沙星；16—甲硫基吡嗪；17—磺胺甲氧基吡嗪；
18—丹诺沙星；19—恩诺沙星；20—奥比沙星；21—磺胺单甲氧嘧啶；22 磺胺氯哒嗪；
23—沙拉沙星；24—二氟沙星；25—斯帕沙星；26—磺胺甲噁唑；27—磺胺异噁唑；
28—氧代酸；29—磺胺苯并类；30—磺胺二甲氧嘧啶；31—磺胺嘧啶；32—磺醛；
33—萘啶酸；34—氟甲喹；35—磺胺群；36—孔雀素-绿色；37—结晶紫；
38—白斑苔绿色；39—白结晶紫

6.3.7　腐植酸食品绿色工厂设计评价

绿色食品是指在无污染的生态环境中种植及全程标准化生产或加工的农产品，必须严格控制其有毒有害物质含量，使之符合国家健康安全食品标准，并经专门机构认定，许可使用绿色食品标志。

现代腐植酸食品绿色工厂的设计，包括耕种技术模块、物联环境自控模块、视觉识别分析模块、智能水肥灌溉模块和市场分析模块，并以果饮、果干、蔬菜为主要产品，遵照有机农业产品的生产标准，在生产中不使用化学合成的农药、化肥、生长调节剂等物质，遵循自然规律和生态学原理，采用一系列可持续发展的农业技术及其生产、加工、销售过程，符合有机产品国家标准的供人类消费、动物食用的要求。绿色工厂的绿色有机产品还必须同时具备四个特征：①原料必须来自有机农业生产体系或采用有机方式采集的野生天然产品。②整个生产过程遵循有机产品生产、加工、包装、储藏、运输等要求。③生产流通过程中，具有完善的跟踪体系和完整的生产、销售档案记录。④通过独立的有机产品认证机构的认证审查。认证时依据中国相关法律法规所实施的国家自愿性认证业务，认证依据为《有机产品》（GB/T 19630）国家标准，包括生产、加工、标识与销售、管理体系四个部分。除了天然食品外，运用合成生物学制造的黄酮类新食品，可以促进资源开发、高值利用以及多样化食品的产业化[20]。

腐植酸食品绿色工厂设计也包括绿色理念的食品包装设计，体现在减量化、回收以及再生。

腐植酸绿色食品的认证利于提高产品质量、提高产品知名度、提高企业管理水平、改善生态环境与生活环境，有利于企业产品进入高端市场。绿色工厂设计在可行性研究的基础上包含完成对产品的工艺、设备设计以及场地布置、产品运输等，甚至包括从田头到餐桌，蔬果食品要历经精选种植品种、工厂化育苗、整地理墒和用肥、病虫害绿色防控、以销定产等生产档案[21-24]。

参考文献

[1] 腐植酸编辑部. 中国腐植酸工业协会标准化技术委员会管理办法 [J]. 腐植酸，2015 (3)：43-44，46.

[2] 腐植酸编辑部. 中国腐植酸工业协会腐植酸肥料专业委员会管理办法 [J]. 腐植酸，2020 (6)：87.

[3] 腐植酸编辑部. 全面推进腐植酸大健康产业更快更好地发展——认真贯彻落实国务院《"十四五"中医药发展规划》[J]. 腐植酸，2022 (2)：82.

[4] 腐植酸编辑部. 生态环境损害赔偿管理规定 [J]. 腐植酸，2022 (3)：137.

[5] 腐植酸编辑部. 中国腐植酸工业协会的"金字招牌"在互联网上有规可循——《互联网用户账号信息管理规定》8月1日正式施行 [J]. 腐植酸，2022 (4)：93.

[6] 马妍，郑红光，阮子渊，等. 土壤"乌金"腐植酸助力碳中和 [J]. 世界环境，2021 (3)：71-74.

[7] 迟玉田. 绿色工厂建设实践与经验浅谈 [J]. 机械工业标准化与质量，2023 (5)：43-48.

[8] 黄泽健，罗祎青，袁希钢，水处理集成微藻生物柴油生命周期系统环境影响评价 [J]. 化工进展，2020，39 (1)：34-40.

[9] 何相磊，蒲源，王丹，等. 半导体照明用有机无机纳米复合封装胶材料研究进展 [J]. 中国材料进展，2019，38 (10)：1017-1022.

[10] 苏爱秋，彭燕鸿，黄伟文，等. 中药化妆品应用现状 [J]. 香料香精化妆品，2023 (1)：120-126.

[11] 荆奕君. 基于绿色环境设计理念下饲料行业发展趋势探讨 [J]. 中国饲料，2020 (16)：139-141.

[12] 杨华明，马春艳，马训骏，等. 动物呼吸代谢测定装置的研制与应用. CN215768462U [P]. 2022.02.08.

[13] 腐植酸钠：畜禽、水产养殖中难得的绿色饲料原料 [J]. 腐植酸，2019 (6)：82.

[14] 吴好庭，张璐，门立强，等. 兽药检验实验室 2017—2021 年内部审核不符合项分析 [J]. 中国兽医杂志，2023，59 (20)：151-152.

[15] 严牡丹，万宁，许达先．中药在畜禽疾病防治中的应用［J］．中兽医学杂志，2023（1）：46-48.

[16] 杭柏林，王倩，陈成成，等．后生元的功能及其在动物养殖中的应用［J］．广东饲料，2022（12）：35-37.

[17] 中国兽药典委员会办公室．关于公开征集2025年度兽药国家标准制修订项目立项建议的通知．中国兽药典委员会，2024-10-30.

[18] 李忠秋，郗伟斌，李建涛．生化黄腐酸对奶牛生产性能、血液指标的影响［J］．新农业，2014（11）：5.

[19] Gonca Alak，M A，Ahmet T，et al．腐植酸在褐鳟鱼鳃和肌肉抵抗镉中毒的组织病理学和生物化学作用［J］．李双，译．腐植酸，2015（6）：29-33.

[20] 刘延峰，周景文，刘龙，等．合成生物学与食品制造［J］．合成生物学，2020，1（1）：84-91.

[21] 念琳，陆清凯，叶夏．绿色食品认证管理平台的规划设计与思考［J］．农业工程技术2021，41（18）：25-29.

[22] 周全，唐凌子．减少、回收、再生——浅析绿色设计理念在食品包装设计中的应用［J］．绿色包装，2022（10）：61-64.

[23] 刘亚男．构建"从农田到餐桌"监管责任体系 湖北鄂州市全面提升食品安全治理能力水平［J］．中国质量监管，2024（4）：33-34.

[24] 徐立清，王爱竹，刘佩，等．"从农田到餐桌"全链条食品质量与安全管理策略分析［J］．食品安全导论，2024（11）：25-27.

[25] 张鹏，朱洪辛．基于COMOS软件的医药企业数字化工厂设计与实现［J］．化工与医药工程，2020，41（4）：23-32.

[26] GB 50457—2018 中华人民共和国国家标准 医药工业洁净厂房设计规范．

[27] Huangfu X L，Wang Y A，Liu Y Z，et al. Effects of humic acid and surfactants on the aggregation kinetics of manganese dioxide colloids［J］. Frontiers of Environmental Science & Engineering，2015，9（1）：105-111.

[28] 张星际．医药洁净厂房消防安全现状及优化设计探讨［J］．消防界，2022，8（21）：6-8.

第7章
腐植酸碳中和管理

　　将全球温升稳定在一个给定的水平意味着全球"净"温室气体排放需要大致下降到零，即在进入大气的温室气体排放和吸收的汇之间达到平衡，这一平衡通常被称为中和（neutrality）或净零排放（net-zero emissions）。由于目前人为温室气体排放的绝大部分是CO_2，在各国提出的中和或净零排放目标中也常用碳代指温室气体。各国提出的与中和相关的目标表述主要包括 4 种，即气候中和（climate neutrality）、碳中和（carbon neutrality）、净零碳排放（net-zero carbon emissions）和净零排放（net-zero emissions）。图 7-1 给出了各国的中和目标。

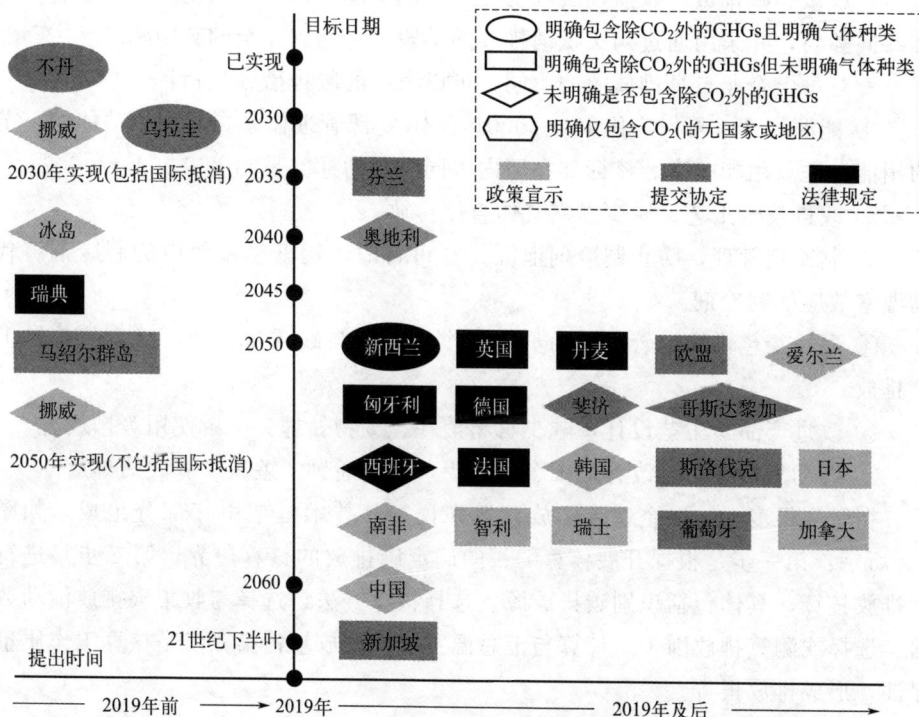

图 7-1　世界各国的中和目标完成日期、力度、包含气体类型及提出时间 [1]

注：横轴为各国中和承诺的提议时间，分为 2019 年以前和 2019 年及以后，纵轴为中和承诺完成时间。

　　碳中和是指在碳排放量大幅下降的基础上，通过生态汇碳、碳捕集利用封存等措施抵消碳排放，最终实现"零排放"，是中和的主要内容。"零碳"并不是不排放二氧化碳，而是通过计算温室气体（主要是二氧化碳）排放，设计方案抵减"碳足迹"、减少碳排放，达到碳的零排放。而碳达峰指碳排放量达到最高值，在"碳中和"企业、团队或个人测算在一定的时间内直接或间接产生的温室气体排放总量。人们可以通过植树造林、节能减排等形式抵消自身产生的二氧化碳排放量，实现二氧化碳的零排放[2-5]。

土壤碳库是陆地植被的 4～5 倍、大气的 2～3 倍。土壤有机碳约为 3 万亿吨，其中腐植酸类物质碳约为 2.4 亿万吨，在碳中和目标履行中举足轻重。

7.1　腐植酸企业碳排放设计

腐植酸企业实现碳中和，可以分四个步骤来实现：选择基准年，准确完整核算该年度的各类温室气体排放量；分析每一类排放源，确定适宜的减排方案与成本，制定减排措施和抵消措施；视需求制定中长期的碳中和目标；每年核算温室气体排放量和减排量，以监控实现情况。一般情况下，企业须动员价值链各相关方共同参与，并采用通过购买抵消排放的手段才能达到完全的碳中和。

针对每个企业自身排放源的不同，可以考虑的减排措施包括：

① 能源管理。可以应用 ISO 50001:2018 能源管理体系，使用清洁能源、节约用能、提高用能效率。该标准在国内等同采用的标准是 GB/T 23331—2020。

② 改进技术工艺，减少温室气体直接排放。

③ 制冷剂管理，防止制冷剂泄漏。在可行时，用低温室效应的制冷剂替代高温室效应的制冷剂。

④ 通过绿色供应链管理，动员主要供应商参与碳减排行动，减少价值链上游排放。

⑤ 改进产品与工艺设计，减少材料消耗、废物处理、下游使用等排放。

⑥ 发动全员参与，改善员工个人行为，减少通勤、差旅等有关的排放。

在微观尺度上，以企业碳排放核算来说，其技术框架由三部分组成，如图 7-2 所示：第一步是根据开展核算的目的确定碳排放的核算边界；第二步是进行碳排放核算，具体包括识别碳排放源、选择核算方法、选择与收集碳排放活动数据、选择或测算排放因子、计算与汇总温室气体排放量；第三步是核算工作质量保证，形成排放报告。

7.1.1　腐植酸企业碳排放核算

碳排放核算是以独立核算单位为边界，核算其生产系统产生的碳排放。生产系统包括生产系统、辅助生产系统及直接为生产服务的附属生产系统。具体而言，核算边界包括燃料燃烧排放，生产过程排放，购入的电力、热力产生的排

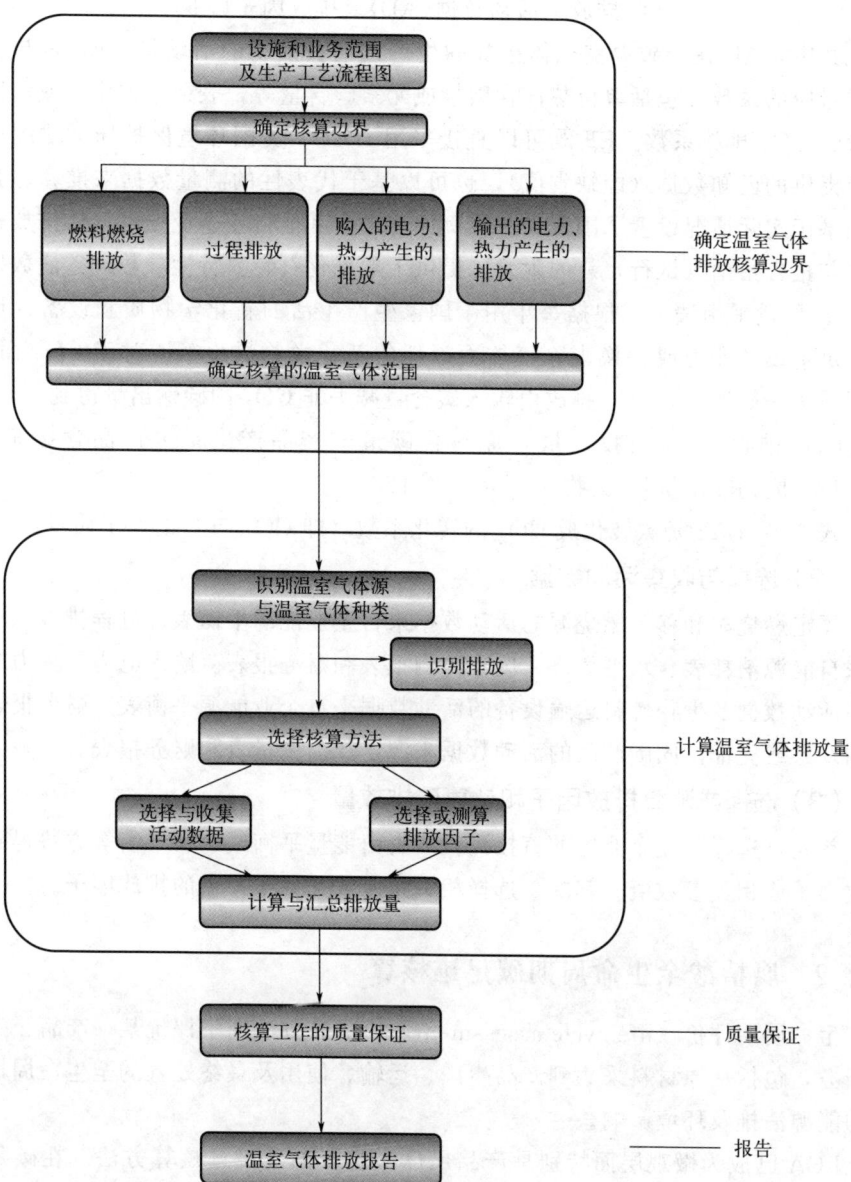

图 7-2 工业企业碳排放核算框架

放，输出的电力、热力产生的排放等。

（1）选择核算方法

常用的核算方法包括排放因子法、物料平衡法及实测法。

① 排放因子法是适用范围最广、应用最为普遍的一种碳排放核算方法。碳排放核算基本方程为：

$$CO_2 排放 = 活动数据(AD) \times 排放因子(EF) \qquad (7-1)$$

式中，AD 是导致温室气体排放的生产或消费活动的活动量；EF 是与活动数据对应的系数，包括单位热值含碳量或元素碳含量等，表征单位生产或消费活动量的 CO_2 排放系数。EF 既可以直接采用 IPCC、美国环境保护局、欧洲环境署等提供的已知数据（即缺省值），也可以基于代表性的测量数据来推算。我国已经基于实际情况设置了国家参数，例如《工业其他行业企业温室气体排放核算方法与报告指南（试行）》的附录二提供了常见化石燃料特性参数缺省值数据。

② 质量平衡法可以根据每年用于国家生产生活的新化学物质和设备，计算为满足新设备能力或替换去除气体而消耗的新化学物质份额。对于 CO_2 而言，在碳质量平衡法下，CO_2 排放由输入碳含量减去非 CO_2 的碳输出量得到：

$$CO_2 排放 = (原料投入量 \times 原料含碳量 - 产品产出量 \times 产品含碳量) \times$$
$$(44/12 - 废物输出量) \times 废物含碳量 \times 44/12 \qquad (7-2)$$

式中，44/12 是碳转化成 CO_2 的转化系数（即 CO_2 与 C 的原子质量比）。

（2）选择与收集活动数据

固定燃烧源和移动燃烧源的活动数据来自企业能源平衡表。过程排放源的数据来自能源消耗表、水平衡表、废水监测报表和财务报表。购入电力、热力或蒸汽的活动数据及生物燃料运输设备的活动数据来自企业能源平衡表、财务报表和采购发票或凭证。固碳产品的活动数据来源于产品产量表和财务报表。

（3）选择或测算排放因子和计算碳排放量

首先，选择工业企业内的直接测量或者由能量平衡或物料平衡等方法得到的排放因子或相关参数值。其次，选择相关指南或文件中提供的排放因子。

7.1.2 腐植酸全生命周期碳足迹核算

生命周期评价（life cycle assessment，LCA）方法用于评价某一产品、工艺或服务，包括从原材料采集到产品生产、运输、使用及最终处置的全生命周期过程的能源消排及环境影响。

LCA 已成为微观层面特别是产品尺度最主要的碳足迹核算方法。在碳足迹核算的系统边界及所包含的温室气体种类方面，一部分学者认为碳足迹是指产品或服务在生命周期内的碳排放量，还有一部分学者将碳足迹视为最终消费及其生产过程所产生的所有温室气体排放量。"碳足迹"原为 LCA 体系中的"气候变化"影响评价指标，因而具有生命周期的视角。

7.1.2.1 生命周期评价的基本结构

国际标准化组织（ISO）规定，LCA 的基本结构分为四个部分：目标与范围定义、生命周期清单分析、生命周期影响评价和结果解释。如图 7-3 所示。

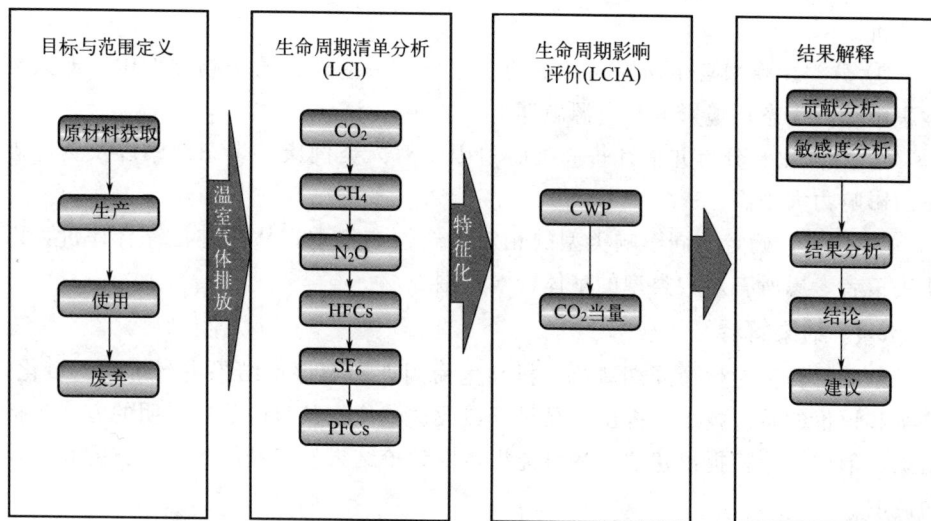

图 7-3　碳中和生命周期基本结构

（1）目标与范围定义

① 定义目标。说明评价的原因、目的及评价结果的可能应用（服务对象，即研究结果的接受方）。

② 确定范围。定义研究的系统，确定系统边界，说明数据要求，指出重要的假设和限制。

③ 功能单位。是量度产品系统输出时采用的单位，目的是为有关的输入和输出数据提供参照基准，以保证 LCA 结果的可比性。

（2）生命周期清单分析

生命周期清单分析是对一种产品、工艺或活动在其整个生命周期内的能量与原材料需要量及对环境的排放进行以数据为基础的客观量化过程。

① 建立生命周期模型。追溯上下游，建立生命周期模型与过程图（上游材料、下游使用与废弃过程）。过程图开始于原材料的采掘，结束于环境排放和最终处理填埋，所有过程涉及的物质转化和使用状况都要表示出来。

② 数据收集。清单数据集描述一个过程（生产消费活动）的单位产出及其相应的输入（原料、能耗消耗）和输出（排放、废弃物）的一组数据组。

③ 数据核实。是否完整、是否与其他渠道的数据相符；利用总输入＝总输出，对每个单元过程做简单的物料和能量衡算。

④ 进一步完善系统边界。敏感性分析，可确定各数据的重要性。

⑤ 数据处理与汇总。

⑥ 分配。

（3）生命周期影响评价

生命周期影响评价为对清单分析所识别的环境影响压力进行定量或定性的表

征评价。

① 分类。将来自生命周期清单的数据分到一些较大的影响类型中，即人类健康影响、生态环境影响和资源破坏。

② 特征化。分析并估计每一类胁迫因子对人类健康、生态健康以及资源破坏的影响力大小。

③ 估价。确定不同影响类型的相对重要性或权重，从而进行综合评价，以使决策者考虑所有影响类型的整体影响范围。

（4）结果解释

结果解释为对生命周期清单分析和生命周期影响评价结果进行辨识、量化、核实和评价的系统技术，提出产品设计或改进建议。其目的是以透明的方式分析结果，形成结论，提出建议，尽可能提供对评价结果易于理解的、完整的和一致的说明。

7.1.2.2　全生命周期的碳排放案例

基于 LCA 的碳足迹核算同时考虑了系统在生命周期内的直接和间接碳排放，精度较高，适用于产品等微观层面的碳足迹核算。

以广西某 50 MW 风电项目为例，通过构建风力发电全生命周期的碳排放测算模型，系统、全面、定量地测算风电系统全生命周期中的碳足迹，并进行减排量计算，得出一个典型的风电场实现碳中和的时间期限（碳回收期）。

风电系统边界是从风机各种原材料的获取与生产直至退役期设备的回收与处置。系统边界包含了风电场 4 个生命阶段，即风机生产与制造阶段、风场建设施工及设备运输阶段、运营维护阶段、退役阶段（从完整生命周期考虑，该阶段为预估阶段）。

风力发电全生命周期的碳排放为设备生产制造阶段、施工建设阶段、运营与维护阶段、拆除处置阶段的温室气体（CO_2）的排放量。

在运维阶段，风电场上网电量因为理论上替代了该部分的火电电量，由此产生了碳减排量。根据风电在运营期内预估的上网电量，可以计算出生命周期内的碳减排量。对比全生命周期的 CO_2 排放量，可以计算出风电场的碳排放回收期。

7.1.3　腐植酸减少化肥的效益计算

假定条件及依据如下。

① 复混肥按我国南方稻菜类通用配比（N：P_2O_5：K_2O＝11：3：7）、总养分含量 30％计算，肥料中腐植酸含量按通常适宜添加量（4％～8％）取 5％。

② 化肥产品采用尿素、磷二铵、过磷酸钙和氯化钾。生产工艺为合成氨和尿素用煤基法、氯化钾用钾长石-食盐法、生产磷肥用的硫酸用接触法。

③ 腐植酸原料用腐植酸含量约 50％的风化煤，与化肥复混前先用氨水氨化

制成腐植酸铵，其氨氮计入养分，耗电量计入生产腐铵的能耗。

④ 化肥能耗值参考有关设计资料及大、中型肥料厂近年来公开公布的数据，取中间值。

⑤ 腐植酸提高化肥利用率的数据为氮肥 5%～38%、磷肥 10%～27%、钾肥 5%～15%，计算时分别取中间值。

⑥ 按一季（90 d）施用的基肥计算，施用量（实物量）为 750kg/hm²，折纯养分总量为 225 kg/hm²，N 为 117.9 kg/hm²，P_2O_5 为 32.1kg/hm²，K_2O 为 75.1kg/hm²。

⑦ 热源均按煤炭计算，水、电、热力、煤炭的单位能耗及综合能耗（折算为标煤）按《综合能源计算通则》（GB/T 2589—2008）的规定计算。

计算出各种化肥及其主要中间体的生产能耗统计见表 7-1。以腐植酸复合肥比较对比化肥的节能效率见表 7-2。减少化肥的能耗和排放量计算见表 7-3。

表 7-1　腐植酸氨肥与化肥的能耗比较

产品消耗	单位	合成氨	硫酸	尿素	磷二铵	过磷酸钙	氯化钾	腐植酸铵
氨	kg/t	—	—	567	1258	—	—	35
	MJ/t	—	—	24675	53890	—	—	1499
硫酸	kg/t	—	—	—	2765	2609	—	—
	MJ/t	—	—	—	13215	12469	—	—
软水	kg/t	8000	120000	—	—	—	5000	—
	MJ/t	114	1708	—	—	—	71	—
标准煤	kg/t	1316	152	900	—	—	5000	—
	MJ/t	38559	4454	26370	—	—	146500	—
电	kW·h/t	1157	95	193	203	265	1500	0.8
	MJ/t	4165	342	695	731	954	5400	2.7
综合能耗	MJ/t	42837	6524	51740	67836	13423	151971	1502
	折标煤 kg/t	1462	223	1766	2315	458	5187	51
	折 CO_2 kg/t	3801	580	4592	6019	1191	13486	133

表 7-2　以腐植酸复合肥比较对比化肥的节能效率

项目	肥料中化肥养分			合计	植物呼吸	总计
	N	P_2O_5	K_2O			
单位腐植酸节能/(万 MJ/年)	194	33	210	435	19100	19535
折节约标煤/(万吨/年)	6.6	1.2	7.2	15	650	665
减少 CO_2 排放/(万吨/年)	17.4	3.0	18.6	39	1690	1729
减少 SO_2 排放/(万吨/年)	0.26	0.05	0.28	0.59	—	0.59
减少 NO_2 排放/(万吨/年)	5	—	—	5	—	5

表 7-3 减少化肥的能耗和排放量计算

项目	肥料中化肥养分			合计	植物呼吸	总计
	N	P_2O_5	K_2O			
养分施量/(kg/hm²)	117.9	32.1	75.1	225.1	—	225.1
通常利用率/%	35	20	50	~35	—	~35
增加利用率/%	20	19	10	—	—	—
利用数量/(kg/hm²)	41.3	6.4	37.6	85.3	—	85.3
流失数量/(kg/hm²)	76.6	25.7	37.5	139.8	—	139.8
减少流失量/(kg/hm²)	8.3	0.58	3.8	12.7	—	12.7
折肥料实物/(kg/hm²)	18.0	2.7	7.6	28.3	—	28.3
减少能耗/(MJ/hm²)	1052	183	1140	2375	103534	105909
单位 HA 节能/(MJ/kg)	27.7	4.8	30	63	2725	2787
折节约标煤/(kg/kg)	0.95	0.17	1.02	2.14	93	95.14
减少 CO_2 排放/(kg/kg)	2.47	0.44	2.65	5.56	341	346.56
减少 SO_2 排放/(kg/kg)	0.038	0.007	0.041	0.086	—	0.086
减少 SO_2 排放/(kg/hm²)	1.44	0.27	1.56	3.27	—	3.27
减少 NO_2 排放/(kg/kg)	0.71	—	—	0.71	—	0.71
减少 SO_2 排放/(kg/hm²)	27.0	—	—	27.0	—	27.0

施用腐植酸可增加绿色植物产量（相当于增加种植面积），从而增加吸收 CO_2 数量（还未包括提高植物本体的光合作用强度和呼吸功能因素）。此外，高温堆肥腐熟后可去除 50%～100% 的六六六和 DDT、20%～90% 的多环芳烃（PAHs），并从耕种土壤中清除 84%～100% 的农药，重金属毒性也有不同程度降低。这种生物修复不仅清除了部分环境毒物，还能变废为宝，成为土壤腐植酸的重要补充来源[6]。

7.1.4 腐植酸尿素的碳中和评价

腐植酸对尿素的增效作用已被大量研究应用证实，根据尿素生产装置的特点，可在尿素溶液一段蒸发、二段蒸发和造粒工序加入所需腐植酸增效剂，实现腐植酸尿素的生产。比较 3 个在线直接添加点的添加方法、工艺条件、需添加的设备以及腐植酸直接在线添加技术适用的腐植酸尿素产品，可以评价尿素生产线改成腐植酸尿素生产线的可行性（图 7-4）。

《尿素》（GB/T 2440—2017）对农业用肥料级尿素产品总氮含量指标适当下调，为添加少量或者微量增效物质的增值型尿素新产品的开发预留了技术接口。

由图 7-4 可知，尿素合成装置中尿液蒸发采用的是两段真空蒸发生产工艺。来自二分塔底部的尿液（质量分数约 67%）进入闪蒸槽，进行减压闪蒸，温度

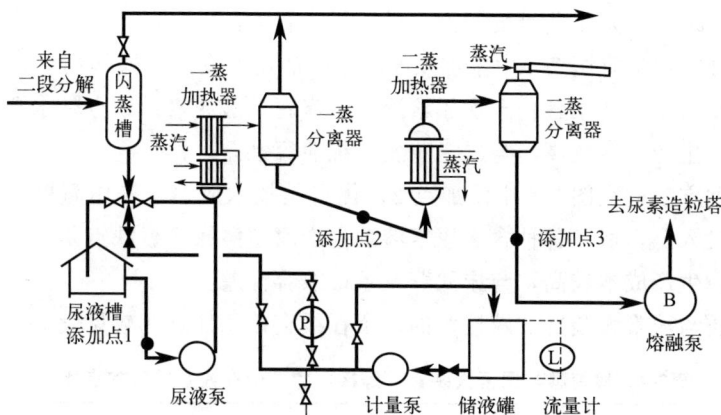

图 7-4　尿素生产装置可选的 3 个腐植酸添加点

降到 90℃左右，在闪蒸槽内进行气液分离，顶部气体与一段蒸发分离器来的气体混合进入洗涤塔吸收，闪蒸槽的底部尿液靠真空差进入一段蒸发加热器底部管内。

尿液在真空压力 0.034MPa、温度 128℃下，经一段蒸发加热器，其质量分数从 71% 左右增至 95% 左右。气液混合物进入一段蒸发分离器进行气液分离，气相经过洗涤塔洗涤后进入一段蒸发表面冷凝器，尿液靠真空差流至二段蒸发加热器底部。在真空压力 0.003MPa、温度 138℃下，尿液被加热蒸发后，于二段蒸发分离器中进行气液分离，气体经升压器进入二段蒸发表面冷凝器冷凝，尿素质量分数从 95.0% 左右增至 99.7%，熔融尿素自分离器底部由熔融泵送至尿素造粒塔进行造粒。

根据尿素生产装置的工艺要求，尿素生产装置可选的添加点有 3 个。在选择添加点时，需要考虑尿素装置生产的尿液主要由熔体输送管道输送，其尿液在不同工段管道中往往处于不同高温、真空或正压状态，且适应不同水含量。因此，对腐植酸添加点有着很高的要求，主要体现在添加点必须合理，一方面不能对尿液一段蒸发加热器和分离器、二段蒸发加热器和分离器的热传导、真空压力、温度、水含量造成较大影响，另一方面不能对一段蒸发分离器、二段蒸发分离器装置的水、氨循环系统造成较大影响。

腐植酸与尿素大装置"嫁接"的 4 种在线直接添加方法：第一种，腐植酸与尿素熔融液简单物理混合造粒法；第二种，腐植酸溶于水的加入法；第三种，腐植酸溶于尿素水溶液的加入法；第四种，腐植酸干粉与熔融尿素的熔融反应加入法。

其中第一种方法和第四种方法适宜图 7-4 中添加点 3，满足添加点选择条件要求，但第一种方法所得产品质量均一性不足。优点是水含量极低，操作过程简单，无须蒸发浓缩，生产成本低，与尿素蒸发系统兼容性好，适于各种腐植酸尿素及复合肥。缺点是工艺难度较大，设备投入较大。

第二种方法适宜图 7-4 中添加点 1，优点是技术成熟，操作简单，工艺难度小，设备投入小，适于各种含水尿素溶液生产腐植酸尿素。缺点是水含量大，需蒸发浓缩，生产成本较高，与尿素蒸发系统兼容性差。

第三种方法适宜图 7-4 中添加点 2，优点是技术成熟，操作简单，工艺难度小，设备投入小，适于各种含水尿素溶液生产腐植酸尿素。缺点是水含量大，需蒸发浓缩，生产成本较高，与尿素蒸发系统兼容性差。

腐植酸与尿素大装置"嫁接"的 3 个在线直接添加点比较见表 7-4。

表 7-4　腐植酸与尿素大装置"嫁接"的 3 个在线直接添加点比较

添加点	添加方法	合成压力	合成温度 /℃	$w(CO(NH_2)_2)$ /%	腐植酸添加质量分数/%	反应状态	添加设备
1	第二种	真空压力 0.034MPa	128	70 ~ 95	10~20	在浓缩过程中进行液态反应	传统反应罐式混合设备
2	第三种	真空压力 0.003MPa	138	95.0 ~ 99.7	10~30	在浓缩过程中先进行液态反应，后进行熔融态反应	传统反应罐式混合设备
3	第一种、第四种	压力选择范围宽，1~20 MPa	120~140	99.7	60~80	熔融态反应	静态或动态混合器

相对来说，选择添加点 1 比选择添加点 2 对尿素装置的影响程度和范围要大一些，且对腐植酸及添加剂的浓缩液要求水含量相对高一些，而选择添加点 2 时对腐植酸及添加剂的浓缩液要求腐植酸含量高、水含量低。

腐植酸直接在线添加技术适用腐植酸尿素产品，腐植酸与尿素大装置"嫁接"的 4 种方法，相对来说第二种和第三种目前已相对比较成熟。根据熔体管道添加点位置不同，主要适合对应产品如下：

① 一段蒸发前在线管道式添加技术（对应图 7-4 的添加点 1），主要适用于生产 w（腐植酸）（干基计）0.1%~3.0% 的含腐植酸尿素产品，如在一段蒸发浓缩前的管道中加入少量腐植酸及添加剂浓缩液，生产各种性能改善的尿素产品。

② 二段蒸发前在线管道式添加技术（对应图 7-4 的添加点 2），主要适用于生产 w（腐植酸）（干基计）3%~6% 的尿素基含腐植酸的水溶肥产品，如在二段蒸发浓缩前的管道中加入少量腐植酸及添加剂浓缩液，生产各种性能改善的尿素产品。

③ 二段蒸发分离器后在线管道式添加技术（对应图 7-4 的添加点 3），主要用于生产尿素基腐植酸复合肥料产品，如在二段蒸发分离器的底部配管中引出熔融尿素，加入腐植酸、添加剂等，生产尿素基高的氮产品。

腐植酸在线添加技术生产工艺简单，品种变化灵活，适合于生产多种差别化、功能化腐植酸尿素产品。腐植酸在线添加技术既充分利用了尿素装置在线生成技术成本低、有利于开发多功能尿素的优势，又有效地解决了尿素产品结构单一、同质竞争问题，并增强了尿素产品市场竞争力。随着尿素装置大型化，腐植酸尿素及尿基复合肥加工装置向尿素熔体直接在线加工方向发展，腐植酸直接在线添加技术及配套设施将日益完善，并将成为解决尿素低差别化、低附加值、低利用率的有效措施和主要途径。

作为一个成功的碳中和例子，按照绿色设计产品评估时，仍然需要有如下内容与数据的支撑：

① 现场工艺过程查定审核组收集产品生产的有关技术资料，主要有工艺流程图、操作法和物料平衡，生产工艺技改资料，污染物排放测定数据比较，排污产生的原因，污染物的排放量和组成，生产条件变化对产生污染情况的影响，生产日报、月报、年报，污染物排放标准及有关原辅材料和公用工程消耗定额。

② 现场考察，按产品生产流程进行现场调查，并向车间工艺员、操作工等进行了解，开展全面仔细的调查，核对有关岗位的记录，并注意了解异常情况的发生原因。

配合应用研究，证实尿素与腐植酸在一定条件下发生复杂的化学反应，形成了有机络合盐、羧基加成物、酯基取代物等，形成物理化学性质稳定的腐脲复合物，对土壤中分解尿素的脲酶和硝化细菌活性有抑制作用，进而抑制尿素的快速转化损失，提高尿素利用效率，还有减少氮肥用量、减少农业温室气体排放、减少氮素淋溶、增强植物光合作用、增加植物的抗逆性、促进粮食增产、改善作物品质等多重功效[7-8]。

7.1.5 干法生产腐植酸肥料节能减排

干法产品除水溶性一项外，结合腐植酸的转化率和氨的利用率均较湿法产品高。对于低浓度的碳化氨水，湿法生产不易进行，而干法生产却能得到质量较好的产品。用碳化氨水，取相同投氨量，在同一温度条件下进行干法、湿法批量生产的对比，干法通过与湿法同样的罐内反应时间另加外闷吸收的方法保障产品质量。干法与湿法生产相关比较如表 7-5 和表 7-6 所示。

表 7-5　干法与湿法生产条件的比较

生产方式	密闭程度	物料含水量/%	反应温度/℃	生产中搅拌	产品外观	产品含水量/%	耗煤量/(kg/T)	产品干燥成型
干法	较好	30~40	80~90	不需要	粉末颗粒	15~40	80~90	不需要
湿法	较差	60~70	80~90	需要	胶体膏状	60~70	14.0~15.0	需要

表 7-6　干法、湿法产品质量指标比较

生产方式/ 产品指标	投氨量 /%	游离腐植酸 （干基）	综合腐植酸 转化率/%	速效率 （干基）/%	氨的利用 率/%
干法	2.03	40.1	61	1.37	82
湿法	2.03	22.3	23	1.02	61

对可采取挤压造粒的腐植酸有机无机复合肥。某些腐植酸生物复合肥，可以用干法代替湿法，不但质量能保证，还节能减排。

7.1.6　生物酶解代替化学氧化节能减排

针对日益减少的矿物源黄腐酸，采用酶解的方法替代部分双氧水氧化法、硝酸氧化法，不仅有利于腐植酸黄腐酸产品的梯度利用，还有利于节能减排。

因为酶活性度高达 $10^8 \sim 10^{20}$ 倍，比非酶催化反应速度高 $10^7 \sim 10^{13}$ 倍。以转换数即每个酶分子每分钟催化底物转变的分子数表示，大部分酶为 1000 左右，β-淀粉酶为 1100000，最高的碳酸酐酶可达 36000000。

酶解可极大地降低反应所需的活化能。由图 7-5 的比较可知：无催化剂、非酶催化剂和酶存在下反应各自所需的活化能，可看到酶催化 E_1 比无催化剂反应所需的活化能远低于非酶催化反应，更低于非催化反应。酶催化是多种催化因素的协同作用。在一个具体的酶催化反应中，往往是上述因素中的几个因素同时起作用，从而表现出酶催化功能的高效性。这是一般化学催化剂所无法比拟的。

新疆库车企业在试验中采用生物酶：风化煤（褐煤）：水＝0.001：1：2，并将酶在 45℃ 的水中溶解 30min，加入风化煤酶解（20h），可以从上回收部分酶液（也可以不回收），加入碱液抽提 2h，离心烘干得到产品，得率 60.0%，原料黄腐酸含量从 1.36% 增加到 47.0%。其工艺简单，低碳环保，需要进一步研究，并在工艺生产线上重复验证[9-10]。

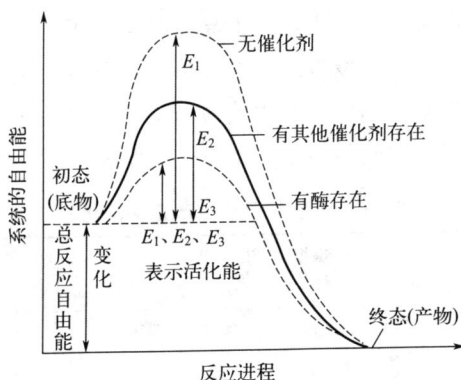

图 7-5　酶和其他催化剂降低反应活化能示意图

7.1.7 原料梯度利用减排

通常生物吸收贮存 CO_2 形成碳汇（carbon sink），由生物体的消费分解排放 CO_2 又形成碳源（carbon source）。以腐植酸产品利用生物手段来改变生态系统的增汇减排能力，是碳中和的重要战略战术之一，在农林业大有潜力。

腐植酸对作物和土壤肥力以及 CO_2 通量的影响见图 7-6。

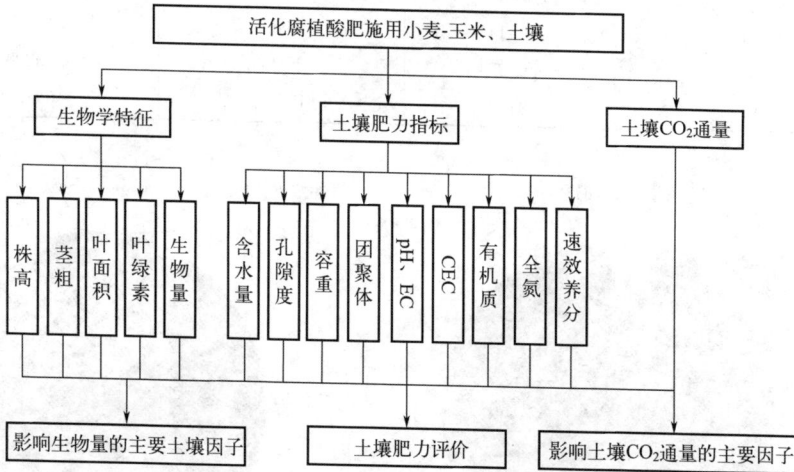

图 7-6 腐植酸对作物和土壤肥力以及 CO_2 通量的影响

在褐煤提取腐植酸后，将"腐黑物"热解做清洁能源梯度利用，只要热量有保证，可以用于水泥生产能源，可以减少燃煤的 CO_2 排放。这一低碳的集约化技术虽然 20 多年前甚至更早就有提及、就有研究，但仍在不断创新、不断发展。如对黑龙江神华褐煤煤电热解渣做的 XRF 全组分分析，无论以元素还是氧化物，钙的含量都超过 50%，可以作为水泥的替代原料（表 7-7）。因为石灰石是硅酸盐水泥的主要原材料，生产过程分解的碳酸盐占 CO_2 排放的 62%（图 7-7），其次燃煤排放的 CO_2 占 34%，电力消耗排放的 CO_2 仅占 4%，应用电石渣、硅钙渣、钢渣等石灰石替代原料，可以有效减少 CO_2 排放量。因此，对有条件进行褐煤集约化利用、梯度利用的大型集团公司，在做好腐植酸肥料等农业低碳的同时，若能联合清洁能源、新能源工艺，CO_2 排放量可减少 50%（图 7-8）。

表 7-7 对神华煤电渣的 XRF 全组分分析

以元素表示		以氧化物表示	
分析物	结果/%	分析物	结果/%
Ca	55.8988	CaO	56.0439
O	21.3284	—	—
S	20.4859	SO_3	41.1020

以元素表示		以氧化物表示	
分析物	结果/%	分析物	结果/%
Si	0.4596	SiO_2	0.8137
Mg	0.4910	MgO	0.6842
Al	0.2461	Al_2O_3	0.3881
Fe	0.3962	Fe_2O_3	0.3644
Cl	0.3745	Cl	0.2828
Na	0.1414	NaO	0.1610
K	0.0426	K_2O	0.0382
P	0.0173	P_2O_5	0.0325

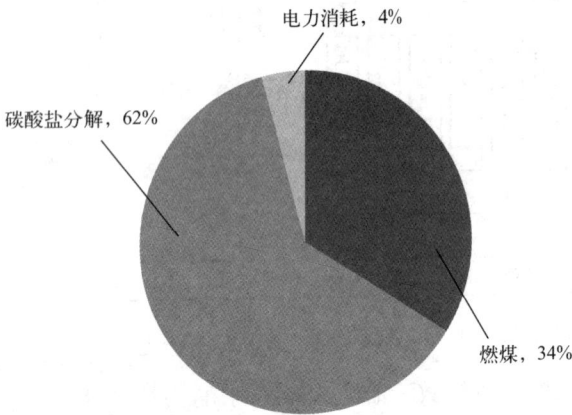

图 7-7 水泥生产过程 CO_2 排放的比例

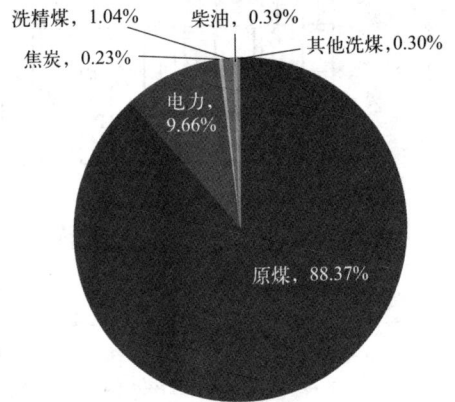

图 7-8 水泥能源消耗结构图

　　腐植酸是土壤的"储碳器",除了对热带湖滩和碳库的贡献外,也正在趋向多元化、低碳化,在经济可行、低成本转型方面做贡献前。即使在褐煤腐植酸资源地的神华煤化工集团,在综合开发腐植酸产品的同时,也在进行风能、太阳能、生物质能等低碳新能源的开发。

　　煤电"碳达峰"中,研究低碳发展,雾霾治理等行业内的腐植酸钾、腐植酸钙等产品的新用途一直在拓展。用腐植酸改性生物质电厂灰固定化微生物修复石油烃的污染土壤,修复后,固定化菌剂对污染土壤中石油烃的降解率达到51.9%;发展电池储能技术,是减排的核心技术[11-13]。

7.1.8　腐植酸蓄电池减排

　　蓄电池是一种典型的化学能与电能可逆储存与转换的装置。事实上电池(蓄电池)只有在接通负载或接入外电源时,放电和充电方可进行。对于蓄电池而言,放电过程与充电过程是可逆的,充电时活性材料恢复到其初始状态,重新储备化学能，而电池中若发生非电化学的氧化还原反应，如金属的生锈或氢氧的燃烧反应等直接发生电子的转移，则仅发生热效应，会影响化学能直接转化成电能的比率。因此，发展蓄电池用的负电极需要高纯腐植酸，这样蓄电池（储能电池）的使用寿命才能长久。

蓄电池分铅酸蓄电池，锂离子蓄电池，金属空气电池，油电微混、轻混节能型汽车电池等。用腐植酸作负极的铅酸电池发明早，目前虽然不断有新的电池体系出现，但腐植酸在产量与应用领域上，因性价比高、高倍率放电效应好、安全性好、回收再生率高等优点，在化学电源蓄电池中仍然占有很大的份额。

蓄电池用途广泛，作为能量储备装置，可用于车、船发动电源，卫星、宇航飞行器辅助电源，也是各类应急电源（包括不间断电源）的备用电源。

7.1.9 腐植酸-CO_2 气肥

末端消减碳排放是迫不得已和最终解决二氧化碳减排的方法，也是目前国内外碳中和技术研究与开发的热点。解决自然界人为排放的二氧化碳过剩问题，除了通过能源转型和节能提效等被动减少二氧化碳产生量外，更为积极主动的减碳措施应该是强化二氧化碳循环与回收利用（CCR）。二氧化碳循环主要指的是低浓度二氧化碳通过光合作用达到生物固碳。回收利用指的是高浓度（≥50%）二氧化碳的工质化和原料化利用。工质化利用就是将二氧化碳作为工作介质，发挥二氧化碳的替代和节能降耗效应，如超临界二氧化碳发电、二氧化碳驱油、超临界二氧化碳印染、超临界二氧化碳萃取、超临界二氧化碳喷涂、超临界二氧化碳清洗、二氧化碳辅助注射成型、制造干冰等；原料化利用是通过生产特定化学品实现二氧化碳固定，如生产尿素、纳米碳酸钙、碳酸二甲酯、氨基甲酸酯、碳酸丙烯酯、聚脲、聚酮等化学品以及作为设施农业的气肥等[1]。尽管煤基能源化工过程属于本征高碳排放，但其中煤气化过程的变换脱碳工序分离排出高浓度易提纯二氧化碳（可控制在99%以上），回收利用成本极低，通过工质化和原料化利用的替代和节能降耗效应可在实现二氧化碳减排的同时获得较高的收益；对于动力过程煤炭空气燃烧排出的低浓度二氧化碳（14%左右），捕集回收难度大、成本高，应充分利用国内碳交易机制，通过异地化生物碳汇，在降低企业处置成本的同时低成本消减二氧化碳排放。依据二氧化碳浓度和捕集回收性的分类施策，不仅可以破解煤基能源化工的高碳排放难题，实现煤基能源化工低碳化发展，还可以为煤化工企业带来额外的销售收入，同时也为二氧化碳利用企业带来节能减排、提质增效的效应，为我国实现经济社会高质量发展、生态文明建设和应对气候变化的三赢做出应有的贡献（图7-9）[14-15]。

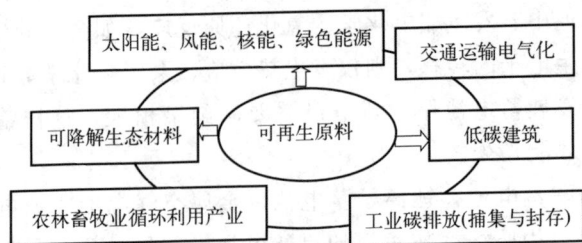

图 7-9 零碳排放规划

7.2 人工智能促进腐植酸行业节能运行

在大数据的基础上，依靠人工智能（artificial intelligence，AI）能够更高效地使用这些数据，实现更高的价值。AI 是由计算机或机器模拟来拓展人类智慧，是通过学习总结解决问题的办法的应用系统。人工智能 AI 多是一种泛称，包含多个关键技术，如机器学习、知识图谱、自然语言处理、人机交互、计算机视觉、生物征识别以及虚拟现实/增强现实等。表 7-8 展示了人工智能在各行业节能降碳中的应用场景及相关技术。

表 7-8 AI 通过深度学习解决问题的应用场景

应用场景	技术	解决路径
风光发电功率预测	孤立森林算法	
电力生产 电网安全	长短期记忆神经网络 机器学习	
油田企业信息化	深度学习	提高能源利用率
焦化配煤	流计算模型	减少能源消耗
高炉炼铁	迭代计算模型	提高管理效率
质量在线风险监测	遗传算法	追溯碳足迹
化学生产	多元回归	
有色金属生产	向量机预测模型	
数控系统	随机森林预测模型	
生产车间智能控制	人工神经网络	
数字化检测	MBD 模型	

表 7-9 为人工智能技术在节能降碳中的应用。

表 7-9 人工智能技术在节能降碳中的应用

领域	加工设备智能化	技术	解决路径
建筑	建筑建造	机器学习	减少能源消耗
	建筑运维	深度学习	

领域	加工设备智能化	技术	解决路径
交通	交通出行管理		减少交通拥堵
	城市轨道交通	人工智能	
	海运	提高能源利用率	
农业	农业生产信息采集	计算机视觉 人工智能	提高农业工作效率 提高能源利用率

　　人工智能系统组成的智能机器人通过利用图像识别、机器学习等技术分析判断农作物生长情况、生长环境等，实现了播种、灌溉、施肥、收获等农事活动环节统统由机器人代替完成，大大解放了劳动力。同样，通过人工智能算法或者机器识别技术能够实现农作物病虫害监测、作物生长态势监测以及周围杂草等环境情况监测，针对性开展下一步工作，提高农业生产效率，促进农业智能化发展。人工智能的数据挖掘和深度学习技术能够发掘农业工作数据中的关联特征，预测未来的发展趋势，优化农业投入管理流程，为农业管理者提供最优决策建议，提升生产资源利用率（表7-10）。

表7-10　人工智能在农业中的具体应用

应用场景	信息技术
播菜、施肥、采摘等农业生产活动	智能机器人
作物和土壤监测	深度学习 机器识别 数据挖掘
农业决策预测分析	

　　基于人工智能的数据中心节能优化技术，通过智能传感器技术对机房空间内的温湿度和空气流量等环境参数进行测量，建立气流模型并形成温度云图，实现室内气流能效优化；结合动态环境监控系统以及楼宇设备自控系统（building automation system，BAS）的历史数据，通过机器学习对控制模型进行训练，优化数据中心节能运维管理。

　　在节能方面，开发了一种人工智能系统自动管理数据中心冷却设备的运行。该系统可以收集有关冷却设备的运行数据，为工程师提供关于如何优化电力使用的建议。该系统每隔一段时间（通常为5min）对数据中心内的冷却设备的运行参数进行"快照"，包括数千种不同指标，如设施温度、热泵运行状态等，AI模块根据这些信息来计算出当前最优的运行策略。如果出现问题，系统将快速地回退到用于管理冷却系统的默认自动化策略。谷歌的数据中心在部署AI模块之后，平均节能量达到30%。随着时间的推移，人工智能模块不断自我学习，可实现的节能效果也会不断提高。

图 7-10 为通过人工智能技术进行的短期热量储蓄和 CO_2 释放利用以及长期储热的地下储热设备,可将一个季度的太阳能储存起来用于另一个季度。当使用人工智能技术后,数据中心的 PUE 值可以迅速降低。类似地,华为公司也利用大数据和 AI 技术推出了 iCooling-AI 解决方案,推动大型数据中心走向"智冷"时代。该方案在优化数据中心 PUE 的同时,能耗也进一步降低[16-19]。

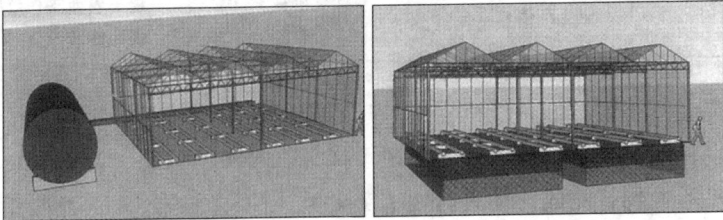

图 7-10　左图: 短期储热罐; 右图: 长期地下储热设备(温室园艺作物生产优化技术)

7.2.1　腐植酸与生物炭的固碳技术

含腐植酸的生物质通过热解可将植物通过光合作用吸收的碳部分转化为生物炭,其含有较高的浓缩芳香炭和较低的氧,难以进行化学和生物降解。当以生物炭还田时,可能仅有约 5% 的碳在土壤微生物的作用下缓慢矿化分解成 CO_2 返回到大气中。此过程减碳量约为 20%,整个循环过程为碳负排,且循环次数越多,减碳程度越大(图 7-11)。

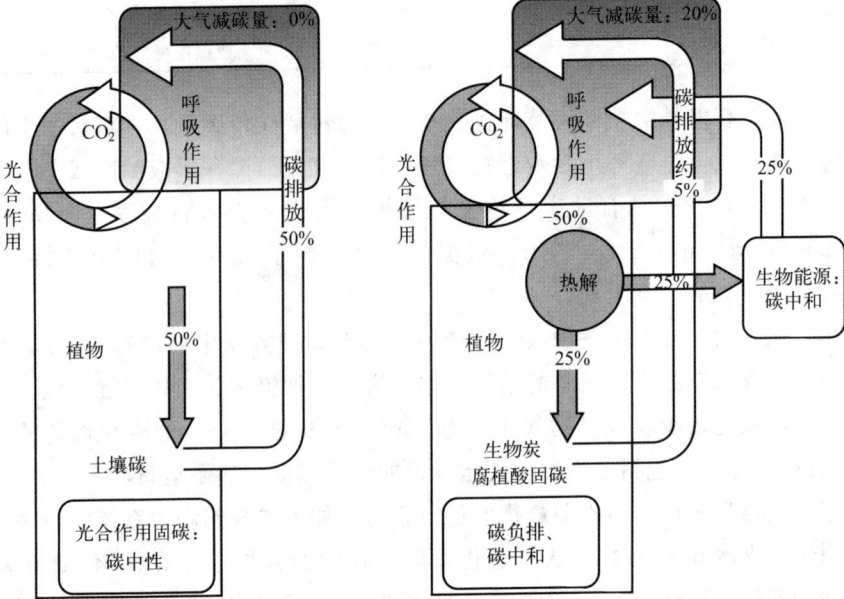

图 7-11　生物固碳示意图

生物炭农用是有效的固碳途径，如图 7-12 所示。

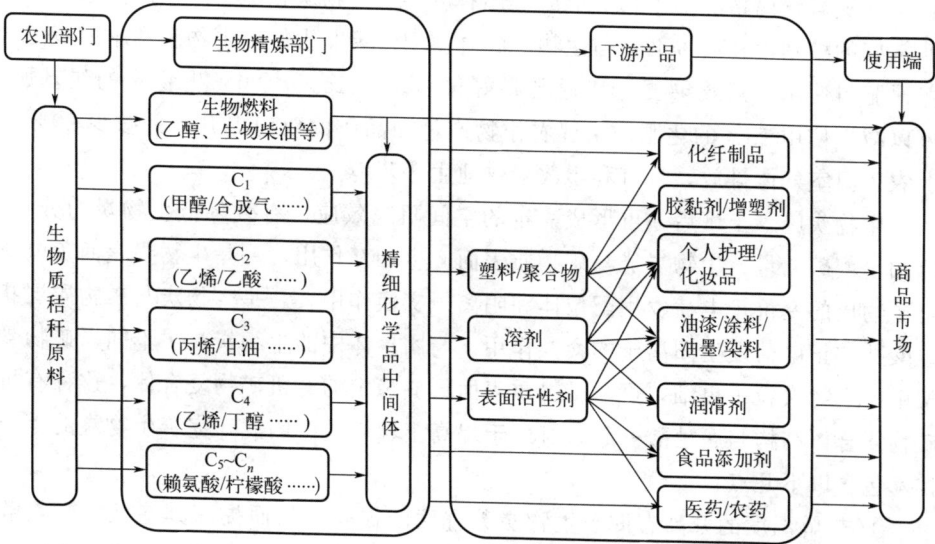

图 7-12　生物固碳市场化框图

① 增加顽固性碳。生物炭含有较多高度稳定性的碳组分，一定程度上可以抵抗生物对它的分解作用，可长期保存在土壤中。与秸秆还田相比，生物炭施用可减少碳矿化，固碳减排效应更好。

② 通过吸附可抑制易挥发有机碳的矿化。生物炭发达的孔隙结构和巨大的外表面积可以吸附和包封土壤有机质，降低有机质的矿化和碳排放。生物炭拥有较大的比表面积，对 CO_2 有较强的物理、化学固定作用，减少与大气之间的碳交换。

③ 促进土壤腐殖化，增加土壤碳容量。生物炭含有 $CaCO_3$ 等矿物质，可与土壤和有机质形成有机-无机复合体，生成更稳定的团聚体，使得其中的有机碳不易被外界微生物分解利用，减少土壤 CO_2 排放。

④ 抑制土壤呼吸，降低土壤碳矿化。

⑤ 生物炭处理可降低有毒物质如重金属、农药、过量化肥带来的毒害作用，从而提高作物生物量，提升农田系统碳固存农用固碳技术。

生物质炭化还田是指秸秆、粪便等有机物质在完全或部分缺氧且温度相对较低（<700℃）条件下，经热裂解炭化产生炭粉，炭粉经过加工处理制成炭基肥并施用于土壤的一种技术，其流程一般包括秸秆收集、造粒、炭化、加工制炭基肥、还田等环节。

含腐植酸的炭基有机肥和炭基有机-无机复混肥两种生物质炭基肥料，孔隙发达，碳含量非常高，并且稳定，施用于土壤后，其强大的孔隙可以保证水分和养分的不流失，又能增加植物对于肥料的利用率，降低损耗，同时还能疏松土壤，改善植物根系生存环境，促进有益微生物的生成，改善土壤板结、平衡酸碱度等。

伴随着含腐植酸的生物炭形成，还有废弃有机物炭化产生的副产品木醋液是非常好的植物生长促进剂，与生物炭配合使用效果非常好，生物炭和木醋液配合普通肥料使用，其效果要比普通肥料好很多。含 $15\%\sim20\%$ 生物炭的炭基肥，可以减少使用 15% 的化肥，实现农作物产量和品质的双向提升，并减少 20% 以上农田温室气体排放，且有利于改善耕地生态环境。

生物炭施入土壤后，可形成一定的空间阻隔效应，有效降低生物炭的分解，增加土壤碳储量。生物炭能与矿物质表面产生相互作用，一是生物炭表面负电荷与矿物质的变价正电荷发生配位体和阴离子交换作用，二是生物炭与矿物质层状硅酸盐的正电荷发生阳离子的交换作用。与团聚体中的生物炭粒子不同，矿物骨架中的生物炭粒子更细，可与矿物质表面形成稳定的有机矿物复合体，这种有机矿物复合体结构与腐植酸一起，有助于提高土壤固碳。因此，完善生物炭的生产技术包含以下几点：

① 热解温度的升高有助于生物炭芳香度的提高，从而提高其稳性。当热解温度较低时（<600℃），形成无定形和乱层微晶结构。当热解温度升高，有序的石墨层结构开始形成，且此结构更加稳定。

② 因地制宜选择原料，因为炭化前驱体的不同也会影响生物炭的稳定性，影响生物炭的孔隙结构和密度。

③ 进一步增大生物炭生产和应用，减少降水造成的生物炭淋滤流失；通过影响土壤中的化学反应和微生物过程，调控土壤环境的酸碱度和生物氧化及非生物氧化；以及光照通过光化学氧化作用加速生物炭的降解等，都可以通过与腐植酸的协同作用而有所改善[20-24]。

7.2.2 腐植酸与化工固碳

化工行业中化石燃料既是能源又是原材料，化工行业实现碳中和的路径包括全产业链碳减排技术、零碳原料/能源替代技术和 CO_2 制备化学品负排技术等（图 7-13）。

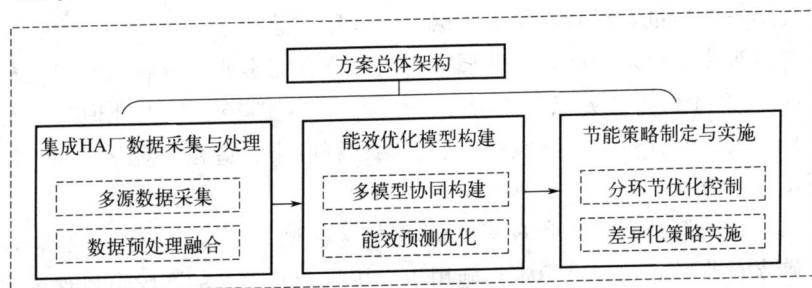

图 7-13 腐植酸与化工固碳框图

腐植酸与化工固碳过程，主要体现在增效与碳减排的技术方面（图 7-14）。

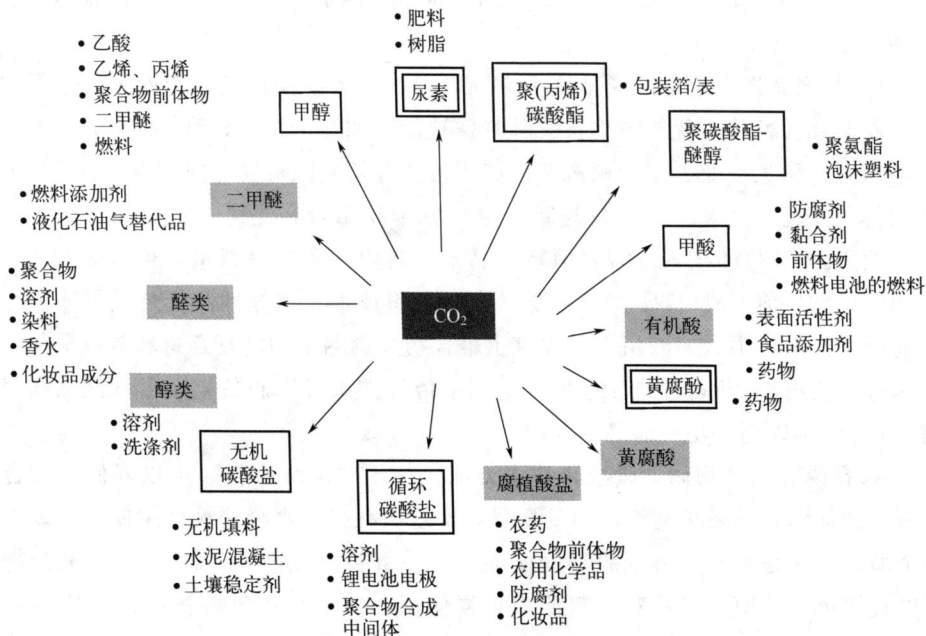

图 7-14　CO_2 直接转化碳负排的目标产品汇总图

（1）工艺的节能增效

以化工生产工艺的分离、精馏、纯化等分析，其中分离是耗能较大的一个工艺。据美国橡树岭国家实验室报道，美国化学、炼油、林业和采矿业的分离占其总能源消耗的 5%～7%，分离工艺的节能增效技术最多可以减排 CO_2 约 1 亿吨/年。华东理工大学在工业污水微通道脉动振荡分离方面发现微界面振荡现象及效应，揭示振荡离心力克服毛细作用力的新原理。学者通过构建微通道脉动黏附-微界面振荡脱附分离过程，提高微通道脉动振荡的五倍级效率技术，克服膜法水处理通量低、抗污染能力差的弊端，促进五倍级效率技术在甲醇制烯烃反应废水高、高压苛刻处理过程的应用，估算减排 CO_2 达 50 万吨/年[25]。

（2）工艺的碳减排

①《欧洲催化科学与技术路线图》提出，重点发展解决能源和化工生产中问题的催化剂及通向清洁和可持续的未来绿色催化剂，应用于化石燃料、生物质利用、CO_2 利用、环境保护的催化技术和提高化工过程的可持续性等领域。例如，华东理工大学、四川大学等单位开发了生物质热解液沸腾床加氢脱氧催化剂，拟投入年产 1 万吨生物汽柴油工业示范项目。

② 高耗能通用设备电气化改造是碳减排的重要方向，如蒸汽裂解装置电气化改造。蒸汽裂解器目前主要以化石燃料为能源。由于高温要求，蒸汽裂解

装置电气化改造极为困难。比利时佛兰德斯、德国北莱茵-威斯特法伦州和荷兰的六家石化公司于 2019 年开始共同研究如何使用电力来操作石脑油或蒸汽裂解器。

③ 在产品提质耐用碳减排技术方面，发展高效耐用的化工新材料，与传统化工材料相比性能更优异或具备某种特殊功能，如轻质化等，可一定程度上促使航空航天、信息产业、新能源汽车、健康医药等领域原材料耗损减少，从而实现碳减排。并且，高效耐用材料与新型增材技术相结合，还可以进一步节省原材料，例如，3D 打印技术仅需要消耗产品本身需要用到的材料量，可极大节省原料的使用。目前，3D 打印技术主要以熔融沉积技术、选择性激光烧结技术和立体光固化技术为主。如四川大学攻克了聚合物基微纳米功能复合材料等高分子化工新材料应用于 3D 打印加工技术，突破了传统加工难以制备复杂形状制品和目前 3D 打印难以制备功能制品的局限。

④ 在废弃聚合物循环碳减排技术方面，使用"次级原料"可以降低从头合成所需的能源，并减少初级原料的用量，实现碳减排。聚合物循环主要包括以下五个循环：一是基于可再生原料的循环。二是直接重复使用，约 18% 的聚合物可以直接重复使用。三是对材料要求重复使用，如汽车和包装塑料材料的再利用。四是化学循环，即使用化工产品作为二次原料，从而替代其他原料，例如将塑料废弃物经过一系列的化学反应重新生成塑料和其他有价值的化学品。五是废弃聚合物的燃烧，以回收热能和利用所产生的 CO_2。例如四川大学开发出一种聚对二氧环己酮聚合物，废弃后即可热解回收单体，单体回收率最高可达 99%。对不宜回收的应用领域，可完全实现生物降解。

⑤ 在工业流程再造碳减排技术方面，可利用大数据、物联网等信息工具对化工生产流程进行分析，结合 CO_2 减排，精简或延伸现有生产系统和流程来满足生产需求，实现工业流程再造碳减排。例如，某磷化工集团采用低品位硫铁矿制硫酸联产铁精矿技术、湿法磷酸高效萃取净化技术、晶体磷酸一铵新技术、高品质白炭黑和氟化铵技术、磷矿石伴生碘资源回收技术等多种先进实用技术改进传统产业流程，不断调整产业及产品结构，将产业链延伸至伴生资源综合利用、废弃物资源化利用等，实现了资源高效利用、污染物及 CO_2 的减排。

⑥ 在工业共生技术方面，与不同部门或企业之间可进行材料、能源、水和副产品/废物交换的合作。共生的工厂、企业相互之间的依赖程度不断提高，形成了具有成本、规模、市场和创新竞争优势的产业集群，从而实现工业共生、绿色生产，促进碳减排。例如，在化工生产中，H_2 既是能源的清洁替代品，也是重要的产品和化学反应的原料，通过产业集群可以创造一个内部的 H_2 市场，将生产和消费集中在一起。

⑦ 在非二氧化碳温室气体减排技术方面，化工行业非 CO_2 温室气体主要为 N_2O 和三氟甲烷（CHF_3），分别来自乙二酸、硝酸、己内酰胺等生产过程。非 CO_2 温室气体来源不一样，其处理方式也不相同。目前，在乙二酸生产中常用的 N_2O 处理技术分为催化分解法、热分解法和循环回收生产硝酸法三种：一是催化分解法，在我国的神马化工和辽阳石化、德国的巴斯夫均有应用；二是热分解法，主要在韩国和巴西的罗地亚生产厂、德国的朗盛化工有应用；三是循环回收法，主要应用于法国的罗地亚生产厂。

在硝酸生产领域中，有以下常用的 N_2O 处理技术：一级处理法，主要是通过源头铂金网改良抑制 N_2O 产生；二级处理法，是在铂金网下方安装 N_2O 催化分解剂减少 N_2O 排放，又称高温选择性催化还原法；三级处理法，是指在尾气中处理 N_2O，又称尾气处理法。目前实现工业化的有二级处理法和三级处理法。

CHF_3 减排主要采用高温分解的方法，根据高温的获取方式又可以分为燃气热分解技术、过热蒸汽分解技术和等离子体高温分解技术[26-27]。

7.2.3 腐植酸与零碳能源技术

在化工生产中，采用可再生原料，腐植酸的前体物生物质制备化学品可以避免使用化石原料作为碳原料，实现碳零排。

据美国《生物质技术路线图》规划，2030 年生物基化学品将替代 25％的有机化学品和 20％的石油燃料，2050 年生物基化学品和材料占整个化学品和材料市场的 50％；欧盟《工业生物技术远景规划》指出，2030 年生物基原料将替代 6％～12％的化工原料和 30％～60％的精细化学品，在高附加值化学品和高分子材料中生物基产品将占到 50％。

我国生物基经济近年来保持 20％左右的年均增长速度，总产量已达到每年 600 万吨，技术接近国际先进水平。据规划，我国未来现代生物制造产业产值超 1 万亿元，生物基产品在全部化学品产量中的比重达到 25％。由此连接多工艺多产品的 BHA 利用将会大大增加。

7.2.4 腐植酸与零碳非电能源

在化工生产过程中，以电代煤、以电代油、以电代气、以电代柴，采用清洁发电即零碳电力，能让能源使用更绿色（图 7-15）。前已述及腐植酸与电力、电极的关系，零碳非电能源替代是以 H_2 或者生物质作为燃料，为化工生产提供热量，电渣作为生物炭的终极残余物也将资源化处理。零碳电力替代最适用于中低温度要求的化工行业，而氢能和生物质能可用于满足高温要求的化工行业。但目前，大部分化工厂使用零碳电力和零碳非电能源需要对硬件设施及装置进行升级改造。因此，化工行业可以通过逐步推进过程电气化和零碳能替代实现碳零排。2021 年 5 月，德国巴斯夫欧洲公司与莱茵集团在德国路德维希港共建一座总装机输出达到 2GW 的近海风电场，为巴斯夫化学品生产基地提供绿色电力，并助力实现绿氢生产工艺。

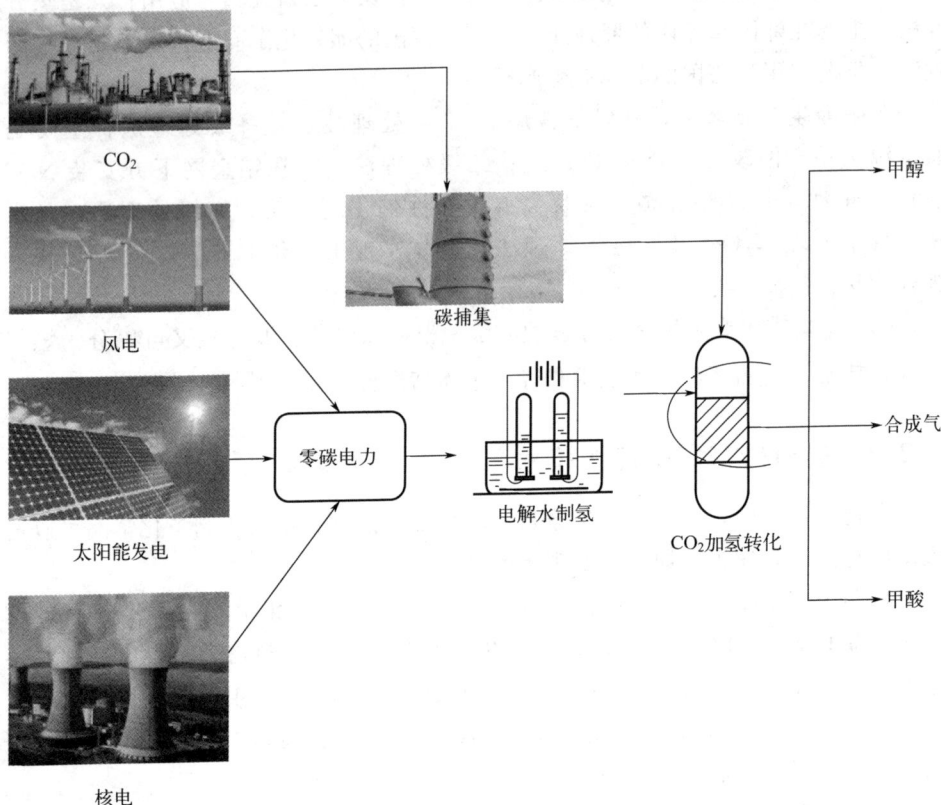

图 7-15 零碳电力与绿色能源及化学品的转化应用

在二氧化碳制备化学品碳负排技术方面，主要发展 CO_2 制备化学品碳负排技术及其应用：

① 二氧化碳耦合绿氢的转化技术，以 CO_2 耦合绿氢转化技术至太阳能、风能、核能为能源电解水，以电解水制备的绿氢作为原料，将 CO_2 转化为甲醇、甲酸等碳氢化合物和合成气等高价值化学品的技术。所得的化学品可作为原料进一步反应，形成化工行业价值链中的众多重要产品。其中，CO_2 可来自燃烧尾气、化学工业过程等，从而实现碳零排。

② 二氧化碳直接转化碳负排技术方面，将 CO_2 直接转化碳负排技术以 CO_2 作为共聚单体生产具有高附加值的产品，如尿素、甲醇、有机酸酯、可降解聚合物、聚合物多元醇、碳酸盐矿等。

近年来，我国 CO_2 化工利用技术取得了较大进展，如合成甲醇技术、合成可降解聚合物技术、合成有机碳酸酯技术及矿化利用技术等。化工过程及装备的节能提效、绿色高效催化剂的开发等措施，可提高化学品及材料生产相关资源与能源利用效率，构建低碳发展体系。化工行业应推进电气化升级及清洁能源替代，加大采用生物质等零碳材料作为原材料，形成资源的最大循环利用，实现零碳能源和资源替代；加大 CO_2 的捕集用于制备化学品，实现碳负排[28]。

7.2.5 腐植酸与废弃资源固碳分析

含腐植酸的秸秆经堆肥、发酵处理后，用于农业具有较好的固碳减排效益。

① 在种植系统，通过堆肥或沼渣、沼液还田，可增加土壤固碳能力，减少作物种植过程释放的净温室气体；秸秆用于堆肥或者发酵，可减少秸秆燃烧带来的温室气体排放；通过发酵工程产生的沼气用于代替化石燃料，可减少因化石燃料等能源燃烧带来的温室气体排放；通过有机堆肥或沼渣、沼液还田，可代替部分化肥的施用，减少用于生产化肥带来的温室气体排放，同时还可减少因过量的化肥（特别是氮肥）施用带来的 N_2O 排放。

② 在发酵还田系统，分析其碳汇效益，发现利用沼气工程资源化农业有机废弃物是有效的减排技术（图 7-16）。据统计，如果我国所有的农业废弃物均用于沼气工程，可产生约 $4.23 \times 10^{11} m^3$ 沼气。去除物料投入、沼气泄漏、沼气燃烧带来的温室气体排放，利用沼气工程处理农业废弃物可有效减少温室气体排放的量（CO_2 当量）达 3.98×10^4 千克/年。厌氧发酵技术可促进生态循环农业的发展，不仅有效减轻农业温室气体排放，还能促进实现农业节本增效。

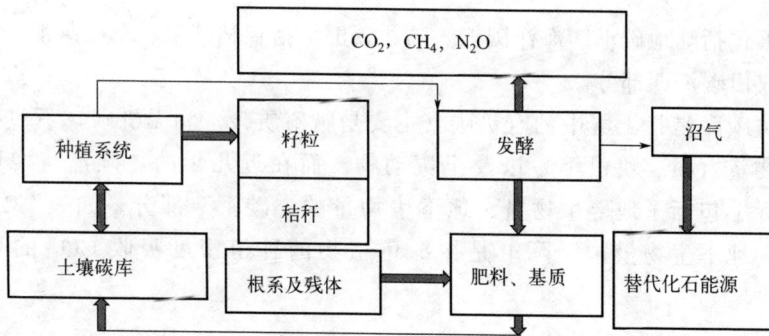

图 7-16 厌氧发酵还田温室气体排放示意图

废弃物资源化模式的处理工艺还包括好氧堆肥处理工艺、固液分离工艺。采用的设备包括喷灌、输送管道、沼液储存罐等，集成了废弃物资源化处理体系。目前，模式通过与种植户、养殖场开展合作，建立了较好的废弃物无害化资源化循环利用系统。

7.2.6 腐植酸与产品碳核算

关于碳排放核算技术，尽管不同尺度的细节上存在一定的差异，但在国家-省级-城市宏观尺度上的整体核算技术框架具有一致性。省级碳排放核算主要包括五部分：能源活动、工业生产过程、废弃物处理、农业以及土地利用变化和林业。以腐植酸相关的产品生产进行碳核算，可以简化为式（7-3）。

$$C_i = \sum_{i=1}^{n}(Q_i \times F_i) \tag{7-3}$$

式中，C_i 为产品生产工业过程的碳排放量；n 表示工业产品种类数；Q_i 表示第 i 种工业品的产量；F_i 表示第 i 种工业产品的碳氧化因子。

对应产品生产可能伴随的废弃物处理碳排放，包括固体废弃物和废水、废气，以及处理可能产生的 CO_2 排放量、固体废弃物填埋处理产生的 CH_4 排放量，生活污水和工业废水分别处理产生的 CH_4 和 N_2O 排放量。废弃物处理碳排放见式（7-4）。

$$E_{CO_2} = \sum_{i=1}^{n}(IW_i \times CCW_i \times FCF_i \times EF_i \times 44/12) \tag{7-4}$$

式中，E_{CO_2} 指城市固体废弃物处理产生的 CO_2 排放量；IW_i、CCW_i、FCF_i、EF_i 分别表示城市固体废弃物的焚烧量、碳含量比例、矿物碳在碳总量中的比例及焚烧炉的燃烧效率；$44/12$ 指碳转换成 CO_2 的转换系数。

7.3 腐植酸相关碳汇核算技术

碳汇包括陆地碳汇和海洋碳汇。陆地碳汇包括森林碳汇、草原碳汇、湿地碳汇以及农田碳汇四部分。

土壤碳库是指土壤中的有机碳（主要是腐殖质碳）和无机碳，不包括土壤中的生物量（根、块根等）以及土壤动物。而在近几年的"碳汇"增量统计中，实际上包括了地上生物量、地下生物量的"碳汇"部分。如表 7-11 节选的地上、地下生物量，实际上是按绿色植物的种植密度吸收 CO_2 的量计算出的[29-36]。

表 7-11 哈尔滨市 3 种土地利用类型单位面积生物量与土壤碳储量

土地利用类型	地上生物量碳	地下生物量碳	土壤碳
耕地	9.07	1.05	52.49
林地	65.55	19.28	54.43
湿地	21.40	35.52	20.65

7.3.1 腐植酸与森林碳汇

森林碳储量，以大兴安岭森林碳汇的林木生物量，采用实测法和模型法可进行统计评估。而腐植酸的贡献，可以通过施肥量计算施加生态基质的含碳量，计算出腐植酸对森林碳汇的贡献。

实际在土壤内部存在 SOC-CO_2-SIC 的土壤"碳转移"微循环，在土壤 CO_2 和水分的参与下，土壤中的 $CaCO_3$ 溶解再结晶形成次生碳酸盐，而此过程始终存在土壤 CO_2 与活性碳酸盐、碳同位素之间的反应交换。因此，通过碳稳定同位素技术可以进行原生碳酸盐和次生碳酸盐的区分，它更是 CO_2 在土壤矿物质的存在下进行土壤吸收 CO_2，增加碳汇的方式之一。

7.3.2 腐植酸与草原碳汇

据测量，草牧场防护林植被的总固碳量为 $65.97t/hm^2$，草原天然植被为 $14.65t/hm^2$，草原储碳量在土壤、根系、地上草本植物的比重分别为 76.92%、16.92%、6.12%，以此通过测量出草原的总面积、肥沃草原的 HA 施加量，可以估算出草原碳汇的变化。

$$HA 草原碳汇 = \sum_{i=1}^{n}(C_i \times F_i \times h_i) \tag{7-5}$$

式中，C_i 为碳系数；F_i 为草原面积；h_i 为草原施肥深度。若已知实际施入的腐植酸肥料的总量，可以忽略施肥深度；反之要增测草原的含碳量、施肥的深度，即可了解 HA 对草原碳汇的贡献。

7.3.3 腐植酸与湿地碳汇

湿地碳汇主要储存在湿地植被和土壤中，一般湿地植被生长繁茂时，土壤呼吸相对较小，湿地有机碳汇的增量即为植被生物增加量换算成干物质计算出的有机碳增量。碳汇估算法为：

$$HA 湿地碳汇 = \sum_{i=1}^{n}(1000A_1PC+1000A_2D) \tag{7-6}$$

式中，P 为湿地单位面积平均生物量（干重），kg/m^2；C 为碳储量系数，一般取 0.45；A_1 为湿地植被覆盖面积；A_2 为湿地生态系统面积；D 为动态碳储量系数。

7.3.4 腐植酸与农田碳汇

农田土壤也是大气中 CO_2 的潜在碳汇，农田土壤的平均碳密度为 $1.03\sim$

$2.36t/hm^2$。考虑农田作物固碳能力，农田生态系统碳汇强度呈现增长的趋势，年增加量为 $1.9 \sim 9.17t/(hm^2 \cdot a)$。而通过施入 HA 肥料的总吨位数测得的碳系数 C_i，也可计算出 HA 农田碳汇。

$$HA 农田碳汇 = \sum_{i=1}^{n} (C_i F_i h_i) \tag{7-7}$$

式中，C_i 为碳系数；F_i 为农田面积；h_i 为农田施肥深度。若已知实际施入的腐植酸肥料的总量，可以忽略施肥深度；反之要增测土壤的含碳量、施肥的深度，即可了解 HA 对农田碳汇的贡献。

此外，腐植酸类物质通过绿色植物的光合作用吸收 CO_2 能增加土壤碳汇；腐植酸与 $CaCO_3$、$MgCO_3$、Na_2CO_3 作用，通过土壤矿物质与 CO_2 的反应吸收或反应合成，也能增加农田碳汇，促进作物生长（图 7-17）。

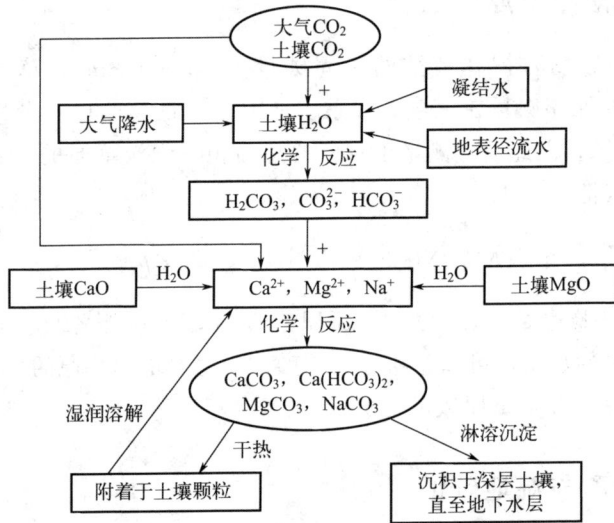

图 7-17　土壤矿物质吸收 CO_2 的同化碳汇途径

7.3.5　腐植酸与肥料农药碳汇

为实现"双碳"目标，腐植酸低碳肥料"加减法"，可两头算，既要减少肥料碳排放，又要增加土壤碳固定，利用腐植酸加减化肥，既提质增效，又减量化肥投放，还稳定土壤碳率。

表 7-12 中，腐植酸有机肥料、增值农药、复合地膜的碳排放系数是依据美国树岭国家实验室的肥料、农药、农膜碳排放系数减半估算的。实际应用中，腐植酸类物质的碳汇效益会更突出。比如，对于作物种植来说，土壤氮元素稀缺是限制作物生长的主要因素，所以施用氮肥成为增加产量的重要措施。腐植酸尿素

可以减少尿素的施肥量，在行业内已有不少应用成果[12,13]。腐植酸钾可以直接减少肥料使用量，增加土壤磷的有效性，推进土壤增汇以及其他产业的联动减排。又如在我国生产出口的农药中，以浙江省为例，在原药产品中，除草剂占据了"半壁江山"，占原药总产量的 67.2%（图 7-18）；在 2020 年原药出口中，除草剂又占了 70.9%。若用腐植酸膜等替代，农药除草剂用量可大幅度降低。此外，为保证产量，通常过量施用农药。农药在田间的分解不产生直接排放，但农药生产不仅耗能，而且污染较大（图 7-19）。腐植酸作为农药助剂或新农药应用，使农药生产量减少，碳排放即减少。同样，腐植酸可降解复合地膜替代其他地膜，能大量减少农药除草剂的用量，降解后能化为肥料，增加碳汇。

表 7-12　农业化肥、农药主要生产要素的碳排放系数

碳源	碳排放系数	单位	参考来源
化肥	0.8956	kgC/kg	美国橡树岭国家实验室
农药	4.9341	kgC/kg	美国橡树岭国家实验室
农膜	5.1800	kgC/kg	南京农业大学资源与生态环境研究所
腐植酸有机肥料	0.4478	kgC/kg	以美国国家实验室化肥的一半计量
腐植酸增值农药	2.4620	kgC/kg	以美国国家实验室化肥的一半计量
腐植酸复合地膜	2.5900	kgC/kg	以美国国家实验室化肥的一半计量

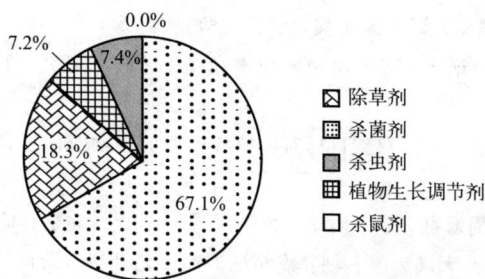

图 7-18　各种农药原药产量对碳排放的影响

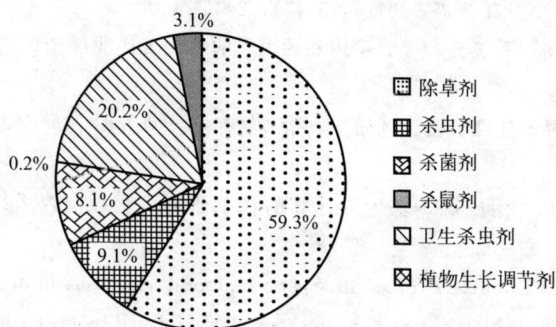

图 7-19　不同农药制剂产量对碳排放的影响

7.3.6 腐植酸与海洋碳汇

海洋是地球上最大的碳库，发挥着全球气候变化"缓冲器"的作用。海洋碳汇是指海洋对 CO_2 的吸收作用，或者具体化为能够吸收 CO_2 的海域。从空间上来说，海洋与大气具有最广阔的接触面积，而人为活动排放的 CO_2 首先进入的就是大气。因此，海洋碳汇最显而易见的情况就是海洋通过海气界面这一平面对大气 CO_2 产生的吸收作用。

参考文献

［1］邓旭，谢俊，滕飞. 何谓"碳中和"？［J］. 气候变化研究进展，2021，17 (1)：107-113.

［2］江霞，汪华林. 碳中和技术概论［M］. 北京：高等教育出版社，2022.

［3］曾宪成，李双. 腐植酸低碳肥料与土壤碳中和［J］. 腐植酸，2021 (1)：1-6.

［4］商照聪. 碳时代，肥料行业的迎春新篇［J］. 肥料与健康，2021 (1)：1-2.

［5］安琪，庞军，冯相昭. 中国实现碳达峰的政策建议——基于碳定价机制模型的多情景模拟分析［J］. 环境与可持续发展，2021 (1)：58-70.

［6］成绍鑫，韩立新. 腐植酸的低碳效应解析［J］. 腐植酸，2011 (1)：1-7.

［7］Sun L Y, Ma Y C, Liu Y L, et al. 氮肥、腐植酸和石膏对滨海盐渍稻田温室气体排放的综合影响［J］. 陈祥福，译. 腐植酸，2020 (6)：64.

［8］郑继亮，王彦军，胡艳飞，等. 腐植酸尿素在线工艺技术研究［J］. 磷肥与复肥，2021，36 (11)：13-14，17.

［9］袁国栋，校亮，韦婧，等. 双碳目标对腐植酸产业的影响及研发需求分析［J］. 腐植酸，2022 (1)：1-7.

［10］邹国林，刘德立，周海燕，等. 酶学与酶工程导论［M］. 北京：清华大学出版社，2021.

［11］周霞萍，梁圣模，沈天瑞，等. 创新腐植酸产品工艺开展"碳预算""碳达峰""碳中和"示例分析［J］. 腐植酸，2021 (3)：61-66.

［12］王平艳，路旭阳，田吉宏，等. 昭通褐煤"腐植酸的提取——腐黑物的低温热解"的梯级利用特性［J］. 化工进展，2017，36 (7)：2443-2450.

［13］田原宇，谢克昌，乔英云，等. 碳中和约束下的煤化工产业展望［J］. 中外能源，2022，27 (5)：17-23.

［14］杨丽华，鄂晶晶，冯锋. 云计算任务数据节能存储模型仿真［J］. 计算机仿真，2023，40 (2)：535-539.

［15］郁德成，穆粉利，谢成斌. 基于云计算的化工研磨机远程监控系统构建［J］. 粘接，2020，41 (3)：99-102.

［16］Cao X, Long H A, Lei H Y, et al. Spatio-temporal variations in organic carbon density and carbon sequestration potential in the topsoil of Hebei Province, China［J］. Journal of Integrative Agriculture, 2016, 15 (11)：2627-2638.

[17] Sun J Z, Zhang Y Z, Zhi G R, et al. Brown carbon's emission factors and optical characteristics in household biomass burning: developing a novel algorithm for estimating the contribution of brown carbon [J]. Atmospheric Chemistry and Physics, 2021, 21: 2329-2341.

[18] Kristiina K, Annemieke I G, Jaakko H, et al. 泥炭是增加土壤碳储量、促进土壤碳中和的最好物料 [J]. 孟宪民, 译. 2021-03-08.

[19] Wang Y, Hu M, Qin Y, et al. Chemical composition and light absorption of carbonaceous aerosols emitted from crop residue burning: influence of combustion efficiency [J]. Atmospheric Chemistry and Physics, 2020, 20: 13721-13734.

[20] 徐博文, 孙玉萧, 薛振东, 等. 旋流诱导介质振荡再生增强含油污水微通道分离 [J]. 环境工程学报, 2022, 16 (8): 2549-2557.

[21] 李忻颖, 唐旭, 许传博, 等. "双碳"目标下中国工业部门氢能需求量测算及供给结构路径优化 [J]. 天然气工业, 2024, 44 (5): 146-156.

[22] 孙旭东, 张蕾欣, 张博. 碳中和背景下我国煤炭行业的发展与转型研究 [J]. 中国矿业, 2021, 30 (2): 1-6.

[23] Zhang S, Chen W Y. Assessing the energy transition in China towards carbon neutrality with a probabilistic framework [J]. Nature Communications, 2022, 13 (1): 87.

[24] 中华人民共和国国家统计局. 中国统计年鉴 2022 [M]. 北京: 中国统计出版社, 2022.

[25] 冯天骄, 张智起, 张立旭, 等. 干旱半干旱区生态系统凝结水的影响因素及其作用研究进展 [J]. 生态学报, 2021, 41 (2): 456-468.

[26] 陈庆, 李长江, 张俊丽, 等. 保护性耕作农田固碳减排效应分析——以陕西户县、大荔和临渭区为例 [J]. 西北农业学报, 2016, 25 (11): 1686-1695.

[27] 张永红, 刘飞, 钟松. 土壤无机碳研究进展 [J]. 湖北农业科学, 2021, 60 (10): 5-9, 14.

[28] 黄雅楠, 黄丽, 薛斌, 等. 保护性耕作对水-旱轮作土壤有机碳组分的影响——基于密度分组法 [J]. 土壤通报, 2019, 50 (1): 109-114.

[29] 陈罗烨, 薛领, 雪燕. 中国农业净碳汇时空演化特征分析 [J]. 自然资源学报, 2016, 31 (4): 596-607.

[30] 周霞萍, 王玉诺, 沈天瑞, 等. 腐植酸类物质助力农业碳汇的优势与效益分析 [J]. 腐植酸, 2021 (6): 1-6.

[31] 苏军德. 矿山废弃地生态修复区植被碳库研究 [J]. 水土保持通报, 2018, 38 (5): 234-237.

[32] 董卉, 黄晓华. 浙江省农药产业现状与思考 [J]. 农业科学与管理, 2021, 42 (5): 14-17.

[33] Petrov D, Tunega D, Gerzabek M H, et al. Molecular dynamics simulations of the standard leonardite humic acid: microscopic analysis of the structure and dynamics [J]. Environmental Science & Technology, 2017, 51 (10): 5414-5424.

[34] 王敏, 刘石磊, 张帅, 等. 腐植酸钾与磷肥施用方式对土壤磷素移动性的影响 [J]. 农业资源与环境学报, 2020, 37 (2): 209-215.

[35] Sjöström E O, Culot M, Leickt L, et al. Transport study of interleukin-1 inhibitors using a human in vitro model of the blood-brain barrier [J]. Brain, Behavior, & Immunity -

Health，2021，16：100307.

[36] Pan D D，Wu X Q，Chen P P，et al. New insights into the interactions between humic acid and three neonicotinoid pesticides，with multiple spectroscopy technologies，two-dimensional correlation spectroscopy analysis and density functional theory ［J］. Science of the Total Environment，2021，798：149237.

第8章
腐植酸绿色金融管理

8.1 引言

　　绿色金融是指旨在支持环境改善、应对气候变化和资源节约高效利用的金融服务。它涉及对环保、节能、清洁能源、绿色交通、绿色建筑等领域的项目进行投融资、项目运营和风险管理。绿色金融的目的是促进社会的可持续发展，并引导资金流向节约资源技术开发和生态环境保护产业。此外，绿色金融还包括绿色信贷、绿色投资、绿色保险等金融产品和服务，旨在帮助企业和个人减少环境污染、保护生物多样性，并实现经济增长与环境保护的统一。

　　当各行各业各领域实行全面的绿色发展，这也意味着存在绿色投融资的需求。然而，若仅依靠政府力量，不足以填补"双碳"目标巨大的资金缺口，因此需要积极地引导私人与社会资金投入绿色低碳的领域。引入金融资源，可为人力、科技、数据等要素提供信号与方向。随着绿色发展的红利持续显现，未来金融将进一步向绿色领域倾斜；绿色金融的发展能限制资金进入高碳及高耗能等污染企业，绿色发展的优势会进一步凸显。中国积极参与国际多边绿色金融合作平台，促进全球绿色金融标准的制定，推动各国金融监督机构和金融机构开展环境风险的研究和管理[1-5]。绿色金融"双碳"管理理论框架见图8-1。

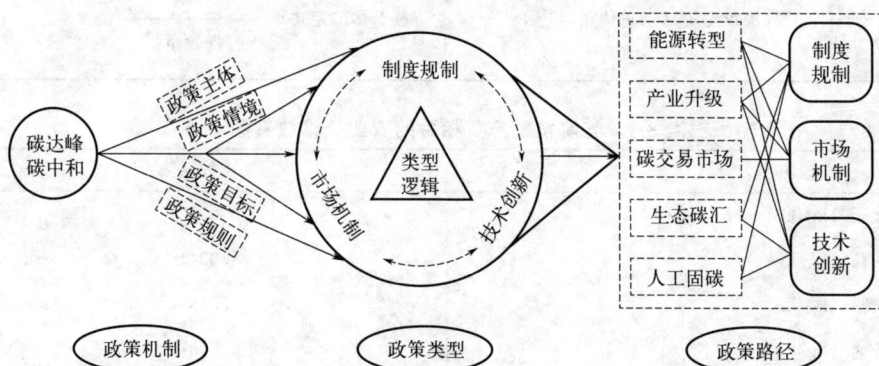

图 8-1　绿色金融"双碳"管理理论框架

8.1.1 腐植酸绿色金融降低环境风险

近年来，自然灾害事件频频发生，对经济造成恶劣影响。气候风险可以进一步分类为物理风险和转型风险，例如山火、洪水等极端灾害就是物理风险，物理风险会导致财务损失、通货膨胀等问题，影响经济稳定。在"双碳"目标提出后，国家积极寻求经济与能源转型，市场主体对传统制造业、化石能源业等产业发展存疑，转型风险显现。一方面，高碳企业面临自身获取外部认可的困境；另一方面，持有高碳企业金融资产的金融机构的风险敞口会随着非理性认知而增大，影响金融的稳定。而绿色金融会引导市场主体理性，将环境气候风险纳入管理范畴：通过研究开发环境风险度量工具，识别并量化风险，防范风险的同时引导主体规避风险；通过促进信息披露，促进投融资方加深对气候相关风险的认知和重视程度，要求企业关注转型布局的同时为金融机构提供投融资风险判断的实施依据[6-7]。碳排放量化计算见表 8-1。与腐植酸产业相关的农业碳排放系数见表 8-2。

表 8-1　碳排放量化计算

核算流程	计算公式
计算分配因子	$分配因子_i = \dfrac{贷款余额_i}{企业价值_i}$
计算单个客户的投融资碳排放量	$贷款碳排放量_i = 分配因子_i \times 碳排放量_i$
汇总计算金融机构投融资活动碳排放总量	$贷款碳排放总量 = \sum\limits_{i}^{n} 贷款碳排放量_i$
计算单个客户的投融资碳足迹	$贷款碳足迹_i = \dfrac{贷款碳排放量_i}{贷款余额_i}$
汇总计算金融机构投融资活动总体碳足迹	$贷款总体碳足迹 = \dfrac{\sum\limits_{i}^{n} 贷款碳排放量_i}{\sum\limits_{i}^{n} 贷款余额_i}$

表 8-2　与腐植酸产业相关的农业碳排放系数[8]

碳源	碳排放系数
化肥/(kg/kg)	0.8956
农药/(kg/kg)	4.9341
农膜/(kg/kg)	5.18
柴油/(kg/kg)	0.5927
农业翻耕/(kg/km^2)	312.6
农业灌溉/(kg/hm^2)	20.476

具体的提供给金融的量化计算时，需要按照碳排放数值，就资源投入［土地投入，农作物播种总面积（10hm²）］、劳动投入［农业从业人员（万人）］、机械投入［农业机械总动力（万千瓦）］、水资源投入［有效灌溉面积（10hm²）］、化肥投入［农用化肥施用量（万吨）］、农药投入［农药使用量（万吨）］、农膜投入［农膜使用量（万吨）］、能源投入［农用柴油使用量（万吨）］、输出的农业产出［农业总产值（亿元）］、农业生态系统服务［生态系统服务价值量（亿元）］，以及输出碳排放［农业碳排放量（万吨）］，统计成影响指标（表8-3）。

表8-3　与腐植酸产业相关的农业金融投入影响指标一览表

指标	土地投入	劳动投入	机械投入	水资源投入	化肥投入	农药投入	农膜投入	能源投入	农业总产值	生态系统服务
土地投入										
劳动投入	0.852									
机械投入	0.841	0.799								
水资源投入	0.868	0.654	0.81							
化肥投入	0.9	0.861	0.877	0.823						
农药投入	0.769	0.735	0.763	0.696	0.784					
农膜投入	0.618	0.569	0.682	0.769	0.627	0.5				
能源投入	0.527	0.414	0.704	0.632	0.559	0.5	0.507			
农业总产值	0.903	0.849	0.891	0.84	0.917	0.8	0.699	0.669		
生态系统服务	0.869	0.645	0.761	0.77	0.735	0.6	0.483	0.566	0.802	
碳排放	0.895	0.832	0.92	0.883	0.968	0.8	0.753	0.702	0.951	0.753

表8-3中，利用皮尔逊（Pearson）相关系数（也称Pearson积矩相关系数），对农业生态效率与投入产出指标两个变量之间的相关程度进行了运算（表8-4），可以看出指标与效率的正反相关关系。其中，与农业生态效率呈现正相关的只有生态系统服务指标，约为0.04429，即生态系统服务越高，农业生态效率越高。其余指标与农业生态效率呈现负相关关系，其中相关系数绝对值最大的指标为农药投入，约为0.27128，说明农药投入量越少，农业生态效率值越高。

表8-4　Pearson相关系数

指标	相关系数	指标	相关系数
土地投入	−0.18702	农膜投入	−0.11331
劳动投入	−0.03824	能源投入	−0.04918
机械投入	−0.08157	农业产出	−0.09976
水资源投入	−0.15813	生态系统服务	0.04429
化肥投入	−0.18397	碳排放	−0.18285
农药投入	−0.27128		

在双碳目标下，腐植酸产品在化肥、农药上减半，其生态效益、社会效益和经济效益将十分可观，腐植酸产业也会获得绿色金融的推崇。

8.1.2　腐植酸绿色金融引导市场定价

目前，一部分金融机构只能对绿色企业、绿色项目进行识别并发放统一的利率优惠，不能有效反映出绿色资产真实的内部价值。而绿色金融能有效解决该问题，尤其是绿色金融中的碳金融为合理的市场定价提供有利的借鉴。随着全国性碳市场的建立，初步形成了有别于区域碳市场差别碳价的统一碳价格，且当前第一个履约周期结束后，碳市场总体运行平稳。基于碳交易形成的碳配额抵质押等金融手段也进一步拓展了碳资产的金融属性，成为企业进行融资的新方式。

碳定价是高效减排战略不可或缺的一部分。成本内部化的一个根本动机是，经济市场要求经济中的所有交换都是自愿的，在一个双方已经达成协定的贸易关系中不能强迫第三方为交易中产生的外部成本买单。当一种商品的生产造成污染时，这种污染的成本必须由决定生产和消费该产品的人支付，而不是由无关的第三方支付。因此，经济主体必须承担其自身行为的全部成本。

碳定价，特别是碳税，是一种政策性降低市场风险的方式。当政府发行绿色债券为一个缓解项目融资时，它需要有关于项目的社会成本和效益的良好信息。作为绿色金融的副产品，碳税的许可证认证评估可以为公共事业带来一定的收入，也能更规范绿色金融产品的准入标准。使用碳收入来减少其他税收（如劳动税或社会保障缴款）可以为公众福利产业创造净收益，特别是在发展中国家，碳税可以有效地调动资本市场资源，例如为绿色转型或预算整合提供资金。这是因为所有与能源利用有关的碳排放可以在部分生产环节中征税，且规避了非正常征税所带来的损失[8-9]。

8.2　腐植酸绿色产品设计

8.2.1　绿色产品节能减排管理

能源是一个国家和社会发展生存的必须资源。对于能源行业来说，节能、环保、减排是一个经常被提起的话题，也是未来社会发展的必然趋势和需要。因此化工企业进一步进行节能、环保的改造是必然的。

如需要腐植酸添加剂的水煤浆气化生产工艺，将常压改成加压气化工艺流程，采取激冷流程，使制备的水煤浆颗粒均匀，以免造成生产工艺管线的堵塞，确保气化工艺的顺利进行，得到更多水煤气产品，提高产品的质量标准，满足石化企业生产的需要。而废热锅炉流程的应用，能够将副产品的蒸汽作为发电的原料使用。废热锅炉激冷流程的应用，可以将一氧化碳部分转化，能够满足甲醇的生产工艺技术的要求。依据化工生产现场的实际情况，优选合适的水煤浆气化工艺流程，通过流程的设计优选合适的生产设备，不断提高水煤浆气化的效率，并且可以多途径再制芳烃，制绿色燃料，综合效应将更高[10-12]。

刘德云等研制的缓控释生态长效肥，将腐植酸、泥炭、沸石、氮、磷、钾及多种中微量元素和活化剂、增效剂、长效剂等，经科学配方，采用先进工艺加工，成为集速效、长效、增效三位于一体，含有机、无机、矿物质、生物的复合型高科技产品。多年试验证明，该生态长效肥具有较强的吸附功能，可减少肥料流失和渗漏，减少氮肥损失30%～35%，能控制80%气态氨的挥发，减少对环境的污染，能提高氮素利用率8%～12%，提高肥料综合利用率17%～35%，以节肥实现节能，从而减少能源消耗。

中国科学院石家庄农业现代化研究所阎宗彪研究员主持研发的缓释增效型肥料，经大量试验证明，施用一次肥料利用率平均提高10%。如小麦施用一次肥，可免浇返青水，以每亩浇一次水需35吨计，2024年全国播种小麦面积2359万公顷，每年可节约用水约124亿吨。我国是水资源最缺乏的国家之一，干旱半干旱地区总面积为455万公顷，占国土总面积的47%。腐植酸缓释增效节水的应用，对于我国旱作农业有着重要的意义。

图8-2显示的是新疆农业大学资源与环境学院、中国科学院南京土壤研究所/土壤与农业可持续发展国家重点实验室/常熟农田生态系统国家野外科学观测研究站、河南心连心化学工业集团股份有限公司用试验验证了腐植酸基质缓释尿素对氮素淋失和氨挥发的阻控[13-15]。

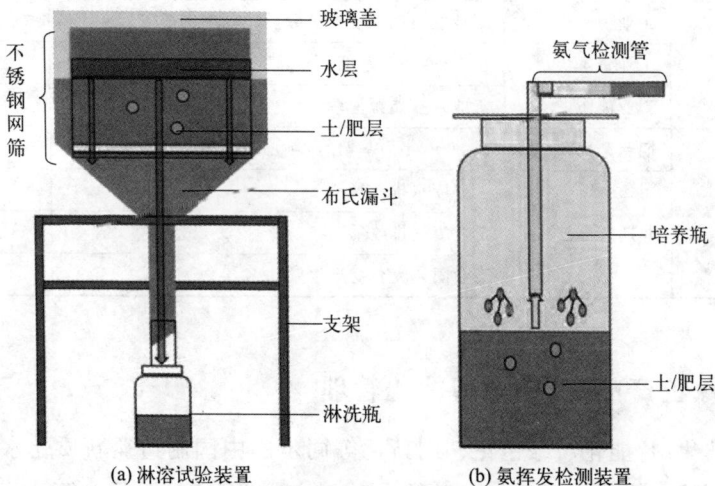

图 8-2　淋溶试验与氨挥发检测装置

针对腐植酸钠对牲畜家禽氮素的减排，如按照育肥猪猪舍 NH_3 浓度测定与排放通量的关系，结果表明通常育肥猪饲养期间的氨气排放通量为每头107.18~424.42mg/h，使用腐植酸钠后减少10%~20%，涉及畜牧、家禽、水产等添加作用。由表8-5可知，其减排数量是可观的。

表8-5　畜禽粪尿排泄系数及养分含量

种类	粪尿产生量/(kg/d)	总氮产生量/(kg/d)
猪	3.40	29.00
肉牛	22.1	72.74
大牲畜	5.9	12.4
羊	0.87	2.15
家禽	0.12	1.27

8.2.2　绿色产品循环性利用管理

如表8-6所示，腐植酸行业要加大工业企业研发投入力度，强化技术创新型企业建设，构建以政府为引导、以市场为导向、以企业为主体的科技创新，确保工业运转资本，逐渐降低劳动力成本，获得期望的产出，清洁生产，减少非期望的环境支出，促进循环利用节能，向绿色包装、自动化、产品规划、回收服务集团化、行业化发展[16-17]。

表8-6　构建工业全要素绿色生产率评价指标

指标层次	一级指标	二级指标	单位
投入指标	工业劳动力	工业企业的从业人员数量	万人
	工业资本	以2000年为基期的实际工业固定资产净值	亿元
	工业能源	工业终端能源消费量	万吨
产出指标	期望产出	以2000年为基期的实际工业总产值	亿元
	非期望产出	工业废水排放量	万吨
		工业废气排放量	亿立方米
		工业固体废弃物产生量	万吨

8.2.3　绿色产品 AI 助力智能化管理

以自动化/智能化、绿色化、创新化等同步的中国制造业新质化水平，即趋向生产设备的智能化维度，包含以下几点：①需要建立"数据＋算法＋算力"制造业新质化引擎。②将绿色化维度成为产业转型升级的主要脉络，维护绿色转型和减少碳排放两方面共同促进。③坚持创新化维度，在产出端兼顾数量和质量。

④提高人本化维度，优化教育结构和技能结构。⑤促进产业发展与安全维度，以经济全球化推动链式合作取代块状合作。⑥制度环境维度，保障资源、环境共享，推动腐植酸等产业新质化的可持续发展（图8-3）。

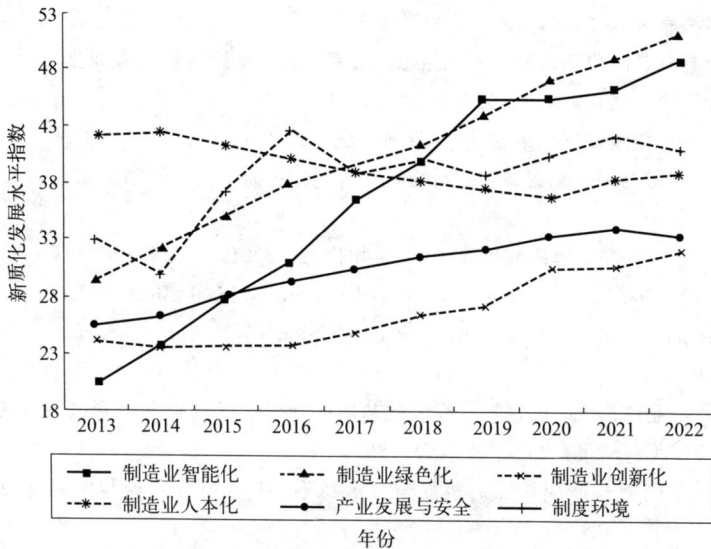

图 8-3　腐植酸产业作为新质化发展子系统的指数变化趋势

人工智能中的智能机器人、无人系统、产品智能化三者在智能技术上是相通的。三者的协作发展，将有利于模块化、芯片化、标准化的发展，从而扩大规模、降低成本、提高质量，发挥人工智能在产业升级、产品开发、服务创新等方面的技术优势，促进人工智能同一、二、三产业深度融合，以人工智能技术推动各产业变革，在中高端消费、创新引领、绿色低碳、共享经济、现代供应链、人力资本服务等领域培育新增长点、形成新动能[18]。

参考文献

[1] 王遥. 中国绿色金融研究报告 [M]. 北京：中国金融出版社，2023.

[2] 周成. "双碳"政策的知识图谱、研究热点与理论框架 [J]. 北京理工大学学报（社会科学版），2023，25（4）：94-112.

[3] Sarma N S，Kiran R，Reddy M R. et al. Hydrothermal alteration promotes humic acid formation in sediments：a case study of the Central Indian Ocean Basin [J]. Journal of Geophysical Research：Ocean，2018，123（1）：110-130.

[4] 唐坚. 建立健全绿色金融体系，打造"碳中和"金融平台 [J]. 上海商业，2021（6）：62-66.

[5] 马妍，郑红光，阮子渊，等. 土壤"乌金"腐植酸助力碳中和 [J]. 世界环境，2021

（3）：71-73.

［6］中腐协秘书处．增加土壤碳储量实现巴黎气候承诺 8 项建议［J］．腐植酸，2019
（1）：49.

［7］姜璐，胡小康，叶涛，等．落实"双碳"目标 开展碳排放风险保险［J］．北京师范大学学报（自然科学版），2023，59（3）：479-487.

［8］廖佳佳，赵耀，陈甜倩，等．基于生态系统服务改进的中国各地农业生态效率研究［J］．中国农业资源与区划，2021，42（7）：200-209.

［9］黄朱文．国外碳税发展及借鉴［J］．青海金融，2022（10）：28-32.

［10］贺振富．甲醇与一氧化碳制芳烃反应机理［J］．石油学报（石油加工），2020，36（4）：857-865.

［11］卞湘海．合成气制甲醇研究进展［J］．生物化工，2021，7（4）：138-141.

［12］Zhang M D，Yu M Y. Theoretical study of the promotional effect of ZrO_2 on In_2O_3 catalyzed methanol synthesis from CO_2 hydrogenation［J］. Applied Surface Science，2018，433：780-789.

［13］徐宇帆，申亚珍，张文太，等．腐植酸基质缓释尿素对氮素淋失和氨挥发的阻控［J］．植物营养与肥料学报，2024，30（4）：801-811.

［14］白由路．我国肥料产业面临的挑战与发展机遇［J］．植物营养与肥料学报，2017，23（1）：1-8.

［15］Liu B，Zhao X，Li S，et al. Meta-analysis of management-induced changes in nitrogen use efficiency of winter wheat in the North China Plain［J］. Journal of Cleaner Production，2020，251：119632.

［16］马大来．中国工业绿色全要素生产率的时空演化特征及影响因素研究［J］．生态经济，39（8）：58-69.

［17］任保平，程至瑜，宗景辉．新质生产力形成中制造业新质化发展水平测度与时空演进［J］．数量经济技术经济研究，2024（12）：5-24.

［18］潘云鹤．人工智能的行为智能和产品智能［J］．机器人技术与应用，2023（5）：4-7.

附录

附录 1　矿物源腐植酸特征表

试样风化程度	腐植酸级分	产率/%	C$_{有机}$/%	H$_{有机}$/%	H/C（原子比）	O+N+S/%（差数）	COOH/(mmol/g)	OH/(mmol/g)	光密度(0.02%，λ=465μm)	凝聚限度/(mmol/L BaCl$_2$)
未风化致密褐煤	1+2	13.4	62.4	4.6	0.87	33.0	2.18	5.00	1.4	20
	3	47.3	60.3	5.0	1.0	34.7	—	—	1.4	18
风化致密褐煤	1+2	20.6	60.4	4.5	0.9	35.1	2.25	4.86	1.7	17
	3	70.7	63.4	5.5	1.0	30.1	—	—	1.4	20
弱风化气煤	1	30.2	67.7	4.4	0.77	27.9	1.84	4.20	1.75	9.0
	2	12.9	70.3	4.5	0.77	25.2	3.30	3.40	2.40	8.0
	3	78.2	67.7	4.7	0.83	27.6	2.70	2.75	2.20	8.0
强风化气煤	1	76.4	65.0	4.2	0.77	30.8	2.56	4.26	2.30	7.0
	2	4.2	70.1	3.7	0.60	26.2	3.24	3.71	2.35	6.0
	3	14.2	66.8	4.4	0.80	28.8	3.20	3.04	2.25	4.0
弱风化肥煤	1	15.1	70.0	3.8	0.65	26.2	3.00	3.11	2.70	5.0
	2	1.1	72.4	4.2	0.69	23.4	3.03	2.27	2.95	4.0
	3	61.6	67.9	4.3	0.76	27.7	2.82	2.16	2.50	3.0
强风化肥煤	1	27.2	69.0	3.6	0.64	27.4	3.28	3.48	2.53	5.0
	2	31.7	75.7	3.6	0.57	20.7	2.78	1.75	2.60	3.0
	3	29.9	70.1	4.1	0.70	25.8	2.83	2.34	2.60	3.0
弱风化瘦煤	1	5.2	69.4	2.9	0.50	27.7	4.07	3.01	73.0	1.0
	2	82.0	68.9	3.3	0.58	27.8	3.47	2.34	73.0	1.0
	3	22.8	67.7	3.2	0.57	29.1	3.67	2.58	73.0	1.0
强风化瘦煤	1	4.9	67.3	2.7	0.48	30.0	4.63	2.67	2.82	1.0
	2	60.0	71.0	2.5	0.42	26.3	4.26	2.00	73.0	2.0
	3	32.8	69.9	3.0	0.51	27.1	3.78	2.00	73.0	1.0

附录 2 腐植酸加工指数表

指标名称	新符号	旧符号	指标名称	新符号	旧符号
最大收缩度/%	a	a	坩埚膨胀序数	CSN	—
灰分/%	A	A	灰熔融性变形温度/℃	DT	T_1
最高内在水分/%	MHC	W_{ZN}	苯萃取物物质基/%	EB	E_b
矿物质/%	MM	MM	固定碳/%	FC	C_{GD}
视相对密度	ARD	—	灰熔融性流动温度/℃	FT	T_3
最大膨胀度/%	b	b	黏结指数	$G,G_{R.L}$	$G_{R.L}$
结渣性/%	Clin	JZ	腐植酸产率/%	HA	H
半焦产率/%	CR	K	灰熔融性半球温度/℃	HT	—